基于数据挖掘的煤矿安全可视化管理

谭章禄 刘 婵 著

U0263554

科学出版社

北 京

内 容 简 介

煤炭企业信息处理能力不足，日益成为制约煤炭企业安全水平进一步提升的瓶颈。可视化管理作为突破数据认知与处理瓶颈的有力工具，正是在顺应第四次产业革命发展大背景下，对传统煤炭企业安全管理的变革。本书以煤矿安全管理为主线，演绎其可视化管理体系构建、知识可视化模型与算法、展示可视化图元与可视化方式优化和可视化管理效应等相关理论与方法。本书总结和阐释了可视化管理理论，将数据可视化技术应用到煤矿安全管理中，所形成的一系列创新性成果对于推动本领域的理论研究、智慧矿山关键技术难题的突破，具有重要的学术价值，对于指导矿山生产实践和智慧矿山建设具有参考借鉴作用。

本书可供智慧矿山、智能系统、大数据分析与决策和安全管理相关领域的科技工作者、工业生产安全管理人员、研究生和本科生阅读。

图书在版编目（CIP）数据

基于数据挖掘的煤矿安全可视化管理 / 谭章禄，刘婵著. — 北京：科学出版社，2021.9

ISBN 978-7-03-069615-1

Ⅰ.①基… Ⅱ.①谭… ②刘… Ⅲ.①可视化软件－数据采集－应用－煤矿－矿山安全－安全管理 Ⅳ.①TD7-39

中国版本图书馆 CIP 数据核字（2021）第 166781 号

责任编辑：王 哲 / 责任校对：胡小洁
责任印制：吴兆东 / 封面设计：迷底书装

科 学 出 版 社 出版

北京东黄城根北街 16 号
邮政编码：100717
http://www.sciencep.com

北京中石油彩色印刷有限责任公司印刷

科学出版社发行 各地新华书店经销

*

2021 年 9 月第 一 版 开本：720×1 000 B5
2021 年 9 月第一次印刷 印张：26 1/2 插页：3
字数：520 000

定价：249.00 元

（如有印装质量问题，我社负责调换）

前　言

科学技术的发展，正以呈指数级的加速度成就人类"上天"、"入地"和"探海"的梦想。一般意义而言，"上天"、"入地"和"探海"三者皆为复杂的动力学过程，千百年来，人类在征服空气动力学、岩石力学和流体动力学过程中蹒跚前行，虽收获了荣光却缓慢而艰辛。

矿业开采，古老而典型的"入地"工程，相较于"上天"和"探海"，其面对的介质除空气、水之外，还多了岩土。因而，煤炭开采其难度并不亚于"上天"和"探海"，介质更多、介质及其交互所呈现的动力学现象更为丰富、问题更为复杂。所幸，以云计算、大数据、物联网、移动互联网和人工智能为表征的新一代信息技术，催生了第四次产业革命，为采矿这一古老的行业，乍现出革命性升级的一缕曙光，这就是智慧矿山。智慧矿山会是未来15年甚至更长时期科技攻关的堡垒、矿山建设的方向和目标。

智慧矿山，就煤炭行业而言，其目标是在现有资源基础、产业条件和经营能力的基础上，以采煤、煤化工、发电等学科专业知识为基础，充分运用云计算、大数据、物联网、移动互联网和人工智能等先进技术，最大限度地用机械化、自动化、智能化和智慧化去武装矿山勘探、设计、开采、洗选加工、煤化工、发电等生产过程及其管控，以克服人的心理局限、体力局限、能力局限和智力局限，形成具有透彻感知、深度互联结构特征和具备智能应用、自主学习功能特征的智慧矿山体系，实现矿山地质保障、采掘、机电、运输、通风、排水、洗选、煤化工、发电、安全保障、经营管理等过程中有关资源配置、设备联动、组织协同、状态分析、趋势预测、风险识别、方案决策和目标控制的自动化、智能化和智慧化，从而实现在少人或无人的情形下煤炭开采、洗选、煤化工和发电等产业的安全、经济、高效和绿色发展。其根本任务是运用新一代信息技术，构建一个新的信息世界、改造两个原有的世界：物理世界和意识世界，同时建立起三个世界之间无缝连接的三座桥梁。

用智慧矿山目标之光，照亮现实，我们惊奇地发现，现实通往目标的征途中布满荆棘和沟坎。透彻感知、深度互联、智能应用和自主学习是"智慧"系统的基本特征，而建成一个具备这些特征的智慧矿山，需要我们锲而不舍地至少在以下五个方面理论上和方法上进行探索：①矿山数据建模与数据治理，②矿山信息标准，③矿山技术装备网络化智能化改造，④矿山数据挖掘与智能处理算法，⑤矿山转型管理模型。

披荆斩棘需理论，跨越沟坎靠技术，为此，人们一直在努力，我们也开启了可视化管理的探索。

可视化管理,正是在顺应产业革命发展大背景下,对传统管理的变革,是针对①、④和⑤三方面所做探索的理论概括。本书以煤矿安全管理为主线,演绎其可视化管理体系构建、知识可视化模型与算法、展示可视化图元与可视化方式优化和可视化管理效应等相关理论与方法。

煤炭是中国当前最重要的一次能源,其生产安全问题由来已久。煤矿生产安全不仅关乎人民群众的生命和财产,更关乎中国的能源安全与国家利益。近年来,在国家着力推动整体经济由快向稳发展、去除落后产能以及保障经济发展质量的大背景下,煤炭企业积极推进智慧矿山建设不断深入,使得以物联网、云计算、大数据、移动互联网等为代表的先进信息技术在煤炭企业广泛应用,大大提高了企业的科技水平,丰富了企业的信息获取手段,同时也对传统的管理模式造成极大的冲击。

传统的煤矿安全管理难以应对海量安全数据的冲击,"数据丰富但知识贫乏"的现象十分严重,煤炭企业信息处理加工能力的不足日益成为制约企业安全水平进一步提升的瓶颈。20 世纪 90 年代,随着数据库系统的广泛应用和网络技术的高速发展,数据库技术也进入一个全新的阶段,即从过去仅管理一些简单数据发展到管理由各种计算机所产生的图形、图像、音频、视频、电子档案、Web 页面等多种类型的复杂数据,并且数据量也越来越大,如何获取数据中的信息是人们面临的现实问题,作为突破数据瓶颈、提升人们对数据认知层次的有力工具,可视化管理应运而生。本书总结和阐释了可视化管理理论,尝试了知识可视化和展示可视化在煤矿安全管理中的应用,所形成的一系列创新性成果对于推动本领域的理论研究、智慧矿山关键技术难题的突破,具有重要的学术价值;对于指导矿山生产实践和智慧矿山建设具有参考借鉴作用。

本书第 1 章为绪论,阐述可视化管理的概念及意义,概述本书内容、思路和架构;第 2 章为文献综述,总结分析国内外相关研究现状,评述研究前沿和现有研究的不足之处;第 3 章构建可视化管理理论体系;第 4 章分析可视化管理数据源及其特点,构建本书采用的基本数据集;第 5~9 章围绕知识可视化发展模型和算法,分别阐述交互分析方法、文本挖掘方法、社会网络分析方法和关联规则挖掘及其在煤矿安全可视化管理中的应用,运用时间序列分析发展煤矿瓦斯、矿压等时序数据的趋势性知识发现方法;第 10 和 11 章围绕展示可视化,分别研究可视化图元体系的建立、可视化方式选择和优化;第 12 章讨论可视化管理效应及其评价;第 13 章为总结与展望。

本书的撰写是一个从无到有的逐渐累积过程,书中凝聚了诸多人员的辛勤劳动,源自全体成员的孜孜以求,他们的贡献对于本书的完成非常重要。博士研究生张长鲁、李光达、李睿哲、陈晓、王兆刚、陈孝慈、吴琦、胡翰、姜萱和袁慧等在数据分析和本书相关章节内容研究、案例分析中各自做出了重要的贡献,他们严谨的治学态度和良好的专业素养是本书专业性和科学性的重要保障；硕士研究生王泽、单斐、刘洁、刘名扬、李瑶、李静、鲁重峦等参与了本书的研究和撰写工作。没有他们的帮助，本书难以按时保质地完成，在此深表谢意。

　　本书的研究工作得到了国家自然科学基金（编号：61471362）和中国矿业大学（北京）的支持，同时中国矿业大学（北京）相关专业的诸多教授以及煤炭行业的众多同仁也给予了宝贵的意见，作者在此表示衷心的感谢。

　　本书旨在抛砖引玉，书中疏漏之处在所难免，恳望读者不吝赐教指正，作者不胜感激。

作　者

2021 年 8 月

目　　录

第 1 章 绪　　论

1.1　研　究　背　景

有效的管理将有助于团队更高效地实现既定目标，帮助组织获取更大的利益。管理之所以重要，首先体现在，在当今这个复杂的、不断变化的时代，组织比以往任何时候都需要管理人员具备高超的管理技能和能力，以应对不断出现的各种挑战。其次，有效的管理对工作的顺利完成至关重要，管理不仅要保证个人完成既定的任务，同时也需要保障团队、集体的高效运转。最后，管理能力对于组织的价值创造以及价值观的形成非常重要。

早期的管理理论家，大体上认为其提出的管理原则应当是普遍适用的，但之后的研究发现了很多这些原则的例外情况。例如，劳动分工是有价值的，而且被广泛运用，但是工作有时也会变得过度专业化。官僚行政组织适用于多种情况，但在另外一些情况下，其他结构设计效果更加显著。管理并不是基于过于简单化的和适用于所有情况的管理原则，不同的和不断变化的情况要求管理者运用不同的方法和技术。

现今的管理者在进行管理时面临的问题更加复杂。虽然人们说信息时代的黎明始于 Samuel 在 1837 年发明了电报，但信息技术（Information Technology，IT）最显著的变化发生于 20 世纪后半叶，而且这些变化直接影响了管理者的工作。过去，组织的计算资源通常是被锁在恒温室的大型计算机，只有专家才能够接触。现在，组织中每一个成员都被联系在一起。就如同 18 世纪工业革命对刚刚兴起的管理产生的影响那样，信息技术的发展也带来了戏剧性的变革，并且仍将深刻影响管理组织的方式。

近半个世纪以来，随着信息技术全面深入地融入人类生产生活的各个角落，信息爆炸已经积累到了一个开始引发变革的程度。每 1 分钟，有大约 47000 个应用程序被下载至电脑、手机上，有 6 个新的维基百科的文章发表，约有 639800 GB 的数据在全球网络上传输，包括 2000 万次浏览照片和 3000 次的上传[1]。信息总量的变化导致了信息形态的变化——量变引起了质变。

最先经历信息爆炸的学科，如天文学和基因学，提出了"大数据"（Big Data）的概念。从字面来看，"大数据"这个词可能会让人觉得只是容量非常大的数据集合而已。但容量只不过是大数据特征的一个方面，如果只拘泥于数据量，就无法深入理解当前围绕大数据所进行的讨论。因此，麦肯锡利用四个特征相结合来定义大数据：数量(Volume)、种类(Variety)、速度(Velocity)和价值(Value)。

用一般的现有技术难以驾驭大数据，因此，可视化(Visualization)也就应运而生。可视化可以称为一种思想、一种模式、一种方法，其目的是实现所有内容真实可见，即人们常说的"看得见"。从自然科学的角度来看，人类对于图形信息的接收能力远高于其他类型的信息。根据美国宾夕法尼亚大学医学院的科研人员估计，人类视网膜"视觉输入(信息)的速度可以和以太网的传输速度相媲美"。在研究中，科研人员将一只取自豚鼠的完好视网膜和一台称为"多电极阵列"的设备连接起来，该设备可以测量神经节细胞中的电脉冲值。神经节细胞将信息从视网膜传达到大脑。基于这一研究，科研人员能够估计出所有神经节细胞传递信息的速度。其中一只豚鼠视网膜含有大概 100000 个神经节细胞，相应地，科研人员就能够计算出人类视网膜中的细胞每秒能传递多少数据。人类视网膜中大约包含 1000000 个神经节细胞，算上所有的细胞，人类视网膜能以大约 10Mbit/s 的速度传达信息。

丹麦科研人员也同样证明了人类通过视觉接收的信息比其他任何一种感官都快。如果人类通过视觉接收信息的速度和计算机网络相当，那么通过触觉接收信息的速度就只有它的十分之一。人类通过嗅觉和味觉接收信息的速度更慢，大约是触觉接收速度的十分之一。换句话说，人类通过视觉接收信息的速度比其他感官接收信息的速度快了 10～100 倍。因此，可视化能够传递庞大的信息量就容易理解了。如果包含大量数据的信息被压缩成了充满知识的图形，那么人类接收这些信息的速度会更快。

管理科学同样面临数据激增的问题，自然地，可视化管理的思想也就被随之引入。可视化是提升管理水平的有效工具，一方面，不论管理者的直觉是多么准确，在当前复杂性日益增长的环境中，仅仅依靠管理人员自己的经验是不行的。另一方面，优秀的管理不是可以简单学习到的，随着管理对象的增多，管理学本身已经成为包罗万象的复杂科学，成为一个杰出的管理者，比成为一个杰出的艺术家更费时费力。幸运的是，复杂系统不一定需要复杂的管理，而且经常与之相反，最高效的管理人员可以把一个复杂的系统逐步分解，从而化繁为简，可视化使得这一过程更加直观，令系统的分解"触手可及"。

可视化是在管理活动中实现高绩效并取得成功的强有力技术。可视化为管理者提供了一种强有力的语言，让管理人员可以理解复杂系统中的各个关键元素，并且把各个元素之间的关系和各个元素对整体的关系栩栩如生地展现给管理者。

可视化可以将事实融入数据，它可以将大量数据压缩成便于使用的知识。因此，可视化不仅是一种传递大量信息的有效途径，它还和大脑直接联系在一起，并能触动感情，引起化学反应。研究表明，不仅可视化本身很重要，何时、何地、以何种形式呈现对可视化来说也至关重要。

通过设置正确的场景，选择恰当的颜色甚至选择一天中合适的时间，可视化可以更有效地传达隐藏在大量数据中的真知灼见。将大量数据可视化，可能是指导人类行动的最强大机制之一。

可视化管理(Visual Management)起源于可视化的思想，可视化管理是将可视化的思想应用到管理中，基于工厂管理实践，形成了传统的可视化管理理论，如现场管理、看板管理等。随着信息技术的发展，可视化管理的范畴也随之延伸，管理的内容不再局限于人直接观察到的内容，经过计算机图形、图像处理技术的加工和处理，可以将更远距离、更隐性的管理内容转化为图形或图像，最终将可视化结果直观地展示在屏幕上，从而形成了基于认知科学和可视化技术的现代可视化管理。现代可视化管理是基于信息技术和人类认知规律而开展的管理，能够有效促进人们对管理内容的认知、理解和应用，与传统管理模式相比，它进一步突出了管理内容的图形化、透明化、直观化、实时化、动态化和分享化等特点。

1.2 发展可视化管理的目的和意义

随着信息科学以及管理科学的发展，可视化管理与信息技术的联系日益紧密。可视化管理使得企业的流程对管理者清晰可见，实现企业内部信息的可视化和管理的透明化，将海量的信息以恰当的展示方式直观呈现，其目的及意义可以概括如下：

(1)明确告知应该做什么，做到早期发现异常情况。

就如同人在不同的认知场景下存在的认知差异，传统的管理中，管理者需要首先识别管理目标，再根据确定的目标采取行动，可视化管理的步骤也应如此。事实上，可视化管理的优势在于其为管理者增加了一个全新的信息接收方式，它充分利用了视觉感官这一人类接收信息最快的方式，通过形状、颜色、样式等多种形式，将不可见或较难发现的目标信息显性化，使得管理者对于自己要做什么一目了然，对于管理中可能出现的各类问题有更加清晰的判断。

(2)防止人为失误或遗漏，并始终维持正常状态。

在管理中，人总是能够起到决定性的作用。诚然，技术的发展使得管理者对于管理过程的参与越来越少，甚至出现了"机器取代人工"的趋势，但决定管理是否成功、决策是否有效的关键仍然是人，最终的决策仍需要管理者做出。可视化管理的目的，不是取代人，而是作为一种结合了信息技术与管理科学的有力工具，将平时不可见或难以发现的管理过程以易于被理解的方式展现给管理者，提示易被忽视的环节，警告可能出现的错误，辅助他们做出最有利的决策，维持组织正常有序运转。

(3)通过视觉，问题点和浪费现象容易暴露。

对于数量有限的管理人员来说，在限定的时间内所能够解决的问题都是有限的。

从资源的角度来看，管理者本身即是一种稀缺资源。当前，管理者常将有限的精力投入到重复烦琐的数据处理中，这对于管理是不利的。可视化管理的目的之一，是将管理者从低级劳动中解放出来，将海量数据的本质以清晰可见的方式呈现出来。

（4）发掘"大数据"的价值。

在管理中，管理者得到的信息越多，也就越能够获取对于管理对象的准确判断。当前，相对于丰富的信息，人们有限的数据处理能力才是制约管理者提升管理效率的真正原因。可视化管理一方面充分利用数据挖掘技术，将烦琐数据中的价值充分提取，另一方面利用人类接收信息最快的视觉方式，与管理者充分沟通。

1.3　可视化管理的科学问题

随着管理过程的日益复杂以及公众对管理要求的不断提高，可视化管理为新时代背景下管理科学突破瓶颈、深度发展提供了良好的契机。传统的管理科学对于管理过程的描述往往显得大而全，难以聚焦到问题的本质，可视化管理在充分考虑管理者需求的前提下，能够紧抓问题的关键节点，带来管理效率的巨大提升。可视化管理主要解决的关键科学问题如下：

（1）复杂类型数据的转化方法。

知识是包含事物发展规律的一系列规则集，可视化管理首先要做的就是将最初获取的原始数据转化为有益于管理的知识。不同类型的数据有不同的转化方法，社会发展至今，数据的类型也愈加复杂，既有纯数学的数字，也有经验型的文本，同时，多媒体技术带来了数据类型的极大丰富，图片、音频、视频等更加复杂的多媒体数据也作为原始的数据形式出现。基于海量数据，运用新兴的数据挖掘技术，构建知识发现模型，解释原始数据与知识的关系，在此基础上提出针对性的治理方法。

（2）数据价值的提取技术。

数据蕴含价值，但在大多数情况下，数据的价值是隐性的，并不显现给管理者，必须将其变成知识才能指导管理实践。提取数据的价值是一个将数据向知识转化的过程，这一过程中，首先需要明确管理所需实现的目标，以目标为导向，定位数据价值，采取合理的技术手段，完成最终的转化。数据价值的提取技术，不仅仅囊括现有的数据挖掘、文本挖掘范畴，同时包括数据展现及人类的心理认知。

（3）可视化方式的有效认知问题。

正如文学鉴赏中每个读者都对事物有其独到的见解一样，不同的可视化方式也会带来不同的认知效果。可视化固然为信息表达引入了丰富的视觉效果，但有用的信息也存在被纷繁的视觉效果掩盖的可能，同时，不同人群对于同一种可视化方式的认知效率也有所不同。基于认知心理学，设计实验验证管理者吸收和利用信息效率的影响因素，研究不同的管理对象及其属性之间的映射关系。

(4)标准化的可视化表达体系。

标准缺失是传统管理的巨大缺陷,它使得数据、知识的表达更加复杂,使得同一个问题可能产生不同的解释。例如,如果不结合上下文,对于"管理人员"一词,我们既可以理解为名词性的"管理者",也可以理解为表述行为的"管理+人员"。可视化管理中,更加丰富的视觉效果更有可能造成理解的歧义,因此,建立标准化的可视化表达体系,才能在吸取可视化传达信息丰富的优点上,避免信息表达错误的缺陷,同时,标准化有利于不同层级的管理者跨越交流表达的信息鸿沟。

1.4　主要研究方法

本书所采用的研究方法如下:

(1)文献研究法。

文献研究法的主要目的是把握拟研究科学问题的研究现状,明确未来研究方向及重点。通过对可视化管理、知识可视化、数据挖掘、可视化图元、可视化管理效应等相关领域文献的研读,分析当前研究的不足,由此确定本书后续研究的重点。

(2)逻辑方法。

逻辑方法是人们在逻辑思维过程中根据现实知识按照逻辑思维的规律、规则形成概念、做出判断和进行推理的方法。本书采用逻辑方法,按照人们思考问题的逻辑规律,针对可视化管理是什么、为什么有效、如何实现、怎样实施和评价等问题,构建可视化管理理论体系;针对可视化管理的作用机理,采用分析与综合方法提出管理者认知信息加工模型,并从认知负荷的角度分析可视化的优化作用;针对可视化方式评价,建立可视化方式选择模型。

(3)调查研究法。

可视化管理研究的最终目的是用于指导安全管理实践,提高安全管理的科学化水平,因此通过实地调研,收集数据,对采集到的数据进行规范化处理。

(4)数量研究方法。

数量研究方法也称为定量分析方法,本书以多种类型数据为例,运用因子分析分析安全信息的时空特征,运用词频统计分析安全信息主要特点,运用语义网络分析安全隐患信息的关联关系和分布规律以及煤矿安全事故致因,运用潜在狄利克雷分配(Latent Dirichlet Allocation,LDA)模型挖掘安全隐患主题,运用K-最近邻算法(K-Nearest Neighbor,KNN)实现文本数据分类,运用对应分析研究安全隐患时空分布规律,运用关联规则挖掘算法分析隐患间内在联系,运用方差分析、因子分析分析可视化方法的展现效果。

(5)系统论的研究方法。

系统论的研究方法是指用系统的观点研究和改造客观对象,本书将管理的知识可视化研究涉及的管理主体及对象、管理数据集和知识集以及管理目标看作为系统,分析由各个因素组成的系统的特点和结构,研究它们之间的相互关系。

(6)实验法。

实验包括对 LDA 模型参数估计,对两种参数估计方法进行实验对比分析,对比 KNN 算法和支持向量机(Support Vector Machine,SVM)算法分类效果;运用眼动仪,设计眼动实验评估目标人群对不同可视化方式的认知效果。

1.5 内 容 框 架

本书共分为 13 章,具体内容如下:

第 1 章 绪论。从研究背景出发,分析可视化管理的兴起及发展,初步解释为什么需要可视化管理,初步给出研究的目标及意义。

第 2 章 国内外研究综述。分析可视化管理理论、数据可视化方法、时间序列趋势性、可视化图元体系以及可视化管理效应等相关研究的发展情况,为接下来的研究和分析奠定基础。

第 3 章 可视化管理理论体系构建。分析可视化管理需求及其内涵,理清可视化管理机理,建立可视化管理模型。

第 4 章 可视化管理数据治理。以安全隐患记录和事故调查报告数据为例,分析煤矿安全数据的数据特征、数据来源,并从数据质量的角度阐述数据治理的工作。

第 5 章 基于交互分析的知识可视化研究。介绍交互分析的原理及主要方法,以安全隐患记录数据为例,利用对应分析、对数线性模型以及灰色关联模型,从时间、空间等多个角度分析安全隐患发生的规律。

第 6 章 基于文本挖掘的知识可视化研究。介绍文本挖掘的原理及主要方法,以安全隐患记录数据为例,开展安全隐患主题抽取和隐患自动分类工作。

第 7 章 基于社会网络分析的知识可视化研究。介绍社会网络分析的原理及相关评价指标,以事故调查报告数据为例,提取关键的安全事故致因,全面构建煤矿安全事故致因因素网络模型并加以分析总结。

第 8 章 基于关联规则挖掘的知识可视化研究。介绍关联规则挖掘的原理及主要方法,分别以安全隐患记录和事故调查报告为例,探索不同安全隐患因素直接的联系,分析煤矿事故在致因类型、时间分布上的特点。

第 9 章 基于趋势性分析的时间序列数据知识可视化研究。分析时间序列数据的趋势性特征,革新时间序列数据的分段线性表示以及相似性对比方法。

第 10 章 可视化管理图元研究。结合可视化管理实际,从管理科学的视角出发,对图元的提取、设计、选择及其拼接与组合进行研究分析。

第 11 章 可视化方式研究。研究可视化方式的关联因素，运用分析模型，从多个维度对 X(影响因素)、Y(描述因素)、P(管理效应)进行维度分析，确定可视化方式的影响因素 X 的指标体系，揭示 X-Y 之间的关联关系，确定进一步优化设计的对象。

第 12 章 可视化管理效应研究。从人的认知角度出发，研究分析可视化管理效应的评价指标、影响因素、评价方法以及优化策略。

第 13 章 结论与展望。

第 2 章　国内外研究综述

2.1　可视化管理理论

　　可视化管理最早由泽田善次郎系统地提出。日本丰田公司首次投入使用可视化管理后，企业效率大幅度提升，浪费显著减少，生产产品交付准时、质量优异。在自然界环境中，可视化与视觉认知相关。古时的环境气候观察、危险示警、文字发明等主要通过视觉观察、感知物体所发出"信息"，学习相关"物体语言"，并经过大脑的记忆和模式识别，确定物体信息特征并产生相应的行为。随着 IT 技术的发展，可视化的内容、范围扩大了。人们不再局限于直接目视观察的结果，而是借助 IT 工具，把人脑处理信息的一部分内容和过程交给计算机"智能"处理，并利用认知科学、人机界面和可视化技术有效展示信息结构和隐性知识，客观地发现管理对象的潜在关联关系和结构关系。

　　可视化管理在企业的发展过程中占据了重要地位，国内外学术界和企业很早就开始合作，对可视化管理进行深入研究，将可视化管理应用于各个领域，并取得了较多成果。从国外研究情况看，Deleersnyder 等[2]通过模拟建立多级生产系统，系统研究了看板管理作为企业实现精益管理的设计与实现，这可被看成可视化管理研究的雏形。Meyer[3]探讨了管理信息可视化的用户接受行为。Lasser 等[4]认为可视化管理是利用 IT 系统使管理者全面了解企业信息，使人力资源、供应链、客户管理等各个环节实现透明化和可视化。Eppler 等[5]研究了战略规划过程中可视化的系统应用，并提出了战略规划可视化管理框架体系。Wu 等[6]将可视化从数据管理领域延伸至管理软件，实现了复杂可视化管理与可视化展示的目的。美国北卡罗来纳大学有关可视化管理的研究以数据可视化显示算法的优化选择为基础，并基于此开发了SCIRun、GraphViz、视觉化工具函式库（Visualization Toolkit）、可视化协助系统等可视化管理系统[7]。Park 等[8]在建筑安全管理中，提出了建筑安全管理可视化系统架构模型。González-Cencerrado 等[9]运用可视化系统模拟仿真了 500kW 下煤粉燃烧特性，并进行可视化监控管理。Wu 等[10]研究了可视化在应急管理过程中协同决策的应用，通过可视化方式促使应急小组成员有效分析信息、共享和集成关键信息，并可以可视化监控个体行为，最终改善应急管理中的协同决策。Şalap 等[11]研究了基于地理信息系统（Geographic Information System，GIS）的煤矿安全可视化监管系统，通过对煤矿安全数据库和逻辑关系模型设计，在 GIS 平台上将安全信息进行可视化展示，达到安全可视化管理的目的。Liu 等[12]基于射频识别技术 (Radio Frequency Identification，RFID) 和 Java EE Web 技术设计了可视化管理系统，引入视觉和图形界面来实时显示和监视设备的状态和位置。Williamsson 等[13]探讨了可视化管理工具在医院环境中的使用，检验可视化工具潜在的益处，对护士的精神压力有缓冲作用。Glegg 等[14]介绍了自定义设计的基于 Excel 的可视化管理工具的开发和实现，实现了对计划规划和项目管理的高效集成。Siaudzionis 等[15]使用精益制造工具和可视化管理理念开发了一个视觉面板，用于支持飞机装配线的视觉传达，消除了工具丢失、效率低下的情况，并减少了浪费的时间。Grant 等[16]利用帕累托图和其他可视化管理工具，确定在患者住院期间通过点流行性捆绑检查和实践记录的差距，降低了整个医院的风险。Eriksson 等[17]将变更管理文献链接到可视化通信的可视化管理中，通过将可视化沟通与变更管理相结合，为可视化管理如何支持变更管理做出了贡献。Verbano 等[18]研究了如何采用可视化管理系统规划和控制医疗保健操作中的患者行程并持续改进过程，最终改善了重症监护病房的患者旅程板和每日简报，证明了可视化管理的有效性和效率。Tezel 等[19]认为可视化管理是一种基于认知有效信息传递的重要近距离通信策略，提出了实用的可视化管理工具分类法和可视化工作场所的实施框架，并确定了与可视化管理相关未来研究方向。Kurdve 等[20]从人员的角度出发设计了日常可视化管理，提出了一种精益的 Kata 改进启发性设计方法，在制造行业双案例研究的实践应用中取得了较好的效果。Kurpjuweit 等[21]认为可视化管理成为精益管理实践的重要思想，系统地研究了启用或阻碍可视化管理实施的因素，为从业人员提供了有关有效实施可视化的见解。Wang 等[22]研究了可视化在海绵城市洪水风险管理方面的作用，利用可视化管理技术模拟城市蓄水过程，结果证明其与实际监测数据吻合，减少了信息交流的差距。Murata 等[23]将可视化管理作为平滑管理全球供应链的管理工具进行研究，提出了一种用于对可视化案例进行绩效评估的模型，能够快速检测异常情况，持续维护安全环境，防止操作失误以实现知识共享。

从国内研究情况看，李堂军等[24]阐述了企业可视化管理的内涵，认为企业可视化管理就是利用管理学原理、计算机图像、视觉及交互技术将管理信息转化成为可在屏幕上显示和交互处理的图形图像信息，以提高企业经济效益和核心竞争力。邢存恩等[25]以 GIS 为基础，建立了采掘工程衔接计划可视化管理系统。史后波[26]研究了煤炭企业可视化管理与应用，构建了可视化管理模型，设计了煤炭企业可视化管理系统。刘屹[27]针对煤炭企业成本管理问题，构建了煤炭企业成本可视化管理模型，以可视化方式揭示隐藏在成本信息背后的成本动因和成本责任主体间的关联性。彭长清等[28]阐述了可视化管理的相关概念理论，针对劳动密集型企业管理现存问题，提出标志线、标志牌和标志色三种可视化管理实施方法，为我国劳动密集型企业提供了可借鉴的管理创新方法。李萍丽等[29]在可视化技术理论的指导下，将课程核心概念间的语义关系以视觉表征的方式加载到课程管理系统的窗口内，实现学习服务的个性化。熊华强等[30]开发了一套基于 C++语言编写的 SCD 文件可视化管理与分析决策系统，通过图形化展示提高了文件的可阅读性和管理效率。董玉德等[31]提出了基于物联网的路灯监测和控制方案，设计了可视化的智能操作平台，通过可视化管理实现了城市路灯的自动、实时监控。高建敏等[32]认为，要实现可视化管理，首先要做好顶层设计，建立数据信息化平台，以可视化技术为手段，增强数据效果，为管理者提供决策支持。冯桂珍等[33]利用 Quest3D、VC++、MySQL 实现了某工程的可视化管理系统，实现了数据异地同步、预警可视化、虚拟场景漫游、信息直观查询等功能。张云龙等[34]开发了公路隧道三维浏览及病害可视化管理系统，实现了隧道内部场景的虚拟浏览及病害的可视化管理，取得了良好效果。李盛阳等[35]设计了基于三维地球的海量遥感影像高效可视化管理系统，为遥感影像的浏览、查找与定位等管理提供了高效、直观的载体。王力等[36]通过绘制知识图谱研究了国内外可视化管理研究状况，结果表明国内可视化管理偏向于企业中的实际应用，国外则更注重可视化管理的基础理论研究。杨亚楠等[37]引入可视化管理概念，对高新技术企业内部产生的数据进行合理的可视化展示，提高了管理决策效率和水平。谭章禄等[38,39]介绍了煤矿安全管理和可视化管理的基本概念和研究现状，找出了安全可视化管理的管理主题、管理对象、可视化方式三要素，尝试构建煤矿安全可视化管理平台结构模型，为今后煤矿安全可视化管理的量化研究奠定了基础。张长鲁[40]构建并分析了煤矿安全数据结构化表达模型和安全知识可视化 RPCIA 实现模型，阐述了安全可视化管理用于煤矿管理的积极作用。李光达[41]研究了煤矿安全可视化管理效应的基本概念、产生机理和影响因素，提出了煤矿安全可视化管理效应的测度指标、模型和方法，并给出了改进优化策略。陈立龙等[42]创建了一个可视化的运动管理系统，基于马尔可夫链形成的算法对运动状态进行预测，通过图表可以直观高效地查看任意一段时间内学生每日的运动总量和运动状态。谭章禄等[43]将可视化管理引入煤矿安全管理中，介绍了煤矿安全可视化管理与可视化方式的基本概念和研究现状，提出了煤矿安全可视化方式选择的定性和定量方法，提升煤矿安全管理水平。王永华等[44]提出了实验室设备可视化管理系统，实现了对全校范围内的实验室仪器设备的可视化实时监控、定位及追踪，可以系统高效地管理学校繁多的仪器设备，提高管理人员的效率。李军等[45]建立水下碍航物三维可视化管理系统，实现了水下碍航物数据获取、处理，为海洋测绘作业人员提供全方位、一体化的技术支持和信息保障。杨柳曼等[46]提出了基于 Silverlight+WebGIS 的资产可视化管理技术方案，提高了资产的使用效率和企业的生产效率，满足了现代化生产企业灵活化、智能化的需求。靳宇等[47]认为可视化四要素包括目的、原则、要点和执行水平，结合"可视化"管理模式进行了实践教学与管理，使学生在专业技能和职业素养方面都得到了提高。李依璇等[48]总结了纺织服装生产可视化管理的研究趋势，包括物联网技术、大数据可视化、车间监控可视化、系统可视化与集成，认为可视化管理发展离不开物联网、大数据等技术的发展。王清波等[49]基于应用程序接口（Application Programming Interface，API）进行图像识别，实现以资产标签图像转换为文字的方法，以及利用数据库查询进行数据获取，并将数据整合到图表上，以可视化方式返回管理信息的技术。

　　通过上述分析可知，可视化管理的研究与应用涉及的学科领域和范围越来越广，大部分学者已经意识到可视化管理的重要性，并将可视化与特定专业领域结合起来进行研究。可视化管理能让企业的流程更加直观，使企业内部的信息实现可视化，并能得到更有效的传达，从而实现管理的透明化。可视化技术的研究起步较早，发展相对完善，但可视化管理的理论概念及系统研究还处在起步和不断发展的阶段。针对可视化管理的研究，我国学者更多重视其在现场生产过程的研究，较多文献主要从计算机或信息管理角度进行研究，未形成较高层面的理论系统研究。国外更多重视可视化管理与信息化技术的结合，通过视频监测监控及信息数据的开发，对管理过程及生产活动进行可视化管理；在地理信息、航天航空、电力行业、医学研究和图像仿真模拟等领域已经取得了较多成果。

2.2　数据可视化方法

　　数据可视化是关于数据仓库中数据视觉表现形式的研究，是指利用图形、图像处理、计算机视觉以及用户界面，通过数学建模对立体、表面、属性以及动态关系的显示，使人们以更加直观的方式看到非空间数据及其结构关系[50,51]。其基于信息认知的视觉表现形式是数据仓库中的数据的抽象，是数据结构、属性、特点、变量变化的图形化展示。数据可视化依据数据及其内在模式、结构、特征、变化，利用计算机界面中的图像促进使用者深入认知[52]。当前，数据可视化主题内容有数据的显示、连接的显示、网站的显示、可视化工具与服务[53]。可视化数据挖掘是为了提高数据挖掘的准确性和用户的主动性，将可视化技术应用于数据挖掘的各个阶段，以便在数据发现过程中得到更符合用户需要的信息的一系列理论、方法和技术[54]，可视化技术基本原理如图 2.1 所示。

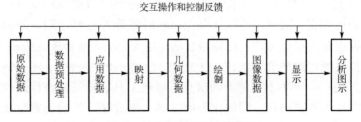

图 2.1　可视化技术基本原理

　　数据可视化常用的技术有平行坐标技术、面向像素技术、枝形图标技术和层次结构技术等。例如，采用数据挖掘算法对商业信息资讯、风险投资、行业潜力与竞争等描述性统计分析、探索性数据分析以及验证性数据分析，实现数据信息到认知模式的转化。国内外关于数据可视化技术的研究已经取得了较多成果。

　　从国外研究情况看，Chen 等[55]提出了一种基于平行坐标和增强环的多维数据可视化方法，帮助用户获得有关数据分布和数据之间关系的更详细的信息，减小数据集的大小并优化可视化效果。Fu 等[56]提出了一种新颖的数据可视化方法，将 GIS 技术引入国家自然科学基金管理系统中，用空间统计和表达机制实现数据的最佳布局，对科学基金管理有积极作用。Rutter 等[57]介绍了新的交互式转录组测序技术（RNA-seq）可视化工具，结果证明新的可视化工具能够检测到归一化问题、差异表达指定问题和常见分析错误，可以更全面地使用模型和提取视觉生物信息。Protas 等[58]评估了可视化方法在输入和输出为比例尺寸图像的网络中的应用，结果表明，可视化有助于对神经网络内部工作的理解和改进，提高体系结构的效率。Kim 等[59]提出了一种基于积分成像的实时捕获和 3D 可视化方法，改善了图像质量，最终获得具有超高清分辨率的实时 3D 图像，并且观察者可以自由更改深度平面。Li 等[60]提出了一种球形射线投射方法，研究了海洋数据的可视化分析，认为未来时空分析方法、数据挖掘、机器学习等其他可视化方法将用于分析海洋数据集。Sudarikov 等[61]采用数据可视化技术研究了微生物群，以多层次的方式对宏基因组学数据可视化的最新方法进行了综述，对研究多维数据有一定的参考价值。Raghav 等[62]介绍了当前用于可视化大数据集的不同技术和工具，以及它们支持来自各种数据源的大量数据的功能，并解释了可视化系统面临的主要挑战。Liu 等[63]提出了一种使用数据可视化和卷积神经网络的新的基于骨骼的动作表示方法，采用卷积神经网络从彩色图像中提取深度特征。Kokina 等[64]使用回归、决策树和聚类等分析技术映射业务问题，并在 Excel 和 Tableau 中展示可视化效果，满足了会计师对预测分析能力发展的日益增长的需求。Ruan 等[65]将主成分分析和多维标度两种可视化技术结合进行图像处理研究，有效地降低了图像尺寸，并使用色图增强人类的视觉质量，通过有效的可视化深入了解数据信息并发现网络流的通信模式。

　　就国内研究情况而言，孙扬等[66]针对传统多变元可视化方法降维过程信息损失较为严重的情况，提出一种改进的星形坐标法，能够有效提供维度分布信息，有利于用户发掘隐性知识、减轻用户操作负担。程时伟等[67]总结了眼动数据可视化的基本框架和四种主要可视化方法：扫描路径法、热区图法、感兴趣区法和三维空间法，并对眼动数据可视化的研究趋势进行了展望。赵蓉英等[68]研究了图书情报学领域的信息可视化方法，分析了不同种类的信息可视化工具的特征以及优缺点，认为未来可视化分析方法将向集成化、智能化方面发展。陈谊等[69]针对具有层次结构和多维属性的复杂数据，提出了一种基于树图与平行坐标结合的 MCT（Multi-Coordinate in

Treemap) 可视化技术，在农产品分类方面取得了较好的可视化结果。郑飔飔等[70]提取弹幕评论中包含的情感数据并对其进行可视化，帮助用户获取网络视频数据中包含的情感信息及情感特征走势，提供一种新的视频检索可视化方法。刘海等[71]提出了一系列面向教学场景的数据可视化方法，将实现的数据可视化方法应用到实际教学，产生了良好的实践效果，有效地促进了智慧教育发展。刘佳等[72]提出了一种考虑 $N-1$ 安全约束的分布式电源电力控制可视化方法，实现了配电网安全可靠、设备经济运行，具有合理性和科学性。刘自强等[73]提出多维度视角下学科主题演化可视化分析方法，并通过对我国图书情报领域近十年大数据研究的实证分析，证明该方法具有可行性和有效性。陈谊等[74]总结梳理了食品安全数据可视化和可视分析方法，帮助食品安全领域人员快速分析数据的分布态势、探寻数据间隐含关联、提升认知和分析能力，提高食品安全监管的科学性和有效性。张昕等[75]研究了树图可视化的基本布局算法、属性设计和交互方法，并对树图可视化及其扩展方法的基础和研究前沿进行了综述，展望了其发展前景。霍亮等[76]构建了基于可视化方法的信息分析流程图，从顶层设计的视角指导基于可视化方法的信息分析工作，弥补了传统方法的不足，提升了信息认知的效率。贺怀清等[77]提出了一种基于用户自定义兴趣区的眼动数据可视化方法。黄昌勤等[78]建立了面向智能学习服务的行为大数据可视化机制，结合不同空间学习形式分析可视化内容、方式与时机的判定理论，提出的可视化方案对网络学习空间的个性化学习活动推进及效果提升有良好的支持作用。纪连恩等[79]研究了时序数据空间和高维参数空间的集成可视化映射方法，将可视化工具 iDCS 应用于实际机组控制数据的可视化与分析中，并证实了该方法的有效性和适用性。曲佳彬等[80]认为目前对关联数据可视化研究主要分布在本体可视化、关联数据可视化浏览和关联数据可视化应用三个方面，在关联数据集上构建可视化 Web 应用将是未来关联数据可视化研究的重点。冉从敬等[81]采用浏览器端可视化库 ECharts 绘制出专利权人引证关系桑基图，结果表明该可视化方法可以有效揭示技术领域的发展过程，丰富了专利引证关系可视化研究的方法体系。周志光等[82]从正交变换、空间划分、聚类可视化、分组动画等角度出发，设计能够有效地增强降维空间视觉认知的多维时序数据可视分析系统，帮助用户快速、准确地识别多维数据的相似特征及其时变演化规律。阮晓蕾等[83]研究发现，使用频次较高的可视化呈现方式有表格、条形图、柱状图、散点图等，箱形图、词云图、绘制折线图等形式新颖的数据呈现手段开始显现。杨斯楠等[84]将网络评论情感可视化技术方法归纳为基于文本内容的情感可视化、基于时空的情感可视化和基于文本主题的情感可视化，将可视化工具总结为静态、交互式以及支持编程三种类型。许向东[85]认为目前数据可视化的研究方向主要集中于呈现类型、可视化工具、存在问题与改进办法等，研究方法也以文献研究和案例研究为主，并提出了采用眼动仪测试数据可视化传播效果的方法。杜晓敏等[86]提出了一种基于变换的可视分析关联图 TransGraph，设计了一个可视分析系统，能够突出重点监管对象、全面地展现关联信息，有效辅助相关监管部门及分析人员制定决策。张瑞等[87]探讨了金融数据可视化实现过程，包括四个阶段：关联数据集成、语义关联发现、关联数据结构化和关联数据可视化。周志光等[88]概述了具有显著多维、时空、层次等特点的地理空间数据的可视分析前沿技术和方法，对地理空间数据可视分析的未来发展趋势进行了展望。曲佳彬等[89]利用不同的可视化分析方法，从多个维度对学术论文关联数据中蕴含的宏观和微观知识进行可视化展示，结果表明可视化分析能够以直观的图形展示关联数据中的宏观和微观知识，帮助用户快速对关联数据进行消费和利用。

综上所述，从企业管理角度来看，可视化管理的目的是通过直接、简单、清晰、准确、易理解的信息"告知"，提高决策、计划、组织、控制、监督、创新等管理过程的透明度，促进企业内部知识、经验的交流和学习，让更多的利益相关者关心企业、监督企业、管理企业。从认知科学角度分析，数据可视化的研究是为了提高企业信息资源开发、利用、传播效率，利用系统促进信息在"感知、认知、思维、判断、决策和知识学习"过程中更有效地发挥作用。

针对上述国内外研究现状，可视化发展如表 2.1 所示，其主要研究有三个方面：①基于数据挖掘和智能处理的科学计算可视化、数据可视化、信息可视化、知识可视化的研究；②基于界面设计的色彩(亮度)、图形、逻辑结构、动态、多维等的图像渲染、组态、技术处理的可视化方式和映射的研究，包括数据过滤、筛选和计算等信息处理方式；③基于以上两个方面的系统开发和应用，包括软件开发平台的可视化，比如 WebGIS、虚拟模拟系统在地质勘探、地球气候、高空和深海探测、医学、信息咨询等方面的应用。然而，从可视化管理理论的角度进行的研究较少，即使有一些相关的研究，大多数技术、方法和理论还是"概念"，还没有被广泛地推广和使用。

表 2.1　可视化技术发展比较

发展阶段	科学计算可视化	数据可视化	信息可视化	知识可视化
可视对象	科学计算与工程数据	大量非空间数据	多维非空间信息资源	知识为主的信息资源
可视化目的	将工程数据直观表达	将抽象数据以直观方式表示出来	从大量抽象数据中发现新的信息	促进群体知识的传播和创新
技术方式	工程数据处理、图形处理	信息交互处理、数据挖掘	数据挖掘、信息资源开发、共享	知识发现、知识传播、知识创新
可视化方式	等值线、面绘制、体绘制等	平行坐标法、3D 模拟等	轮廓图、双曲树	草图、知识地图、语义网络
交互类型	人-机	人-机	人-机、人-人	人-人、人-组织
系统功能	工程信息传递、监测和控制等	管理信息处理、控制、预测	辅助科学决策、业务流程再造等	创新管理模式、组织自我完善等
管理类型	科学管理	信息管理	信息资源管理	智能管理

从可视化管理应用角度来看，当前主要的研究是把结构化数据和非结构化的数

据信息挖掘出来，并通过软件开发实现数据处理和潜在信息图像化。但是，可视化的目的是挖掘潜在信息价值，选择恰当的可视化方式，提高用户信息认知效率。当前研究中，从可视化方式的认知角度研究可视化方式设计和选择的成果较少。可视化方式设计和选择中没有过多地关注用户的认知规律和特点，如认知过程、心智模式、知识文化和行为习惯，从而造成操作和信息展示不符合人员的认知和行为习惯，信息利用效率不高，最终造成科研成果推广不开或者失败。

从系统开发角度来看，多数系统采用面向对象的方法和可视化软件包，展示一维、二维、三维和多维数据信息，展示方式多采用当前流行的技术，比如虚拟现实技术（Virtual Reality，VR）、3D、GIS 等。但从人员参与和认知过程来看，多数系统没有从使用者业务内容和岗位类型的角度选择有效的可视化方式，或者选择可视化方式组合，造成系统难以操作和信息难以认知的尴尬境地。

从可视化管理理论和水平评价研究来看，其研究成果非常少。可视化管理初步应用在很多方面，如航天、深海、医疗、地质环境等信息可视化和图像模拟，但其理论建构、效果和水平的评价研究较少，造成可视化管理缺乏系统研究，缺乏可视化技术和实施主体的效果、水平跟踪和评价，比如可视化管理效果、应用水平内容的影响因素分析、评价体系构建，以及可视化水平对比等。

2.3　时间序列数据趋势性

时间序列数据广泛分布于生产生活的各个场景，蕴含着丰富的知识，识别数据中潜在的模式、规则等知识，有利于发挥数据的价值，支持管理人员决策。时间序列数据相关研究由来已久，研究者已经取得了丰硕的成果。随着大数据的发展，传统的统计分析方法已经不能很好地挖掘数据的深度价值，探寻时间序列的趋势相关性问题日渐成为新的研究热点。

2.3.1　时间序列趋势性分析与描述

时间序列 X 一般是由 n 项与时间顺序有关的数据记录组成的元素的有序集合，可表示为

$$X = \{(x_1, t_1), (x_2, t_2), \cdots, (x_i, t_i), \cdots, (x_n, t_n)\} \tag{2.1}$$

其中，(x_i, t_i) 表示在 t_i 时的元素值为 x_i，采集时间 t_i 是递增的，间隔 $\Delta t = t_{i+1} - t_i$ 通常相同，即 $t_{i+1} - t_i = t_{i+2} - t_{i+1}$，因此一般将 X 简记为 $X = \{x_1, x_2, \cdots, x_i, \cdots, x_n\}$[90]。

x_i 通常为连续型的数值，即 $x_i \in \mathbf{R}$。但是，有些时间序列型观测记录的元素值则为定性的分类数据，以有限个类别符号作为取值范围，若不同符号之间没有大小之分、等级之别，则可以认为是定性的标称数据；如果不同符号之间有大小序列关

系，则可以称为序数数据。

李新旺等[91]基于经验模态分解(Empirical Mode Decomposition，EMD)析取河北省 1978～2015 年粮食产量序列趋势项，该趋势项实际是原序列的单调函数或均值函数，用以描述序列的变化方向。黄晓荣等[92]分别运用 Mann-Kendall 法、Hurst 指数法(Hurst Exponent)对南水北调西线工程引水区的气象序列数据进行了上升、下降趋势及其持续性分析。陈立华等[93]以滑动平均、线性回归、M-K 法和 R/S(Rescaled Range Analysis)法探究了某地区气候序列的趋势特征。其中，滑动平均和线性回归均是通过对序列数据的一定时间窗条件下取均值、线性拟合等方式，识别序列上升、下降的趋势性。R/S 分析是由 Hurst 于 1965 年提出的一种时间序列统计方法，用 Hurst 指数描述序列是否存在上升、下降的方向，以及持续性。M-K 法主要用来识别序列是否存在上升、下降趋势，以及突变点。

王占全等[94]以线性倾向估计与 Mann-Kendall 法识别太原市冲积平原地下水位的趋势性、持续性和突变性。线性估计方法主要是对目标序列的线性拟合，根据线性拟合的斜率正负及其大小，辨别这一序列的上升、下降趋势及其强度。孙嘉琪等[95]以 1955～2005 年嫩江中下游同盟、江桥、大赉站径流和降水为依据，应用 Mann-Kendall 检验、Sen 斜率估计法、改进累积曲线等方法研究了嫩江中下游径流在年、季节尺度上的趋势变化特征。其中，Sen 斜率估计法主要依据 Sen 斜率估计值的正负判断上升、下降趋势，以及这种趋势的显著性。改进累积曲线法，主要用于判断序列的上升、下降趋势，以及趋势变化点。

徐进军等[96]通过多项式内插、趋势项拟合、快速傅里叶变换以及稳健最小二乘估计，计算观测值对应数学模型的相关参数，利用求解出的数学模型分析汶川观测台站地倾斜值的趋势性、周期性以及异常残差。其中，趋势项拟合的目的是对数据中的缺失值进行填补，通过局部时间序列数据的多项式拟合，对缺失值做出预测，根据拟合效果，即误差，选择多项式。而对序列趋势的分析，则是基于序列数据的趋势变化情况，即序列变化方向是否稳定，如在南北方向上，下降趋势较为稳定；在东西方向上，序列数据分为缓慢上升、快速上升、缓慢上升三个阶段。因此，所谓的线性趋势，实际上是序列变化方向较为稳定，非线性趋势则是指序列的变化方向较为复杂的趋势性描述形式。

毛圆圆等[97]对某医院的流产病例数进行了趋势分解，以用于基于整合移动平均自回归(Autoregressive Integrated Moving Average，ARIMA)模型的未来月份流产数预测。其中，趋势项分解实际上是一定时间范围或尺度的滑动平均值，对时间序列的趋势分析主要是上升或下降方向的描述。

在股票价格趋势预测方面，张梦吉等[98]将股价趋势预测作为上涨、下跌的分类问题。余传明等[99]提出一种新的文本价格融合模型，结合原始价格指标，使用多层感知机算法对股票价格变动趋势即股价的涨跌进行预测。饶东宁等[100]根据股票的涨跌幅度,将股票价格的涨跌趋势分为四类。任水利等[101]通过百分收益率定义了下跌、平稳、上涨三种趋势,作为股票价格趋势预测的输出。

在时序数据挖掘中,趋势通常是对数据在一定时间段内发展变化方向的表述。针对时间序列数据的趋势及其描述研究人员已经进行了较多探索。Wijsen[102]阐述了"趋势依赖"概念,趋势是变化趋向的高阶表达,可用上升或下降等日常用语描述。Cheung 等[103]定义了一类趋势描述语言,将其元素称为"基元",涉及七类三角形片段和两类梯形片段,依据导数的符号定义相应片段,时间尺度会影响趋势片段的提取。Janusz 等[104]提出了一种直接从传感器数据自动生成定性趋势描述的架构,主要是发现基元、片段、趋势和配置文件等层面上的趋势信息,依据一阶和二阶导数的符号,形成了九种基元。Joaquim 等[105]在实践应用中,扩充趋势描述基元集合至13 种,其中基元以特征函数和定性辅助特征函数的取值范围为参考,主要是数据片段及其左右端点的拟合函数的导数值。Charbonnier 等[106]提出另一种趋势描述方法,以上升、下降、不变等三个基元为基础,构建七种趋势形状,用以描述过程数据的趋势。根据趋势的定义,对在序列中自动提取趋势基元开展了诸多探索。Konstantinov等[107]定义了固定窗口的多项式趋势提取方法,以多项式拟合等长划分的数据片段,调整多项式阶数以达到拟合要求或最高限制,趋势基元与其导数符号相对应,实现趋势变换。Dash 等[108]提出了一种基于约束多项式匹配的区间半分过程趋势自动提取架构,包括趋势提取和辨识两部分,以带约束最小二乘多项式拟合数据片段,通过片段拟合函数的导数符号与大小来进行趋势与基元的匹配。

综上所述,现有研究一般认为趋势是时序数据在一定时间段内的发展方向,并且一般使用趋势基元来定性描述分段子序列的形态,即以分段子序列拟合多项式函数的一阶导数和二阶导数的符号为媒介,将数据片段与趋势基元相对应,从而实现时间序列数据中子序列的趋势识别并用趋势基元符号予以表达。无论是时间序列趋势性的分析,还是股价时间序列的趋势分类预判,均是对时间序列在一定时间范围内是否存在上升、下降变化的识别和检验。因此,时间序列的趋势,实际上是指时间序列在一定时间范围内的上升、下降等变化方向,以及某一种变化趋势的持续性和转折突变。

2.3.2　时间序列分段线性表示研究

由于时序数据一般较为复杂,直接分析难度大,同时影响算法分析效果,利用数据近似表示形式降维,而且保持其关键特点,是必不可少的前期工作。

时间序列 $X = \{x_1, x_2, \cdots, x_i, \cdots, x_n\}$ 可以表示为

$$X(t) = f(w) + e(t) \tag{2.2}$$

其中, $f(w)$ 是时间序列模式表示, $e(t)$ 是原序列与它的模式表示之间的误差。将时

间序列按时间分成多个子段，如 k 段，$f(w)$ 定义为连接子段两端点的直线段，则时间序列的分段线性表示（Piecewise Linear Representation，PLR）[109]为

$$X(t) = \begin{cases} f_1(t, w_1) + e_1(t), & t \in [t_{1,L}, t_{1,R}] \\ f_2(t, w_2) + e_2(t), & t \in [t_{2,L}, t_{2,R}] \\ \quad\quad\vdots \\ f_j(t, w_j) + e_j(t), & t \in [t_{j,L}, t_{j,R}] \\ \quad\quad\vdots \\ f_k(t, w_k) + e_k(t), & t \in [t_{k,L}, t_{k,R}] \end{cases} \quad (2.3)$$

其中，$f_k(t, w_k)$ 表示连接时间序列分段点的线性函数，$e_k(t)$ 是这段时间内原序列与其分段线性表示之间的误差，$t_{k,L}$ 和 $t_{k,R}$ 是第 k 段直线的起始时刻与终止时刻，且 $t_{1,L} = t_1$，$t_{k-1,R} = t_{k,L}$，$t_{k,R} = t_n$。

　　k 的值与压缩率（Compression Ratio，CR）有关，CR 计算公式为

$$CR = \left(1 - \frac{k+1}{n}\right) \times 100\% \quad (2.4)$$

由于趋势描述需要将分段子序列转换为基元，而分段子序列的划分主要以趋势转折点为主，趋势基元与子段的变化方向相对应，所以，以趋势转折点、重要点等特征点作为分段点。实现分段线性表示，是降维趋势变换的重要步骤。

　　周大镯等[110]、孙志伟等[111]将相关的 PLR 算法归结为两类，一类根据拟合误差确定分段，主要通过直线段拟合原始时间序列，直到达到输入的误差阈值。但由于合理的误差阈值难以估计，其分段拟合难以达到理想效果。另一类通过选择趋势转折点、重要点等特殊点实现分段。近些年对此开展了较多的探索和尝试。孙志伟等[111]根据初始各分段拟合误差的大小与时间跨度，提取局部重要点，提出了一种基于时间序列重要点的分段算法（PLR-TSIP）。但该算法需要设定初始重要点数量以及参与点数排序的分段子序列数，而初始重要点会限制最终的分段效果。邢邝等[112]通过限定时间窗长度和设定趋势转折点间的距离阈值，提取趋势转折点与拐点作为分段点，提出一种趋势转折点提取算法（FTTO）。但该算法不能提取指定数量的分段点，且拟合误差只是完成分段后的结果评价标准，在分段点选取过程中基本未考虑拟合效果，且侧重突出局部形态，难以反映整体趋势。谢婷玉等[113]选择体现局部变化趋势的极值点作为重要点，以距离因子评价重要点对局部趋势的重要程度，以趋势因子评价重要点对整体趋势的重要程度，综合评价局部极值点以提取分段点，构建了一种基于重要点双重评价的时序趋势提取算法。但该算法需要粒子群寻优算法确定距离因子阈值和权值，且参数寻优过程与分段点提取过程相分离，算法计算过程复杂，初始重要点限制了分段点的选取范围，一定程度上会制约最终拟合效果。林意等[90]

运用二叉树层次遍历方法提取重要点实现初始分段，依据各分段的复杂程度确定需提取的重要点数量，利用改进的自底向上融合算法提取各分段的重要点，构建了一种 PLR 方法(PLR_BTBU)，初始重要点体现时间序列的整体趋势，一定程度上限制最终的分段拟合效果。林意等[114]以极值点作为上下滤波点，通过连接上(下)滤波点形成上(下)滤波线，提取滤波线的转折点作为分段点，构建了一种基于趋势的分段线性化算法(PLR_WFTP)，虽然时间复杂度较小，但需要指定上下滤波线的距离阈值，且不能选取指定数量的分段点，难以灵活选择压缩率。陈帅飞等[115]提取极值点与波动幅度大的点等作为关键点，依据关键点的时间跨度与振幅变化提取分段点，构建了基于关键点的 PLR 方法(PLR_KP)，对短时间内变化平缓的数据拟合效果较好，但需要指定阈值下限、时间跨度、变化幅度等参数，合理的参数阈值难以估计，难以满足固定压缩率的使用要求。

综上所述，现有的趋势转折点、重要点等特征点的提取过程，较少考虑拟合效果，尤其是整体拟合效果，且分段点的选择范围一般受限于初始特征点，一定程度上制约了最终的拟合效果。此外，基于启发式规则提取特征点，由于需要事先设定的参数阈值会影响分段点选取，人为难以估计合理的参数阈值，不能提取指定数量的分段点，难以满足固定压缩率的使用要求，虽然已有研究采用进化技术进行参数阈值寻优，但与分段点提取过程相分离，算法计算过程较为复杂。

对于高维度、结构复杂的煤矿安全时间序列数据来说，趋势转折点提取过程以及选择指定数量的分段点过程中，以人工分析去估计合理的参数阈值显然难以实现，不仅主观性较强而且不具有可操作性和广泛适用性。因此减少人为干预，实现自适应的分段线性拟合以提取指定数量的分段点，尤其是满足灵活设定压缩率的使用要求，具有重要价值。

2.3.3　时间序列趋势相似性度量研究

趋势相似性度量是趋势性知识发现的关键环节，选取合理有效的距离度量方法十分重要。欧氏距离(Euclidean Distance，ED)和动态时间弯曲(Dynamic Time Warping，DTW)是当前应用广泛的距离衡量技术。但 ED 方法仅能度量等长序列，不具有区分趋势差异的能力；而 DTW 即使弥补了 ED 方法的缺陷，但因其较复杂、效率较低，影响了其广泛应用[116]。

在相关研究中，时间序列模式化其实是分段符号化过程，模式实际上是指符号化的趋势基元。因此，相关研究可以为趋势序列间的距离度量提供参考和借鉴。

张海涛等[116]在分段聚合近似进行降维的前提下，将子段的变化方向符号化，构建了 SMVT 方法。刘慧婷等[117]以 EMD 识别序列趋势特征，依据子段的变化方向，进行趋势模式变换。肖瑞等[118]在实现区间划分和形态识别的前提下，实现趋势符号变换，以用于相似性衡量。王钊等[119]以上升、保持、下降的涨落模式为基础，运用最长公共子序列算法度量趋势相似性。总体来看，单纯以子段方向进行趋势变换，其有序连接不能有效保留原始序列的整体趋势，难以实现趋势相似性的准确衡量。

王达等[120]以 PLR 方法进行分段，针对三元模式化，以其数值差异定义了模式距离。董晓莉等[121]在 PLR 方法分段的基础上，依据变化方向构建了七种趋势模式。李正欣等[122,123]用子段的拟合线段倾斜角和时间跨度表示其趋势，构建了基于 DTW 的趋势相似性度量方法。李海林等[124]综合 SAX（Simple API for XML）与 DTW，衡量序列间的趋势距离。上述的序列趋势距离都依据"模式差异大，则数字距离大"的原则，但趋势模式或基元等定性化符号间的距离不应有大小之别，以数值差异为基础的统计距离不能有效识别序列间的趋势相似性。

王燕等[125]以关键点进行分段，构建了综合均值距离和斜率距离的分层欧氏距离，用于趋势相似性度量。一方面，均值之间的距离是数值统计距离，不能度量趋势变化的相似性；另一方面，斜率仅代表子段的变化方向，其数值差异不能反映序列趋向的不同。

综上所述，现有的趋势相似性度量方法具有较多局限性，需要进一步深入探索，以不断改善其应用效果。

2.4　可视化图元体系

2.4.1　图元内涵界定

理论界对图元（Entity）内涵的界定，大致有两种理解，分别从①计算机图形学和②符号学与设计学两个角度进行阐释。

（1）文献[126]和文献[127]中给出的定义为，图元是计算机制图中最基本的图形元素（如点、线段、圆弧、字符、描述符等）。其具有的特征包括颜色、亮度、线型、线宽、字符大小、字符间距、字体、图元检索名以及用户定义的其他特征等。计算机图形学派认为，图形是由一组基本图元（点、线、面）和属性（线型、颜色等）构成的通用图形系统，即图形软件包中用来描述各种图形元素的函数，全称为图形输出原语（Graphics Output Primitive），如刘守瑞等[128]、汪荣峰等[129]阐述的。Lengler 等[130]提出了可视化方式元素周期表，模仿化学元素周期表中属性随着位阶变化的图形规律，介绍了以 100 个"元素"的图元总览目录，从多个维度介绍了各元素属性，包括逻辑、外观、内涵深度、详细程度等，并展示了每种可视化图形的视觉特征、适用范围。

从软件应用的角度看，Wohlers [131]从 AutoCAD 图形编辑的视角出发，定义图元为对象（Object），是用户能向图形中添加或从图形中删除的最小元素即为一个图元。梁秉全[132]、张丽娟等[133]、李百青[134]基于 OpenGL 软件将其定义为图形的基本构造块，包括字符串与几何成分，如点、直线、曲线、填充区域以及由彩色阵列定义的形状，属性则定义为输出图元的特性，用来描述一个特定图元是如何显示的。李慧娟等[135]、王健等[136]在 SVG（Scalable Vector Graphics）图形编辑的基础上，将其归纳为点、线、面类图元，并设计相关数据库对图元的几何形状及应用属性予以存储计算。de Leeuw 等[137]则从可视化技术的角度提出交互式图元，包含速度、曲线、加速度、散度等内容。

　　（2）从设计学、符号学角度，部分学者将图元归纳为组成符号的一部分。李兵等[138]、陈晓杰等[139]对手绘电气草图符号的特点、符号的笔画分割、图元类型的判别、图元间的结构关系、符号间相似度的类型等方面进行了研究，提出了一种基于图元结构关系的手绘电气草图符号识别方法。钟叶勋等[140,141]则将图元称为像元，认为首先由点构造像元，再由像元通过视觉变量的不同组合，构造各种地图符号。陶陶[142]、梅洋等[143]从图形构造分解的角度出发，将图元定义为构成符号的最小单元，按照符号的几何特征，将点、线、面三种符号分解为更小的基本几何图元。同时也有部分学者将图元理解为一种符号，即通过概况、提炼后的视觉符号。王博颖等[144]、李书娟[145]认为图元是用户用来表示电力设备的图形表示，并符合由国家标准规定的电力设备的图形符号标准。任敬婧[146]、吴明光等[147]将其称为图元符号，邢存恩等[148]的研究与部分标准相似，将图元等同于符号并分为四个图元等级，使图元与符号紧密联系起来。

　　与图元概念相似的还有实体、知识元、语素或词汇，图元也可称为图形元素（对象）、符号、图素、图块、图例、图符、图示、标识等。在对图元内涵的解释及研究中，多数文献是在计算机制图、软件及计算机图形学研究领域进行阐述说明，对图元内涵的解释多为矢量图中最基本的图形元素，并具有自身属性进行描述。当然还存在其他领域对其的阐释。从哲学角度，图元符号实质上是反映空间中对象场景等状况的概念模型，是客观本体的反映[149]。从符号学、语言学角度，图元符号是形（表现形式）、义（表达含义及概念）的结合体。语言学中，图元对应语言中的词汇，即最小的音义结合并能独立使用的语言单位[150]。从系统论与信息论的角度，图元符号则是安全管理空间信息的载体与信息表达手段，将信息通过图元转化为视觉形式的过程[151]，是人-人、人-机-环、人-机-环-信息之间进行有效信息传递的重要工具及手段。从图形设计学角度，图元符号实质是以认知性与共识性为基础[152]，对客体事物对象进行抽象概括。

　　本书将结合以上两种理解方式，在强调煤矿安全可视化管理需求基础上，以安全可视化管理视角，对图元内涵进行界定。

2.4.2　图元技术研究

　　图元技术相关研究近些年也有很多进展。基于信息系统或开发平台对图元技术进行研究的学者，如 Figl 等[153]提出一种基于 SVG 的动态图元技术，只在网络上传输少量必要的基本信息，即可实现电力系统图形的完整展示，提高图形系统的响应速度。韩延彬等[154]利用融合了图元旋转不变性和相位统计信息的线性反投影算法（Local Binary Pattern，LBP），划分了纹理图像并将其分类。基于图元拓扑结构特征及编程对图元技术进行的研究也很多，如周圣川等[155]介绍了基于点、线、面等简单图元构建的层次模型，通过该模型实现城市场景的渲染及展示，并形成了开放式图元库。Assari[156]则认为复杂图形是由现有的较小图形通过图形操作，如两个图的乘积，通过相应技术而合成的。对于图元技术的研究在计算机应用、工程信息技术、系统集成等领域较为广泛，较多的文献通过各平台系统软件、算法、建模和其他技术手段对图元的拾取、提取、分割、构造、设计、绘图等方面进行研究，尤其对图形的轮廓、纹理提取研究得较为深入与完善。

2.4.3　图元提取研究

关于图元相关标准方面的研究，由于图元的概念及内容将图元分为基本图元与专业图元两类，两者的提取研究皆依据一定标准及规范。

在多个行业的可视化管理系统中，存在着各系统所需的基本及专业图元，尤其是在电力、地图、交通、建筑等行业中可视化管理图元的应用及研究较多。以各图形图元符号的国际、国家及行业标准为依托，对安全可视化管理图元研究进行借鉴学习。表 2.2 和表 2.3 分别为基本图元与煤矿专业图元的部分相关标准。

表 2.2　部分基本图元标准

标准号	标准名称	来源
SJ/T11408-2009	软件构件图形用户界面图元构件描述规范	中国国家标准
CH/T4017-2012	矢量地图符号制作规范	中国国家标准
SY/T5615-2004	石油天然气地质编图规范及图式	中国行业标准
DZ/T0197-1997	数字化地质图层及属性文件格式	中国行业标准
SJ/T11408-2009	软件构件图形用户界面图元构件描述规范	中国行业标准
JIS X4211-1992	信息处理系统.计算机制图.图面描述信息存储与传送用图元文件.第 1 部分：功能规范	美国国家标准学会标准
ANSI/ISO/IEC8632-2-92/AM1-1994	信息技术.计算机图形学.图像描述信息的储存和交换用图元文件.第 2 部分：字符编码.修改件 1：配置文件规范.注释：ANSI/ISO/IEC8632-2-1992 的增补件	美国国家标准学会标准
ANSI/ISO/IEC8632-2-92/AM2-1995	信息技术.计算机图形学.图像描述信息的储存和交换用图元文件.第 2 部分：字符编码.修改件 2：应用结构化扩展.注释：ANSI/ISO/IEC8632-2-1992 的增补件	美国国家标准学会标准
ANSI/ISO/IEC8632-1-1999	信息技术.用于图片描述信息存储和传输的电脑绘图图元文件.第 1 部分：被 INCITS 采用的功能规格	美国国家标准学会标准
ANSI/ISO/IEC8632-3-1999	信息技术.用于图片描述信息存储和传输的电脑绘图图元文件.第 3 部分：被 INCITS 采用的二进制编码	美国国家标准学会标准

标准号	标准名称	来源
ANSI/ISO/IEC8632-4-1999	信息技术.用于图片描述信息存储和传输的电脑绘图图元文件.第 4 部分：被 INCITS 采用的明码通信文件编码	美国国家标准学会标准
ISO/TS10303-1312-2014	工业自动化系统和集成.产品数据表示和交换.第 1312 部分：应用模型：绘图元素的专业化	国际标准化组织标准
ISO/TS10303-1311-2014	工业自动化系统和集成.产品数据表示和交换.第 1311 部分：应用模块：组合绘图元素	国际标准化组织标准
ISO10303-520-2011	工业自动化系统和集成.产品数据表示和交换.第 520 部分：应用解释构造：相关绘图元素	国际标准化组织标准
ISO10303-506-2011	工业自动化系统和集成.产品数据表示和交换.第 506 部分：应用解释构造：绘图元素	国际标准化组织标准
ISO/TS10303-1310-2010	工业自动化系统与集成.产品数据表示与交换.第 1310 部分：绘图元件	国际标准化组织标准

表 2.3　煤矿专业图元的部分相关标准

标准号	标准名称	来源
GB/T18024.1-2009	煤矿机械技术文件用图形符号.第 1 部分：总则	中国标准
GB/T18024.2-2010	煤矿机械技术文件用图形符号.第 2 部分：采煤工作面支架及支柱图形符号	中国标准
GB/T18024.3-2010	煤矿机械技术文件用图形符号.第 3 部分：采掘机械图形符号	中国标准
GB/T18024.4-2010	煤矿机械技术文件用图形符号.第 4 部分：井下运输机械图形符号	中国标准
GB/T18024.5-2010	煤矿机械技术文件用图形符号.第 5 部分：提升和地面生产机械图形符号	中国标准
GB/T18024.6-2010	煤矿机械技术文件用图形符号.第 6 部分：露天矿机械图形符号	中国标准
GB/T18024.7-2010	煤矿机械技术文件用图形符号第 7 部分：压气机、通风机和泵图形符号	中国标准
GB50388-2006	煤矿井下机车运输信号设计规范	中国标准
MT/T664-1997	煤矿用反井钻机钻杆	行业标准
MT/T570-1996	煤矿电气图专用图形符号	行业标准
DIN23006-1-2005	选硬煤.选煤设备和工艺的评定.第 1 部分：一般规范.量的平衡	国外标准
DIN23006-4-2005	选硬煤.选煤设备和工艺的评定.第 4 部分：从水中分离固体	国外标准
DIN23006-3-2005	选硬煤.选煤设备和工艺的评定.第 3 部分：清洁	国外标准
DIN22116-2003	地下煤矿开采用带式输送机.DN 为 159 的压辊.尺寸、要求和标记	国外标准
DIN21636-2003	采矿空气调节系统.带式输送机气阀.尺寸、标识、要求和试验	国外标准
GB/T18024.1-2000	煤矿机械技术文件用图形符号总则	国外标准
DIN22109-2-2000	煤矿用织物叠层输送带.第 2 部分：井下用双层橡胶输送带.尺寸.要求	国外标准
DIN22109-1-2000	煤矿用织物叠层输送带.第 1 部分：井下用单层输送带.尺寸.要求	国外标准
GB/T18024.2-2000	煤矿机械技术文件用图形符号采煤工作面支护机械图形符号	国外标准
DIN22114-1993	地下煤矿用皮带输送机.重型支架	国外标准
NF M82-660-1966	煤矿器材.固体润滑剂.名称.分类.检验	国外标准

专业图元可称为符号或图例等，在各个行业中，大多数对其领域图元符号皆进行了国标或行标的规范探讨，其中包含煤矿、地图、电力等专业领域。

在研究中发现，各个领域的基本图元具有一定的相似性，多数基本图元皆是统一且通用的，只有少数基本图元不同，为后续基本图元的提取奠定了依据及基础。对于专业图元而言，从现有国标、行标、国际标准的现状进行分析，Podmore 等[157]认为各行业标准的研究多数是制定了基础标准及个别的专业标准，图元符号的制定不完整且不统一。而且，部分标准制定较早，随着技术的发展及所需图元的不断更新，部分图元已被淘汰或不能使用，但在实践中仍被不恰当使用，同时不符合人们的认知习惯。因此，对图元的补充及完善势在必行。

关于图元的提取同样从基本图元与专业图元两个方面进行综述。首先，论述基本图元提取的相关研究。对现有图元提取的文献研究发现，对基本图元的提取绝大多数研究成果都是从计算机图形学的角度，将图形通过软件运行进行特征抽取，或从计算机相关算法及编程的角度进行研究，但由于不同专家学者的视角不同，对图元提取的研究重点也各不相同。

部分学者根据图元的几何特征及特性进行提取，从而建立新的提取方法，获得图元有效几何信息。冯桂焕等[158]通过将图元几何特征与隐马尔可夫模型(Hidden Markov Model，HMM)相结合，进而形成描述手绘笔画的几何信息，在系统运行正常的情况下，判定图元类型的效率增高。阎春平等[159]在定义图元优先级特征的前提下，采用四种优化方法对图元的特征进行了设置，进而通过图元优先级形成了图形轮廓提取的算法。Strouthopoulos 等[160]通过对包括图元的混合文档及图形，基于分辨率的思想与神经网络算法对每一图元进行提取并得以应用。

部分学者通过建立规则或提取算法的方式实现图元提取。方家乐[161]在总结几何图元运用过程中的主要技术要素，引入脉冲耦合神经网络等智能信息处理技术，构建了图元提取算法。李敏等[162]提出了基于提取规则纹理的基本图元方法，并通过实验证实提取出的基本图元更加准确，更具认知性。Chen [163]在对图形边界的矩特征进行算法约束后，通过矩特征对图元提取研究，提高了图元提取效率。

部分学者通过一系列信息软件及系统，编制提取程序对图元进行提取研究，诸如运用 CAD、MATLAB、VB、C++等软件进行编程提取。储备等[164]利用 CAD 软件，设计工程产品的信息集成模型。Hong 等[165]以 C++为技术平台，阐述了一种基于图形原语和原语特征的新的图元提取的模式，并根据提取结果进行了分类处理。

其次，论述专业图元提取的相关研究。图元可称为符号、标记、图例、图符，随处可见的商标、标志等，都可理解为图元，从这一视角对专业图元的提取进行研究的文献较多，其使用的方法较多，但多数集中于运用计算机相关技术及方法进行图元提取。王瑞云[166]以江南园林景观为例，在明确符号提取的原则、方法及过程后，对其进行提取研究。Ahmed 等[167]通过运用模式识别的方法，建立了图元提取的专家系统，并对手写字符进行图元提取后识别，效果显著。黄元元等[168]在分析商标图形的特征及内部关系后，利用形状的相似性对图元进行检索提取。Wang 等[169]根据商标的图形特征，计算各圆间的相互关系，以此完成有效商标的提取。康承旭等[170]则在 MapGIS 拥有的图元库的数据内容的基础上，详细阐述了其中三类要素图元的提取过程及实现方法。杨云等[171]将影响地形图效果显示的冲沟及陡崖主要两个地图符号，运用跟踪方法对其进行了自动提取研究，并将此方法用于生产实践。

对专业图元符号的提取，还有部分学者从不同角度进行研究。王晓军[172]从语言学的视角对草图符号进行了语义提取，通过机器学习的方法，建立了贝叶斯网络模型以及在此模型基础上的语义符号提取过程。农宇等[173]则运用数学代数及神经网络的方法对扫描图的符号进行自动提取，并计算加权距离进行识别研究。郑华利[174]通过数学形态学的形态分解算法，对图形进行预处理及坐标分割，进而提取地形图要素。

专业图元的提取相较于基本图元的提取，应用的方法更多，内容范围也较广泛，但两者皆是从图形学、计算机角度运用相关方法进行提取的研究较多，从其他学科角度研究的较少。

综上所述，虽然在计算机系统及编程领域已经分散地发展了针对图元本身特征采用不同的提取技术，对图元进行提取，但未有文献从管理的视角、依据管理的特点及内容出发，运用管理学知识、通过构建模型及相关统计学方法进行研究。绝大多数文献皆从计算机技术、编程、算法的角度，针对图元本身特征进行提取，提取的技术方法皆集中于人工智能、机器学习、模式识别等方法，而运用其他统计学方法的提取文章也少见。典型的有张小苗[175]运用决策树的方法，构建了面向用户的数据模型，并对点状图元进行提取。对图元进行提取是图元确定、设计、应用的前提及保障。煤矿行业对图元的提取及煤矿安全可视化管理图元的研究极少，现有研究欠缺与管理实际相结合，缺乏基于对管理特点、需求等内容的分析。因此现有图元提取的理论或方法的研究，尚不成熟与完善，不能满足煤矿可视化管理的需要。

2.4.4　图元设计研究

对图元设计的研究，主要分为三个维度及学科视角，分别为计算机、语言学及认知科学。其中，计算机角度的图元设计较后两者研究更早、理论也较完善，作为研究的主要视角及维度，多数文献是依据系统或编辑平台对其进行设计构建研究。而语言学及认知科学视角的研究，多存在于地图符号的设计研究，分别是对二维、三维符号的设计，其他领域涉及较少。

从计算机及计算机图形学角度，陈建宏等[176]基于线框构图技术，对 AutoCAD环境下的参数图元及其构建规则进行了探索，其中参数图元为数学函数模型的矢量图形。何虎军等[177]同样也在 AutoCAD 基础上对采矿地质标准图库进行了系统构建，分为线性图元、填充图案、图层、图例、图元五个图库。王培强等[178]提出了一种基于 Word 平台的煤矿采掘图元库的设计方案，利用自动图文集命令建立图元库。张世辰[179]在新的图形用户界面开发工具 WPF（Windows Presentation Foundation），将平台分为图元加载模块、图元对象生成模块、图元属性编辑模块、图元管理模块四个主要模块，并予以开发使用。开滨[180]采用面向对象的方法，首先总体设计一个图元的基类（Base Class），由此基类派生出各种包括直线、多义线等的基本图元。杨骏[181]在"数字城市"的空间本体图元库研究中，用可扩展标记语言（Extensible Markup Language，XML）和关系数据库构建了对多源异构的城市信息系统空间元图形库，以及提出了基于本体启发式的图元库和基于地图积分的时空本体层构建。

以面向对象技术的方法进行图元设计也是研究的重要组成部分。典型的有王成志等[182]用面向对象程序设计技术讨论了图元类数据和函数设计的考虑因素和功能设计，提出使用尺寸等参数对图元进行描述。廖维川等[183]阐述绘图工具中图元设计时包含的面向对象思想。罗建新[184]则探讨了利用面向对象的可视化技术开发图库一体化的图形处理平台。陈传波等[185]提出将图元转换为 SVG 文件快速封装存储，从而实现跨行业调用。图元设计的相关研究的突出代表还包括：曹亚妮[186]从理论、技术、应用三个方面对专题地图类型符号的"快速制作"进行探索，从符号构成元素角度分析了地图符号的构图规律和符号库的系统实现；Figl 等[153]利用实验观察对业务流程中路标符号的信息认知效果进行研究，得出了提高信息认知精度的符号设计一般原则，而且对语义关联和美学设计下流程符号的信息认知效果进行模拟仿真；曹敏等[187]基于"智能图元"对图纸拼图过程及设计方法进行了探讨。

另一方面，对于图元的设计，较多学者从语言学相关理论入手进行研究，其中研究较多地体现在地图符号领域，包含二维、三维的地图符号的设计问题研究，如在分析了现有符号设计存在问题的基础上，制定地图符号的设计规则[188]；对图形符号的拼接组合及表达进行探讨[189]；同时还有部分学者通过构建语义模型，对三维地图符号进行设计研究[190]。对图元符号设计的研究，不仅包含以上基于语言学的研究，还有部分学者从用户体验、心理学的角度，建立地图服务的个性化及个性化图元符号以适应用户的独特需求。Li 等[191]基于语言学理论，构建了地图符号的概念模型，在此模型的基础上，研究了个性化地图符号的设计方法，并以实验进行了验证。Tian等[192]在依托语言学理论的基础上，从语音、语法、语义三个层面分析了图元符号，并提出语义驱动的设计方法提升符号的感知效果。

综上，从图元设计的文献调研可知，针对此方面的文献较多，拥有较多实践尝试，并且针对不同行业探索，开发了较多的图元库或图元开发平台。由此可见，图元的设计在企业中应用具有可能性和必然性。然而，绝大多数研究只停留在计算机技术层面，利用计算机编程与平台进行设计，未从管理的理论高度对其进行研究，具有相对滞后性与零散性。关于煤矿图元符号或图元库的研究文献，较多论述对现有图元符号的汇总及编程，缺乏从管理的理论高度及人的认知差异的视角开展研究。同时，对于煤矿安全管理图元尚未统一标准与方法，对未有图元的设计选择研究文献也少见。由此可见，以煤矿安全可视化管理需求出发，从管理的视角对如何进行图元符号设计，如何对设计的图元进行选择缺乏方法研究。图元理论有待形成，设计也缺乏从管理自身出发、与管理实际内容相结合、进行更高层次的理论研究指导。因此，急需构建一套符合煤矿自身的完备、统一且标准的图元体系以支撑可视化管理发展。

2.4.5　图元应用研究

关于图元应用的相关研究，本书主要从图元应用技术方法与应用领域两方面进行论述。

现有图元应用的技术方法主要包括运用各种计算机语言与计算机软件，在其基础上对图元组合应用成图。在 20 世纪 90 年代初期，即有研究者初步运用计算机算法，对图元的并、交、差的方法进行了讨论，并将其实现的具体过程加以描述，进而组合成图。之后，对图元组合应用的研究在利用各种系统软件的基础上不断加以深化发展。

其中，马雪峰[193]对各圆弧之间、直线段之间以及直线段与圆弧等图元之间的相互位置关系进行判断，采用 AutoLISP 语言对 AutoCAD 软件进行了二次开发，开发后的 AutoCAD 软件为编程加工过程以及需要准确制作草图的 3D 构图提供了很大的便利。Goldfeather 等[194]对如何在像素级图形系统中快速构造实体几何显示的方法进行了相关研究。徐元勇[195]对以二次曲面为图元拼接曲面物体的两种情况进行了相关研究，提出了一种在大多数情况下都适用的二次曲面图元拼接形体的高效、简洁且满足实时要求的实时成像方法。江翼等[196]对电力系统中图库模一体化技术进行了相关研究，发现图库模一体化技术的发展还处于初级阶段，有很大的发展空间，以 IEC61970 标准和 SVG 技术为基础，采用 Hibernate 技术和 XML 技术相结合的方法，设计出电力系统的图形、数据、模型一体化的解决方案。Date 等[197]在大规模环境中，对基于自适应图元选择的激光扫描点云绘制方法进行了相关研究，提出一个方便直观的成图方法。

由于图元内容的两重性，还有部分学者从另一视角对图元符号的应用进行了研究，根据语言学、认知心理学相关理论做了不同深度的探讨。郑束蕾[198]基于认知机理的设计原则，对个性化地图的图元模板进行了设计，并在模板及模块的组合应用中形成地图原型。Masri 等[199]根据认知负荷理论和认知理论的多媒体学习，推测标志性的图元组合应用图形，减少用户认知负荷，从而形成更完整的心理图形，提高理解能力。Wang 等[200]设计了现代产品设计中的新型国家图形符号，抽象了形体结构和功能组合构成关系，更好地表达和理解图形符号的组织和结构，进而形成有效图形。

以下论述图元应用领域方面的研究。图元组合应用形成所需图形，在地图信息图形、电力行业图形及煤矿行业中都有所研究，较多学者仍是在模型或软件的平台下进行应用研究。

在煤矿图元应用的研究中，由于煤矿专业复杂分类较多，较多学者便以煤矿不同专业的视角进行问题探讨。多数仍从技术的角度对图元应用开展研究，如较早研究煤矿图元符号的党安荣等[201]在研究煤矿测量符号分类及编码的基础上，对点、线、面图元的应用要点进行了阐述。陈章良[202]指出通过客体与图元的唯一对应，在JGraph 技术的支撑下，设计实现了煤矿自动化图模库组态系统。邢存恩[203]对采掘工程专业图素库的构造及属性化、采掘工程衔接计划编制管理、GIS 数据结构、安全信息管理以及三维可视化模型的设计与实现等内容进行了相关的研究。王神虎[204]基于 GIS 对煤矿采掘衔接计划的编制及图形化系统进行了研究，使得煤矿图形信息与属性信息实现动态可视化管理。杨义辉[205]运用可视化技术、集成化技术以及数据库理论、图形学理论，对采矿图元属性及其表述方法、采矿 CAD 基本图元集的构造、可视化集成采矿 CAD 系统设计及应用等问题展开了详细研究。Zhao 等[206]在CAD 系统的基础上，通过图形原语实现对图元的识别，识别的图元经过自动布局方法，取得了图元组合成图的效果。

在电网技术领域的研究中，较多学者在一定算法或模型指导下，运用图元组合应用形成所需图形。赵冬梅等[207]在分析了输电网图的布局与绘制问题后，通过建立数据模型及设计相应图元，基于微软基础类库（Microsoft Foundation Classes，MFC）平台组合图元布局完成了单线图的绘制。王焕宝等[208]认为图元为事件图构建的基本单位，基于串空间模型及 SPI 演算理论，定义了图元间的组合及选择算法，进而形成电力事件图。林济铿等[209]依据 Visual Graph 平台，通过选取图元并进行图形编辑组合应用，实现图形系统的构建。Guo 等[210]提出了一种用于 CAD 工程制图中改进实例驱动的工程图符号组合应用方法。

在其他领域图元组合应用的研究中，周焰等[211]通过对海量栅格图像数据组织方式的研究，探讨了图像转换的数学基础，对地图表示内容进行了设计研究，并根据视觉连续性以及符号设计的主要内容，对图元的组合应用基本思路进行了探讨。在电视符号研究中，黄昌林[212]针对电视叙事的符号系统，提出了横组合与纵组合两种组合法则，并提出相应的组合应用法则。在海图符号研究中，郭立新[213]在图形语言学与地图语言理论的基础上，构建了海图符号的语法描述规则与规律，并通过语法形成了海图符号语言系统。除以上研究外，还有部分学者通过数学建模、系统建模、扩展数据等方法，探索图元在图形中的应用问题。王业明等[214]利用实体对象标识符的唯一性及实体对象的特征点，在对图元约束的条件下，实现图元的参数化设计并在泵站流道设计中加以应用。隋江华等[215]提出一种采用 CorelDRAW 预先绘出图元文件，在某国际机场助航灯光综合监控系统的界面设计中得到成功应用，同时具有广泛的应用价值。

综上，图元的组合应用研究领域较为广泛，已在煤矿、电力、交通等主要行业中取得较好的应用效果。对图元研究的技术方法，现有文献绝大多数是从计算机图形学角度入手，对图元如何拼接、如何裁剪、如何组合为符号或图形，并且皆是在一定软件系统的基础上进行的组合应用研究。现有研究从管理学或其他学科的角度比较少见，缺少与管理实际内容的结合。以煤矿安全可视化管理视角对图元的研究更是极少，仅有个别学者对其进行了探讨，典型的为方毅芳[151]在论文中提及的图素库的设计及其应用优化问题。此外，现有研究还欠缺从其他学科或领域对图元如何组合应用、图元组合应用后图形效果的分析评价等内容。因此，现有研究无法满足实际管理中的需要，无法实现煤矿安全可视化管理的目标，进而提升可视化管理效应。

2.5 可视化管理效应

2.5.1 可视化效应相关研究

随着可视化与各行业的结合，其应用范围得到了全面的拓展，因此需要正确衡量可视化效果。由于可视化效果与所展示的内容密切相关，所以可视化效果的研究分散在各个领域。

针对制造业可视化效果的评估有：韩波等[216]提出了一种基于视景仿真的引战配合效率评估方法，实现了导弹对典型目标的引战配合效率评估。吴锋等[217]研究了制造业可视化理论、技术、模型算法以及可视化效果评估，为制造业信息化建模和设计提供了指导。赵霄[218]基于案例式的方法，研究了制造业可视化管理的效果，并且构建了衡量效果的关键绩效指标体系。

针对信息获取过程中可视化效果的研究有：阮宏梁[219]根据工作流引擎的运转，阐述了工作流可视化过程建模工具的设计分析和实现。胡小妹[220]研究了信息可视化设计与公共行为之间的关系，分析了可视化的信息对于组织和人的行为选择的影响，提出了深化信息可视化设计理论的设想。岳钢等[221]基于网络学习中的案例，从应用环境、设计方案和可视工具三方面研究了可视化的效率问题，并且提出了提高可视化效率的对策。

针对图像展示效果的研究有：黄慧芳等[222]基于 GIS 空间分析功能，对地闪强度可视化效果进行研究。林欢[223]基于图片优势效应理论，通过实验研究了网页设计中存在的图片优势效应。柳少杰[224]研究建立了鸟类飞行可视化效果模型，为鸟类飞行过程的展示提供了方法。

2.5.2　可视化效应相关认知理论与实验研究

可视化的目标是通过图的方式高效、直观地展示内容，从而提升人的信息获取能力和认知效率。因此可视化与人的认知密切相关，可视化的研究要从人的认知入手，讨论认知与可视化之间的关系。认知科学作为一门独立的学科，主要研究人类感知、学习、记忆、思维、意识等脑和心智活动的过程，其中视觉理论与可视化的关系最为紧密。下面主要从图的认知理论和视觉认知实验两方面综述认知科学与可视化的关系。

(1)图的认知理论。

可视化对于人的影响，源头上来自于人对图的认知。在认知科学中与图的认知相关的理论包括图式理论、知识表征、图优效应、格式塔理论等。下面分别论述这些理论与可视化的关系。

"图式"的概念出自于德国古典哲学家康德(Immanuel Kant)的经典著作《纯粹理性批判》，他认为新观点、概念和思想的认知只有与原有的知识建立联系才有意义。1932 年，英国的认知心理学家 Frederick 在《记忆》一书中讨论了图式理论，这也标志着"图式"这一概念被引入到心理学的研究中。在心理学领域，图式理论最早引起了格式塔心理学的高度重视，其中最有代表性的是瑞士的著名心理学家、教育家皮亚杰。皮亚杰把图式看成主体内部的一种动态的、可变的认知结构，提出 $S \rightarrow (AT) \rightarrow R$ 的公式，即一定的刺激(S)被个体同化(A)于认知结构(T)之中，才能做出反应(R)，个体之所以能对各种刺激做出各种的反应，是由于个体具有能够同化这些刺激的某种图式[225]。

20 世纪 70 年代，研究者再次关注图式的概念，并且随着计算机技术的发展以及图式理论在心理学方面的研究深入，对图式有了全新的理解，从而形成了现代图式理论。图式是指围绕某个主题组织起来的知识表征和存储方式[226]。通过研究发现，知识在人脑中存储具有一定的规律，即围绕主题形成知识单元，这些知识单元就是图式。人脑形成的图式整理了信息元素，并且每个图式都包含较大的信息量。图式就是一张可以伸缩的信息网，内部信息的关联性较强，在存储时网络又能缩成一团，所以图式的存储占用空间较少，而当需要调用图式中的内容时，这张信息网又会以一定的顺序打开，将所需的信息释放出来，供人脑调用。总的来说，图式是一种较为经济和高效的方式，方便调用的同时还节省了存储容量。

图式理论提到了知识表征的概念。在认知心理学中，知识在人脑中的存储和组织形式，或者说知识在人脑中的呈现方式被称为知识表征[227]。与知识表征相对应的是外部表征，是指知识在头脑之外的表现形式。其中，图像和文字就是两种最为常用的表征事物和观念的形式。两种形式各有利弊，都不能保留所要表征事物的全部信息，但是图像的优势在于它与所表征的事物更为相似，而文字在本质上属于一种符号表征，虽然汉字中存在很多象形文字，但是多数文字与所表征的对象之间不具有相似的特性，而是通过一定的规则进行匹配和指代。所以从外部表征来讲，图像比文字具有与所表征对象更为形近的外部表征。

其次，图像所传递出的是所表征对象的具体信息，而文字往往传递出的是所表征对象的抽象信息。例如，在呈现两个物体的位置信息时，图像可以直接反映出两者的空间关系，而文字只能通过"A 位于 B 的上面、下面、左右、右面、前面、后面等"抽象的表达。所以，图像凭借与所表征事物的相似性，更适合来捕捉具体的和空间的信息，而文字凭借符号来表征事物，更便于用来捕捉抽象和分类型的信息[228]。

图优效应（Picture Superiority Effect）是指图片相对于文字的优势效果。这种优势表现在图片相比文字的记忆效果更好，以及图片的再认率较高等[229,230]。在认知心理学方面，图优效应其实是在研究同一知觉形式（形式内）与不同知觉形式（形式间）的重启效应。形式内的重复启动指的是重复呈现同一物体的图形或名称会对其加工产生启动效应；形式间的重复启动指的是学习与测验阶段采用不同的知觉形式（图形-文字或文字-图形）[231]。

在认知心理学的诸多分支中，有一支被称为形状知觉的格式塔研究方法，该方法由 Kurt 等心理学学者创建，基本思想是整体与部分之和并不相同。根据格式塔理论中的趋完形律，在知觉任何给定的视觉队列时，人们易于以稳定且连贯的形式把完全不同的元素简单加以组织，而不是把这些元素当成不可理解的、缺乏组织的一堆混乱感觉。例如，人们易于集中知觉一个图像，那么其他的感觉都是作为所集中知觉的图像的背景[232]。此外，格式塔理论提出了形状知觉的一些格式塔原则，例如，图像-背景原则、邻近原则、相似原则、连续原则、闭合原则和对称原则等。这些原则中与可视化最为相关的是连续原则，该原则指出人们倾向于知觉连贯或连续流动的形式，而不是断裂或不连续的形式。图片相对文字来说，在形式上更具有联系性，所以可能会受到人类的认知青睐。

（2）视觉认知实验。

通过对认知科学相关方法的对比研究，发现在认知科学中开展的视觉认知实验与可视化存在诸多联系，尤其是研究人眼运动的眼动实验。眼动实验是以文本、图片、视频等为对象，研究眼睛的运动情况，从而揭示出人对视觉信息加工的过程以及在此过程中人的心理变化情况。基于眼动实验与可视化的密切关系，本节对眼动实验的原理、设备和应用进行全面综述。

①眼动实验的原理。

人的眼球是一个直径大约为 23mm 的球体，它是眼睛的主要部分。人通过眼睛获得和加工视觉信息是个复杂的过程。实验和观察都证明，眼球运动的特异性和视觉信息的加工过程密切相关[232]。根据对眼球生理模式和运动规律的研究，发现眼球的运动有注视、跳动和追随三种基本模式，每种模式的功能不尽相同，通过这三种模式可以实现视觉的各种功能。而眼动实验就是借助相关的仪器记录眼球随时间的各种运动和状态，通过相关的指标分析人的视觉加工和心理状态。

②眼动实验的设备。

为了记录人眼的运动状态，需要研究眼动记录的方法和设备，国外多家公司基于电流记录法或光学记录法研制出了多种记录人眼运动的仪器，称为眼动仪。目前，眼动追踪技术已经发展得比较完善，成就了一批知名的公司和产品，例如，美国应用科学实验室（Applied Science Laboratory，ASL）生产的眼动仪、加拿大 SR Research公司生产的 EyeLink 眼动仪、瑞典的 Tobii 公司生产的眼动仪、德国的 SMI 公司生产的眼动仪等。

③眼动实验的应用。

通过文献研究，目前眼动实验主要应用在心理、教育、设计、安全等领域。下面分别对相关研究进行介绍。

在心理学领域，Hartmann 等[233]使用眼动实验证明了计数是一个空间过程。Caligiore 等[234]采用成人实验研究眼动驱动的内在动机。Orquin 等[235]概括了决策中关于注意力和选择的眼动研究。Rayner[236]研究了阅读、场景感知和视觉搜索中的眼球运动和注意力情况。Colé 等[237]通过眼动实验证明了可视化词汇认知中的语法性别效应。陈广耀等[238]基于眼动实验研究了类别型状态不确定独立否定句的加工机制。陈庆荣等[239]采用眼动实验研究了句法预测对句子理解影响。张霞等[240]通过视觉表象旋转和扫描的眼动实验探讨表象的心理表征方式，发现表象眼动与知觉眼动模式具有相似性。周源源[241]采用眼动实验探讨在阅读高预期材料时，青少年预期推理产生的心理机制。

在教育领域中，Reilly 等[242]通过一系列实验研究了阅读中眼动控制的交互行为模型。张家华等[243]针对当前网络课程界面中普遍使用的"三分屏"呈现方式进行眼动实验，从认知心理学的层面揭示呈现方式对学习者的信息加工、认知负荷和学习效果的影响。王雪等[244,245]针对网络教学视频中的字幕设计和多媒体课件中文本内容线索设计规则进行了眼动实验研究。刁永锋等[246]采用眼动实验研究了网络环境中不同媒体对学习者学习行为的影响。曹卫真等[247]采用眼动实验法研究了画面"三分法构图"中主体位置对学生注意力的影响。安璐等[248]从色彩心理学出发，通过眼动实验分析了背景颜色对学习者的影响。

在设计领域中，Hamel 等[249]采用凝视实验证明了颜色刺激可以引导眼球运动。刘世清等[250]基于宁波大学的网页进行了眼动实验，得出了文本-图片类教育网页的结构特征与设计原则。常方圆[251]基于眼动实验对手机交互界面的风格色彩、元素形状、信息布局进行考量，研究了手机软件界面设计布局。方潇等[252]结合地学眼动实验方法，提出了一种以用户视觉为主体的个性化地图推荐模型，使得用户个性化服务的推荐结果更加精确。张嘉楠[253]基于眼动实验对畲族服饰的特征进行提取与识别。吴珏[254]基于眼动实验研究了手机音乐软件界面的可用性。杨飒[255]基于眼动实验研究了购物网站上产品模特的视线线索。喻国明等[256]基于眼动实验构建了电视广告视觉注意模型。何明芮等[257]基于眼动认知负荷实验研究了知识地图可获取性。李乐[258]基于眼动实验形成了电脑主机面板设计评价体系。王海燕等[259]基于眼动实验评估了战斗机显示界面布局。

在安全领域中，崔彩彩[260]基于眼动追踪技术研究了人对安全标志的识别情况。汪宴宾[261]研究了基于驾驶行为特征与眼动特征的疲劳驾驶辨识方法。孟影[262]通过眼动实验研究了高速公路旁广告牌对驾驶安全的影响。咸化彩[263]基于眼动实验研究了次任务驾驶安全性评价指标及评价模型。王春雨[264]通过眼动实验研究了隧道路段驾驶员的视觉安全技术。杨冕等[265]研究了深井受限空间内作业人员的眼动特征。李焕[266]通过眼动实验研究了情绪与矿工不安全行为关系。肖泽元[267]通过眼动实验研究了矿工风险感知与不安全行为的关系。

第 3 章　可视化管理理论体系构建

3.1　可视化管理内涵

可视化与视觉认知相关，可视化的思想在管理实践中自古便有。可视化专业术语源于 1987 年 2 月美国国家科学基金召开的专题研讨会，在此之后国外专家和学者开始持续关注可视化的研究[268,269]。基于现代信息技术的可视化是利用计算机图形图像技术，将数据转化成图形或图像，并进行交互处理和展示[270]。Fox 等[271]认为新的数据技术、可视化技术将成为解决数据洪流的关键，可视化将更多地用于管理过程的数据分析，实现管理过程的高效和智能。Eppler 等[272]提出知识可视化主要应用视觉表征手段，促进群体知识的传播和创新。知识可视化的应用是解决信息过载的有效策略，在大数据背景下知识可视化正在引导我们获得新的洞察和有效决策。

2011 年，Fox 等[271]提出可视化技术将成为解决数据多样、异构的关键技术，在管理过程中将发挥高效且便捷的数据分析作用。可视化管理首先源于"可视化"的研究，是基于对管理所需信息进行可视化展示、可视化分析、可视化操作的处理，最终真正实现直观化与展示化的管理。在长期的管理活动中，人们逐步积累了初期可视化管理的实践经验，形成了诸如交通管理中图文规则模式等简单的可视化管理应用。可视化管理可以促进员工更好地了解自己在工作内容、工作环境、工作目标中存在的不足，管理者可迅速了解企业生产管理中存在的问题，对潜在问题进行综合分析、预警、预测、预防、预控，从而达到对企业的完全掌控[273]。传统管理与可视化管理的区别如表 3.1 所示。

表 3.1　传统管理与可视化管理对比

对比项	传统管理	可视化管理
概念	传统的管理、决策、组织等方面的活动，分析研究不同管理因素，主要为事后处理，具有侧重管理者责任，凭感觉和经验处理问题等特征	通过信息技术，将枯燥的数据转换为直观的图形，帮助人们更加准确及时有效地认识事物本质属性、关系及规律，人们在较短时间内便捷地获得所需信息，理解复杂现象和"消化"大规模数据
实质	被动的管理——治标之策	主动的条件管理——治本之策
特点	表达已知，事后问责，经验主义，人机交互作用弱	实时呈现，洞察未来，人机交互作用强
手段	主要靠人管人的办法，进行行政管理，逐级审批进行决策判断	运用计算机支撑的人机交互方式，进行可视化系统的预测、预警、分析与评价，迅速帮助管理人员做出决策判断

3.2　可视化管理体系构建

管理问题可划分为不同类别，具有广泛性、复杂性、不确定性以及相关性等特征，可视化管理能够帮助管理者快速发现管理的痛点和管理中的薄弱环节。可视化管理的核心是对各类信息资源的可视化处理，实质是借助可视化、数据挖掘等信息技术提高管理者的信息加工处理能力，最终目标是提升管理水平。

3.2.1　可视化管理体系总架构

按照认识问题的逻辑思维过程，即依次回答是什么、为什么、怎么办三个核心问题，对可视化管理体系的概述也可以采用这种方法。因此可以将可视化管理理论体系分为概念层、机理层、模型层、应用层和支撑层。其中，概念层是理论体系的内核，用于回答可视化管理是什么的问题；机理层位于理论体系的第二层，是在明确可视化管理内涵、特征的基础上，回答可视化管理如何发挥作用的问题；模型层在理论体系的第三层，包括展示可视化模型和知识可视化模型，解决如何实现可视化管理的问题；应用层处于模型体系的第四层，主要用来解决可视化管理从理论走向实践过程中的问题，包括用户接受模型及效果评价模型；支撑层是理论体系的最外层，是可视化管理研究与应用的理论基础及技术支撑。

1）概念层

概念层是理论体系的内核，重点研究可视化管理是什么这一基础问题。在分析管理复杂性并对其进行信息过程抽象的基础上，分析当前制约管理水平提升的瓶颈，得出运用信息可视化与知识可视化技术提升信息资源加工处理的能力、最终实现可视化管理这一结论，形成了可视化管理的概念。

2）机理层

机理层位于理论体系的第二层，重点研究可视化管理为什么有助于提升管理水平这一关键问题，这一部分主要通过理论分析和认知实验两个方面开展研究。揭示可视化管理的作用机理，首先需要分析管理者日常管理活动的本质目标，即发现问题、分析问题并最终形成管理策略以解决问题。而达成管理目标的关键是对大量相关信息资源进行加工处理和推理决策，因此需要从人的认知活动视角构建管理者对信息资源的认知信息加工模型，并具体划分感知、注意、工作记忆信息加工及长时记忆知识图式激活与存储等阶段，来分析各个阶段存在的认知瓶颈。最终结合可视化管理的内涵及特征，以认知负荷理论为指导分析可视化对信息的感知、注意、加工、原有知识激活及新知识生成等环节认知资源的优化效应，得出可视化管理的作用机理。

3) 模型层

模型层在理论体系的第三层，重点研究可视化管理如何实现的问题，包括展示可视化模型和知识可视化模型。

首先，展示可视化模型用于解决可视化的规范设计问题。当前管理中存在着一些可视化的尝试和实践，但是没有统一的模型作指导，因此普遍存在着设计随意、可视化方式选取随意、图元及色彩使用不统一等问题。因此展示可视化模型将重点研究以下内容：一是以面向对象的设计为指导给出规范的可视化设计范式；二是以国家图例标准、色彩标识标准及制图标准为基础，结合管理对象及信息资源特征设计一整套适用的图元体系及图元组合机制；三是基于图元体系研究可视化方式库，并研究可视化方式与信息资源匹配评价模型，以指导最佳可视化方式的选取。

其次，知识可视化模型用于对信息资源的深度挖掘和知识发现，这是可视化管理最具价值的功能。当前由于缺乏必要的处理模型，大量的信息资源处于沉睡状态，信息资源中隐含的规则、规律、模式等知识无法被有效提取用于指导管理工作，成为被浪费的资源。知识可视化模型重点研究以下内容：一是以知识发现典型过程模型为指导构建知识可视化实现范式；二是面向数据海量复杂、多源异构且以非(半)结构化记录的问题，研究记录结构化转换模型，通过提取描述管理问题的维度并对维度中的属性类别进行划分，实现数据的规范化和定量化；三是研究数据单变量频数分析、多变量交互分析以及对象间交互分析的实现问题，涉及具体方法的选取、模型实现以及结果解释，最终构建知识可视化模型。

由此可知，知识可视化模型主要结合可视化与数据挖掘方法，基于大量的实际业务数据，对其间隐含的内在交互关系、规则与模式进行显性化，以更好地把握管理问题的分布特征、不同维度的交互影响以及管理对象与行为主体等其他对象之间的深层次关系，这些知识的提取是管理向智能化方向发展的基础。

4) 应用层

应用层处于理论体系的第四层，重点研究可视化管理如何付诸实践的问题。可视化管理基于管理实践中存在的问题而提出，其理论成果最终要应用于管理实践，这样既可以检验理论的有效性，又可以促进其进一步发展和完善。该层包括用户接受分析及应用效果评价两方面的内容。

作为一种新的管理方式，可视化管理的成功实施需要用户转变观念，掌握相应的知识与技术，只有在管理工作中真正接受这一新模式才能使之奏效；假如用户由于自身认知类型、知识匮乏、周围环境影响、业务内容等原因对这一新模式产生抵触，那么可视化管理是很难见成效的。针对这一应用问题，采用用户接受模型分析影响可视化管理利益相关者接受的主要因素，进而设计调查问卷收集数据并构建用户接受模型，通过模型分析及校正获取主要影响因素及其作用路径，最终制定促进可视化管理实施的保障措施。

客观科学地评价可视化管理效果能够发现实施中存在的不足，统一管理人员对可视化管理的认识，效果评价模型可为可视化管理的实施效果分析、评价提供方法指导。可视化管理的实施会对组织的管理工作带来诸多影响，主要体现在组织体系设置、人员配备、资金投入、业务流程优化、信息资源处理效率、管理水平、人员工作负荷等方面；如何客观全面地选取指标来评估可视化管理的实施效果是该层重点研究的内容；在指标体系构建的基础上，选择相应的评价方法对管理效果进行衡量；评价结果将成为进一步完善可视化管理理论体系的依据，包括对其内涵的再认识、对核心模型的修正和补充、对图元库及可视化方式的完善等。

5）支撑层

支撑层位于理论体系的最外层，为可视化管理的研究与应用提供理论依据及技术保障。

可视化管理的理论基础主要包括科学管理理论、认知科学理论、信息科学理论、管理研究方法论及知识发现。其中，科学管理理论是可视化管理最基础的支撑；认知科学理论为分析管理者的信息加工处理过程，指导设计认知实验进而为研究可视化管理的作用机理提供理论依据，同时为图元、可视化方式及可视化系统设计提供科学指导；信息科学理论为认识信息资源价值及信息科学技术发展规律提供全新视角，对管理活动信息过程抽象有重要指导意义，全信息原理、信息获取原理、信息传递原理、信息认知原理、信息再生原理、信息思维原理、信息施效原理和信息组织原理对可视化管理中的信息资源处理提供理论指导；管理研究方法论对科学合理地构建理论体系并规范开展可视化管理研究提供方法论指导；知识发现理论为知识可视化提供具体思路并指导知识可视化的实现。

可视化管理的技术保障主要包括可视化技术、计算机图形图像技术、数据挖掘技术、虚拟现实技术、物联网技术、虚拟化技术、软件工程技术等。其中，可视化技术是可视化管理最基础的技术保障，为信息资源可视化展现提供了多种可选的方式方法；计算机图形图像技术为利用计算机进行图形图像的运算、处理、生成、表示及显示提供了相关原理与算法；虚拟现实技术为真实有效地模拟井下真实场景、模拟灾害现场、开展培训提供了技术手段；物联网技术为可视化管理提供大量的数据素材，确保了对对象信息及时有效的获取和传输；虚拟化技术为信息资源的集中存储、统一调度提供了技术保障；软件工程技术主要应用于可视化管理信息系统的实现。

3.2.2　可视化管理理论支持

煤炭企业可视化管理与应用研究的基础理论主要包括目视管理理论、信息管理与信息资源管理理论、知识管理理论、物体识别理论、信息加工过程理论和认知行为理论等。

3.2.2.1　目视管理理论

目视管理理论是可视化管理研究的"原型"，对其研究将有助于了解可视化管理的目的、动力和意义。

目视管理要求信息传递和处理简单、快捷、准确、容易认读和识别，主要包括标准化管理、5M 管理、5S 管理、精益管理、现场管理等。目视管理的主要特点如下：①生产信息直观、快速地传递，方便操作人员快速识别、对比、判断；②充分利用可视化工具的视觉信号，将危险源和浪费问题快速地显示出来，刺激视觉神经，促进工作人员注意；③公开、透明化的规则信息，促进员工之间的了解和配合，解决工序拥堵、绩效考核和利润分配公平问题。

从现场人员生理、心理和认知特点出发，目视管理充分利用视觉信号的强刺激性，发出视觉信号，促进工作人员认知和决策。同时，目视管理通过迅速而准确地传递信息，使现场无需管理人员指挥，促进现场"自动"组织生产。目视管理能够比较科学地使工作内容符合现场管理要求，改善管理人员视觉感知环境，满足现场人员生理和心理需求，并产生良好的认知和心理效应，提高管理工作质量和效率。

3.2.2.2　信息管理理论

信息是生产管理过程、生产要素状态变化和业务操作过程的数据反映，其具有资源的基本属性、成本属性、可开发属性、应用属性、时间属性、价值属性、服务属性等。如此，企业要通过管理方法对其进行管理，实现信息的经济效用。Martin 在其所著的《信息社会》一书中表述：信息管理是与信息相关的计划、预算、组织、指挥、培训和控制过程[274]。信息管理一般是工作人员收集、加工、传递、储存、应用和反馈信息的总称，主要分为收集过程、加工过程、传递过程、储存过程、信息应用过程和信息反馈过程。信息管理的内容主要分为三种：以信息流为核心的资源管理，对相关业务工作内容的信息管理，对信息处理对象的管理(包括人、设备、环境等要素状态和属性的管理)；其任务是促进信息的有效集成，提高信息的利用效率和二次开发效果。信息管理以四大基本原理为支撑，实现组织对内外信息的有效控制。

1)信息增值原理

信息增值是指通过信息内容的增加以促进效率的提高，并通过对信息的收集、组织、存储、检索、提取、加工、共享和应用等过程来体现。其主要分为三个方面的内容：①信息集成增值，把零散信息、孤立信息或社会资源等有机整合成不同层次结构的信息资源，促进信息有效利用；②信息序化增值，对信息的有序组织，实现信息快速检索和提取，降低信息搜索成本，提高信息快速查阅的效率；③信息开发增值，根据信息的结构特点和关联特性，重新整合成信息的"信息"资源，并通过技术开发，实现信息增值。

2）信息增效原理

信息管理通过信息的有效使用和开发（包括二次开发），实现信息向组织各种活动要素的渗透、激活，从而实现信息的"激活"和"乘数"效用，最终节约社会资源，提高工作效率，创造更多的社会效益。比如，科技技术的引进，实现科学技术在业务流程和工作内容中的创新，促进信息的应用和二次开发效率，降低信息组织成本。

3）信息服务原理

信息管理具有强烈的服务特性。信息管理以用户应用为核心，实现内外信息的融合，这决定了信息管理通过信息流和过程控制，开发、利用有效信息，促进信息在"人与人"、"组织与组织"和"人与组织"之间的信息流动，满足服务对象的信息需求。信息管理过程中，所有目的、任务、方法都应围绕"服务用户和满足用户"这个中心，并通过信息管理方法手段的运用，如管理信息系统和销售系统的设计与开发，促进信息流的快速、及时、准确流动，解决服务对象的问题，提高服务对象的满意度和忠诚度。

4）市场调节原理

"价格是市场上看不见的手"，信息的价值调节着社会资源的分配。信息价值本身就是一种社会上的信息，而这种信息在一定程度上解决信息不对称、道德风险和逆向选择问题。信息也是"产品"，具有一定的价值和市场价格，信息管理活动和要素也受到市场"价格"的调节作用，例如，国际、国家标准和行业标准，信息开发、信息搜索、信息资讯服务等。

信息管理以信息技术为基础，管理数据的收集、整合、开发、传播、储存、控制，并通过各种计算模型的程序化实现数据挖掘与信息开发。在信息管理研究过程中，针对信息管理系统的研究产生了一整套行之有效的信息系统分析、设计、实施的理论和方法（如构件技术、分布式处理、联机在线分析等），并在物资需求计划系统（Material Requirement Planning，MRP）、办公自动化系统（Office Automation，OA）和管理信息系统（Management Information System，MIS）基础上，又研制出不同的信息系统，如财务管理系统、设备管理系统、采购系统、销售系统、决策支持系统和专家系统。

3.2.2.3　信息资源管理理论

随着社会信息技术进步，信息对人和组织的影响越来越大，信息的作用越来越突出，"信息资源"无处不在，如个人信息查询、信息检索、信息组织、技术研发、产权维护和市场信息。面对大量的数据、信息和知识，人们需要对其进行开发、利用和分配，解决实际问题，相关的研究需求也越来越多。Guimarases[275]提出了信息资源管理是一种新的创新的观点。美国政府于1980年颁布了《文书削减法令》，明确提出了信息资源管理的概念。卢泰宏[276]用"概念框架"的方法来研究信息资源管理的特征，将信息资源管理划分为传统框架、网络框架、微观框架、系统框架、政策框架和资源框架，并从信息的概念、领域、管理特征、基本功能与目标等方面进行了比较，认为人类对信息管理的发展，是综合利用技术、经济、人文手段对信息进行管理的新模式。信息资源管理理论主要有以下几类。

1) 霍顿的信息资源管理理论

Horton[277]面向应用过程的生产效率提出了信息资源管理理论。该理论认为，适合于农业时代和工业时代的生产率概念已不适应信息时代的需要，必须对信息资源和信息财产概念重新定义，重新测度生产率。信息是一种具有生命周期的资源，它由信息需求以及信息资源的生产、采集、传递、处理、储存、传播与利用等阶段组成；信息资源管理就是基于信息生命周期的一种人类管理活动，是对信息资源实施规划、指导、预算、决策、审计和评估的过程。Horton 区分了作为单数和复数的信息资源概念和信息财产：作为单数的信息资源指信息内容本身，而作为复数的信息资源指各种信息工具，包括信息设施、信息设备、信息工作者和其他信息处理工具；信息财产则指记录在任何媒体上的信息内容。Horton 也强调每一个企业应将信息资源作为一种战略财产进行管理，应将信息资源管理与企业的战略规划联系起来，并在企业的每个层面上识别信息资源和获取获利机会，借以打造新的竞争优势[278]。信息资源管理分五个步骤：

(1) 认识本单位的信息资源；

(2) 估算所利用的信息资源价值，并准确了解信息技术和辅助资源的成本；

(3) 根据信息资源在问题解答或决策制订过程中的重要程度，确定信息资源的价格；

(4) 分析测度信息流、信息财产中重复现象和信息资源不能满足信息需求的脱节现象；

(5) 重建信息系统，更好地满足用户的信息需求。

2) 史密斯和梅德利的信息资源管理理论

史密斯和梅德利将信息技术和信息系统开发融入了管理与实践中，提出了信息资源过程管理理论[279]。其认为信息资源管理有两层含义：①信息资源管理将组织拥有的信息等价于资本和人力资源而进行管理，其实质是一种管理哲学；②信息资源管理将传统意义上的信息服务整合，形成统一的管理过程，其实质是一种新的管理实践。信息资源管理是管理哲学向管理过程转变的过程(数据处理→信息系统开发→管理信息系统开发→终端应用→信息资源管理)，该过程融合了多种技术和管理功能。

史密斯和梅德利认为信息资源管理核心是实践应用，满足用户需求，主要内容包括信息资源管理的组织、规划、控制和行为管理，并把管理信息系统融入信息资源管理的框架；其扩大了信息资源管理范围，如信息资源安全与控制、信息资源交流和传播、信息系统研发。

3) 施特勒特曼的信息资源管理理论

施特勒特曼认为信息资源管理包括信息内容、信息系统和信息基础结构三部分，信息资源管理过程包括信息产品的生产过程、信息服务过程[280]。其也引入价值链概念，即围绕价值链流程的有序信息资源管理过程：信息资源的供给、输入、生产、输出、开发、传播、服务等。施特勒特曼针对图书馆管理与情报服务，指出它们应在两个方面改进信息管理：在内部，需要改进信息资源管理以提高生产率，提高或改进服务质量；在外部，它们必须把握各类用户的信息需求，并设法满足用户的特殊信息需求，以支撑它们的信息管理。同时，其也认为信息资源管理是一种战略性的管理，包括市场营销创新、信息转换过程创新、信息产品和服务创新等，并描述了"信息资源-信息转换过程-战略信息管理"战略管理的三维结构框架。

施特勒特曼的理论实现了信息过程论(信息资源的获取、组织、传递)与管理过程论(信息资源的规划、预算、控制等)的统一，从而形成独具特色的信息转换过程。

4) 克罗宁和达文波特的信息管理理论

Cronin 等[281]强调认知和概念为基础的信息和信息资源管理模型，并归纳了信息资源管理中的三种模型：隐喻模型是根据源事物描述目标事物的方法；转喻模型是以部分代表整体的方法；分类模型基于共同而明显的因素来约束分离的实体，并强调隐喻对信息资源管理的重要性。信息价值的财产观念是一种隐喻，通过隐喻建立相关的模型，激活对应的信息财产；其理论建立了"情境、模式、焦点"三维的信息价值研究模型，研究信息资源的价值。价值是财产的内涵，信息的价值是与组织财产相关的概念，信息的价值表现在其禀赋、可用、创造，以及收集和转化的成本方面。该理论也认为信息商品是直接或间接地在信息市场中买卖的信息财产、价值和竞争等的统一体；信息商品有信息产品、信息服务、信息软产品、信息资产、信息渠道之分。

从信息资源管理角度来看，组织和个人优势主要源于对内、外部要素信息的分析、整合、控制和传播等的管理过程。当然，信息资源必须放到市场上解决需求问题，才能显示信息资源的价值。如此，信息资源管理应当遵循以下原则[282]：

(1)信息是一种社会资源，不属于单个组织或个人；

(2)信息资源管理中应当职责分明，保证最大经济效益；

(3)组织战略规划与信息资源联系紧密；

(4)对信息技术进行集中管理，这是实现信息资源管理内部融合的前提；

(5)最大限度提高信息资源服务质量，促进信息增值和增效。

3.2.2.4　知识管理理论

1986 年，联合国国际劳工组织首次提出了知识管理一词。《后资本主义社会》一书指出，在社会中最基本的经济资源将不再是自然资源、劳动力和资本，而是知识；在社会中，"知识工作者"将发挥关键作用[283]。知识管理是对知识进行整合、组织、传播、累积、共享、学习、创造等一系列过程的系统化管理，通过创建一种内部机制，实现个人信息共享、交流和学习，从而使组织知识不断累积[284]。

如图 3.1 所示，郝建莘[285]研究了各个知识管理流程，认为知识流程是企业知识管理体系的核心，是通过知识系统、信息系统和学习型组织建设等内容满足知识创新和管理需求，并提出了企业的知识管理流程。从企业知识管理流程来看，对知识进行模块划分并形成知识单元，主要存在以下知识：业务知识、知识资产、流程知识、专家知识、产品和服务知识、组织记忆、关系知识、员工知识、客户知识、外部信息情报。

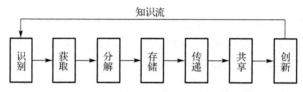

图 3.1　企业的知识管理流程

从知识融入知识流程来看，每一个知识转换环节都嵌入了知识单元，并组成了知识管理体系。维娜[286]研究了知识的进化过程，认为知识管理主要分为运作性知识管理、战术性知识管理、战略性知识管理，并结合主要问题、知识应用和技术支撑提出了知识在组织内部的管理形式，构建了知识管理的主要形式图，如图 3.2 所示。

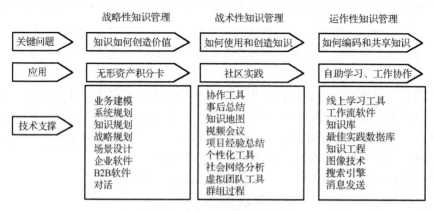

图 3.2　知识管理的主要形式

通过企业知识转化流程和知识管理形式等理论的研究来看，知识管理主要涉及技术、人员、知识、分享网络等要素，并以知识战略管理为基础，调整企业知识管理流程，实现组织协同创造和系统流程再造，从而实现知识的再创造和管理体系的更新。

在研究知识管理的基础上，Crosson[287]认为知识可分为显性知识(Explicit Knowledge)和隐性知识(Tacit Knowledge)，其相互作用促进了人们对知识的认知，特别是显性知识与隐性知识在转化、创新过程中的相互联系。Hansen 等[288]研究咨询公司的知识战略，认为其存在着两种不同的知识管理策略：编码化策略和个人化策略，即显性知识采用编码化的策略使其重复利用；隐性知识采用个人化的策略，将隐性知识学习、消化成为个人的经验知识的形式，促进隐性知识在个体间的积累。其也认为协作和学习是实现显性知识和隐性知识相互转化的有益方式，协作可以增加员工的知识交流，发现隐性知识，促进更深层次的隐性知识共享；学习可以促进显性知识和隐性知识的转化、循环，增强团队的集体智慧，有益于构建学习型组织。

Nonaka 等[289]研究知识管理中知识的转化，认为人的知识、思想的创新依赖社会的群体、集体的智慧。显性知识和隐性知识的转化、积累需要在"创始场 (Originating Ba)、对话场(Interacting/Dialoguing Ba)、系统化场(Cyber/Systemizing Ba)、练习场 (Exercising Ba)"中，经历"社会化(Socialization)、外在化 (Externalization)、融合化(Combination)、内隐化(Internalization)"过程，完成知识的螺旋上升，并提出了 SECI 模型，如图 3.3 所示。知识转化需要经历四个模式：显性知识到显性知识的融合模式；显性知识到隐性知识的内隐化模式；隐性知识到隐性知识的社会化模式；隐性知识到显性知识的外在化模式。

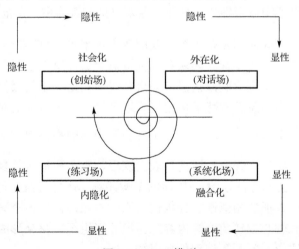

图 3.3   SECI 模型

社会化模式在创始场中实现隐性知识至隐性知识转化过程。在原市场中，人员通过观察、模仿和实践等共享知识方式，获取他人的隐性知识。例如，导师负责制和客户交流机制，是通过观察学习和潜移默化，获得知识的过程。

外在化模式在对话场(交流互动场)中实现隐性知识到显性知识的转化。在交流互动场中，人员是通过隐喻、概念、类比和模型等方式，将隐性知识用显性化的语言清晰表达、描述的过程。例如，项目总结和个人经验总结，通过阅读他人经历资料，获得技能和经验的方式。

融合化模式在系统场所中实现显性知识到显性知识的转化过程。在系统场中，按照知识的逻辑关系和结构，是将"散碎"的显性知识融合成显性知识的系统过程。例如，资料整理和知识关系网建立，通过多渠道收集、整理的知识重新整理、加工、提炼并形成文本信息，方便员工学习知识。

内隐化模式在练习场中实现显性知识到隐性知识的转化过程。在练习场中，是人们对新的、显性的、复杂的、系统的知识体系吸收、消化和抽象的过程，并升华成隐性知识，转化为个人和组织智慧和能力。例如，组织的策略、技术方案、计划等内容，通过组织内部的教育、培训、训练，促进这些显性知识转化为行动方案、技术和能力。

3.2.2.5　物体识别理论

物体识别源于图像认知，即物体识别是通过"物体图像"的认知、判断自然界的事物。物体识别是视知觉加工的主要功能之一，它将指导对社会要素的识别和环境的认知。根据 Zeki 等[290]运用解剖学研究形状、颜色、运动信息的结构，提出功能特化理论内容，物体识别的信息刺激主要来源于图形认知、色彩认知、运动认知。

David[291]提出了物体识别计算理论，主要包括初级简图、完全初级简图、$2\frac{1}{2}$D简图和 3D 简图。初级简图是基于视网膜的灰色水平表征(像素集感光强度)而形成的，其由边缘片段、轮廓特征、团块和线性端点组成，重点表示关于视觉画面组成部分的表面光强而产生视觉刺激信息。完全初级简图是利用初级简图的信息加工方式，把微小区域图像信息结构特征运用格式塔理论的相关原则对对象聚类和累加，鉴别物体数目和基本形状等。$2\frac{1}{2}$D简图是对初级简图的物体视觉认知图像的深度区域地图的建立，比如色彩强度、运动、表面纹理、距离和形状等复合信息点联结的高水平描述，建立区域特征地图。3D 简图是构建物体图像三维空间特征的模型，以及通过描述物体间表征的相似性、异构性的原始单元，计算各个原始单元的差距，比如长度、距离、轴心旋转角度等内容，并把分层组织、整合形成的图像与记忆中的知识模型进行比较，判断和识别外界事物。

1)图形认知理论

图形主要由点、线、角度、方向、平滑程度、色彩、背景等特征组成，图形认知主要指利用长时记忆中的知识、经验和环境信息，确定知觉图形的过程。人类对于图形认知主要受格式塔理论的影响，其代表人物有 Kohler、Koffka、Wertheimer。格式塔理论系统描述了知觉分离和知觉组织，以及思维、学习和行为的过程。格式塔理论在图形认知方面主要是知觉组织律，以及围绕组织律的一系列亚原则：

(1)图形与背景分离原则，即图形与背景的区分度越明显，通过图形轮廓、明暗度、高度等作用，图形信息将越容易被认知；

(2)接近性原则，即空间距离越近，特征容易被组成整体，图形将越容易被认出；

(3)连续性原则，即那些经历最小变化或阻断的线性特征容易被认知为一个整体；

(4)闭合原则，人类知觉表征对呈现完整的形式，具有容易组合成整体倾向；

(5)协变原则，即对于运动的特征元素，知觉倾向于把一起同性质运动的各特征元素组织成整体。

格式塔理论认为，知觉的组织律是知觉的基本内容。但是，格式塔理论研究是通过内省法对先天知觉组织的认知加工早期阶段假设，是基于自上而下加工的二维素描图形的研究，局限较大。之后，Palmer 等[292]提出了统一连通性原则，即任何具有统一视觉特征连通单元，如色彩、灰暗度、纹理方向、线性和圆弧度，容易被组织成一个图形知识单元。

2)色彩认知理论

人类对色彩认知的研究由来已久。Young 和 Helmhotz 提出了"三原色理论"，即三原色为红、绿、蓝三种色光，自然界中的颜色可以由红、绿、蓝三原色按照不同的比例"混合"而成。视觉系统中存在三类神经纤维(后续研究证明神经纤维是视锥细胞)，其分别对不同波长和频率的光波产生反应，并且受激活水平(能量)决定。一类视锥细胞对短波较为敏感，并对蓝色知觉的刺激产生最大反应；第二类视锥细胞对中波较为敏感，并对黄-绿色的刺激产生最大反应；第三类视锥细胞对长波较为敏感，对橙-红色的刺激产生最大反应。Sekuler 和 Blake 在研究"三原色理论"的基础上，提出了"二阶段理论"，即视锥细胞活动和色彩通道。例如，中波视锥细胞兴奋、短波和长波视锥细胞抑制，色彩通道负责求出中波视锥细胞的活动量之和与长波、短波视锥细胞的活动量之和的差值，从而决定知觉对红色还是绿色的反应[293]。

色彩可以帮助区分和识别环境中各个物体，传递丰富的信息，例如，安全色标准中传递安全信息常用颜色为红、蓝、黄、绿；红色传递禁止、停止、危险信息，或提示消防设备、设施等；蓝色传递必须遵守规定的指令性信息；黄色传递注意、警告信息；绿色传递安全性信息、提示性信息等[294]。色彩可以帮助区分图形和背景，并利用色彩变化凸显物体表面纹理(纹理变化、3D 色彩变化)，提高图形信息传递效果，增强使用者生理和心理效用，比如工作环境中操作色彩配置，可降低视觉疲劳、工作压力，促进联想和记忆力。

3)运动知觉理论

Cutting 等[295]提出了基于物体的运动方向知觉理论，运动方向知觉是基于环境中物体背景和参考对象的信息，使用环境中更多物体信息评估运动方向，如视向角、网膜外信息。通过结构线索、动态线索，物体运动方向判断源于物体汇聚、加速或减速分散的网膜光流中的有效信息线索，其受双眼视察、眼动等要素影响。

"动"包括物体位移、图形闪动与变化、色度变化等。运动知觉是动态事物在人脑中的认知和表征。在视觉认知阈限范围内，其可分为事物的相对观察运动和相对观察的静止运动。运动知觉的阈限依赖于目标物在视网膜上的位置、刺激物色度、视野背景、视野结构特点以及观察距离等，如视觉中心，视觉弧度阈限下限每秒 1 分弧度左右，视觉边缘阈限下限每秒 15 分弧度左右才能引起视觉注意。

3.2.2.6　信息加工过程理论

计算机的信息加工为认知心理学提供了最恰当的隐喻——人脑是一个类似电脑一样的信息加工系统。信息加工过程系统又称"符号操作系统"，主要由感受器、效应器、处理器、记忆装置四部分组成，如图 3.4 所示，其过程包括外界刺激被转换、编码、储存、提取和作用的信号处理机制；其中，每一组成部分均有其相应的功能，而这些功能的系统性表现结果就是智能处理行为[296]。感受器(知觉器官)是接收外界信息(信号刺激)的装置；加工器(中枢神经和脑)是整个信息加工系统的控制部分，主要处理信息加工的目标、计划及执行行为，包括信息加工器、工作记忆和解释器；记忆装置(脑区存储)指长时性记忆，是信息加工系统的核心组成部分，其中存放的大量符号按照一定结构组成内容；效应器(肌肉反应)是人体对外界刺激信号的行为反应，控制着信息的输出。

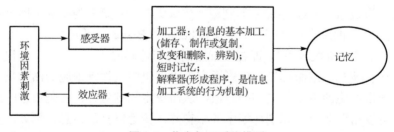

图 3.4　信息加工系统模型

下面通过人类认知过程来分析信息加工系统。

1)感觉阈限

感觉是对物理世界的刺激能力的"探测"，主要联系内部世界与外部世界。感觉的构造和加工，如表 3.2 所示。

表 3.2　五种感觉的构造和加工

感觉	器官	外界刺激	感受器	短暂存储	阈限
视觉	眼睛	光波	视杆和视锥细胞	视觉存储	亮度 $10^{-5} \sim 10^4 cd/m^2$ 波长 380~700nm
听觉	耳朵	声波	毛细胞	听觉存储	强度 0~120 dB 频率 20~20000 Hz
味觉	舌头	化学物质	味蕾	感觉存储	糖>0.02mol
嗅觉	鼻子	化学物质	毛细胞	感觉存储	香草酚>$2 \times 10^7 mg/m^3$
触觉	皮肤	皮肤	神经细胞	感觉存储	指尖>3g/mm^2 振幅>25×10^{-5}mm

2）注意理论

从认知心理学角度来看，注意的基本功能就是"选择"。注意的"选择"功能主要通过过滤器、衰减器、心理智源限制等理论进行研究。

（1）过滤器理论。

过滤器模型由 Broadbent[297]提出。其认为信息加工受信息加工通道的容量限制。在短时记忆过程中，大量的信息同时刺激神经纤维，不同频率的信号共同通过信息加工通道。但受通道容量和脑处理信息的局限，信息通道类似于瓶颈，起到过滤、调节作用，避免通道信息量"超载"。

（2）衰减器理论。

衰减器理论由 Treisman[298]提出。该理论认为信息加工是信息通道中的过滤装置对信息进行筛选。初次筛选是根据物理粗略特征对刺激信息评估，二次筛选是更为缜密的筛查过程和信号评估过程，即第一种是内容分析之前的知觉过滤器筛选过程，第二种是反应选择和反应过滤器的过滤、筛选过程。根据信息阈限的不同，由于信息传递过程中衰减（筛选）的存在，部分信息不能通过通道激活大脑中相应知识。

（3）心理智源限制理论。

心理智源限制理论由 Kahneman[299]提出。其把注意力看成心理有限的智源。人的心理智源可以由意识控制分配，意识较强和努力控制程度较高的信息使用的心理智源多，活动效率高。当人的心理智源全部被调用时，意识较强的和努力控制程度较高的信息将不能提高活动效率。当人面临多个任务时，心理智源将在意识指导下被分配，但由于分配"不均"现象，没有被分配心理智源的信息将不会被注意。

3）模式识别理论

模式识别研究人类准确识别知识结构中的物理事物，即刺激与认知之间的复杂"映射和联系"。模式识别使所有刺激共同作用而形成一个印象，它是各个组成部分印象的感觉之和，即具有最好、最简单和最稳定形状结构的物体将最有可能被知觉识别。在模式识别理论中有两种基础的理论阐述人们辨别的关系：建构性知觉理论认为人们主动选择刺激，并与记忆融合，从而"构建"了知觉；直接知觉理论认为知觉是从物理环境中直接获得信息而形成的。模式识别有三大模型：模板匹配模型、原型匹配模型、特征分析模型。

(1)模板匹配模型是根据机器的识别模式提出来的。模板指内部结构，人脑中通过经验的积累具有数量庞大的模板。当外界刺激形成的感觉与脑区的模板匹配后，物体将得到"破译"，而对物体的进一步解释和加工才能继续开始。

(2)原型匹配模型是一种模式识别的观点。原型是长时记忆中对物理世界物体共性的表征，而不是对无数种不同的模式形成独特的模板。客观感觉到的事物刺激通过与大脑中的原型进行匹配，检验它们之间的相似之处，如果具有某种相似程度，寻找最佳匹配，确定事物。

(3)特征分析模型是前两种模型的发展，更具有生理的特征。在人脑中存在源于外界物体各种抽象特征，且这些结构特征以某种结构形态被储存。主体先对物理世界物体的刺激信息进行特征编码翻译和特征分类分析，之后大脑自动将分析结果与储存的抽象表征进行比对，最佳匹配特征将获得识别，最终形成对事物的总体识别。

4)记忆的理论研究

记忆理论通常包括记忆的系统结构和记忆的活动过程，记忆的活动过程分为三个基本阶段：编码、储存、提取。

(1)记忆结构的研究。

Atkinson 等[300]研究了记忆系统的基本结构，讨论了多重记忆储存理论，如图 3.5 所示，提出了三种记忆储存方式：感觉记忆、短时记忆和长时记忆。Craik 等[301,302] 提出了水平加工理论，并在 1990 年进行了修正，其认为水平加工有多种，从物理世界的刺激浅层次分析到内部信息结构性和语义的深加工分析，包含自上而下和自下而上的两种加工方式的交互进行，水平加工过程受关联关系和信息明显性影响而留下记忆痕迹，而这个痕迹需要不断的巩固才能形成长时记忆。

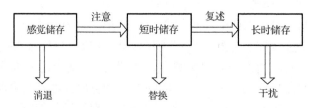

图 3.5　记忆的多重储存模型

(2)记忆系统的研究。

Schacter 等[303]提出了记忆系统的三个标准：类别和加工，即任何记忆系统都处理某一给定类别或范围内的各种信息；特性和关系，即记忆系统的特性包含其范围内的各种信息，是有关系统运作的各种规则、神经生理基础以及该系统的功能；会聚性分离，是任何记忆系统应该与其他记忆系统存在较多、明显差异。如此，就可以把记忆系统分为四种：工作记忆、语义记忆、情节记忆和程序性记忆等。

记忆系统视对外显性记忆和内隐性记忆的依赖程度，可分为两大类：陈述性记忆和程序性记忆。情境记忆和语义记忆属于陈述性记忆(外显性记忆)范畴，但对其是否属于不同的记忆系统存在争议。记忆的表征方式有情景性和语义性，其中语义记忆的表征理论主要包括网络模型和特征分析模型两类：网络模型指语义记忆是以网络形式分层级储存的，概念均按照逻辑的上下级关系分若干层次并形成特定的结构，层级之间有连线相通，而概念的特征存在于网络的各个节点上；特征分析模型指概念依赖于特征集的表征知识，任何概念都含有定义特征集、描述特征集，而多个概念的特征交叉量越多，概念的重叠就越多。

程序性记忆涉及技能学习和重复启动。技能学习包含感觉动作技能和知觉技能。由于启动效应的存在，重复启动对特定刺激的作业成绩提高或改善有深刻的影响。

5) 问题的解决与创造

(1)学者针对认知问题的解决主要从顿悟、经验、破解限定条件等角度进行研究，主要分为问题解决、知识迁移和专家技能学习。

Newell 等[304]根据计算机模拟性质，构建了"通用问题解决者"的计算机程序，解决知识丰富型问题；其认为各个问题表征为一系列的知识问题空间(包括初始状态、目标状态、心理算子和中间状态)，主要采用启发式问题解决方法关注问题的知识状态的转换，利用算子解决子状态向目标状态转换差异和成绩。在问题解决过程中，人的经验对状态转换起到决定性影响(知识迁移，即近迁移和远迁移，主要受迁移内容和情境转换的影响)。通过问题和子问题的类比(子状态和目标状态的类比，问题和过去问题的类比)，包括表面相似性类比、结构相似性类比和程序性相似性类比，达到解决问题目的。模板理论是组块理论的扩充，一个模板是一个图式结构(一个核和槽组成)，其构成形象说明了学习知识的过程和结构。

Anderson[305]研究了专家技能理论的发展过程，提出了 ACT(Adaptive Control of Thought)理论。该理论由陈述性记忆系统、程序性记忆系统和工作记忆系统组成一个互相关联的大系统，其关联关系如图 3.6 所示。知识编译是认知系统自动地将陈述性知识转向程序性知识的过程，包括程序化过程(产生式规则生成过程)和知识合成过程；陈述性知识以组块方式被单位性的存储，可以有意识地提取应用到多个环境；程序性知识中，当产生式规则与工作记忆匹配时，程序性知识将被自动执行到相关环境中。

特别要强调的是专家技能解决问题，主要受模板理论的影响。另外一些学者认为专家技能主要受有目的学习的影响，也受主体智商和天赋的影响。

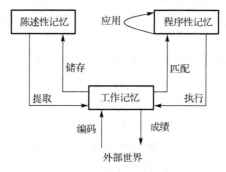

图 3.6　ACT 系统框架

Robert[306]研究了问题的解决和推理过程,认为智力是解决问题的重要组成部分,提出了三因素理论:成分亚理论、经验亚理论和情境亚理论。成分亚理论说明了智力行为产生的机制和结构,即学习如何做,计划做什么和如何做,确实去做;同时他通过标准检测的成绩检测智力行为。经验亚理论说明了不同的人在解决问题的"聪明"程度有差异,而这些差异充分体现在面对新环境和问题的智力程度;同时说明了创造力的程度。情境亚理论是对目标环境的适应和选择,或者改变现有环境,实现主体和环境更好的匹配,促使环境更加适合主体的技能、兴趣、经验和价值的实现。

(2)创造理论。

创造即创造性思维,其内容有假设检验、科学发现和创造过程。Finke 等提出了创造的生成探索模型,该模型把创造分为生成阶段(构建心理表征,生成雏形)和探索阶段(利用雏形,解析创造成果的过程),其主要受知识结构、检验和个人禀赋的影响;Schunn 等[307]认为搜索知识空间的数量随问题变化而变化,而科学发现过程是一个四空间搜索过程:假设空间、实验空间、范式空间、表征空间。科学发现随机性较大,但也受智力和努力程度的影响;而且科学发现的影响过程与整个生涯中贡献(业绩)的比率是同类型等比率的。

6)逻辑思维与决策理论

(1)逻辑思维。

逻辑思维是抽象、判断、推理、联想和问题解决等心理过程相互作用的联系和逻辑,主要是心理信息和知识的利用和转换,以及"沉淀"后形成的新的心理表征。思维是认知的(可推断性),是一个记忆知识和环境信息的模式识别过程;也是指向并导致解决问题的行为,或者是方法的寻找[308]。

逻辑思维和推理之间是思辨的主题。逻辑和思维相辅相成,逻辑通过"三段论"反映思维的过程,思维通过"三段论"反映逻辑的关系,而概念的表征为思维在心理过程提供知识依据。三段论主要包括大前提、小前提和思辨的结论;逻辑推理主要是三段论逻辑演绎。概念表征是决策策略的扫描和聚焦,是假设选择条件变换或排除假设的过程；扫描分同时性扫描和继时性扫描，主要处理前提假设；聚焦分为保守性聚焦和赌博性聚焦，主要通过假设选择的结果论证结论是否合理。

（2）理性与复杂决策。

决策框架理论是决策者关于问题目标的行动、策略方案、结果和意外的总体构想结构，主要是关于问题的描述、准则、习惯、逻辑思维、性格特征和内部环境的控制[308]。决策是根据人的思维偏向、心理效用、未来期望和风险偏好的程度等进行目标决策；当然，决策也同样受社会价值观、道德观、社会伦理和环境的影响（即社会机能主义理论）。

主观期望效用理论包含效用关系的完备性、传递性与替换性，以及决策者偏好的一致性等。但该理论的优势原则和无差异原则与现实决策往往不相符，如难以解释阿莱悖论、埃尔斯伯格悖论等现象。主观期望效用理论缺乏考虑个体效用的模糊性、主观概率的模糊性，偏好的不一致性、非传递性、不可代换性，以及"偏好反转现象"和赌博行为。如此，多属性决策理论认为决策人应该考虑与决策相关的各个方面，为各个方面赋予权重，得出总效用价值（用途），选择总价值最高方案。

Simon[309]认为决策人在决策时一般都有有限理性，即决策人使用简捷的策略来寻找相对合理和可行的解决问题的方案，如知足策略。决策人根据启发式方式的最低接受标准，选择达到或超过标准的价值的方案策略，而不太多注意以后的方案情况，比如在效用函数里有多个要素组合起来的方案，决策人并不根据成本最小化和效用最大化原则选择最优方案，而是选择较好方案。其提出了有限理性模型：手段-目标链的内涵有一定矛盾，即其分析有不准确和模糊性；决策者追求理性，追求有限知识和能力的有限理性；决策者在决策中追求"满意"的最低成本标准，而非最优标准；决策者在有限条件下的有限决策的能力。

信息加工过程的基础理论将加深对煤炭企业可视化管理的理解，了解其信息的转化、信息获取、信息利用的作用原理，以及大脑是如何对信息进行判断、思索和采取"较优"的行动。

3.2.2.7　认知行为理论

行为是有机体用以适应环境变化、解决面临问题的各种反应。通过"刺激-反应"，认知行为理论主要研究人类大脑"黑箱"的操作过程：刺激过程是客观世界转换到生理世界，反应过程是心理世界转换到生理世界或客观世界的过程。认知行为理论的任务是研究"刺激-反应"之间的规律，洞察刺激的行为反应结果或者反应的刺激规律，实现预测、调整、控制人和组织的行为。

Watson[310-312]运用客观观察法研究心理行为过程，认为人的反应可区分为外观习惯反应、内隐习惯反应、外观遗传反应和内隐遗传反应。Watson 认为人有三种原始的情绪：恐惧、愤怒和亲爱。其认为心理、意识是内隐和轻微的身体变化；情绪是刺激引起的内部适应并局限于主体之内，是身体机构特别是内脏和腺体的变化，是内隐、轻微行为的一种形式；本能是刺激引起整个有机体对各种对象的顺应；思维是全身肌肉，特别是肌肉的内在和轻微的反应，也是内隐的语言习惯；人格是指在反应方面现有的、潜在的全部"资产"和现有的、潜在的"债务"。从"资产-债务"角度来看，资产包含各种习惯的总体、社会化的本能、社会化的各种情绪、社会化的适应环境能力，以及它们之间组合权重和相互关系；债务指在当前环境中不发生作用和阻止其对已改变的环境进行顺应的潜在因素。

1) 行为强化理论

行为强化理论是 Skinner[313,314]提出的一种对环境的"操作条件反射"理论，即在强化学习的基础上对行为的肯定或否定的后果(报酬或惩罚)，并确定这种行为是否重复发生的学说，而强化模式由刺激前因、行为、行为后果组成。刺激前因是指在行为采取之前的客观目标刺激一个具有反刺激作用的客观目标，并指明哪些行为将得到强化；行为指人们为了达到其目标的行为方式；行为后果是指人们完成其目标后得到的肯定和奖励，反之得到的是否定或惩罚。

行为强化分为三种：正强化、负强化和自然衰减。正强化指当人们采取某种行为后的结果能够让其感觉兴奋和愉快，并促进此种行为的反复，如奖励；负强化指行为的后果不能让人感觉满意和愉快，并得到对该行为的否定，防止此类行为的反复发生，比如惩罚；自然衰减指时间维度上的行为强化的消退，即行为强化在心理上减弱时，行为将不能继续重复。强化理论在实践应用中应当把目标和实际情况相结合并分解分段，正负强化结合，正强化为主，负强化只是禁止或杜绝某种行为的重复；同时，应当根据人的心理特点和需要，利用行为强化有时效性，选择强化的手段，增强强化效果。

2) 情绪 ABC 理论

Ellis 认为外界刺激事件 A(Activating Event)是引发情绪和行为后果 C(Consequence)的间接原因，而直接原因是个体对刺激事件 A 的认知和评价而产生的信念 B(Belief)。信念是连接外界刺激事件和行为结果、思绪的桥梁，不合理的信念使个体产生情绪困扰和不正确的行为结果，而外界刺激事件仅仅是诱因。其研究认为，困扰个体情绪和产生不良行为结果的因素主要有三个：一是从个人角度出发，想法过于绝对或者偏激，往往非此即彼，如"别人必须对我好"；二是思维以偏概全，过分概括化，如某人偶尔犯错就被认为"一无是处"；三是认识的非理性，行为结果的糟糕至极，如"这次没有得到升迁，就没有前途"，这是在观念上对不良结果的过分放大行为。之后，Ellis 丰富了情绪 ABC 理论，提出了合理情绪疗法 ABCDE(Rational-Emotive Therapy)，个人一旦有信念导致不良的情绪和行为反应，个体或外界就应当用合理的方法塑造信息，并对抗、驳斥(Disputing)原有不合理的信念，之后促使个体认知、情绪和行为方式有所改善，产生有效的治疗效果(Effect)[315]。

在企业管理中，行为认知理论有较好的应用。在外部环境影响下，通过正负强化手段影响和控制员工的信念、行为，促进员工在恰当的时间、恰当的点，选择恰当的决策方案和行为措施，产生恰当的结果。当然，在企业中，员工也可以通过知识学习、技能培训、激励模式选择和工作环境调整等方法手段促进思绪和行为的良性循环。

3.2.3　可视化管理技术

可视化管理技术从根本上改变了管理的形态，使得过去不可见的管理流程透明化、可视化。现代可视化管理技术可被分为两大类：现场管理技术和现代可视化技术，其中现代可视化技术又可分科学计算可视化、数据可视化、信息可视化和知识可视化。

3.2.3.1　现场管理技术

泽田善次郎[316]在《工场管理的可视管理》中认为现场可视化管理是用眼睛观察的管理，体现了主动性和有意识性。今井正明[317]认为提高质量和改善工作效果应在企业运营的过程中体现，最关键之处是现场；通过全面质量管理(Total Quality Management，TQM)、准时制生产方式(Just in Time，JIT)、目视管理等，轻易解决没有价值的业务，获得高水平的质量和巨额利润。根据研究角度和翻译的不同，现场可视化管理表现为看板管理、目视管理、可视力、现场管理等形式，主要方法工具有 5M 标准管理、5S 管理、看板管理。

大野耐一[318]研究了丰田现场管理特点，从原料、库存、作业等角度分析丰田实现世界领先的过程，重点分析了作业方式和现场的看板方式。门田安弘[319]在研究了大野耐一著作和丰田案例的基础上，介绍了本田公司的布告栏方式的现场管理、现场创建的标准作业的内容和方法。5M 标准管理通过视觉分析实现对现场人员、机器、材料、方法进行标准化管理；5S 管理以"无误差"为基础，以生产目标为导向，让现场更加清晰，业务单更加明了和简单[320]。远藤功[321]在研究现场力的基础上提出了可视力，其认为现场力是现场组织、解决问题的能力，可视力则是"看见"问题的能力：问题可视化、状况可视化、顾客可视化、智慧可视化和经营可视化等；同时，其认为通过可视化体系的设计，可以解决企业经营管理中的问题，打造可视化组织。红牌、看板、信号灯、操作流程图、提醒板、区域线、警示线、色彩标识、告示板、公告栏等是现场管理常用的可视化方法。

之后，有学者在现场可视化管理的基础上，研究如何利用信息技术，使现场生产信息和环境信息更加支持管理决策和日常经营。Rees 等[322]对丰田企业生产模式进行研究，将看板管理应用于柔性生产系统中，并在该系统下研究确定看板数量的问题。Price 等[323]在研究看板管理中构建了看板生产系统的模型，并通过调整看板数量分析了在制品库存维持一定水平的优化算法。Co 等[324]研究了丰田现场管理模式，认为通过建立库存控制系统模型来确定看板的数量，并为企业库存控制提供决策依据。Akturk 等[325]研究了准时制造系统中看板参数的设计和调度决策问题，分析和构建了看板结构模型和参数设计；并在此基础上，研究了多阶段性看板管理系统中的调度决策问题。Bicheno 等[326]认为在精益生产的环境下，确定各阶段看板的批次和看板的数量是实现看板管理的前提条件，并提出了一种优化的调度算法。Chen[327]研究了基于 Web 技术的看板管理系统的工作调度、跟踪和性能监控问题，解决了传统看板管理的人为错误，以及跟踪能力有限等问题。

在现场管理中，流行的目视管理方法有红牌、看板、信号灯、操作流程图、提醒板、区域线、警示线、色彩标识、告示板、公告栏等，如表 3.3 所示[328]。

表3.3　目视管理的方法及内容

方法	内容
红牌	红牌用于区分日常生产管理中的必需品和非必需品，强化现场整理
看板	看板是生产所需物品摆放基本状况的信息表示板，如负责人、数量、位置等情况，使生产环节和物品管理等相关信息透明化、公开化
信号灯	信号灯指示工作现场的要素的工作状态，有无异常等，主要有异常灯、进度灯
操作流程图	操作流程图是标识工序重点和作业顺序的指导图，比如工料的签收、流转，操作工序的作业顺序，质量检验过程等
提醒板	提醒板用于防止工作内容和业务遗漏，对重要的工序和关键点进行信息提醒
区域线	区域线主要用于对物料进行分类，标识放置区域和工作区域等，比如现场管理标准
警示线	警示线用于物料存量、危险区等标识，起到警戒告示作用
色彩标识	色彩标识用于区分不同的工作人员、不同的设备、不同材料和不同的区域等，其初始者现场快速理解各要素身份，提高管理效率
告示板	告示板主要用于发布总结、表彰、绩效、通知等信息，促进信息在企业内部传递
公告栏	公告栏也称为宣传栏，主要用于企业发布公共信息，比如文化、生活、表彰等内容宣传
生产管理板	生产管理板主要用于揭示生产状况、工作进度的表示板，比如工作业绩、设备开动率、异常原因等

目视管理能够比较科学地使信息资源内容符合现场管理要求，改善管理人员视觉感知，满足现场人员生理和心理需求，并产生良好的认知和心理效应，提高管理工作质量和效率。

3.2.3.2　现代可视化技术和方式

可视化技术将原本抽象庞杂的空间与非空间数据变为直观的图形资源。可视化将数据、信息和知识转化为一种视觉表达形式，是充分利用了人们对可视模式快速识别的自然能力[329]；而可视化技术和方法从根本上解决使用者对数据、信息的认知过程，提高可视化信息的应用价值。

1) 科学计算可视化技术

科学计算可视化(Visualization in Scientific Computing)常被定义为科学可视化,其内容是科学计算的一部分。科学计算可视化是利用计算机图像处理技术,将科学计算过程中的数据和计算结果转换为图像形式,并在屏幕上显示的理论和方法[330]。Brodlie 等[331]认为通过对于数据和信息的探索和研究,帮助使用者获得对数据的理解和洞察,并对其进行诠释;科学可视化在计算机图形学、人机界面设计、图像处理、系统设计以及信号处理等领域中应用,加速了科学可视化的推广。Friendly[332]认为科学可视化(Scientific Visualization)主要关注的是三维现象的可视化。Hagen 等[333]认为科学可视化提供的是图形化表现形式的数值型数据,以便对这些数据进行定性和定量分析,其侧重于时空连续函数样本的数据分析。

科学可视化的方法和模型研究主要集中在数据挖掘和结果展示方面,比如利用成分分析、关键因子分析、数据在线挖掘等,建立数图映射关系,展示分析结果。其主要应用几何等值线技术、面绘制技术、光线投射、体绘制技术等与工程学结合,展示地质形态特征(地质移动、地形状况)和地球气候变化,以及机械工程(飞机、设备、汽车等)设计等领域[334,335]。

2) 数据可视化技术

数据可视化就是基于图形化手段,将分析好的数据通过各种可视化图形展示出来,以此直观地呈现数据,使复杂的数据能够更容易和快速地被人理解并获取更深层次的认识。数据可视化的应用领域非常广泛,只要有海量的基础数据,需要可视化展示的应用,无论是动态的还是静态的,都可以通过数据可视化技术来呈现。

大数据可视化技术的基本思想,是将数据库中的每一个数据项作为单个图元元素表示,大量的数据集构成数据图像,同时将数据的各个属性值以多维数据的形式表示,可以从不同的维度观察数据,从而对数据进行更深层次的分析。基于大数据的可视化分析强调利用先进的现代信息技术去记录、感知现实世界中个体和群体移动行为,其目的在于理解个体和群体移动的时空移动规律和分布特征,为城市建设、商业活动和科学研究等提供智能辅助或决策支持。

3) 信息可视化技术

信息可视化(Information Visualization)是以增强抽象信息的认知为目的,"以计算机技术为支撑的,具有交互性的抽象数据可视化方法"[336]。信息可视化表示在研究大规模异构型资源的视觉展示,主要利用图形图像建模和映射等技术方法,解决非结构化的数据文本的抽象和结构特征的信息可视问题,促进人们理解和分析数据[337]。国外学者从面向对象、数据状态变化等角度研究信息可视化过程,建立了信息可视化参考模型、数据状态参考模型等[338]。其应用于万维网信息检索、图书馆数据库信息检索、过程控制,以及商业信息资讯等领域,主要作用是减少信息检索时间,提高模式识别效率;开发更多的信息资源,扩大信息空间的探索;方便隐性信息分析和监控，提高认知和推理能力[338-340]。

信息可视化技术更关心把抽象信息可视化，促进用户认知效果。主要包括 Focus 与 Context 技术、Overview 与 Detail 技术、Brushing 技术、鱼眼视图技术、锥形图技术以及人机交互技术等。信息可视化可分为：一维信息可视化、二维信息可视化、三维信息可视化、多维信息可视化、时间序列信息可视化、层次信息可视化和网络信息可视化[340]。

4) 知识可视化技术

知识可视化(Knowledge Visualization)指知识的表征或表示。知识的表征是大脑对知识的模式描述，知识的表示则指物理世界知识的描述。Eppler 等认为知识可视化是在科学计算可视化、数据可视化、信息可视化基础上发展起来的新兴领域，其主要应用视觉表征手段，促进群体知识的传播、创新，并将知识可视化定义为研究如何使用可视化技术方法改善知识在人员之间传递的效果[341]。赵国庆等[342]对比了科学计算可视化、数据可视化、信息可视化与知识可视化的发展过程，认为知识可视化是在可视化技术发展过程中形成的新的产物。知识可视化除了传达事实信息之外，其目标在于传播价值观、经验、态度、期望、见解、观点、意见和预测等，并以这种方式帮助他人正确地重构、记忆和应用这些知识，其形式复杂多样，有概念图表、交互的视觉隐喻，或者知识地图等[343]。

知识制品(Knowledge Artifact)是知识可视化的基本形式，也是当前研究知识可视化的热点，其主要分为两种形式：认知知识制品(Cognitive Knowledge Artifact)和物理知识制品(Physical Knowledge Artifact)，一般而言，常说的知识指真实物理世界的知识制品[344]。知识制品可以是外显的、内隐的和隐性的，而知识可视化是把知识外显化，方便群体之间的理解和推广。知识可视化技术主要有：思维导图，是发散性思维的记笔记的方法，改变了原有记笔记的方式，也改变了人的认知模式[345]；认知地图，是想法的有方向链接，表示"想法之间的因果关系"，是有益的决策工具[346]；语义网络，是根据概念的关联度建立网络关系，有层次的以节点、连接、目标组成一个知识体系[347]。当前，知识可视化作为新的可视化技术方法的发展趋势，主要应用在知识比较集中的教育、培训和评价领域。

3.2.4　知识可视化研究的根本问题

根据管理知识可视化内涵、系统构成分析可知，挖掘数据中隐性管理知识并显性化，有助于提高管理者的认知效率和管理水平，再结合大数据背景下我国管理科学研究现状，本节提出知识可视化研究的三个关键问题：管理过程中存在哪些隐性知识；隐性管理知识挖掘与显性化；知识挖掘算法的对比分析与方法选择。

1) 管理过程中存在哪些隐性知识

随着科技的发展，人类接触的领域越来越广泛，管理层次、管理对象也日益增多，管理信息更是呈现几何级数增长。然而，众多企业仍然进行粗放式经营和严重依赖经验管理，导致对海量信息的应用仅流于表面，鲜有学者对管理过程中存在哪些规律、规则等隐性知识进行梳理与分析。实际上，这些隐性知识恰恰是管理大数据中未被发掘的知识金块。

2) 管理隐性知识挖掘与显性化

目前企业内部各类信息管理系统"丛生"，管理者每天都要面对庞杂的海量信息，这些信息均以数据、报表、简单图形的方式加以展示，管理者无法及时吸收和发现管理过程中存在的异常。在大量的数据面前，管理者缺乏有效提取海量信息背后隐藏的规律、管理对象关联关系的方法。利用数据挖掘以及知识可视化技术对各类数据进行分析挖掘，以揭示各类管理信息中的隐性知识，并将挖掘出的规律与知识进行可视化展示，有助于发挥现有信息系统的作用以及发掘海量数据的潜在价值，也能最大限度促进管理者吸收与利用海量信息的效果。

3) 管理知识挖掘算法对比分析与方法选择

在管理知识可视化研究的基础上，针对相关知识挖掘相关算法，展开理论分析和实验对比研究。验证不同算法的适应性、优劣、特点、性能及挖掘结果的可靠性和应用价值等方面的差异。在相关研究的基础上构建管理知识可视化方法体系和方法选择模型，为知识可视化在可视化管理实践中的应用提供理论指导。

3.2.5　展示可视化研究的根本问题

数据实时采集以及加工处理会形成海量异构、多维、复杂、数量庞大的信息，管理者每天面对庞杂的数据信息，在短时间内无法及时吸收和发现管理中的异常。基于此问题，采用可视化管理的方式来实现管理环境平稳运行。可视化管理是基于信息技术、人类认知规律而进行的能够有效促进管理者认知、利用信息资源的管理模式，衡量可视化的应用效果，发现管理中可视化展示的规律。因此，开展可视化管理效应的研究非常有必要。从快速、精准识别信息内容和提高认知效应的出发点，展示可视化的主要研究问题如下：

(1) 图元作为可视化管理展示图形的基础，与企业可视化管理实际相结合，以管理学及信息可视化管理视角，在运用信息论、信息可视化理论、认知心理学、语言学、符号学、人机交互等理论的基础上，全面分析可视化管理图元，并利用频数分布分析、因子分析、单因素方差分析、多元方差分析、聚类分析、眼动实验等方法，研究图元提取、设计选择及应用三个主要问题，力图在短时间内解决企业可视化管理中的现实问题，提升可视化管理水平及管理者认知效率。

(2) 从可视化管理的定义出发，综合实验科学和管理科学的理论，得出企业可视化管理效应的内涵，同时对效应进行详细划分。以认知科学理论为基础，结合企业管理实践，分析可视化管理效应的影响因素和作用机理，从而引出了展示可视化效应研究的三个核心问题，即可视化方式的关联因素分析、可视化方式设计选择与可视化方式效应评价。

3.3　可视化管理机理分析

通过上述对可视化管理理论体系的概述，明确了该理论体系是一个整体。接下来从机理分析方面进一步把握可视化管理的内容，以期为可视化管理的研究提供更详细的借鉴信息。

由内涵分析可知，可视化管理的核心是对各类信息资源的可视化处理，目标是提升管理水平。因此对其作用机理的分析首先要明确管理者的管理需求及业务目的；其次，要从人的认知信息加工视角剖析信息的处理过程以及在这一过程中各个阶段人的认知特征，明确信息的感知、注意、加工处理直到做出行为反应的全过程中哪些环节存在瓶颈；最后，结合可视化管理的内涵特征，分析其如何提升管理者的认知效果，最终提高管理水平。

3.3.1　作用机理理论分析

3.3.1.1　管理业务目的

管理的最终目的是解决组织面临的问题、实现组织目标，为达到这一目的，需要对组织本身的资源及组织所处环境有清晰的认识，明确亟待解决的问题，主动收集相关信息，进而有针对性地开展管理活动。

具体来说，管理活动都是围绕发现问题、分析问题和解决问题开展的，不同层次的管理者只是关注的管理对象不同，如高层管理者关注组织整体的运转情况，中层管理者着眼于所负责细分的内部团体的问题，基层管理者则更多地针对具体的管理对象。发现问题是管理活动的起点，是管理者通过获取管理对象的信息，对信息进行加工处理，进而判断管理对象状态的过程；分析问题是运用以往的知识、经验对暴露的问题进行原因分析的过程；解决问题则是基于问题的分析，采取相应的措施使对象恢复预期状态的过程。

3.3.1.2　信息认知加工过程

当前制约管理水平提升的关键在于管理者对信息资源的加工处理能力不足，为剖析可视化管理的作用机理，需以认知心理学为指导分析人的信息加工过程有哪些环节，各环节存在哪些认知瓶颈以及可视化如何优化信息加工过程最终提高认知效果。根据认知心理学原理对管理者的信息加工过程分析如下。

第一，各类管理对象处于不断的变化中，其实时状态通过各种手段被获取后，经过信息传输存储至数据中心形成信息资源，此时管理者对管理对象的感知不再主要依靠感官，而是借助于各类信息系统，信息获取能力大大增强。第二，管理者了解管理对象的状态及异常信息是通过信息系统进行的，通过信息系统进行信息检索获取所需信息，通过视觉、听觉等感官将所查询的数据记录到感觉记忆中，根据认知心理学的研究感觉记忆容量很大，此处不存在信息过载问题。第三，管理者为达成识别问题、分析问题、形成管理策略最终解决问题的目的，需通过注意机制选择特定信息进入工作记忆环节，工作记忆对感知信息进行编码，并根据长时记忆中原有的知识图式、经验模式等进行问题识别、诊断和推理决策，部分信息可能不进入工作记忆机制而是直接引起管理行为。第四，工作记忆形成的管理策略一方面通过复述存储到长时记忆中，另一方面通过效应器转化为面向具体管理对象的管理行为，作用于管理对象。管理者认知信息加工过程如图 3.7 所示。

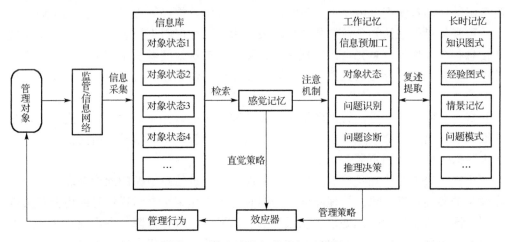

图 3.7　管理者认知信息加工过程

3.3.1.3　可视化管理作用机理

基于管理者认知信息加工模型，分别从可视化对模型中的注意机制、工作记忆以及长时记忆的影响来分析其作用机理。

1）可视化对注意的作用

从注意过程来看，注意在人的认知信息加工中起着重要的作用，根据有无意识参与可以将注意划分为有意注意和无意注意，其中有意注意是在人的意识努力下根据任务要求做出的注意，无意注意是事先没有预定目的，也不需要人的意识努力而做出的注意。为了获取管理对象的状态并根据这些原始状态信息判别管理对象是否存在异常，管理者需要持续地注意资源参与，这将消耗大量认知资源，而可视化管理通过提取管理对象的关键信息、变化信息与异常信息，并将这些重点关注信息以自动推送的方式展示在管理者面前，或者采用色彩差异、声音等方式引起管理者的无意注意，这将大大降低管理者在注意环节的认知资源消耗。

2) 可视化对工作记忆的作用

从工作记忆特性来看，工作记忆是整个认知过程的关键瓶颈，根据美国著名认知心理学家 Miller 的研究，工作记忆的容量是 7 ± 2 个组块，组块可以是一个数字、一个单词、一个词组，即所需记忆的小整体，当个体进行认知任务时所需的认知资源量超过工作记忆容量时就会导致工作记忆超载，影响认知效果，使问题不能很好地处理。基于这一问题，澳大利亚学者 Sweller 于 20 世纪 80 年代提出了认知负荷理论，通过降低内在和外在认知负荷，增加有效认知负荷投入系数，可提高认知效率，确保信息快速准确处理。在管理工作中，对管理者而言，通常一项管理活动都是在一定的时间约束下开展的，由于工作记忆认知资源的限制，面对大量的数据，管理者都会感觉到束手无策。可视化可以有效地降低内在认知负荷、外在认知负荷，将有限的认知资源充分应用于信息资源加工过程中，提高管理者的信息加工效率。

可视化对外在认知负荷的降低作用表现为：以往以数据报表、文字等形式呈现的信息存在大量的信息冗余，管理者需花费大量的认知资源在报表文字中寻找需要处理的信息，同时原有的数据呈现方式并没有根据信息意义进行组织，使得意义相近的信息分布在不同的位置，这些因素都导致了信息加工外在认知负荷的提高，在认知资源有限的条件下，管理者用于有效处理问题的认知资源被大量占用，而可视化展示能够消除冗余效应，实现空间临近效应，使管理者有效掌握所必需的信息，大大降低了外在认知负荷。

可视化对内在认知负荷的降低作用表现为：通过信息资源的深度互联，使有内在联系的各类管理对象、管理问题数据同时进入工作记忆，这样信息的内在相关性增强，同时信息的智能化处理实现原有信息元素的组块化，降低各类问题所涉及的信息元素数目，而信息元素数目及数据单元之间的关联性正是影响内在认知负荷的关键要素，通过可视化这两者都得以优化，最终降低了内在认知负荷。

可视化对有效认知负荷的增强作用表现为：通过可视化可以提高管理者及相关人员的情境感，提高管理人员的兴趣和主观动机，相应地增加了有效认知负荷。

3) 可视化对长时记忆的作用

长时记忆在信息加工过程中的主要作用体现在：根据管理者的任务需要，激活以往的知识经验，使之进入工作记忆进行问题识别、诊断进而形成策略。可视化对长时记忆的作用将分为三种情况讨论。

一是长时记忆中有处理相关任务所需的知识经验，只需激活提取。如工作记忆对某一问题进行处理后获取了目标当前状态值，长时记忆中有关知识就会被激活提取到工作记忆中，以识别当前该区域是否存在发生类似问题的可能性；同理在进行问题诊断和策略形成时，长时记忆中相关的知识、经验和情境被激活提取到工作记忆进行推理分析。在信息加工充分、长时记忆中知识经验正确的条件下，做出正确判断。在这种情况下，所需的认知资源主要用于激活并提取长时记忆中的原有知识，根据有关理论研究，长时记忆中的知识都是以知识图式的方式储存，知识的提取基本不需消耗认知资源，认知难度主要体现在相关知识的激活上，激活长时记忆中原有知识所消耗认知资源通常与主体获取该类知识时的情境有关，可视化能够通过增强管理者的情境感有效激活长时记忆中的情境知识。

二是长时记忆中没有与任务相关的知识存储。此时问题处理难度就会增大，需要管理者查阅相关资料进行任务处理，这又涉及了新的信息加工任务，如根据目标对象当前状态判断是否有异常时，工作记忆对类似的情境数据进行处理，如果长时记忆中没有存储当前问题的判别标准，则需要查询相关标准之后再进行判断，新的信息加工任务势必导致认知资源消耗增大。

三是长时记忆中没有与任务相关的知识经验，同时现有的资料也无法提供直接可用的知识，此时对数据就无法进行有效处理，数据的潜在价值无法被挖掘出来。如同一百年前的管理者无法处理一切管理信息系统的问题一样，前者的经验完全无法与信息时代对接。

针对后两种情况，知识可视化借助于可视化、数据挖掘等数据处理技术对大量数据进行加工处理，挖掘以往未知的规则模式，这些新生成的知识将极大地丰富管理者的长时记忆知识库。

综上，可视化作用于注意环节和工作记忆环节来降低管理者的无效认知负荷：在注意环节，关键信息推送、色彩差异引起管理者的无意注意，降低信息搜索难度。在工作记忆环节，可视化对原始信息进行组块化处理，减少信息冗余，提高信息质量，缓解了工作记忆容量有限问题，结合信息的相关度进行可视化展示，提高了空间临近效应，有效降低了内在和外在认知负荷，通过信息的可视化处理提高管理者投入认知资源的意愿，增加有效认知负荷。在长时记忆环节，通过可视化提高管理者的情境感，使长时记忆中原有的知识图式更易激活，同时通过知识可视化有效丰富长时记忆的知识库。

3.3.2　知识可视化方法及实现

在大数据时代，知识可视化方法与工具的研究开发与应用，已从根本上改变了人们表示和理解海量复杂数据的方式。学术界也对知识可视化的内涵、研究框架、方法与工具以及实现过程进行了研究。

3.3.2.1　知识可视化方法

随着知识可视化研究的不断深入，知识可视化方法从研究知识发展规律的统计类方法和数学模型类方法，发展到近几年揭示知识结构特征类方法。统计类知识可视化方法是比较简单也是比较常用的方法，通常在数据获取之后根据研究的目的和需要进行直接统计或间接统计分析，在数据整理中对平均值、累计值、百分比等进行计算，统计结果以表或者折线图、柱状图、饼状图、雷达图等形式展示。研究复杂系统中各个管理对象之间的关联关系和规律必然少不了数学模型的应用，比较常用的数学模型有：分类模型(决策树、贝叶斯、人工神经网络、KNN、SVM)、关联分析模型(Apriori、FP-tree)、预测模型等。用于揭示知识结构特征的方法主要有：适用于数值型数据的聚类分析(K-means、DBSCAN 等)、因子分析、多维尺度分析等方法，适用于文本型数据的词频统计分析、语义网络、社会网络分析(Social Network Analysis)、主题挖掘模型等。在结构特征类知识可视化过程中还包括数据清洗方法、数据标准化方法和属性约简等。

3.3.2.2　知识可视化工具

近年来，知识可视化研究领域不断扩大，知识可视化技术迅速发展，不同学者从不同视角对知识可视化工具的分类也不尽相同。Eppler 等首次提出知识可视化的概念，并将知识可视化工具概括为六种类型：启发式草图、概念图表、视觉隐喻、知识动画、知识地图、科学图表 [341]；有学者[342-348]提出了几种知识可视化工具，主要有概念图、思维导图、认知地图、语义网络、思维地图；薛晓芳[349]将知识可视化工具分为统计分析软件、社会网络软件和专业软件三大类。统计分析软件有 SPSS、MATLAB 等，开展知识可视化研究时常会用到其相关分析、变量间交互分析、对应分析、多维尺度分析、因子分析和聚类分析等方法；社会网络软件有 Ucinet、Pajek、Gephi 等；专业软件则是专门用于知识可视化分析的软件，例如，Citespace、Bibexcel、Vosviewer、Histcite 等；陈必坤等[350]将学科知识可视化分析工具分为通用软件和专门软件。通用软件主要包括 SPSS、Ucinet、Pajek 等多功能可视化分析软件。随着海量急剧膨胀的数据，基于 R 语言或 Python 语言的开源社会网络分析包在设计新模型、开发新算法、分析大数据与进行可重复分析等方面具有明显优势[351]；专门软件，指专门用于某种使用目的或某些特定研究领域的软件，如 Citespace、Bibexcel、SATI、CATAR、NEViewer 等。通过上述不同学者对知识可视化工具的分类可以看出，对于知识可视化工具的分类没有明确的标准，不同分类之间存在交叉和重叠，但是这些知识可视化工具对于管理显性知识可视化和隐性知识显性化具有重要作用。

3.3.2.3　知识可视化实现

通常，使用不同的数据挖掘分析方法和不同知识可视化软件与工具，获得的结果的应用价值和可视化效果存在差异。因此，管理知识可视化方式与方法的选择就很重要了。针对不同的管理对象及其属性、管理岗位选择恰当的视觉表现形式，有助于提升认知效率和知识传播效率，进而提升管理水平。管理知识可视化实现过程如图 3.8 所示。

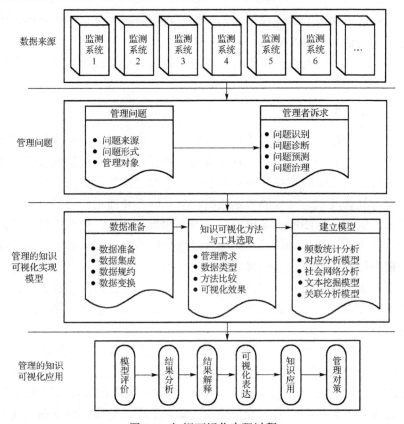

图 3.8 知识可视化实现过程

从图 3.8 可看出，知识可视化以各类信息系统数据库为支撑，构造数据集；依管理问题和需求，运用数据控模型和数据技术，实现知识可视化。

根据挖掘结果对模型及算法进行评价、分析和应用。如果模型使用了不同方法或参数，则需要根据支持度、置信度、提升度、查全率、查准率等指标对不同算法的性能进行对比分析，然后综合各指标结果选取最优的分析结果。其中管理过程中产生的数据集和管理问题集是管理知识可视化的基础；根据管理者的诉求、管理对象及属性特征以及数据类型选取适当的知识可视化软件与工具是管理知识可视化的关键；根据知识可视化任务、对原始数据集进行预处理、选择合适的算法、构建知识可视化实现模型是管理知识可视化的核心；管理数据集中隐含的有价值的规律和知识的提取及应用是管理知识可视化的最终目的。

3.3.3 展示可视化方法及实现

视觉作为人的最重要感觉，主导着人的认知，影响着人的思维和判断。人类 80%以上的信息来自于视觉，65%的人是视觉学习者，而人脑 50%的功能与图像处理相关，与文字信息相比大脑对图像信息的处理过程更简单，处理速度更快，因此，人类在视觉和图的认知方面具有得天独厚的优势。正是基于上述优势，展示可视化的思想、技术、方式应运而生，可视化与各行业的结合已经成为今后研究和应用的发展趋势。

3.3.3.1　展示可视化方式

Murata 等 [352]指出可视化方式是一种信息的表达方式，同时也是视觉形式的形成过程。可视化方式在很多研究中被称为视觉表征，指的是视觉的表达形式。展示可视化方式总体上的研究发展方向从传统的一维和二维的数据信息展示，发展为现在高维数据可视化展示。传统的低维数据和信息则主要通过简单的、单一的传统图形进行展示，例如，折线图、条形图、直方图和散点图等。随着系统日益复杂、数据量激增，传统的可视化方式已经无法满足综合性信息的展示需求，因此便有了针对于不同应用场景与应用内容的展示方式。多维数据可视化在基于二维或三维的几何映射的基础上扩展了很多方法，例如，平行坐标、散点矩阵、放射坐标系等。

国内外研究人员从不同的角度对可视化方式进行了汇总和分类。Severino[353]将常用的 60 余种可视化方式进行了归类，并指出了每种可视化方式的功能和特点，在研究的基础上构建了可视化方式的展示网站，供人学习和参考。类似的还有 Lengler 等[354]采用元素周期表的形式汇总了各种可视化方式，并且将可视化方式分为数据可视化、信息可视化、概念可视化、策略可视化、隐喻可视化和综合可视化六类。Eppler 等将可视化方式分为概念图表、视觉隐喻、知识地图、动画、科学图表和启发式草图六类[130,272,354]。此外，国内外很多学者的文章中都提到了可视化方式的分类。从空间维度上可视化方式可以分为一维、二维、三维和多维；从内容状态上可视化方式可以分为静态方式和动态方式；从表现形式上可以分为图像和图表[355-357]。随着人的创意进步以及流行元素的转变，可视化方式仍在不断创新和完善。

3.3.3.2　展示可视化技术

Donald 等 [358]提出可视化技术是指利用计算机图形学和图像处理技术，将数据转换成图形或图像在屏幕上显示出来，并进行交互处理的技术。可视化技术的实现过程分为数据预处理、映射、绘制和显示四个步骤。在数据预处理阶段，针对不同的可视化方法和内容，对原始数据做变换处理，设置数据格式和标准。在映射阶段，进行数据压缩和解压缩等工作，针对不同类型的应用数据，采用不同的映射技术将数值数据转换成几何数据。在绘制阶段，运用多种技术，将几何数据绘制成图像。最终在显示阶段，将绘制生成的图像数据按用户指定的要求进行输出。在这一系列过程中，映射功能实质上完成的是数据建模功能，它是可视化技术的核心[359]。

可视化技术按照分类依据不同而有不一样的分类，主要包括按数据类型划分、按可视化方法划分以及按分析处理技术划分这三种情况[360]。根据数据类型分类，可分成一维数据可视化、二维数据可视化、多维数据可视化、多媒体数据可视化、时序数据和序列数据可视化、文本数据可视化和网络数据可视化类；根据数据类型进行分类是最基本的可视化分类。按可视化方法进行划分可分为以下几种分类：基于图表的方法、基于几何投影技术的方法、基于图标技术的方法、基于像素的方法和基于层次的方法和组合方法。基于几何投影技术的方法，其基本思想是以几何画法或几何投影的方式将高维数据映射到低维空间中，以点、曲线或折线来表示多维信息对象，适用于数据量不大但是维数较多的数据集，比较容易观察多维数据的分布并发现其中的奇异点。基于图标技术的方法是将多维数据集的某两个维映射为平面，而其他维则映射为用户指定的几何图标的单个组成部分，并且可通过图标的大小、形状和色彩加强可视化效果。基于像素的方法的基本思想是按照数据的维数将高维空间划分为多个子窗口，每一个子窗口对应着数据的一维。在这些子窗口中，分别用像素的颜色来表示对应的维值。基于像素的技术利用递归模型、螺旋模型、圆周分割模型等方法分布数据，其目的是在屏幕窗口上展示尽量多的数据，适合可视化大型的数据集。对输入的查询数据也能给出更丰富的信息，便于用户从中发现隐含的关系[361]。

3.3.3.3　展示可视化实现

展示可视化也可以称为可视化展示，是将抽象的数据空间转换为直观的视觉空间，以便于人们通过强大的视觉处理能力发现隐藏在抽象数据空间中的模式、见解和知识。可视化展示实现过程如图 3.9 所示，包括数据准备、数据析取以及数据映射三个步骤，分别形成原始数据空间、可视化数据空间以及视觉对象空间。

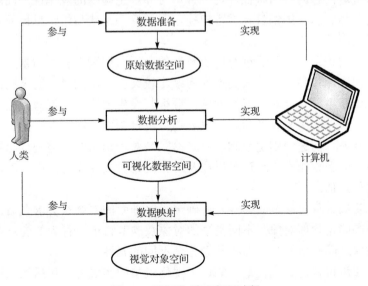

图 3.9　可视化展示实现过程

3.4　可视化管理模型

根据对可视化管理内涵的分析可知，可视化管理包括知识可视化和展示可视化两大核心内容。本节重点研究可视化管理实现的具体模型，包括知识可视化模型和展示可视化模型。

3.4.1　知识可视化模型

管理知识可视化是面向管理过程中的管理对象及其产生的海量数据，借助数据挖掘、文本挖掘和知识可视化技术等方法和手段进行有效分析挖掘，使隐含在管理数据集中有价值的规律、规则和模式变得透明化、显性化和视觉化，提高管理者的信息认知效率，从而使管理者有效开展管理活动，最终实现管理目标。

第一，明确管理主体及其诉求。管理水平的提升关键在于管理主体，作为组织的监管者、拥有者和管理知识的实践者，其掌握和运用管理知识的能力直接决定着管理的水平。管理主体获取信息的及时性、准确性和完整性是管理主体能否及时、精准、有效地做出管理决策的关键。通常组织的管理者按照所处的层级分为高层、中层和基层管理者，不同层级对管理对象的管控范围不同，所具有的管理诉求也有区别。在层级划分的基础上，通过访谈调研了解各个层级管理者的核心诉求，如基层管理者需要实现对管理对象状态的实时监测、发现异常；中层管理者需对比分析管辖范围内管理问题的分布特征，透视管理对象产生问题的规律性；高层管理者需要对组织的整体状态、组织目标进行把控，了解管理现状与组织目标的差距以及造成这种差距的原因。

管理问题的识别主要是通过对历史数据的分析，识别出管理的重点。明确哪些责任主体的问题比较突出，什么类型的问题比较突出，不同时段的不同问题分布情况。问题的诊断主要是针对发现的问题，分析其发生的原因与规律。问题的预测主要是基于历史数据对未来管理问题的发展趋势进行预判。问题的识别、诊断和预测存在着内在联系。问题识别是基础，问题诊断是对识别出的问题进行深层次原因及规律的挖掘，问题预测则是通过对以往及现存问题及其规律的分析，对未来问题的发展趋势进行预估。

第二，明确管理对象及其属性。在确定了管理者的层级和诉求之后，就可以根据其权限范围确定管理对象，不同类型的对象反映其特征、行为的变量存在差异，按照不同对象之间性质的相近性将其划分至不同的属性。

第三，知识可视化实现模型。知识可视化模型的实现主要包括如下步骤：

(1)数据准备。数据准备是在明确知识可视化目的的前提下，为满足模型对数据的要求，对原始数据进行预处理的过程，包括数据清理、数据集成、数据规约及数据变换。

数据清理主要解决数据集中存在的值缺失、噪声数据及离群数据的问题。数据集成则是将不同来源的数据集进行合并的过程，特别是在对象间交互过程中，由于不同对象的数据存储在不同的关系表中，此时需要将多个数据集按照知识可视化的要求进行集成处理。数据规约则是在大量的数据中选取特定分析数据的过程，通常各类数据集的数据量都非常大，如果不加筛选地对所有数据进行处理，那么数据分析及挖掘的过程耗时很长，甚至是无法实现的，此时需要对数据进行简化。数据规约包括属性规约和个例抽取两方面：属性规约是根据知识可视化的目的提取所需属性的过程；个例抽取是在问题集总体中进行抽样的过程。数据变换是在原数据集的基础上通过构造新属性、对原始数据规范化、离散化等手段使数据满足分析要求的过程。

数据准备过程确保了待分析和挖掘数据的准确性、完整性和可信性，这样知识可视化所提取的隐含知识可信度更高。

(2)分析方法选取。分析方法要服务于知识可视化的目的，同时应考虑变量的数据类型。为解决问题识别，对数据集进行单变量分析时，可通过频数统计这一描述型分析方法进行管理问题分布规律的识别。为了研究管理对象多变量的交互分析，可采用相关分析、对应分析、聚类分析、主成分分析等方法，具体采用哪一种方法需根据方法的适用性及对象变量数据类型来确定。为研究管理对象与其他对象的交互关系，需依据参与交互的对象及其相关变量确定研究方法。

(3)模型构建及分析。模型构建及分析阶段是根据知识可视化任务、选取的方法以及数据集，采用数据分析工具构建知识可视化模型并合理进行参数设定，最终得出分析结果的过程，常用的模型包括分类模型、预测模型、相关分析模型、频数分析模型等。

第四，知识可视化应用。该阶段主要完成对模型结果的评价、分析和应用。如果挖掘结果没有达到任务要求，则需要对模型进行修正；如果模型采用了不同的分析方法，需要根据结果的准确性、命中率和查全率等指标对不同方法得出的结果进行对比，综合选取更好的分析结果；通常通过不同模型分析得出的结果，其可读性不一，有的方法其分析结果可直接以可视化方式呈现。通过知识可视化挖掘得出的隐含知识可嵌入到可视化管理系统中，辅助用户的日常管理及决策。

综上，即可得到如图 3.10 所示知识可视化模型。

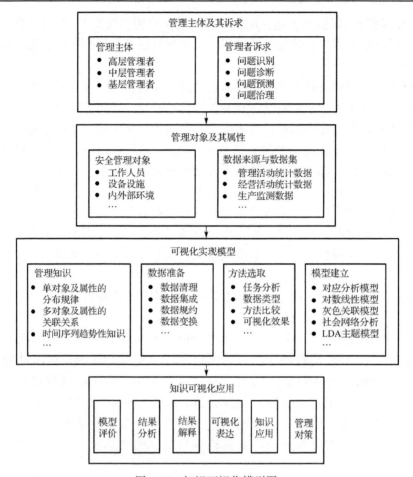

图 3.10　知识可视化模型图

3.4.2　展示可视化模型

企业管理对象众多，这些对象分布于不同的区域和生产作业环节，具有各自的属性特征。面对如此繁杂的对象信息资源，必须按照科学合理的规范对其进行组织并最终予以可视化展示。展示可视化是以各类管理对象为核心，所有信息资源都围绕对象进行提取、处理、组织和可视化展现。根据作者以往的研究成果[362,363]，按照面向对象的设计思路，对展示可视化分析如下：

第一，对管理者层级进行划分。

第二，确定不同层级管理者诉求。

第三，明确管理对象。按照不同对象之间性质的相近性将其划分为管辖范围、基础构建、环境、管控和人员五类。针对不同类型的对象，有针对性地确定不同信息关注重点。

　　第四，属性提取及划分。根据不同类型对象所关注的重点信息，形成反映对象状态及其变化的属性集，这些属性可分为基本属性、状态属性、变化属性、异常属性和关联属性等。其中基本属性反映的是管理对象的基本信息；状态属性反映管理对象在某一特定时点的运行状态和空间位置；变化属性反映管理对象的时空变化信息，通过变化属性可以反映其变化内容、变化趋势、变化速率和变化原因等方面的信息；异常属性是对状态属性的延伸，当管理对象状态值与预期目标产生偏差时出现异常报警；关联属性反映的是管理对象之间存在的内在关联，通常可通过知识可视化挖掘出不同对象之间隐含的关联关系。

　　第五，最优可视化方式选择。根据管理者的管理诉求、对象属性特征，选择最适用可视化表达方式完成信息展示的可视化。可视化方式既包括简单统计图，也包括平行坐标、散点图矩阵、视觉隐喻等高级形式。

　　综上，展示可视化需按照管理者层级及诉求分析→确定管理对象→分析对象属性特征→确定可视化表达方式的步骤实现，展示可视化模型如图 3.11 所示。

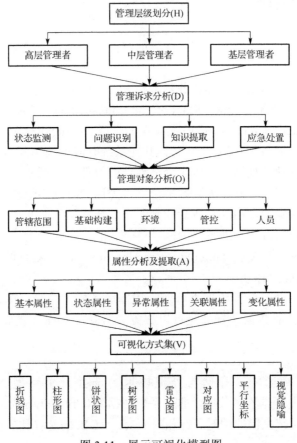

图 3.11　展示可视化模型图

第4章　可视化管理数据治理

可视化管理高度依赖利用技术手段(既包括传统的统计分析,也包括新兴的数据挖掘方法)处理数据,在正式分析问题之前,必须解决数据集构造(数据的收集)以及数据清洗(数据的预处理)问题。

4.1　可视化管理数据源及特点

数据促成了可视化管理的发展,离开数据可视化管理就是无根之萍,数据源自何方,是管理者的首要关注点。为了分析数据源的数据特征,可以从四个不同的维度对数据源进行阐述。

1)来源

数据的来源不同,意味着人们对数据的掌控也就不同,更意味着人们对数据的访问机制也有所不同。

企业的内部数据通常与具体业务紧密相关,且多数来自人们可以掌控的软件系统,如客户关系管理(Customer Relationship Management, CRM)、企业资源计划(Enterprise Resource Planning, ERP)或者人力资源(Human Resource, HR)系统。设计良好的系统应该提供相关的接口,允许其他系统有限度地访问该系统的内部数据,又或者主动地将内部数据写入一个完全解耦合的组件中。通常,人们会尽量避免直接将内部系统的数据库公开给大数据平台。因为这种方式不仅会带来潜在的安全威胁,还可能会因为资源占用的缘故影响到业务系统。

外部数据的获取方式不外乎两种:

(1)应用程序接口(Application Programming Interface, API)调用;

(2)通过网络爬虫抓取。

与内部数据不同,外部数据不可能听指挥地"招之即来,挥之即去",需要定期或不定期地去获取数据,好处是可以根据业务场景和数据的特点自主地选择数据存储。

2)结构

数据结构直接影响了存储与处理技术的选择。关系型数据库(Relational Database, RDB)之于结构型数据,非关系型数据库(Not Only SQL, NoSQL)之于非结构数据,这是司空见惯的配对了。相对而言,RDB 的选择比较简单,NoSQL 则有更复杂的分类。

3) 可变性

数据库的设计哲学是将所有过去发生的事情（或事件）认为是一个"事实"（Fact），基于事实不能篡改的本质，则数据库中存储的数据也应当是不变的。无论是添加、删除还是修改，在数据库层面都是增加一条记录，而非直接更改。

然而，多数数据库并未添加这种不变性的约束，虽然这种不变性带来的好处是明显的，不过也会给业务系统的设计与实现带来不必要的复杂度。然而，对作为大数据平台的数据源而言，情况则相反，若数据允许更改，数据采集过程就会变得更复杂。因此，一切的设计原则都要遵循使用者可能面临的应用场景。

4) 数据量

数据量小，则一切都可迎刃而解，这里不再赘述。

针对大数据量，实则是两个不同的场景。一种是批处理方式，典型地算法是MapReduce，主要针对非实时需求场景，可以编写定期以及批量执行的任务来完成数据的采集。需要费心的是对 Job 的监控、管理与调度。另一种则是流处理方式，（准）实时对产生的数据进行处理，这种场景对数据源的限制更多，最常见的方案就是将源源不断产生的数据写入到 Kafka（Apache 软件基金会开发的开源流处理平台）中。

大数据这个概念最早出现于 20 世纪 80 年代，阿尔文·托夫勒将大数据赞颂为"第三次浪潮的华彩乐章"[364]。*Nature*[365]和 *Science*[366]针对大数据分别于 2008 年和2011 年出版了专刊 *Big Data* 和 *Dealing with Data*，分别从互联网技术、互联网经济学、超级计算等多个方面讨论了大数据处理面临的各种问题。2011 年，麦肯锡首次阐述"大数据"的概念，并指出数据逐渐成为重要的生产因素，对海量数据的运用将预示着新一波生产率增长的到来[367]。涂子沛[368]认为："大数据"之"大"，并不仅仅指"容量大"，更大的意义在于对海量数据的分析，创造新的价值，带来"大知识"。

目前，对于"大数据"的概念并没有一个明确的定义，各个学者和企业都有自己不同的解读，但是大家普遍认为，大数据具有 4V 特征，即 Volume、Variety、Velocity和 Value[366]，如图 4.1 所示。IBM 提出的大数据"5V"特点，加上了 Veracity（真实性）特征。

1) 数据规模庞大

当数据规模很小时，属于传统的"小数据"时代的问题，已有非常成熟的数据存储、计算、分析、呈现方案，数据模型也有非常多的研究。大数据必须是规模异常庞大的数据，包括采集、存储和计算的量都非常大，以 PB（1024TB）、EB 或 ZB量级计算。只有当规模庞大时候，才有新的研究价值。

对煤矿生产进行实时动态监测监控形成的数据，包括瓦斯、温度、煤尘等环境监测数据；人员定位、顶底板移动等空间信息；综合自动化系统运行状态参数；煤仓煤位、水仓水位、压风机风压、输送带开停等生产参数；隐患排查系统自动采集和人工录入的安全隐患信息、设备点检仪获取的设备点检数据等。随着物联网等新一代信息技术在煤矿信息化建设中的深化应用，数据采集能力将不断增强，数据规模必将进一步膨胀。

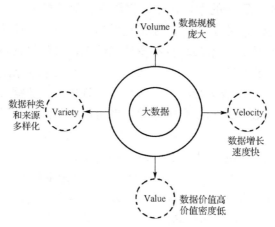

图 4.1　大数据特征

2)数据种类繁多

传统的关系型数据库，无论从理论上，还是在应用上都非常成熟。关系型数据库一般保存格式固定、类型单一的数据，几十年来对数据库理论、数据挖掘、数据仓库的研究，已经有相当多的成果。而大数据的分析对象是异构、异质的数据集，不仅种类多样化而且来源多样化，可能包括文本、音频、视频等多种形式，也可能是结构化、半结构化的或无结构的。

煤矿安全生产监测监控的数据类型复杂多样，既有结构化数据，也有半结构化和非结构化数据，并且后者所占份额越来越大。这些海量的数值型、文本型数据为综合利用大数据、数据挖掘、文本挖掘等技术与方法去挖掘其中潜在的规律和知识奠定了数据基础。另外，煤矿安全数据采集方式不同，有传感器自动感知、设备点检仪采集、人工录入等多种形式，因此煤矿安全数据呈现多源异构的特点。

3)数据价值高

如果数据没有价值，那么就没有分析的必要。因此，大数据处理的数据集是有巨大商业价值或社会价值的。但是，数据集由于规模海量，一般其价值密度却是极低的。我们常说，大数据是一个"金矿"，金矿就包含两个方面的含义：一方面，黄金很值钱，金矿很有价值；另一方面，金矿不是金库，几万吨的矿砂也许只有几十公斤黄金，也就是说金矿的价值密度是非常低的。大数据的价值方面的含义，也在表征其价值密度非常低。如果数据集中每一条数据都是非常有价值的，那也就无所谓"挖掘"了，没有挖掘，大数据研究的意义也荡然无存了。

随着煤矿信息化水平的提高，煤矿井上井下各种类型的传感器、传感网、监测监控设备实时运行，实现对矿山人员、设备、环境和灾害等的全面感知。这些安全监测监控系统和监测设备不间断运行，产生海量安全数据。煤矿安全大数据的价值就像在沙子里淘金，里面真正有价值的知识虽少却宝贵。

4）数据增长速度快

大数据往往来自于各类实时运行的系统，数据产生速度快、增长速度快，时效性要求高，处理速度快。

大数据技术，要求我们更多地想出"巧妙"的分析办法，构建更"优秀"的处理模型，而不能只依赖存储能力、处理水平、网络带宽等硬件设备的性能改进。因此大数据技术对分析对象要求是频繁更新的数据集。

物联网在煤矿信息化建设中越来越广泛的应用和煤矿生产综合自动化系统、管理信息化系统以及工程数字化系统的建成与实施，使煤矿安全管理系统包含的子系统越来越多，包括瓦斯、供电、产量、矿压、人员定位、设备点检等。这些系统和数据相互关联形成庞大的安全信息管控平台,各个系统和设备 24 小时不间断运行快速产生大量的数据。随着智慧矿山建设的推进，煤矿安全数据还将会持续快速增长。

4.2　可视化管理数据集构造

数据集，又称为资料集、数据集合或资料集合，是一种由数据所组成的集合。数据是分析问题的关键所在，构造一个高质量的数据集有助于提升可视化管理的效率，帮助管理者迅速聚焦问题。在构建数据集时要记住几个重要标准：

（1）数据集不能是混乱的，因为使用者不希望花费大量时间整理数据；

（2）数据集不应该有过多的对象属性，这样才能容易处理；

（3）数据越干净越好，清理大型数据集可能会非常耗时；

（4）数据集可以用于回答一些有趣的问题（或者有助于实现既定的目标）。

本书的数据部分来自未公开的私有数据集，为了建立对数据的初步理解，本节将简要介绍三种煤矿安全数据集和三种煤矿监测时间序列数据集的构造。

4.2.1　数据集 1：TF 煤业煤矿安全数据

4.2.1.1　数据来源

TF 煤业公司是 2003 年正式成立的资源整合矿井，近几年来随着产量的攀升，为加强安全管控，其信息化建设步伐逐步加快，特别是自 2012 年以来开展了以物联网应用和可视化管理为核心的感知矿山建设工程，使其形成了立体化监测、可视化管理的全方位安全管理体系，各类安全数据源源不断地提取上来，通过井下光纤环网、无线传感网和核心办公网的三网融合，高效实时地传达至虚拟化数据中心，其安全问题数据来源可分为如下几类。

1) 安全监测监控系统

TF 公司建设建成了安全监测监控系统，可全面感知井下重点区域瓦斯、一氧化碳、温度、风速、二氧化碳、氧气等对象的状态值，同时可监测重点区域风门、局扇的启停，烟雾有无以及馈电状态，数据感知的时间间隔可灵活配置为 10～30s，系统严格按照《煤矿安全规程》，充分结合本单位实际，对各类环境对象设定了报警值，可自动进行声光报警，并存储历次报警信息。安全监测监控系统实现了对井下环境对象的自动感知，当某传感器出现报警时作为一次安全问题进行处理。

通过调研，共采集安全监测监控系统报警 241 次，通过对报警原因的分析可知因传感器调校导致的浓度超标报警 131 次，因传感器故障产生的报警 48 次，因井下瓦斯、CO 真实超标导致的报警 62 次。

该系统的报警格式为："××位置的××传感器在××时间出现报警，监测最大值为××，报警持续时间为××。"

2) 综合自动化在线监测系统

TF 公司建设建成了多个综合自动化在线监测系统，包括通风机在线监测系统、排水在线监测系统、顶板动态在线监测系统、制氮机在线监测系统、压风机在线监测系统、电力监控系统和人员定位系统等。这些系统一方面能够对各自的监测对象进行实时监测，如顶板动态监测系统可实时感知矿山压力、顶底板移近量、顶板离层程度等，人员定位系统可判断某区域超员情况；另一方面这些系统还能够对自身所涉及的大型设备运行情况进行监测，如压风机在线监测系统通过监测设备的电压、电流、功率、核心部件温度判断设备运转是否正常。由于综合自动化在线监测系统在 2014 年逐步上线试运行，其报警设置尚待优化，所以此次调研未收集该类安全问题。

3) 云端企业资源计划(Cloud Enterprise Resource Planning，CERP) 安全管理系统

为推进安全管理工作的信息化，TF 公司上线实施了 CERP 安全管理系统，该系统包括安全办公、安全组织体系、隐患排查、应急管理、安全培训及统计分析等模块，安监工作人员在开展日常隐患排查后通过该系统进行隐患的录入、五定、整改及复查等，实现了隐患的闭环管理。

TF 公司的日常隐患排查为"逢六排查"，即每个月的 6 号、16 号和 26 号对井下重点作业区域进行检查，由安监站负责组织，各区队主要负责人参加，此次调研共收集到安全隐患排查数据 1056 条。

安全管理系统中隐患记录格式为："2014 年 3 月 21 日早班，3#层 307 盘区 5704 巷未设置隔爆水棚，隐患级别为重大隐患，限期 3 天整改，责任人王××。"

4) CERP 调度管理系统

CERP 调度管理系统包括超前调度、重点调度、变化调度和专业调度四类调度，超前调度包括大型机电设备月检计划、地质超前探测、巷道有计划开口贯通等功能，重点调度包括重点工程管理、日常生产、掘进、洗选、销售的统计汇总，变

化调度重点对生产中出现的各类事故进行汇总报告，专业调度实现了对煤质的监管、自动统计及超标分析。变化调度模块中的安全事故调查处理记录是重要的安全问题数据源。

调度管理系统中事故记录格式为："××时间在××地点，发生××事故，影响生产累计时长为××，责任人××，处理措施为××。"

由于煤矿对安全事故数据的敏感性，本节只采集了安全监测监控系统报警数据和安全管理系统中的隐患排查数据，这些数据能够满足本书对数据的要求。综上，TF 公司安全问题数据来源如表 4.1 所示。

表 4.1　TF 煤业安全问题数据来源

序号	数据来源	重点监测对象	数据量
1	安全监测监控系统	井下环境对象状态及报警	62
2	综合自动化在线监测系统	大型综合自动化系统设备运转	未采集
3	CERP 安全管理系统	日常隐患排查信息	1056
4	CERP 调度管理系统	安全事故记录信息	未采集

4.2.1.2　安全数据结构化

无论是人工录入的隐患排查数据还是安全监测监控系统、综合自动化在线监测系统记录的预警数据，都是以非结构或半结构化的文字形式记录。同时，不同来源的安全问题数据在记录方式上存在很大差异。这给安全知识可视化的实现带来了难度。因此，探索一种安全数据结构化表达方式，对不同来源的安全数据进行规范和量化是对其进行深入挖掘的关键。

煤矿安全数据结构化表达模型需尽量全面地反映问题本身，满足从多个维度对安全问题进行描述的要求，为确保对安全问题描述维度抽取过程的全面性，以"六何分析方法"为指导。"六何分析法"是一种在企业管理、日常生活和学习中广泛应用的方法。它是在拉斯韦尔提出的"5W 分析法"基础上经不断总结完善，逐步形成的一套科学分析问题的模式。其核心思想是认识任何问题都要从原因、对象、时间、地点、人员和方法六个方面进行系统思考。本书借鉴该方法，并通过在煤矿现场的长期实践、与现场安全管理工作者的沟通，以及对煤矿安全问题相关文献的学习总结，提炼出煤矿安全问题的特征，在原有"5W1H"的基础上将其拓展，提出煤矿安全问题"7W1H"描述模型如图 4.2 所示。

性质维度（What）：描述发生了什么性质的安全问题；专业维度（Which）：描述发生的安全问题所属的生产作业专业；致因维度（Why）：描述是什么原因导致了安全问题的发生；时间维度（When）：描述在什么时间发生了安全问题；空间维度（Where）：描述在什么区域发生了安全问题；程度维度（How）：描述安全问题的严重等级；主体维度（Who）：划分为监管主体（Who-1）和责任主体（Who-2），其中监管主体用来描述安全问题的监管人或监管单位，在隐患排查中表现为隐患的检查人，责任主体描述安全问题的责任人或责任区队。

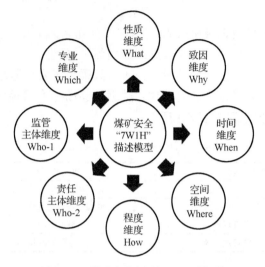

图 4.2　煤矿安全问题 7W1H 模型

通过"7W1H"模型能够使安全问题的描述更加系统和规范，但尚未实现对其进行量化描述，为此需以定性变量定量化方法为指导对煤矿安全问题的每一维度进行概念层次及属性取值分析，最终构建"7W1H"结构化表达模型。

1) 性质维度

根据安全问题的不同性质，可以将其划分为不同类别。以事故类别划分为例，国标 GB6441-1986 中将事故划分为物体打击、车辆伤害等 20 种[369]，国家安全生产监督管理总局制定的《煤矿生产安全事故报告和调查处理规定》中对事故的划分充分考虑了煤矿事故的特殊性，划分为顶板事故、瓦斯事故、机电事故、运输事故、爆破事故、水害事故、火灾事故和其他事故。由于隐患与事故之间存在着密切关系，事故往往是由隐患没有得到及时处理而诱发的，所以安全隐患可参照事故性质划分方式，根据隐患可能诱发的事故类型进行隐患类型的划分。本书将安全问题的性质维度划分为八类，如表 4.2 所示。

表 4.2　煤矿安全问题性质维度划分及属性取值

序号	问题类型	问题定义
1	瓦斯类问题	与瓦斯、煤尘爆炸或燃烧，煤与瓦斯突出，瓦斯中毒窒息有关问题
2	顶板类问题	与冒顶、片帮、顶板掉矸、支护垮塌、冲击地压等有关的问题
3	机电类问题	与机电设备、设施有关的安全问题
4	运输类问题	运输设备设施运行中发生的安全问题
5	爆炸类问题	与爆破有关的安全问题

续表

序号	问题类型	问题定义
6	水害类问题	与地表水、采空区水、地质水等异常有关的安全问题
7	火灾类问题	与煤与矸石自燃发火等有关的安全问题
8	其他类问题	上述七类安全问题之外的安全问题

2) 专业维度

煤矿生产过程是指从生产准备开始,直到将煤炭产品生产出来的全部生产活动。按照不同生产活动在煤炭开采中的作用,可将煤矿生产过程划分为生产准备过程、基本生产过程、辅助生产过程和生产服务过程,其中生产准备是煤矿生产的前期阶段,包括地质勘探、采掘设计等;基本生产阶段包括掘进、采煤、井下运输、提升、洗选等;辅助生产过程包括供电、机电、通风、排水、井巷维修等。每个环节内部以及环节之间匹配不当都有可能导致安全问题。由于安全问题都是发生在特定的生产作业过程中,因此为强化安全管理应对其进行专业维度划分。

根据《煤矿安全风险预控管理体系》[370],煤矿生产系统划分为通风管理、瓦斯管理、防突管理、防尘管理、防灭火管理、通风安全监控管理、采掘管理等 14 个管理要素。本节在此基础上将煤矿生产作业进行专业划分,分为采煤、掘进、机电、运输、一通三防、地测防治水、爆破和其他八类。安全问题专业维度类别划分及取值如表 4.3 所示。

表 4.3　煤矿安全问题专业维度划分及属性值

序号	专业类别	类别说明
1	采煤专业	发生在采煤工作面及其头尾巷中,在煤炭开采、超前支护及皮带运输等过程中发生的有关安全问题
2	掘进专业	发生在掘进巷道中,在掘进、顶板支护、地压、煤炭矸石运输等过程中发生的有关安全问题
3	机电专业	大型辅助生产系统中的机械设备设施、供用电有关的安全问题
4	运输专业	除工作面、掘进面运输以外的主运输作业有关的安全问题
5	一通三防	发生在通风、防尘、防火、防瓦斯相关作业中的安全问题
6	地测防治水	发生在超前探测、排水相关作业中的安全问题
7	爆破	与爆破作业相关的设施、设备、材料、作业有关的安全问题
8	其他	除上述七类之外的安全问题

3) 致因维度

任何安全问题都会涉及致因对象,参考事故致因模型及国标 GB/T13861-2009[371],本节将安全问题致因划分为人的因素、物的因素、环境因素和管理因素。人的因素主要是指在生产过程中存在的人的不安全行为;物的因素包括设备、设施、物料及用具的不安全状态;环境因素是指工作场所的各类环境对象的不安全条件;管理因素主要是安全管理内容或责任缺失,如机构设置不当、安全制度缺失、安全培训不到位及安全投入不足。煤矿安全问题致因维度类别划分如表 4.4 所示。

表 4.4　煤矿安全问题致因维度划分

序号	诱发因素	因素说明
1	人的因素	操作人员的不安全行为，如违章操作、违反劳动纪律等
2	物的因素	包括设备、设施、用具及物料的不安全状态
3	环境因素	工作环境中的照明、温度、有害气体、空间等导致的不安全条件
4	管理因素	管理制度不健全、管理投入不足、安全培训不达标等问题

4) 时间维度

任何事物的发展都有一定的时间延续性，这样就可以通过历史数据推测事物未来的发展趋势，安全问题尤其如此，因此记录安全问题时很重要的一项内容是安全问题发生的时间。

时间维度有不同的划分粒度，包括年度、季度、月度、旬次、日期、班次等，甚至可精确到时分秒。依据不同的粒度可以有效地进行概念分层，实现由低层概念集到高层概念集的映射，使知识发现能够在较高的、一般化的抽象层上实现[372]。粒度越细层级越低，低层级粒度的时间记录包含高层级时间信息，这样处于较低概念层次的安全问题记录可通过统计汇总得到较高概念层次的安全问题记录，如通过汇总每日安全问题可以得到月度安全问题。不同概念层次下的时间维度又可划分为不同的属性类别，煤矿安全问题时间维度粒度划分及取值如表 4.5 所示。

表 4.5　煤矿安全问题时间维度粒度划分及取值表

序号	概念层次	取值
1	季度	01=一季度；02=二季度；03=三季度；04=四季度
2	月度	01=一月；02=二月，以此类推
3	旬次	01=上旬；02=中旬；03=下旬
4	按日	数值等于日期中的日次
5	班次	01=早班；02=中班；03=晚班

5) 空间维度

空间维度用于标识煤矿安全问题发生的区域地点。在生产过程中为便于开展管理活动煤矿一般都对其作业区域进行划分及编号。空间维度可按照区域粒度进行概念分层，本书将区域粒度划分为煤层、盘区和巷面三类并对每一粒度下具体类别进行取值，如表 4.6 所示。与时间维度类似，按照不同的粒度对区域进行概念分层，通过对较低层级区域安全问题的统计可汇总出较高层级区域的安全问题，实现区域数据的概化，这样就可在不同的概念层次开展有意义的知识可视化。

表 4.6　煤矿安全问题空间维度划分及属性取值

序号	概念层次	取值
1	煤层	01=1#煤层；02=2#煤层；以此类推
2	盘区	01=1#盘区；02=2#盘区；以此类推
3	巷面	01=区域一；02=区域二；以此类推

6）程度维度

程度维度用来衡量安全问题的严重程度。针对事故等级划分，目前已形成标准的划分方式，通常采用《生产安全事故报告和调查处理条例》的规定，根据事故造成的人员伤亡、财产损失等情况，划分为特别重大事故、重大事故、较大事故和一般事故[373]；针对隐患等级划分，目前尚未形成统一的标准，《安全生产事故隐患排查治理暂行规定》根据隐患的危害程度及整改难度将安全隐患分为一般隐患和重大隐患，一般隐患是指危害和整改难度较小，发现后能够立即整改排除的隐患；重大隐患是指危害和整改难度较大，应当全部或局部停产停业，并经过一定时间整改治理方能排除的隐患，或者因外部因素影响致使生产经营单位自身难以排除的隐患。在煤矿安全管理实践中，不同的企业会根据自身情况进行隐患等级划分，如根据整改难度划分为五级，整改责任主体分别对应班组、区队、矿井、公司和集团，根据隐患严重程度划分为一般、较大和重大三级，有些煤矿采用隐患定价制度，根据不同隐患的严重程度进行相应的罚款。

本书结合隐患的危害程度及其整改的难易程度，将《安全生产事故隐患排查治理暂行规定》中的重大隐患细分为较大隐患、重大隐患和特别重大隐患三级，这样煤矿安全问题程度维度就划分为四个类别，如表 4.7 所示。

表 4.7　煤矿安全问题程度维度类别划分

序号	问题等级	等级说明
1	一般问题	可能诱发一般事故且整改难度较小的安全问题
2	较大问题	可能诱发较大事故或整改难度较大的安全问题
3	重大问题	可能诱发重大事故或整改难度很大的安全问题
4	特别重大问题	可能诱发特别重大事故或整改难度极大的安全问题

7）主体维度

理顺煤矿安全问题的主体关系是实现责权利对等，有效开展安全管理工作的基础，任何一项安全问题都有其直接责任人员，除直接责任人外，在煤矿中负责安全监察的人员、部门负有监察责任。当前煤矿中普遍设置了安全监察机构并配备专职安全监管人员。在对山西省多个煤矿进行调研的基础上，本节给出一种典型的煤矿安全管理组织设置及其责任划分体系如图 4.3 所示。

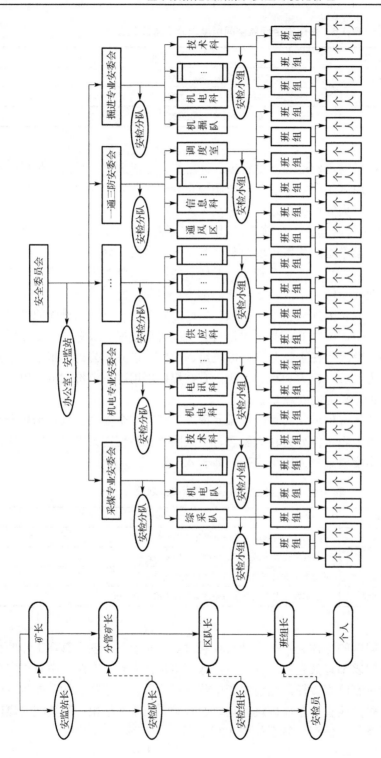

图 4.3 煤矿安全管理组织体系及其责任划分

图 4.3 中安全委员会通常由矿长任主任、安全副矿长任常务副主任，各专业副矿长任副主任，安委会下设安监站办公室，由安全副矿长任办公室主任，安全委员会对煤矿整体安全问题负领导责任，委员会主任负管理责任，安监站办公室主任负监察责任。安全委员会下设各专业分委会，由各专业副矿长任主任，专业核心区队队长任常务副主任，该专业涉及的其他区队长任副主任，由对口安检分队负责安全检查，分委会主任对其分管专业的安全问题负管理责任，安检分队负监察责任。分委会下属各区队队长为所负责区队安全问题的管理主体，由对口的安检小组负责检查，负监察责任。

(1) 责任主体维度。责任主体维度反映安全问题的引发人或负有管理责任的管理者，责任主体维度有不同的划分粒度，粒度越细，主体在组织架构中所处的层次越低，按照层次由低到高一般可以分为个人、班组、区队（部门）、矿井，粒度之间具有传递性，即低层次主体包含高层次主体信息，如以"个人"粒度进行记录，通过人事隶属关系，能够确定安全问题的班组、区队等更高层次的责任主体，这样就可以通过对低层次责任主体安全问题进行统计汇总得出高层次责任主体安全问题。

本节将煤矿责任主体按粒度分为矿井、区队、班组、个人四个不同的概念层级，每一层级中的类别都由两位阿拉伯数字表示，如表 4.8 所示，当对安全问题进行记录时首先选择概念层级，进而记录主体内容。

表 4.8　煤矿安全问题责任主体维度划分及属性值

序号	粒度	内容及取值说明
1	矿井	矿井编码采用 01~99 表示
2	区队	区队编码采用 01~99 表示
3	班组	班组编码采用 01~99 表示
4	员工	员工编码采用 01~99 表示

(2) 监管主体维度。监管主体是对安全问题负有监督检查责任的个人及单位，对监管主体维度的概念分层及类别划分与责任主体一样，在此不再赘述。

至此，本章已抽取了描述煤矿安全问题的八个维度，并对其相应的概念层级和类别取值进行分析，包括性质维度（X_1）、专业维度（X_2）、致因维度（X_3）、时间维度（X_4）、空间维度（X_5）、程度维度（X_6）、责任主体维度（X_7）和监管主体维度（X_8），那么对任意安全问题记录都可以转换为的结构化表达形式为

$$SI = \{X_1, X_2, X_3, X_4, X_5, X_6, X_7, X_8\} \tag{4.1}$$

根据煤矿安全数据结构化表达式，可以将现有数据库中各类非结构化、半结构

化安全记录转化为结构化表达形式。假设某煤矿特定时段内共有 n 条安全问题记录，则其安全问题集可转换成矩阵形式为

$$
\mathrm{SI}_n = \begin{bmatrix}
x_{11} & x_{12} & x_{13} & \cdots & x_{17} & x_{18} \\
x_{21} & x_{22} & x_{23} & \cdots & x_{27} & x_{28} \\
\vdots & \vdots & \vdots & & \vdots & \vdots \\
x_{i1} & x_{i2} & x_{i3} & \cdots & x_{i7} & x_{i8} \\
\vdots & \vdots & \vdots & & \vdots & \vdots \\
x_{n1} & x_{n2} & x_{n3} & \cdots & x_{n7} & x_{n8}
\end{bmatrix} \tag{4.2}
$$

煤矿安全数据结构化表达模型的构建对未来安全管理信息系统的设计开发有深刻的指导意义，可将描述安全问题的八个维度作为隐患录入的关键字段，同时各维度的类别划分及取值可参考模型中的类别分析，这样隐患数据就能够具有较合理的结构，为后续安全知识可视化奠定基础。

4.2.1.3　安全数据变量类型分析

根据统计学对变量测量尺度的划分，由低级到高级可以划分为定类尺度、定序尺度、定距尺度和定比尺度四类，因此变量类型也可以相应地划分为四类。

定类变量是对事物类别的一种测度，按照事物的某种属性对其进行分类，定类变量只能起到区分标识的作用，各类之间并不存在大小和等级的区别；定序变量除实现标识和区分功能外，还能根据类别取值区分不同类别之间的优劣排序；定距变量在定序的基础上，可以衡量出不同类别之间的距离；定比变量与定距变量相比有绝对零点，可以更精确地衡量比例关系。

煤矿安全对象八个维度中，性质维度、专业维度、致因维度、空间维度和主体维度是定类变量，其作用只是将煤矿安全问题在各维度上划分为不同的类别；时间维度和程度维度则属于定序变量，可以对安全问题发生的时间先后或严重程度进行排序。变量类型分析将对后续知识可视化方法的选取有重要的指导意义，由于研究的煤矿安全数据属于定类或定序数据，所以很多常用的数量分析方法就不再适用，而应选取面向定性数据的数量分析方法。

4.2.1.4　安全问题集构建

根据对 TF 煤业安全问题数据来源的分析，可将数据集分为安全监测监控数据集和安全隐患排查数据集两部分，样本量共计 1118 条。由于在 TF 煤业实际的安全管理工作中，对隐患或预警的记录并不是严格按照"7W1H"模型所涉及的维度进行的，所以原始数据集存在着数据噪声、缺失值和不一致等问题，为保证安全问题集的准确、完整、有效，本节对收集到的安全数据进行预处理。

1) 样本量确定及数据抽样

为有效降低数据采集、处理过程中的难度，提高知识可视化的效率，在保证数据集能够满足研究目的及拟采用研究方法对样本量要求的基础上，本节拟选取 300～400 条样本进行研究，样本量占总体比例约为三分之一。因此需要从 1118 条数据中进行数据抽样，常用的抽样方法包括简单随机抽样、系统抽样和分层抽样，不放回简单随机抽样采用等概率原则直接从 N 个总体中抽取 n 个样本，适用于总体中个案较少时；系统抽样则是将总体进行编码排序，按照固定的间隔抽取样本，该方法相较于随机抽样提高了抽样效率，但没有考虑总体分布；分层抽样法首先将总体根据某一特征划分为不同的层次，然后在每层中采用随机抽样或系统抽样的方式抽取样本。

考虑到煤矿安全问题具有显著的时间特征，因此为保证样本数据能够反映总体结构，本节采用分层系统抽样法进行。首先将原始安全数据按照时间顺序排序编号，将每个月份视为一层，然后在每层中按照间隔为 3 的方式进行系统抽样，抽样工具为 Excel 2013 数据分析工具，经抽样共得到样本 372 条，样本分布及抽样情况如表 4.9 所示。

表 4.9　TF 煤矿安全问题数据抽样结果

月份	1	2	3	4	5	6	7	8	9	10	11	12
总体	76	88	118	76	121	85	67	139	61	88	79	121
样本	26	29	39	25	40	28	22	46	20	30	27	40

2) 数据清理及规范化

由于原始安全数据都是非结构化的文本记录，没有按照"7W1H"模型进行结构化记录，所以需要将 372 条文本型安全数据调整为"7W1H"结构化表达形式，以 2 月份的一条隐患信息为例，其处理过程如下：

"机五队陈金全 2 月 11 日在 3#2704 巷倒风机时操作不当致使巷道长时间停风。"提取性质维度为瓦斯类安全问题，专业维度为一通三防专业，致因维度为人的因素，时间维度为 2 月，空间维度为 3# 层 2704 巷道，程度维度为重大安全问题，责任主体为机五队陈金全，监管主体为安监站。

在数据规范化过程中，存在着数据缺失、数据不一致和数据错误等问题。数据缺失主要体现在以往的安全问题记录随意性强，并没有完整体现"7W1H"模型的各个维度，有的缺失空间维度，有的缺失主体维度，大部分安全问题都没有划分所属专业和安全问题性质。因此数据整理工作量很大，作者通过近半月的现场调研访谈完成了原始安全数据的规范化工作。针对属性缺失问题，采用数据对比法和走访调研法进行解决，由于隐患排查工作具有时间和空间上的接续性，所以当某条隐患记录缺失空间属性或主体属性时，可以参照与之在时空上接近的其他隐患记录进行初步确定，并通过向安全监察人员确认来解决属性缺失问题；针对隐患严重程度问题，按照隐患可能导致安全事故的严重程度及其整改的难易程度进行划分，并将划分结果与该矿隐患处罚金额对比，最终确定各类隐患的严重程度；数据不一致问题主要体现在对于同一区域、同一主体，不同的记录人员有不同的记录方法，有些采用简称或缩略语，这都给数据的规范化处理带来了难度，因此在充分调研的基础上对该矿的区域、区队名称进行规范化编码，以此解决数据不一致问题；数据错误问题主要表现为记录人员的录入错误，如将 2803 巷道错写为 2308 巷道，这类问题比较容易识别，可直接进行纠正。

4.2.2　数据集 2：司马煤业煤矿安全隐患数据

4.2.2.1　数据来源

司马煤业有限公司自 2006 年建成投产以来，就提出建设本质安全型、集约高效型企业，与此同时数字矿山建设也被提上日程，特别是 2012 年启动以物联网等新一代信息技术应用和可视化管理理念为指导的感知矿山建设以来，已顺利完成了煤矿生产综合自动化系统、管理信息化系统和工程数字化系统的建设与实施，形成了以透彻感知、深度互联、信息智能处理和可视化应用为特点的先进系统，实现了对人员、设备、环境等各类安全信息的实时、全面感知。其中，生产综合自动化系统包括供电监控、产量监测、矿压监测、排水监控、视频监控、调度通信及人员定位、绞车提升、压风机监测、制氮机监测监控等十余个系统的建设与集成；管理信息化系统包括 OA 协同办公、人事绩效工资、安全管理、调度管理和设备点检管理以及可视化集成平台建设。安全问题数据主要来源于系统和设备自动感知获取的数据以及人工录入系统的数据。通过现场调研采集了司马煤业 2009～2015 年安全监测监控系统和安全管理系统中自动采集和人工录入的安全隐患记录共计 44633 条。如表 4.10 所示，该安全隐患记录主要包括隐患日期、生产单位、生产地点、问题描述和责任人等字段。

表 4.10　部分安全隐患记录

日期	生产单位	生产地点	问题描述
2009/1/2	综采队	1106 工作面	60#～66#架煤墙松软，有片帮现象
2009/1/3	综采队	1106 工作面	运巷皮带底多处有积水
2009/1/3	综安队	2102 切眼	支架部分矿压表显示不正常

续表

日期	生产单位	生产地点	问题描述
2009/1/4	综安队	2102 工作面	第 62#架顶板破碎
2009/1/5	综采队	1106 工作面	工作面有三组支架串液
2009/1/5	综安队	2102 工作面	49#~54#架顶板破碎，漏石头
2009/1/5	综安队	2102 工作面	运巷 350 米处有三根锚杆失效
2009/1/5	综安队	2102 工作面	16#、17#支架架间距宽
2009/1/8	综安队	2102 工作面	皮带机第 10#~30#架底皮带跑偏
2009/1/8	普掘二队	轨道大巷	窝头第一节风筒接口漏风
2010/3/19	综安队	1202 工作面	32#支架进液阀漏液
2010/3/19	综掘一队	1111 风巷	风巷皮带跑偏严重
2011/4/3	综掘二队	1201 运巷	640#棚处有大面积积水
2011/9/28	综采队	1210 工作面	工作面部分移架喷雾关不严，漏水
2013/7/10	综采队	1205 工作面	工作面文明生产不好
2014/7/20	运输队	1112 辅助运输巷	1112 辅助运输巷 30 绞车漏油
2015/8/20	综掘六队	1211 排水巷	窝头有一根锚杆外露超规定

安全隐患数据有数值型、文本型等形式，本书采集的 44633 条安全隐患记录均为文本型数据。通常文本型安全隐患数据记录了隐患发生的时间、地点、隐患责任单位以及隐患问题描述等信息，其中也包含隐患排查人员对井下生产设备、环境及安全状态的综合判断，因此煤矿安全隐患文本数据中蕴含着隐患发生的时间、空间、隐患致因等内容。但是目前缺乏对文本型安全隐患数据有效利用的研究，作者认为是受到了安全隐患文本数据用语不规范、记录随意、行业习惯用语多、问题描述不清晰等问题的限制。但是随着文本挖掘技术的发展，文本挖掘软件和工具日益完善，并且文本挖掘技术对文本数据无严格的数据格式要求、无特定目标，为文本型煤矿安全隐患数据挖掘及有效利用提供了实现途径。

4.2.2.2　中文数据预处理

为了保证文本挖掘效果，根据煤矿安全隐患数据特征，首先对获取的文本型安全隐患数据进行清洗，仅保留隐患日期、隐患单位、隐患地点和隐患问题描述字段，并对同义但不同表达方式的关键词进行规范化处理，纠正人工记录中存在的明显错别字等。然后，采用 Rwordseg 程序包进行分词处理。为提高分词的准确性，总结了《煤矿安全规程》[374]、《煤矿安全监察条例》[375]等法律法规和司马煤业安全领域公共数据元，并结合作者前期研究[376,377]制作的煤矿安全词典，建立了司马煤业安全隐患词典辅助分词，并将虚词、副词、表示序号等无意义的词添加到停词表中进行分词处理。

1) 安全隐患记录方式

煤矿隐患记录来源单一，基本上依靠隐患排查人员的手工记录，因此其数据质量会受到记录方式的影响。首先，在数据传输不便利的限制下，针对井下排查出的隐患问题通常是先进行手工记录，等到出井后再向计算机中录入存储。由于隐患记录与录入环节的分离，滋生了隐患记录过程中的不规范行为，有的员工会采取先记录概要、后根据记忆补全的方式，极个别条件下还会出现偷工减料、肆意编造的情况。为了避免类似情况发生并减小不良影响，煤矿企业一方面制定了隐患记录审核的制度（如有不实信息会受到严厉的惩罚），另一方面制定了标准化的隐患记录表，表中规定了隐患排查人员必须填写的隐患内容（如时间、工作面、隐患内容、汇报人、责任人、处理措施等），以此来限制隐患记录过程中的自由发挥。而正是得益于隐患记录表的制定，煤矿隐患记录具有了相当的结构化特征，大大增加了数据的可用性。

其次，由于是手工记录所以难免出现字词遗漏或者错误的情况，尤其是在井下昏暗、嘈杂的恶劣环境中进行文字记录，很难保证书写的文字对当时隐患事件的全部细节有绝对客观和精准的描述。而在隐患录入环节，由于同样依靠人工将纸质数据汇总并输入计算机进行存储，所以也有一定出错的概率。以上问题会导致煤矿隐患记录有一定程度的"失真"，但是文字的语言属性降低了它的影响程度。隐患记录数据作为由字词按照一定思维逻辑组成的语句，具备了足够的语义和信息完整性，人们不会因为少写或者写错一个字词就不明白整句话的意思，另外，人们还能够通过分析上下文的语义来判断一句话内容的真实性，因此在对煤矿隐患记录进行分析时并不需要过度担心其数据质量。同时，当隐患记录工作熟练后，犯错的概率会呈现递减的趋势，经过进一步严格考核制度的约束，能够基本保证极大部分隐患记录的准确性和完整性。因此，本书运用文本挖掘技术对煤矿隐患记录进行挖掘能够保证结果的可靠性，但是具体选用什么样的方法还需要对隐患记录内容的特点进行深入的分析。

2) 安全隐患记录内容

受到隐患记录方式（隐患排查表）的影响，隐患记录内容既可以指隐患排查表的全部内容，也可以仅指隐患排查表中"隐患内容"一栏中内容，而本节需要研究的就是"隐患内容"一栏中非结构化数据的质量特征及影响因素。

首先，煤矿隐患内容会受到记录人知识水平的影响，最明显的是错别字现象。发音不标准（"脱"落-"偷"落、掉"落"-掉"漏"、"窜"液-"串"液）、记忆偏差（"安"装-"按"装、支"柱"-支"助"、"副"井-"付"井）、遗忘（"戗"柱、支"阀"、挖"掘"）和字词混淆（"需"要-"须"要、经"常"-经"长"）等原因都会导致记录人写出错别字，进而输出有歧义甚至错误的隐患信息。另外，记录人知识水平的影响还表现在技能知识、业务知识的差异下，不同记录人在对某些不熟悉或太熟悉的隐患问题进行识别过程中，出现过分重视、轻视或者忽视的现象，最终导致隐患信息记录的失真或者遗漏。

其次，煤矿隐患内容会受到个人用语偏好的影响，最突出的是语法偏好，比如有人记录"器械码放不整齐"，也有人记录"码放器械不整齐"，还有人记录"器械不整齐"。除此之外，个人用语偏好还会受到性格和情绪的影响，表现为用词偏好（尤其是程度副词），比如自卑的人会说"器械码放不太整齐"，自负的人会说"器械码放太（很、特别、非常）不整齐"，平和的人会说"器械码放不够整齐"，急躁的人会说"码放太不整齐"，而在情绪等因素作用下，同一个人在不同时间对同一事件的记录也可能使用不同的词汇。另外，方言的使用也可以看成一种用语偏好。由此可见，用语偏好极大程度上丰富了"隐患内容"的表达形式，但是增加了对隐患信息理解和分析的困难。

最后，煤矿隐患内容还会受到记录人视角的影响，不同的人面对同样的隐患感知到并记录下来的重点问题不同，有的人简单记录事物的问题，有的人记录面对问题应采用的措施，有的人会详细描述具体的问题，还有的人会将问题描述和应对措施全都记录。比如同样是看到"器械码放不整齐"，有的人记录"器械散乱，摆放随意"，有的人记录"井下器械应该码放整齐"，有的人记录"电缆散乱在地，码放不整齐"，还有的人记录"电缆没有盘好、散乱在地、码放不整齐，应该及时处理、注意文明生产"。而当用语偏好和记录人视角共同影响煤矿隐患记录时，隐患内容的表达是很难统一的，依存于隐患记录中的信息分布也是相对松散、混乱的，尤其再受到错别字干扰，更加重了煤矿工作人员阅读、理解和分析的困难。

3）隐患记录与中文分词

通过研究发现，解决隐患记录内容诸多问题最重要的办法就是进行分词处理。首先，经过中文分词，可以改变人们探知隐患记录的模式，将复杂的语句分析变成了字词分析，降低了分析难度。而通过字词分析还可以帮助人们识别煤矿隐患记录内容中的错误，实现对错别字、程度副词、无意义字词的纠正和剔除，达到信息过滤和优化的效果。其次，语句经过分词后不会过度离散化，而是依旧按照原来的语序排列，因此能够保留原本的语义信息，不影响隐患问题的描述。而结合隐患记录中错误内容的过滤，能够将用于偏好、表述差异等问题的影响降到最低。

分词是文本挖掘的基础，也是长期以来限制我国文本挖掘技术进步的重要技术瓶颈，究其原因主要在于不像拉丁语系文字之间有空格分隔，现代汉语字词间没有分隔、古代文言文中甚至连断句都没有[378]。除此之外汉语字词同义词、近义词多且语法不重视逻辑，也一定程度上增加了分词困难、影响了中文分词的效果。显然，没有精确地分词作支撑，文本挖掘内容也不能得到信服。但是经过多年的努力，我国研究人员取得了可喜的进步，研发出了相对成熟的中文分词工具。其中比较突出的有中科院研发的汉语分词系统(Institute of Computing Technology Chinese Lexical Analysis System，ICTCLAS)、哈工大语言技术平台(Language Technology Platform，LTP)以及 Jieba、MMSeg4j、CRF++等借助 Java、C 语言、Python 等实现的分词插件。在这些分词工具中主要用到了三种类型的分词方法：基于字符串匹配、基于理解、基于词频度统计。

(1)字符串匹配分词方法。

也称机械分词法，即按照一定规则扫描汉字串的同时将其与分词词典(一般为提前制作好的、包含大量字词以及多种字词信息的 Hash 表)中的词条进行匹配，若在词典中找到某个字符串，则匹配成功(识别出一个词)，因此该方法还被称为字典分词法。按照字符串扫描方向的正向和逆向、长度优先情况的最长(最大)、最短(最小)划分，基于字典的分词有四种基本方法：正向最大匹配法(由左到右的方向)、逆向最大匹配法(由右到左的方向)、最少切分(使每一句中切出的词数最小)、双向最大匹配法(进行由左到右、由右到左两次扫描)[379]。在实际使用中，受限于词典容量，该方法难以发现新词，尽管应用容易且广泛，但是分词准确性一般。

(2)理解分词方法。

该方法是在大量词性、语义标注和机器学习的基础上，在分词的同时让计算机模拟人对句子的理解进行句法分析、语义分析和歧义处理等的分词方法，因此也称为人工智能分词方法[380]。理解分词方法虽然功能强大、分词准确率高，但是算法由于复杂、计算速度慢、前期准备工作量大等限制还需要进一步开发研究，不具备成熟的应用条件。

(3)词频度统计分词方法。

该方法认为中文字词组合稳定，相邻汉字同时出现次数越多越有可能构成一个词。因此找到合适的算法统计并评估字与字相邻共现的频率或概率能够较好地反映成词的可信度。该方法中常用统计指标有词频、互信息、t-测试差等，相关分词模型有最大概率分词模型、最大熵分词模型、N-Gram 元分词模型、有向图模型等[381]。可以看出，该方法能够比较灵活地识别新词，对大规模文本数据的分词探索拥有极大优势，但是受到算法研究及实施限制目前还没有被大规模应用。另外在实践中该方法容易识别出"(越)来越(多)"、"(创)新思(维)"和"这一(问题)"等符合共现规律但无实质意义或词义重复的词，因此经常配合字典分词方法来提高实用性和准确性，该方法也是本书准备选用的分词方法。

4.2.2.3 数据统计概况

1)词云展示

为了直观展现采集到的 44633 条文本型安全隐患数据概况，从而对司马煤业安全隐患有整体了解，对经过预处理的 44633 条文本数据进行词频分析。首先，对安全隐患记录中的隐患地点进行词频分析，如图 4.4 所示。

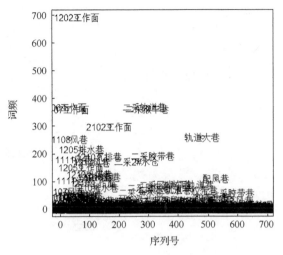

图 4.4　隐患地点词频分析

　　图 4.4 中横坐标序列号是对隐患地点(例如，1202 工作面)首先按照数字顺序，然后再按照首字母顺序进行排序后的编号，共有 696 个隐患地点；纵坐标为隐患地点出现的频次。如表 4.11 所示，图 4.4 中的 1202 工作面、1106 工作面、1107 工作面、二采轨道巷、二采猴车巷、2102 工作面、1108 风巷、轨道大巷、1205 排水巷等 9 个隐患地点出现的频次较高，均超过 200 次。针对这 9 个出现频次较高的隐患地点对应的安全隐患记录分别进行词频统计，借助 R 软件中的 wordcloud 程序包绘制对比词云图，如图 4.5 所示。图 4.5 中词语字体大小代表了安全隐患记录中词语出现的频率高低，9 个隐患地点对应的扇叶面积大小代表该隐患地点对应的安全隐患词汇量的多少，面积越大意味着该生产地点存在的安全隐患越多。其中，窝头、轨道大巷、支架、运巷、漏液、风巷、锚杆等描述煤矿安全隐患内容的词汇字体较大，成为词云中的核心词汇。

表 4.11　部分高频隐患地点(排名前 9)

序列号	隐患地点	词频	序列号	隐患地点	词频
58	1202 工作面	700	178	2102 工作面	298
19	1106 工作面	378	490	轨道大巷	261
295	二采轨道巷	375	26	1108 风巷	260
21	1107 工作面	369	80	1205 排水巷	215
296	二采猴车巷	369			

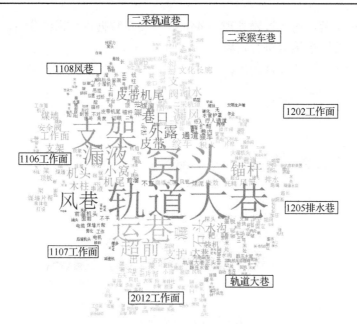

图 4.5　不同隐患地点对比词云图

2) 词频统计

运用 ROSTCM6 进行分词处理,将分词后的文档进行词频统计分析,形成词频由高到低的分词结果。由于煤矿安全隐患记录中包含较多"有两根"、"有两个"、"第一"、"第二"等表述语言,所以高频词中"有两"、"第一"、"第二"等词汇出现频率较高,这些词汇对安全隐患描述无显著影响,属于多余词汇,应该剔除。在高频词中出现的"及时"、"不平"、"不够"、"不足"、"不直"等程度副词以及"加强"等类似的动词,对安全隐患描述有显著影响,因此不应剔除,应该保留。剔除无意义的词后,就得到了将要分析的高频词,其中部分高频词如表 4.12 所示。根据表 4.12可知,窝头、工作面、运巷、风巷、锚杆、皮带、积水、支架、机头、机尾、煤尘等词是出现频率较高的词,这说明窝头、工作面、运巷、风巷等区域是安全隐患频发区域,锚杆、皮带、积水、支架、煤尘等是比较突出的安全隐患问题。

表 4.12　部分安全隐患高频词

序号	词汇	词频	序号	词汇	词频	序号	词汇	词频
1	窝头	9516	6	皮带	4786	11	皮带机尾	3198
2	工作面	8926	7	积水	4686	12	机尾	3178
3	运巷	6581	8	支架	4360	13	煤尘	3065
4	风巷	6349	9	机头	3288	14	绞车	2961
5	锚杆	4848	10	及时	3225	15	煤墙	2716

续表

序号	词汇	词频	序号	词汇	词频	序号	词汇	词频
16	喷雾	2350	23	顶板	1966	30	煤泥	1622
17	巷口	2319	24	打设	1925	31	清理	1613
18	开关	2298	25	浮煤	1856	32	吊挂	1577
19	皮带机头	2290	26	巷道	1816	33	外露	1534
20	严重	2288	27	漏风	1770	34	漏液	1518
21	文明生产	2219	28	架棚	1747	35	锚索	1497
22	电缆	2193	29	托辊	1647	36	杂物	1495

4.2.3　数据集 3：煤矿安全事故调查报告数据

煤矿安全事故调查报告通常包含事故发生单位概况，事故发生经过和事故救援情况，事故造成的人员伤亡和直接经济损失，事故发生的原因和事故性质，事故责任的认定及对事故责任者的处理建议以及事故防范和整改措施，事故调查报告一般还附具有关证据材料。从数据角度而言，煤矿安全事故调查报告既是对安全事故的高度总结，同时也是高度规范化的文本数据。

煤矿安全事故调查报告是由国家安全生产监督管理总局或相应地区的煤矿安全监察机构对煤矿安全事故进行组织调查处理后形成的报告，具有一定的权威性。其具体内容包括事故发生的时间、地点、事故类型、伤亡人数等基本信息，事故发生简要经过和事故发生的原因，以及事故处理结果等内容。选取国家煤矿安全生产监督管理总局网站和各省(直辖市、自治区)的煤矿安全监察机构网站上公开发布的煤矿安全事故调查报告，截止到检索时间 2017 年 12 月 20 日，共得到 288 篇完整的煤矿安全事故调查报告。其中，去除 3 篇国家安监局与地方煤矿安全检查机构重复的事故报告，共得到用于后续分析的有效事故调查报告 285 篇，设 X 为煤矿安全事故，第 i 起事故记为 X_i，提取每篇报告中的事故原因描述。

4.2.4　数据集 4：煤矿 CO 监测数据

以某煤矿采集的井下 CO 数据为例，该数据主要是每 4 个小时的最大值记录，即时间间隔为 4 小时，采集时间为自 2014 年 12 月 23 日～2015 年 5 月 10 日。针对部分数据缺失，采用缺失数据前后两端的均值予以填补，以保证每天均有数据记录。填补缺失值后的 CO 数据如图 4.6 所示。

从图 4.6 中可以看出，该 CO 数据大多数时间维持在较低的水平，而偶然会出现数值的突然大幅度提高和回落，且出现在每月的 20 日左右，呈现出较明显的周期性变化特点。

该数据的描述性统计如表 4.13 所示。

均值、中位数、众数等是数据的集中趋势指标，主要反映一组数据向某一中心值靠拢的程度。由表 4.13 可知，该数据时间长度为 586，平均值为 6.7313，与最大值 156.25 差距较大，说明数值较大的时间点数量较少，大部分时间点的记录值较小。中位数为 1.25，是将记录值按从小到大的顺序排序后处于正中间的数据值，而众数为 0，是该 CO 数据中出现次数最多的数值，说明该数据的多数数值较小且集中。

范围是指最大值与最小值的差距，该 CO 数据的最小值为 0，与最大值 156.25 的差异较大；标准差和方差等是对数据离散程度的测度指标，该数据的标准差为 17.98736，方差为 323.545，二者均较大，说明数据离散程度较高，数据值的差异较大。

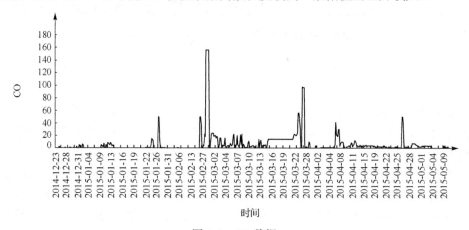

图 4.6　CO 数据

表 4.13　CO 数据描述性统计

数据名称：某煤矿北井 3#专回 CO					
个案数	586	平均值	6.7313	偏度	6.055
最大值	156.25	平均值标准误差	0.74305	偏度标准误差	0.101
最小值	0	标准差	17.98736	峰度	43.189
范围	156.25	方差	323.545	峰度标准误差	0.202
总和	3944.56	众数	0	中位数	1.25

偏度是描述数据取值分布形态是否对称的统计量，偏度大于 0，表示数据的分布形态为右偏或正偏；偏度系数小于 0，表示数据左偏或负偏。偏度系数的绝对值越大，则与正态分布相比越偏斜。该 CO 数据的偏度为 6.055，大于 0，说明数据不符合正态分布且右偏，数据值大部分分布在均值的左侧，即大多数数据值小于均值，分布形态表现为明显的右拖尾。

数据的峰度是描述数据值分布形态陡缓的统计量，峰度等于 0，说明数据分布的陡峭程度与正态分布相同；峰度大于 0 为尖峰分布，说明数据分布较为陡峭；峰度小于 0 为平峰分布，说明数据分布较为平缓。该数据的峰度为 43.189，即为尖峰分布，其陡峭程度要大于正态分布，数值较大的时间点较少，结合偏度分析，说明大多数数据值较小且其取值较为集中。

4.2.5　数据集 5：煤矿瓦斯监测数据

以某煤矿采集的井下瓦斯浓度数据为例，挖掘其单时序趋势性知识。该数据主要是每 4 个小时的最大值记录，即时间间隔为 4 小时，采集时间为自 2014 年 3 月 28 日～2015 年 11 月 2 日。针对部分数据缺失，采用缺失数据前后两端的均值予以填补，以保证每天均有数据记录。填补部分缺失值后的数据如图 4.7 所示。

从图 4.7 中可以看出，该数据的特点体现为低水平的小幅波动与突然且快速的突变过程交错，且周期性不明显，数据结构较为复杂。

该数据的描述性统计如表 4.14 所示。

由表 4.14 可知，该时间序列数据长度为 854，平均值为 0.09481，众数为 0.05，中位数为 0.045，中位数和众数差距较小，说明数据的取值较多分布在中位数和众数周围，但均值大于中位数和众数，说明较大数据值对数据的平均水平产生较大的拉动作用。

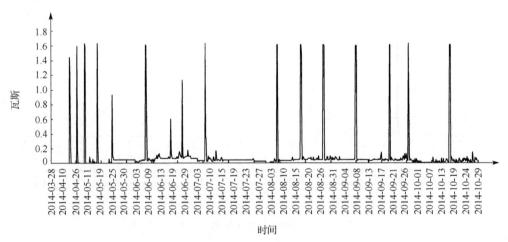

图 4.7　瓦斯数据

表 4.14　瓦斯数据的描述性统计

数据名称：某煤矿南井 5#8600 工作面 CH4					
个案数	854	平均值	0.09481	偏度	5.09
最大值	1.63	平均值标准误差	0.009358	偏度标准误差	0.084
最小值	0	标准差	0.273467	峰度	24.754
范围	1.63	方差	0.075	峰度标准误差	0.167
总和	80.97	众数	0.05	中位数	0.045

　　最大值为 1.63，最小值为 0，数据的极差为 1.63，数据差异较小。数据的标准差为 0.273467，方差为 0.075，相对较小，说明数据的分布离散程度较小，或者说数值的波动范围较为稳定。

　　偏度为 5.09，说明数据右偏，大多数数据值小于均值，这符合该数据众数、中位数与均值的关系。峰度为 24.754，表明数据为尖峰分布，形态较为陡峭，即数据的分布特点为尖峰右拖尾，大多数时间点的记录值较小。

4.2.6　数据集 6：煤矿负压监测数据

　　以某煤矿采集的井下负压数据为例，该数据主要是每 4 个小时的最大值记录，即时间间隔为 4 小时，采集时间为自 2014 年 2 月 25 日～2014 年 11 月 1 日。针对部分数据缺失，采用缺失数据前后两端的均值予以填补，以保证每天均有数据记录。填补部分缺失值后的负压数据如图 4.8 所示。

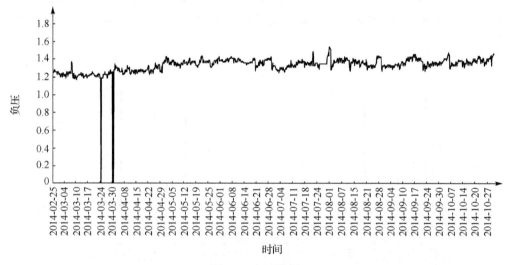

图 4.8　负压数据

　　由图 4.8 可知，该数据总体上趋势较为稳定，数据趋势的较大改变为出现的两次压力值骤减为 0，是异常和噪声数据，因此对异常数据部分以其左右两端数据的均值进行平滑处理，清洗后数据如图 4.9 所示。

　　由图 4.9 可知，该数据的大部分数据集中围绕在 1.3 周围，但是数据的趋势构成较为复杂，周期性不明显，且趋势性规律难以直观识别。该数据的描述性统计如表 4.15 所示。

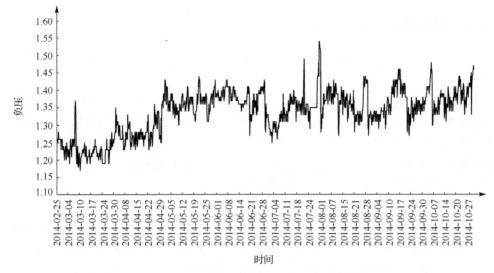

图 4.9　异常值处理后的负压数据

表 4.15　负压数据的描述性统计

数据名称：某煤矿南井风井风硐负压					
个案数	1464	平均值	1.3371	偏度	−0.399
最大值	1.54	平均值标准误差	0.00167	偏度标准误差	0.064
最小值	1.17	标准差	0.06406	峰度	−0.286
范围	0.37	方差	0.004	峰度标准误差	0.128
总和	1957.53	众数	1.36	中位数	1.35

　　由表 4.15 可知，该数据序列的均值为 1.3371，众数为 1.36，中位数为 1.35，三者之间的差距较小，说明数据的集中趋势明显，数据值围绕在中心值附近。

　　最大值为 1.54，最小值为 1.17，二者之差为 0.37，数据极差较小。此外，标准差为 0.06406，方差为 0.04，均较小，说明数据的离中趋势较弱，即数据离散程度较弱，数据值之间的差异较小。

　　偏度为 −0.399，说明说数据左偏，较多数据值分布在均值的右侧，且与正态分布相比，呈现左拖尾形态。峰度为 −0.286，数据分布陡峭程度不明显。

4.3　数据清洗及组织

　　顾名思义，数据清洗就是把"脏"的数据"洗掉"，指发现并纠正数据文件中可识别的错误的最后一道程序，包括检查数据一致性、处理无效值和缺失值等。数据清洗的任务是过滤那些不符合要求的数据，将过滤的结果呈现给数据处理人员[382]。

4.3.1　数据异常的主要类型

数据清洗的目的是剔除数据中的异常。首先，我们必须了解数据中有什么异常情况。

数据的异常可以分为三类，分别是语法类异常（Syntactic）、语义类异常（Semantic）和覆盖类异常（Coverage Anomaly）。语法类异常指的是表示实体的具体的数据的值和格式的错误。语义类异常则指数据不能全面、无重复地表示客观世界的实体。覆盖类异常指的是数据库中的记录集合不能完整地表示客观世界中的所有实体，数据库中的实体数量比客观世界中的实体数量要少。

1）语法类异常

第一种语法类异常是词法错误（Lexical Error）。它指的是实际数据的结构和指定的结构（即数据模式）不一致。比如，在一张人员表中，每个实体有四个属性，分别是姓名、年龄、性别和身高，某些记录只有三个属性，这就是词法错误。

第二种语法类异常是值域格式错误（Domain Format Error）。它指的是实体的某个属性的取值不符合预期的值域中的某种格式。值域是数据的所有可能取值构成的集合。比如姓名是字符串类型，在名和姓之间有一个"，"，那么"John，Smith"是正确的值，"John Smith"则不是正确的值。

第三种语法类异常是不规则的取值（Irregularity）。它指的是对取值、单位和简称的使用不统一、不规范。比如在一个数据库表里面，员工的工资字段有的用"元"作为单位，有的用"万元"作为单位。

2）语义类异常

第一种语义类异常是违反完整性约束规则（Integrity Constraint Violation）。比如，规定员工表的工资字段必须大于 0，如果某个员工的工资小于 0，就违反了完整性约束规则。

第二种语义类异常是数据中出现矛盾（Contradiction）。即一个元组的各个属性取值，或者不同元组的各个属性的取值，违反了这些取值的依赖关系。比如，可以根据员工的应发工资减去个人所得税计算出实发工资。如果在数据库表里某位员工的实发工资不等于应发工资减去个人所得税，就出现了矛盾。

第三种语义类异常是数据的重复值（Duplicate）。它指的是两个或者两个以上的元组表示同一个实体。需要注意的是，不同元组的各个属性的取值有可能不是完全相同的。

第四种语义类异常是无效元组（Invalid Tuple）。它指的是某些元组并没有表示客观世界的有效实体。比如，学生表里有一个学生，名称是"王涛"，但是学校里并没有这个人。

3）覆盖类异常

第一种覆盖类异常是值缺失（Missing Value）。它指的是在进行数据采集时就没有采集到相应的数据。比如元组的某个属性，它的值是空值（Null），也就是没有值。如果规定数据库表的某个属性不能为空（Not Null）的约束条件，并且由数据库管理系统实施这个约束，也就是随时检查用户输入数据是否符合要求，只有符合要求的数据才能入库，那么用户就没有可能把空值输入到数据库里。

第二类覆盖异常是元组缺失（Missing Tuple）。它指的是在客观世界中，存在某些实体，但是并没有在数据库中通过元组表示出来。也就是说，这些实体在数据库里缺失了，在数据库里根本没有相应的元组。

4.3.2　数据清洗的任务和过程

数据清洗是剔除数据里的异常，使数据集成为现实世界的准确、没有重复的（Correct and Duplicate Free）表示的过程。它包含对数据的一系列操作，这些操作包括：

（1）对元组及其各个属性值的格式进行调整，使之符合值域要求，使用统一的计量单位、统一的简称等；

（2）完整性约束条件的检查和实施（Enforcement）；

（3）从已有的取值导出缺失的值；

（4）解决元组内部和元组之间的矛盾冲突（Contradiction）；

（5）消除、合并重复值；

（6）检测离群值（Outlier），这些离群值极有可能是无效的数据。

数据清洗的过程可以分为四个主要步骤，分别是：

（1）对数据进行审计，把数据异常（Anomaly）的类型标识出来；

（2）选择合适的方法，用于检测和剔除这些异常；

（3）在数据上执行这些方法；

（4）最后，后续处理和控制阶段将检查清洗结果，把在前面步骤中没有纠正过来的错误元组进行进一步处理。数据清洗流程如图 4.10 所示。

图 4.10　数据清洗流程

4.3.3　数据清洗的具体方法

1) 数据解析

在数据清洗过程中，对数据解析(Parsing)，目的是检测语法错误(Syntax Error)。对于错误的字符串取值，比如应该为"smith"而写成了"snith"，可以通过字符串解析，以及使用编辑距离(Edit Distance)，寻找最相近的正确字符串，给出可能的纠正方案。比如针对"Snith"，根据编辑距离，寻找到的可选的正确字符串是"smith"和"snitch"。在数据库表中的姓名字段上，取值为"smith"的可能性更大。

如果数据是保存在普通的文件中，那么它可能包含词法错误、值域错误(Domain Error)等。在数据库表中，一般实施了严格的完整性约束性检查，一般不会出现词法错误值域错误，但是有可能有值域格式错误(Domain Format Error)。

2) 数据转换

数据转换(Transformation)的目的是把数据从一个格式映射到另外一种格式，以适应应用程序的需要。在实例层面(Instance Level)，对各个元组的各个字段的取值一般采用标准化(Standardization)和规范化(Normalization)方法，剔除数据的不规则性(Irregularity)。数据的标准化是经过转换函数，把数据的值转换成标准形式，比如把性别字段的值全部转换成"1"/"0"。规范化则把数据映射到一个最小值、最大值所在的范围，比如把数据映射到[0，1]。

对数据进行转换，有时候需要转换其类型(Type Conversion)。比如性别字段的"男"和"女"的取值，有的数据源为"M"(Male)和"F"(Female)，有的数据源为"1"和"0"，有的数据源则是"M"(Man)和"W"(Woman)，数据类型不一，取值不一。统一转换成字符类型，用"1"表示"男"，"0"表示"女"，方便后续处理。

在模式层面(Schema Level)，数据转换一般和数据集成紧密联系在一起。数据集成是把多个数据源的数据整合在一起，需要从各个数据源映射到一个统一的目标模式(Common Destination Schema)，在各个数据源和目标数据之间建立模式的映射。这里的模式可以理解为数据库表结构。

3) 完整性约束条件

实施完整性约束条件(Integrity Constraint Enforcement)的目的是保证对数据集进行修改，包括新增、删除、修改元组以后，数据集仍然满足一系列的完整性约束条件。可以使用两种策略实施完整性约束条件:一个是完整性约束条件检查(Integrity Constraint Checking)，另一个是完整性约束条件维护(Integrity Constraint Maintenance)。

完整性约束条件检查是如果某些事务(Transaction)执行以后，将使得数据集违反某些完整性约束条件，那么这样的事务被拒绝执行，这是一种事前控制的方法。完整性约束条件维护考虑的是如何通过一些附加的修改(Update)操作，附加到原有的事务上。保证经过修改的数据集并未违反任何完整性约束条件，这是一种补救策略。

4) 重复数据消除

重复数据消除(Duplicate Elimination)，也称为记录连接(Record Linkage)。在数据清洗中的重复数据消除和数据集成过程中的重复数据消除，目的都是把数据中的重复元组给剔除掉，只不过后者处理的是来自多个数据源的数据。

两者使用的技术是类似的，这些技术将在数据集成的实体解析(Entity Resolution)部分给予详细介绍。在重复数据消除中，首先要把重复数据找出来，需要有一个算法来确定两个或者两个以上的元组是否实际上代表了现实世界的同一个实体。

5) 一些统计方法

统计方法可以用于对数据进行审计，甚至可以对数据中的异常进行纠正。比如，数据中的离群值(Outlier)检测，可以检测出不符合整个数据集的一般分布特征的少量的元组或者属性值。通过分析各个属性的取值的平均值(Mean)、标准差(Standard Deviation)、取值范围(Range)等，以及利用聚类算法，领域专家很容易发现一些意想不到的离群值，有可能意味这些元组是无效的元组。对于无效的离群值，可以把它重置(Reset)为平均值。此外，对于缺失值(Missing Value)，也可以通过统计方法进行类似的处理。

这里需要注意的是，在一些数据集里，离群值不一定意味着错误数据，而是实际情况如此。比如信用卡诈骗，体现出和正常交易不一样的模式，不能把信用卡诈骗看成错误数据，应该从这些数据中发现这些模式，防止诈骗的发生。数据中的离群值到底是不是错误数据而必须给予纠正，需要领域专家介入来判断。

4.3.4　数据清洗的评价标准

数据清洗完成后，主要通过数据的可信性、可用性及数据清洗代价来评判数据清洗是否有效、合适。

1) 数据的可信性

可信性包括精确性、完整性、一致性、有效性、唯一性等指标。

(1) 精确性：描述数据是否与其对应的客观实体的特征相一致。

(2) 完整性：描述数据是否存在缺失记录或缺失字段。

(3) 一致性：描述同一实体的同一属性的值在不同的系统是否一致。

(4) 有效性：描述数据是否满足用户定义的条件或在一定的域值范围内。

(5) 唯一性：描述数据是否存在重复记录。

2) 数据的可用性

数据的可用性考察指标主要包括时间性和稳定性。

(1)时间性：描述数据是当前数据还是历史数据。

(2)稳定性：描述数据是否是稳定的，是否在其有效期内。

3)数据清洗的代价

数据清洗的代价即成本效益，在进行数据清洗之前考虑成本效益这个因素是很必要的。因为数据清洗是一项十分繁重的工作，需要投入大量的时间、人力和物力。在进行数据清洗之前要考虑其物质和时间开销的大小，是否会超过组织的承受能力。通常情况下大数据集的数据清洗是一个系统性的工作，需要多方配合和大量人员的参与，以及多种资源的支持。

第 5 章　基于交互分析的知识可视化研究

5.1　交互分析概述

交互分析是以知识可视化实现过程分析为指导，对变量间交互分析过程进行具体化，得出如图 5.1 所示的变量间交互分析实现过程。该过程是知识可视化实现过程的子集，相应的包括交互内容分析阶段、交互分析实现阶段(数据准备和模型实现)和应用阶段。

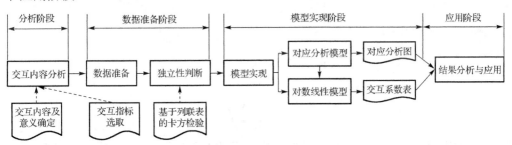

图 5.1　变量间交互分析实现过程

交互内容分析阶段主要是将理论上存在的变量间交互方式与实际管理需求相结合，分析变量间交互分析的实际意义进而根据管理诉求选取参与交互的变量。交互分析实现阶段是实现变量交互分析的关键过程，包括数据准备和模型实现两个子阶段，数据准备阶段主要是在所研究数据集中抽取需要交互的变量并进行变量间独立性检验；模型实现阶段结合变量类型以及交互目的，选择有效的交互方法进而构建知识可视化模型。应用阶段是对模型分析的结果进行分析解读并进行可视化展示，进而将得出的规则应用于管理中。

5.1.1　对应分析模型

1)对应分析基本原理

对应分析问题最早由 Richardson 等于 1933 年提出，后来由 Beozecri 进行完善，该方法是在 R 型因子分析和 Q 型因子分析的基础上发展起来的一种重要的多元统计方法[383]，多应用于由定类或定序变量构成的列联表数据的研究，根据变量的数目可分为二维对应分析和多维对应分析。

对应分析的基本思想是将列联表中变量及类别之间的关系同时反映在一张二维散点图上，通过图中类别点之间的空间距离反映类别关系的大小。基本原理是通过过渡矩阵将 R 型因子分析和 Q 型因子分析有机地结合在一起，采用相同的因子轴同时将变量点和类别点反映在具有相同坐标轴的因子平面上，以便直观地观察变量点之间以及变量类别之间的关系。

2) 对应分析模型构建

运用对应分析构建对象变量间交互模型，目的是将行变量、列变量各类别的载荷反映在由公共因子轴构成的对应图上以观察各类别的交互关系。

首先根据参与交互的(行)变量 A 和(列)变量 B 构成的二维列联表(见表 5.1)构建原始数据矩阵为

$$N = \begin{bmatrix} n_{11} & n_{12} & \cdots & n_{1j} & \cdots & n_{1t} \\ n_{21} & n_{22} & \cdots & n_{2j} & \cdots & n_{2t} \\ \vdots & \vdots & & \vdots & & \vdots \\ n_{i1} & n_{i2} & \cdots & n_{ij} & \cdots & n_{it} \\ \vdots & \vdots & & \vdots & & \vdots \\ n_{s1} & n_{s2} & \cdots & n_{sj} & \cdots & n_{st} \end{bmatrix} \tag{5.1}$$

$$n = \sum_{i=1}^{s}\sum_{j=1}^{t} n_{ij}$$

为使行变量和列变量的协方差阵具有相同的非零特征根，需对原始数据矩阵 N 进行转换，构建概率矩阵 P 为

$$P = \begin{bmatrix} p_{11} & p_{12} & \cdots & p_{1j} & \cdots & p_{1t} \\ p_{21} & p_{22} & \cdots & p_{2j} & \cdots & p_{2t} \\ \vdots & \vdots & & \vdots & & \vdots \\ p_{i1} & p_{i2} & \cdots & p_{ij} & \cdots & p_{it} \\ \vdots & \vdots & & \vdots & & \vdots \\ p_{s1} & p_{s2} & \cdots & p_{sj} & \cdots & p_{st} \end{bmatrix} \tag{5.2}$$

其中，$p_{ij} = \dfrac{n_{ij}}{n}(i=1,2,\cdots,s; j=1,2,\cdots,t)$ 为各频数对应的频率，分别计算概率矩阵 P 的行和 $p_{i\cdot}$、列和 $p_{\cdot j}$ 分别为

$$p_{i\cdot} = \sum_{j=1}^{t} p_{ij}, \quad i=1,2,\cdots,s \tag{5.3}$$

$$p_{\cdot j} = \sum_{i=1}^{s} p_{ij}, \quad j=1,2,\cdots,t \tag{5.4}$$

此时可以将矩阵 P 的 s 行看成 t 维空间的 s 个数据点，各数据点的坐标定义为

$$x_i = \left[\frac{p_{i1}}{p_{i.}}, \frac{p_{i2}}{p_{i.}}, \cdots, \frac{p_{ij}}{p_{i.}}, \cdots, \frac{p_{it}}{p_{i.}} \right], \quad i = 1, 2, \cdots, s \tag{5.5}$$

为考察 A 变量中 s 个类别的相近度，可以计算不同类别之间的欧氏距离，为消除不同类别数据量的影响，采用加权欧氏距离计算任意两点 K 和 L 的距离，计算公式为

$$D^2(K, L) = \sum_{j=1}^{t} \left(\frac{p_{kj}}{p_{k.}} - \frac{p_{lj}}{p_{l.}} \right)^2 \tag{5.6}$$

同理可对 B 变量中 t 个类别的相近度进行研究，但此时还仅仅分别针对行变量和列变量内的各类别进行了相近度研究，为考察 A、B 两变量各类别之间的交互关系，需构建 A、B 变量的协差阵，设第 i 类别和第 j 类别的协差阵为 $\mathrm{Cov}(i, j) = (a_{ij})$。其中

$$a_{ij} = \sum_{\alpha=1}^{s} z_{\alpha i} \cdot z_{\alpha j} \tag{5.7}$$

其中

$$z_{\alpha i} = \frac{p_{\alpha i} - p_{.i} p_{\alpha.}}{\sqrt{p_{.i} p_{\alpha.}}} = \frac{n_{\alpha i} - \dfrac{n_{.i} n_{\alpha.}}{n}}{\sqrt{n_{.i} n_{\alpha.}}}, \quad \alpha = 1, 2, \cdots, s; \quad i = 1, 2, \cdots, t \tag{5.8}$$

令 $Z = (z_{ij})$，则变量 A 的协差阵可表示为 $\mathrm{Cov}_A = Z^{\mathrm{T}} Z$。

同理可得变量 B 的协差阵。

不难发现，此时变量 A 和变量 B 协差阵存在明显的对应关系，将原始数据 n_{ij} 转换为 z_{ij}，此时 z_{ij} 对变量 A 和变量 B 是对等的，通过过渡矩阵 Z 实现了行变量和列变量的等同转化，$Z^{\mathrm{T}} Z$ 和 ZZ^{T} 具有相同的非零特征根。

最后，运用协差阵分别进行 R 型和 Q 型因子分析。

对 A 变量各类别进行 R 型因子分析，计算协差阵 $Z^{\mathrm{T}} Z$ 的特征值为 $\lambda_1 \geq \lambda_2 \geq \cdots \geq \lambda_t$，根据特征根累计百分比确定前 m 个特征值并计算对应的单位特征向量 $u_1, u_2, \cdots, u_m$，从而得到 A 变量各类别的因子载荷为

$$U = \begin{bmatrix} u_{11}\sqrt{\lambda_1} & u_{12}\sqrt{\lambda_2} & \cdots & u_{1m}\sqrt{\lambda_m} \\ u_{21}\sqrt{\lambda_1} & u_{22}\sqrt{\lambda_2} & \cdots & u_{2m}\sqrt{\lambda_m} \\ \vdots & \vdots & & \vdots \\ u_{s1}\sqrt{\lambda_1} & u_{s2}\sqrt{\lambda_2} & \cdots & u_{sm}\sqrt{\lambda_m} \end{bmatrix} \tag{5.9}$$

对 B 变量各类别进行 Q 型因子分析，计算 m 个特征值对应的协差阵 ZZ^{T} 的单位特征向量 $v_1, v_2, \cdots, v_m$，得到 B 向量各类别因子载荷矩阵为

$$V = \begin{bmatrix} v_{11}\sqrt{\lambda_1} & v_{12}\sqrt{\lambda_2} & \cdots & v_{1m}\sqrt{\lambda_m} \\ v_{21}\sqrt{\lambda_1} & v_{22}\sqrt{\lambda_2} & \cdots & v_{2m}\sqrt{\lambda_m} \\ \vdots & \vdots & & \vdots \\ v_{s1}\sqrt{\lambda_1} & v_{s2}\sqrt{\lambda_2} & \cdots & v_{sm}\sqrt{\lambda_m} \end{bmatrix} \tag{5.10}$$

至此，实现了对 A、B 两变量的降维，可根据因子载荷阵 U 和 V 在共同的因子轴平面上表示 A、B 两变量中的各类别点，点坐标为对应的因子载荷，进而形成对应图，直观展现参与交互的 A、B 两变量各类别的交互关系。

以上是通过对应分析模型对变量间交互进行分析，其优点在于交互结果可视化展示，有利于用户理解，但该模型无法给出变量及类别间相关程度的具体大小，因此下节将采用对数线性模型对变量间交互效应的大小进行具体运算。

5.1.2　对数线性模型

1）对数线性模型基本原理

对数线性模型是针对类别或名义变量进行相关分析的模型，针对对应分析无法精确度量变量及类别之间交互效应的问题，对数线性模型予以有效解决。该模型将方差分析和线性模型的方法系统地移植过来，通过对模型中各个参数的计算来衡量各个变量的主效应以及变量间的交互效应。其原理是将列联表中每个个案的频数作为因变量，所有的变量及其类别作为自变量，建立各个自变量的效应与每个单元频数之间的函数关系[384]。饱和型对数线性模型是对数线性模型的一种，该类模型首先假设参与交互的任意变量及类别之间均存在交互效应，之后通过分层效应、单项效应的显著性检验来判断各层及各单项交互效应是否显著，进而构建出能够有效拟合观测数据的简约模型。

2）对数线性模型构建

结合对变量间交互内容的分析，假设根据管理需要选取交互变量为 A 和 B，每个变量所包含的类别数分别为 s 和 t，则建立二维饱和型对数线性模型为

$$\ln n_{ij} = \lambda_i^A + \lambda_j^B + \lambda_{ij}^{AB} + \lambda \tag{5.11}$$

其中，n_{ij} 为式(5.1)中每一个单元格的频数。λ 表示对数频数的总平均值，反映的是在各主效应和交互效应都为零时，样本频数的均匀分布，计算公式为

$$\lambda = \sum_{i=1}^{s} \sum_{j=1}^{t} \ln n_{ij} / st \tag{5.12}$$

λ_i^A 为变量 A 的主效应，反映的是 A 变量中各类别频数分布特征，λ_i^A 的计算公式为

$$\lambda_i^A = \sum_{j=1}^{t} \ln n_{ij} / t - \lambda \tag{5.13}$$

λ_j^B 为变量 B 的主效应，反映的是 B 变量中各类别频数分布特征，λ_j^B 计算公式为

$$\lambda_j^B = \sum_{i=1}^{s} \ln n_{ij} / s - \lambda \tag{5.14}$$

λ_{ij}^{AB} 为两变量的交互效应，反映的是 A、B 两变量中相应类别之间的关联对频数分布的影响，计算公式为

$$\lambda_{ij}^{AB} = \ln n_{ij} - \lambda - \lambda_i^A - \lambda_j^B \tag{5.15}$$

通常对数线性模型有一个限制条件，即模型每一项效应各类别的效应系数之和为零，在实际问题分析时，若只有一个类别效应系数未知，则可以根据已知类别的效应系数予以推算

$$\sum_{i=1}^{s} \lambda_i^A = \sum_{j=1}^{t} \lambda_j^B = \sum_{i=1}^{s} \sum_{j=1}^{t} \lambda_{ij}^{AB} = 0 \tag{5.16}$$

对于三个或三个以上变量进行交互分析时，可相应地采用多维列联表及高阶对数线性模型予以实现，同理假设交互分析的变量有三个，分别为 A、B、C，三个变量所包含的类别数分别为 s、t、u，则构建三维饱和型对数线性模型为

$$\ln n_{ijk} = \lambda_i^A + \lambda_j^B + \lambda_k^C + \lambda_{ij}^{AB} + \lambda_{ik}^{AC} + \lambda_{jk}^{BC} + \lambda_{ijk}^{ABC} + \lambda \tag{5.17}$$

其中，$i = 1, 2, \cdots, s$；$j = 1, 2, \cdots, t$；$k = 1, 2, \cdots, u$。

对数线性模型中交互效应的单项效应，形成简约对数线性模型；采用似然比卡方检验考察简约模型的整体拟合性，并得出交互效应参数；根据效应参数的正负及大小判断各类别主效应及交互效应对频数分布的影响。

5.1.3　灰色关联模型

1) 灰色关联模型基本原理

灰色关联分析是根据因素之间发展趋势的相似或相异程度, 亦即"灰色关联度", 作为衡量因素间关联程度的一种方法。通过构建灰色关联模型分析两个系统或系统内因素随时间变化时, 其变化方向和速度的关联程度。在系统发展过程中, 主要影响因子可以用关联度的排序来分析, 关联度大的因子是影响系统发展的主要影响因子, 关联度小的因子是系统发展中不产生或少产生影响的因子。通过关联度分析, 即通过估量各评价对象和评价指标之间的距离, 并利用样本数据的内在关系去评价样本, 从而较好地排除数据的"灰色"关系, 便于分析主导因素和潜在因素, 分析并估计影响系统的因子的影响作用大小, 以确定因子作用的优势和劣势, 可以对分

析评价系统发展提供相关信息，具有广泛实用性和可操作性。关联度这个指标可定量地描述因素之间相对变化的情况，即变化大小、方向、速度和相关性等。

2) 灰色关联模型的构建

(1) 确定分析序列。

在对所研究问题定性分析的基础上，确定一个因变量因素 x_0 和 m 个自变量因素 $(x_i, \ i=1,2,\cdots,m)$。设定因变量参考序列 $\{x'_0(j)\}$ 和自变量比较序列为 $\{x'_i(j)\}$

$$\begin{cases} \{x'_0(j)\} = \{x'_0(1), x'_0(2), \cdots, x'_0(n)\} \\ \{x'_i(j)\} = \{x'_i(1), x'_i(2), \cdots, x'_i(n)\} \end{cases} \tag{5.18}$$

其中，$i=1,2,\cdots,m$；$j=1,2,\cdots,n$。

(2) 对参考序列和比较序列进行无量纲化处理。

由于系统中各因素的物理意义不同，数据的量纲也不一定相同，不便于比较，或在比较时难以得到正确的结论。因此在进行灰色关联度分析时，一般都要进行无量纲化的数据处理。一般使用初值化法进行无量纲化，即形成的序列为

$$\{x_i(j)\} = \{x_i(1), x_i(2), \cdots, x_i(n)\} \tag{5.19}$$

其中，$i=0,1,2,\cdots,m$；$x_i(j)=x'_i(j)/x'_i(1)$。

(3) 求绝对数差异序列、最大差和最小差。

根据量化以后的比较序列与参考序列，计算对应期的绝对差值，即 $\Delta_i(j)=|x_i(j)-x_0(j)|$，形成绝对差值序列为

$$\{\Delta_i(j)\} = \{\Delta_i(1), \Delta_i(2), \cdots, \Delta_i(n)\} \tag{5.20}$$

其中，$i=1,2,\cdots,m$，绝对差值中最大数 $\Delta(\max) = \max\limits_{i=1}^{m} \max\limits_{j=1}^{n} \Delta_i(j)$ 和最小数 $\Delta(\min) = \min\limits_{i=1}^{m} \min\limits_{j=1}^{n} \Delta_i(j)$ 即为最大差和最小差。

对绝对差值矩阵中计算关联系数

$$\xi_i(j) = \frac{\Delta(\min) + \rho\Delta(\max)}{\Delta_i(j) + \rho\Delta(\max)} \tag{5.21}$$

由此得到关联系数矩阵为

$$\{\xi_i(j)\} = \{\xi_i(1), \xi_i(2), \cdots, \xi_i(n)\} \tag{5.22}$$

其中，$i=1,2,\cdots,m$，ρ 为分辨系数，在 $0\sim1$ 取值。

(4) 计算关联度。

关联度是比较序列与参考序列在各个时刻(即曲线中的各点)的关联程度值，所以它的数值不止一个，而在信息过于分散时不便于进行整体性比较，故有必要将各

个时刻(即曲线中的各点)的关联系数集中为一个值，即求其平均值，作为比较序列与参考序列间关联程度的数量表示，关联度公式为

$$r_i = \frac{1}{n}\left[\sum_{j=1}^{n} \xi_i(j)\right] \tag{5.23}$$

通过上式对各比较序列与参考序列的关联度排序，关联度越大，则说明比较序列与参考序列变化势态越一致。

(5)关联度排序。

因素间的关联程度，主要是用关联度的大小次序描述，而不仅是关联度的大小。将 m 个比较序列对同一参考序列的关联度按大小顺序排列起来，便组成了关联序，记为 $\{x\}$，它反映了对于参考序列来说各子序列的"优劣"关系。若 $r_i > r_j$，则称 $\{x_i\}$ 对于同一参考序列 $\{x_0\}$ 优于 $\{x_j\}$，记为 $\{x_i\} > \{x_j\}$；macro_F_i 表示第 i 个比较序列对参考序列特征值。

灰色关联度分析法是将研究对象及影响因素的因子值视为一条线上的点，与待识别对象及影响因素的因子值所绘制的曲线进行比较，比较它们之间的贴近度，并分别量化，计算出研究对象与待识别对象各影响因素之间的贴近程度的关联度，通过比较各关联度的大小来判断待识别对象对研究对象的影响程度。

5.1.4　变量独立性检验

在交互分析中，确定了变量间知识可视化目标并选取参与交互的变量之后，需首先对变量之间是否独立进行判断，只有参与交互的变量存在交互影响关系，才能进一步开展对这种交互影响关系的研究，若交互变量之间彼此独立，则不需要进行后续的分析工作。

针对定类或定序变量，通常根据不同变量在各类别的频数进行独立性检验。列联表是一种有效讨论定类变量的工具，本节采用列联表来构建变量间交互的频数分布，并采用皮尔逊拟合优度卡方检验判断变量间的独立性。

1)列联表构建

列联表分为二维列联表和多维列联表，以简单的二维列联表为例，任意选取对象的两个维度 A 和 B 进行交互分析，n 为所研究目标的总数，假定 A 变量有 s 个类别，B 变量有 t 个类别，则所研究目标在两变量各类别的交叉分布可表示成 $s \times t$ 二维列联表的形式，如表 5.1 所示，列联表中 n_{ij} 表示在变量 A 的第 i 类别和变量 B 的第 j 类别条件下出现的目标频数。当然如果研究问题涉及三个或三个以上的变量，考察样例在多维变量上的分布规律以及多维变量之间的交互关系，则可构造对应的多维列联表。

表 5.1　$s \times t$ 二维列联表

		变量 B						行合计
		B_1	B_2	$\cdots$	B_j	$\cdots$	B_t	
变量 A	A_1	n_{11}	n_{12}	$\cdots$	n_{1j}	$\cdots$	n_{1t}	$n_{1\cdot}$
	A_2	n_{21}	n_{22}	$\cdots$	n_{2j}	$\cdots$	n_{2t}	$n_{2\cdot}$
	$\vdots$	$\vdots$	$\vdots$	$\vdots$	$\vdots$	$\vdots$	$\vdots$	$\vdots$
	A_i	n_{i1}	n_{i2}	$\cdots$	n_{ij}	$\cdots$	n_{it}	$n_{i\cdot}$
	$\vdots$	$\vdots$	$\vdots$	$\vdots$	$\vdots$	$\vdots$	$\vdots$	$\vdots$
	A_s	n_{s1}	n_{s2}	$\cdots$	n_{sj}	$\cdots$	n_{st}	$n_{s\cdot}$
列合计		$n_{\cdot1}$	$n_{\cdot2}$	$\cdots$	$n_{\cdot j}$	$\cdots$	$n_{\cdot t}$	n

其中，$n_{i\cdot} = \sum_{j=1}^{t} n_{ij}(i = 1, 2, \cdots, s)$ 为变量 A 各类别行合计；$n_{\cdot j} = \sum_{i=1}^{s} n_{ij}(j = 1, 2, \cdots, t)$ 为变量 B 各类别的列合计；$n = \sum_{i=1}^{s} \sum_{j=1}^{t} n_{ij}$ 为原始数据阵频数总和。

2) 变量独立性检验

根据表 5.1 可计算研究目标在交互变量各交叉类别下出现的频率以及变量 A 和 B 不同属性类别的边缘概率分别为 $p_{ij} = n_{ij}/n$，$p_{i\cdot} = n_{i\cdot}/n$，$p_{\cdot j} = n_{\cdot j}/n$。变量 A 与 B 的独立性检验本质上就是验证对于任意的 i 和 j，是否总存在 $p_{ij} = p_{i\cdot} \times p_{\cdot j}$ 成立，若成立则说明所研究目标在两变量各类别上的分布是独立的，否则说明两变量存在交互影响关系，故可构建拟合优度卡方检验统计量，其计算公式为

$$\chi^2 = \sum_{i=1}^{s} \sum_{j=1}^{t} \frac{n(p_{ij} - p_{i\cdot} \times p_{\cdot j})^2}{p_{i\cdot} \times p_{\cdot j}} \tag{5.24}$$

χ^2 统计量的极限分布是自由度为 $(s-1)(t-1)$ 的卡方分布，至此可通过采用皮尔逊拟合优度卡方检验来判断变量间的独立性。

在对变量间独立性进行检验之后，为探究交互变量各类别之间具体的交互关系，需构建相应的交互分析模型。考虑知识可视化目标及数据变量特征，综合运用对应分析和对数线性模型两种方法来研究变量间的交互关系：采用对应分析模型研究变量间交互并将交互变量各类别直观地展现在对应图上，通过各类别在对应图中的空间关系反映它们之间的相关关系；也可采用对数线性模型来研究交互变量的主效应和交互效应并计算出具体的效应系数。

5.2　安全变量交互分析

本节以 TF 煤业公司作为案例分析，以 TF 煤业安全问题集为基础，采用 5.1 节涉及的对应分析方法和对数线性模型研究两变量交互，交互变量拟选取性质变量和空间变量，依次确定煤矿安全问题与问题产生时间以及问题产生地点的关系紧密程度。

5.2.1　两变量交互分析

5.2.1.1　性质-区域对应分析模型

TF 煤业安全隐患共分布在 37 个不同地点，根据区域类型，将这 37 个地点划分为采煤工作面、掘进巷道、盘区巷道和其他区域(包括辅平硐和斜井)四类。问题性质-区域类型($X_1 \leftrightarrow X_5$)的交互分析旨在研究不同性质的安全隐患是否存在区域分布的规律性，因此在安全问题集 SI_{366} 中抽取变量 X_1 和 X_5 构建二维列联表如表 5.2 所示。

表 5.2　性质-区域二维列联表

空间类别	性质								
	瓦斯	顶板	机电	运输	爆炸	水害	火灾	其他	有效边际
采煤面	5	14	14	11	1	0	4	10	59
掘进巷	13	111	12	26	6	9	5	10	192
盘区巷	5	18	5	33	3	3	7	7	81
其他区域	1	0	3	27	0	0	0	3	34
有效边际	24	143	34	97	10	12	16	30	366

基于表 5.2 提出原假设 H_0：不同性质的安全问题与区域类别不相关；备择假设 H_1：不同性质的安全问题与区域类别存在交互关系。采用皮尔逊拟合优度卡方检验对两变量的独立性进行检验，取显著性水平 $\alpha = 0.01$，查卡方检验临界值表可知 $\chi^2_{0.01}(21) = 38.932$，$\chi^2 = 133.152 > 38.932$，故在 $\alpha = 0.01$ 水平上拒绝原假设，认为两变量存在相关性。

为研究两变量之间的相关关系，对其进行对应分析，采用 IBM SPSS19.0 的对应分析功能予以实现，其中行变量设置为"区域类别"，列变量设置为"隐患性质"，解的维数设置为 2，采用卡方距离度量方式及对称正态化方法对模型进行配置，汇总结果如表 5.3 所示。表中卡方值和显著性说明两者存在显著的相关性，特征值用于说明不同维度能够解释列联表中两个变量变异信息量的程度，由表可知维度 1 特征值为 0.257，对两变量变异的解释程度达 70.5%，维度 2 特征值为 0.086，对两变量变异解释程度为 23.6%，两维度累计解释为 94.1%，解释效果良好。

表5.3 性质-区域对应分析结果

维数	奇异值	特征值	卡方值	显著性	解释	累计解释	标准差
1	0.506	0.257			0.705	0.705	0.040
2	0.293	0.086			0.236	0.941	0.059
3	0.146	0.021			0.059	1.000	
总计		0.364	133.152	0.000	1.000	1.000	

对区域类别的详细分析如表 5.4 所示。表中"质量"列代表不同类别区域安全问题占总体的比重，掘进巷道质量最大为 0.525，说明该类区域安全问题最多；"维中的得分"列表示各空间类别在由两维度构成的坐标图中的坐标值；"惯量"列代表各空间类别与该变量重心的加权距离平方和，总惯量为 0.364；"贡献"列分为点对维惯量的贡献和维对点惯量的贡献，用于说明不同区域类别与两维度之间的解释关系，由表中维对点惯量数值不难发现，四种区域类别在两个维度上都有较好的区分度，其中维度 1 对掘进巷道、盘区巷道和其他区域解释能力强，维度 2 对采煤工作面解释能力强。

表5.4 区域类别详细信息表

空间类别	质量	维中的得分		惯量	贡献				
					点对维惯量		维对点惯量		
		1	2		1	2	1	2	总计
采煤工作面	0.161	−0.234	1.206	0.074	0.017	0.800	0.061	0.933	0.994
掘进巷道	0.525	0.586	−0.203	0.099	0.356	0.074	0.926	0.064	0.990
盘区巷道	0.221	−0.520	−0.152	0.046	0.118	0.018	0.665	0.033	0.698
其他区域	0.093	−1.665	−0.585	0.146	0.509	0.108	0.894	0.064	0.957
总计	1.000			0.364	1.000	1.000			

对隐患性质类别的详细分析如表 5.5 所示。表中"质量"列代表不同性质的安全隐患占总体的比重，顶板类隐患质量最大，为 0.391，说明该类安全隐患占比最多；"维中的得分"列表示各性质安全隐患在由两维度构成的坐标图中的坐标值；"惯量"列代表各种性质的安全隐患与该变量重心的加权距离平方和，总惯量为 0.364；"贡献"列分为点对维惯量的贡献和维对点惯量的贡献，用于说明不同性质安全隐患与两维度之间的解释关系，由表中数据不难看出维度 1 对顶板类隐患、运输类隐患有较强的解释能力，而维度 2 对机电和其他类型的安全隐患有较强的解释能力。

表 5.5 问题性质详细信息表

性质	质量	维中的得分		惯量	贡献				
		1	2		点对维惯量		维对点惯量		
					1	2	1	2	总计
瓦斯	0.066	0.180	0.291	0.003	0.004	0.019	0.377	0.573	0.950
顶板	0.391	0.724	−0.200	0.109	0.404	0.053	0.949	0.042	0.991
机电	0.093	−0.223	1.198	0.044	0.009	0.455	0.053	0.894	0.947
运输	0.265	−1.007	−0.451	0.152	0.530	0.184	0.894	0.104	0.998
爆炸	0.027	0.340	−0.160	0.004	0.006	0.002	0.378	0.048	0.427
水害	0.033	0.611	−0.649	0.012	0.024	0.047	0.534	0.348	0.882
火灾	0.044	−0.203	0.585	0.019	0.004	0.051	0.048	0.229	0.276
其他	0.082	−0.337	0.821	0.021	0.018	0.188	0.225	0.775	1.000
总计	1.000			0.364	1.000	1.000			

在上述分析的基础上，得出安全隐患性质-区域对应分析图如图 5.2 所示，根据对应分析图解读方法对其分析如下：

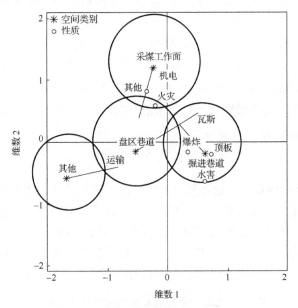

图 5.2 安全隐患性质-区域对应分析图

第一，从总体上看空间类别分布在三个象限，说明不同类型的区域之间有显著的差异，通过向各个区域类别做射线，根据不同类别射线间的夹角大小判断其相似性，不难得出除盘区巷道和其他区域比较相近外，采煤区域、掘进区域、盘区巷道两两之间都有较大的差异，在安全隐患性质上区分度好。

第二，以各空间类别为圆心向外画圆首先进入圆内的点代表该点与圆心关系紧密，由图不难看出，与掘进巷道密切相关的安全隐患类型主要有顶板、水害、爆炸和瓦斯；与采煤工作面密切相关的安全隐患类型主要有机电、其他和火灾，其中其他类隐患主要是与安全质量标准化相关的问题，而盘区巷道和其他区域则主要存在运输类安全隐患。瓦斯类隐患在各个区域类别上的区分度不高，说明无论是掘进巷道、采煤工作面还是盘区巷道都存在瓦斯类隐患。

不同空间类别与不同性质隐患之间的对应关系汇总如表 5.6 所示。

表 5.6　煤矿安全问题性质与区域类别对应关系

序号	空间类别	安全隐患性质
1	采煤工作面	机电类、其他类和火灾类安全隐患
2	掘进巷道	顶板类、爆炸类、水害类和瓦斯类安全隐患
3	盘区巷道	运输类和火灾类安全隐患
4	其他区域	运输类安全隐患

5.2.1.2　性质-区域对数线性模型

在对 TF 煤业安全隐患进行性质-区域对应分析后，识别了不同类型区域安全隐患的分布规律，为进一步得出安全隐患性质和区域类型交互作用的大小，本节采用对数线性模型进行隐患性质与区域类型两变量交互研究。

在对数线性模型中，主效应是指安全隐患性质变量 X_1 及区域类型变量 X_5 的不同类别对安全隐患频数分布的独立影响，分别用 $\lambda_i^{X_1}$ 和 $\lambda_i^{X_5}$ 表示，交互效应是指安全隐患性质和区域类别组合对频数分布带来的影响，用 $\lambda_{ij}^{X_1,X_5}$ 表示，构建煤矿安全性质-区域类别饱和型对数线性模型为

$$\ln n_{ij} = \lambda_i^{X_1} + \lambda_j^{X_5} + \lambda_{ij}^{X_1,X_5} + \lambda \qquad (5.25)$$

采用 IBM SPSS19.0 对该饱和型对数线性模型进行计算，首先判断主效应和二阶交互效应的显著性，计算结果如表 5.7 所示。由表中数据可知，一阶主效应及二阶交互效应的似然比显著性水平及皮尔逊显著性水平=0.00<0.05。因此在 95%置信水平下认为一阶主效应及二阶交互效应都是显著的，说明安全隐患在性质维度和不同区域类别中的分布是不均匀的，且安全隐患的性质与区域类型之间存在内在影响关系。

表 5.7　二阶对数线性模型效应显著性检验表

	K	df	似然比		皮尔逊		显著性
			卡方	显著性水平	卡方	显著性水平	
K 阶和高阶效果	1	31	580.268	0.000	1079.596	0.000	显著
	2	21	135.393	0.000	133.152	0.000	显著
K 阶效果	1	10	444.875	0.000	946.444	0.000	显著
	2	21	135.393	0.000	133.152	0.000	显著

因此煤矿安全性质与区域对数线性模型应采用饱和型对数线性模型。为进一步分析两变量的交互效应大小对模型进行运算，计算结果如表 5.8 所示。由表 5.8 可得到不同性质安全隐患和不同类型区域各自的主效应以及隐患性质与区域类别的交互效应，正值代表两类别为正相关，负值代表两类别为负相关。

表 5.8　TF 煤业安全问题性质-区域饱和型对数线性模型分析表

X_1X_5	瓦斯 (−0.847)	顶板 (−1.946)	机电 (0.000)	运输 (2.061)	爆炸 (−1.946)	水害 (−1.946)	火灾 (−1.946)	其他 (−6.57)
采煤面 (1.099)	0.201	2.269	0.323	−1.97	0.000	−1.099	1.099	−0.823
掘进巷 (1.099)	1.099	4.309	0.174	−1.136	1.466	1.846	1.299	−9.057
盘区巷 (0.762)	0.537	2.849	−0.310	−0.565	1.184	1.184	1.946	−6.825
其他区域 (−2.960)	−1.837	−9.427	−0.187	3.671	−2.650	−1.931	−4.344	16.705

根据表 5.8 中 TF 煤业公司安全隐患性质与区域的交互系数，构造交互效应条形图如图 5.3 所示，图中条形的方向和长度分别代表交互效应正负及大小，这样安全管理者就能够在短时间内迅速把握不同区域内易发的安全隐患类别。

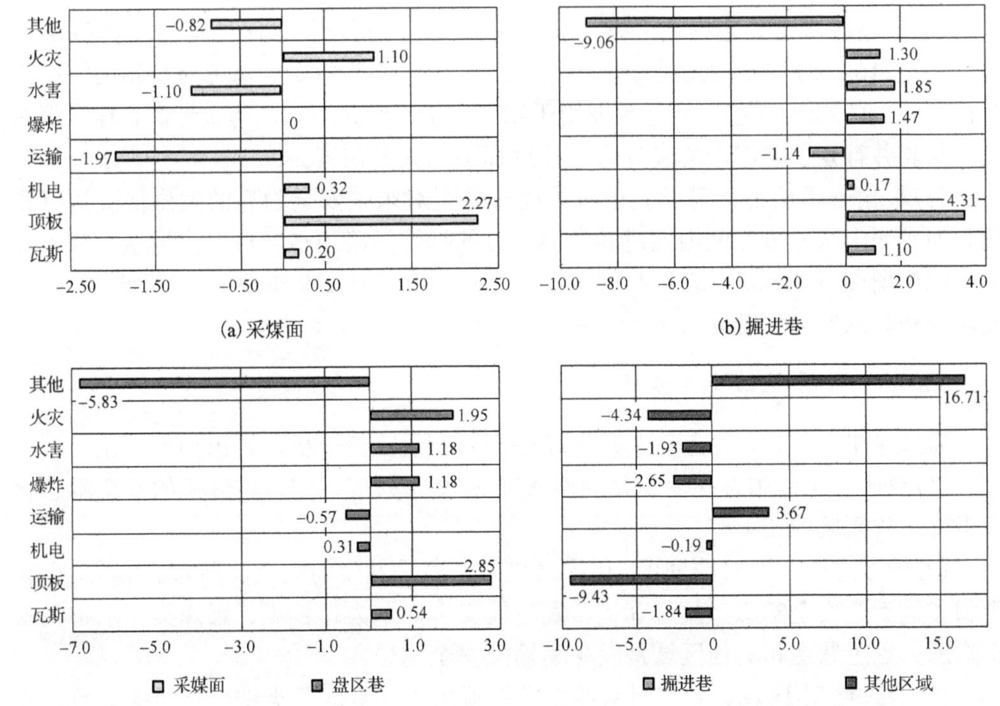

(a) 采煤面

(b) 掘进巷

(c) 盘区巷

(d) 其他区域

图 5.3　安全隐患性质与易发区域交互效应条形图

　　对煤矿安全隐患性质与区域交互结果分析如下：

　　(1)采煤工作面更倾向于发生顶板类(2.269)、火灾类(1.099)和机电类(0.323)安全隐患，说明 TF 煤业在煤炭开采过程中的超前支护以及大型机电设备维护方面存在很大的问题，另外工作面消防设施配备不全、易燃物品较多是导致火灾隐患较多的主要原因。采煤工作面与运输类(−1.97)和水害类(−1.099)安全隐患的交互效应系数为负，说明采煤工作面与这两类安全隐患存在着负相关关系。

　　(2)掘进巷道更倾向于发生顶板类(4.309)、水害类(1.846)、爆炸类(1.466)、火灾类(1.299)、瓦斯类(1.099)安全隐患，说明 TF 煤业在巷道掘进时要加强顶板支护、爆破作业、探放水、火灾和瓦斯的监测和管理工作；掘进巷道与运输问题(−1.136)和其他问题(−9.057)的相关系数为负，说明掘进巷道发生运输问题和其他问题的倾向性较小。

　　(3)盘区巷分为回风巷、轨道巷和皮带巷，与之呈正相关的安全隐患包括顶板类(2.849)、火灾类(1.946)、水害类(1.184)和爆炸类(1.184)安全问题。结合 TF 煤业实际，初步分析认为顶板类隐患主要是运输队在轨道巷作业时常用永久锚索起吊设备，导致支护失效；火灾类隐患是由于盘区巷的灭火器存在失效和配备不全的问题；水害类隐患是由于盘区巷道的排水设施不全。

　　(4)其他区域主要包括辅平硐和煤层间斜井，分析可知该区域与运输类(3.671)和其他类(16.705)安全隐患呈强正相关，而与其他性质的安全隐患呈负相关。初步分析可知，TF 煤业煤层间斜井主要用于物料运输，而井下工人为走近路，存在很多违规从斜井行走的情况，容易导致运输过程中的人员伤害。

　　(5)根据分析结论，可以利用对数线性模型对未来安全隐患的发生情况进行预测。如预测未来一段时间内掘进巷道(X_5=2)的爆炸类隐患(X_1=5)发生数量，代入对数线性模型可得 $\ln n_{25} = \lambda_5^{X_1} + \lambda_2^{X_5} + \lambda_{52}^{X_1 X_5} + \lambda = -1.946+1.099+1.466+1.253=1.872$。故预测安全隐患发生频数 $n_{25} = e^{1.872} = 6.5$ 次。

5.2.1.3　性质-区域交互分析结论

通过对 TF 煤业安全隐患性质-区域进行两变量交互分析，得出如下结论：

　　(1)该矿安全隐患存在着明显的性质-区域交互效应，即特定性质的安全隐患存在于特定的区域中。

　　(2)通过进一步的对应分析，可知采煤工作面常发生的安全问题为机电类、火灾类和其他类型安全隐患；掘进巷道常发生的安全问题为顶板类、爆炸类、水害类安全隐患；盘区巷道和其他区域常发生运输类安全隐患。

　　(3)通过性质-区域饱和型对数线性模型得出了变量间各类别交互效应系数。其中采煤工作面与机电类问题交互系数为 0.323，在机电类问题与区域的交互系数中为最大，采煤工作面与火灾类问题交互系数为 1.099，采煤工作面与这两类安全问题存在明显的正效应；掘进巷道与顶板类问题交互为 4.309，掘进巷道与水害类问题系数为 1.846，掘进巷道与爆炸类问题系数为 1.466，掘进巷道与这三类安全问题存在明显的正效应；其他区域与运输类问题交互系数为 3.671，存在明显的正效应。

上述安全问题性质与区域类别之间隐含的交互规则对 TF 煤业安全管理者提升安全管理水平有很大指导意义，按照分析结论可针对特定区域开展专项隐患治理工作，提高安全管理的科学化水平。

5.2.2　多变量交互分析

多变量交互分析相对于两变量交互分析来说，对安全问题的分析更加透彻，对现实安全管理的指导意义更大，但在模型实现上也更为复杂，随着变量数目的增加，理论上变量间存在的交互关系数目呈指数增长，同时交互结果的分析难度也更大。本节在对安全隐患性质与空间类别两变量交互分析的基础上，选取隐患性质、时间和空间三个变量进行多维交互分析，以探究 TF 煤业公司安全隐患在"性质-时间-空间"三维度上的交互关系。

5.2.2.1　性质-时间-空间多重对应分析

煤矿安全性质-时间-空间三维度交互分析旨在探究不同性质安全问题的时空分布规律，其中时间维度的粒度选择"季度"，区域类别划分同前文"性质-区域"对应分析模型。首先构建如表 5.9 所示的 8×4×4 三维列联表。

表 5.9　TF 煤矿安全隐患性质-时空三维列联表

季度	区域	性质								合计
		瓦斯	顶板	机电	运输	爆炸	水害	火灾	其他	
一季度	采煤面	2	3	5	1	0	0	2	2	15
	掘进巷	11	27	4	6	1	1	1	4	55
	盘区巷	0	3	0	6	1	0	0	2	12
	其他区域	1	0	1	3	0	0	0	3	8
	合计	14	33	10	16	2	1	3	11	90
二季度	采煤面	0	3	1	1	0	0	1	0	6
	掘进巷	2	31	4	7	2	5	4	2	57
	盘区巷	0	4	0	7	0	3	2	0	16
	其他区域	0	0	0	9	0	0	0	0	9
	合计	2	38	5	24	2	8	7	2	88
三季度	采煤面	0	5	5	7	1	0	1	8	27
	掘进巷	0	24	3	4	0	1	0	2	34
	盘区巷	1	9	2	4	1	0	0	2	19
	其他区域	0	0	1	11	0	0	0	0	12
	合计	1	38	11	26	2	1	1	12	92

季度	区域	性质								合计
		瓦斯	顶板	机电	运输	爆炸	水害	火灾	其他	
四季度	采煤面	3	3	3	2	0	0	0	0	11
	掘进巷	0	29	1	9	3	2	0	2	46
	盘区巷	4	2	3	16	1	0	5	3	34
	其他区域	0	0	1	4	0	0	0	0	5
	合计	7	34	8	31	4	2	5	5	96
合计	采煤面	5	14	14	11	1	0	4	10	59
	掘进巷	13	111	12	26	6	9	5	10	192
	盘区巷	5	18	5	33	3	3	7	7	81
	其他区域	1	0	3	27	0	0	0	3	34
	合计	24	143	34	97	10	12	16	30	366

　　为直观展示表中的频数分布，构建如图 5.4 所示的可视化频数分布条形图，通过条形图可直观得出以下初步结论：

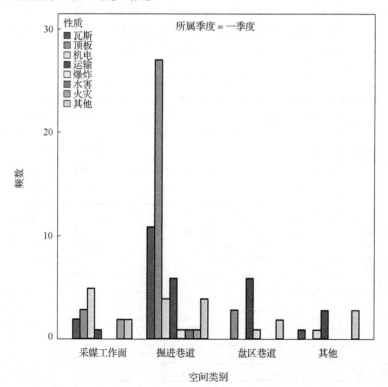

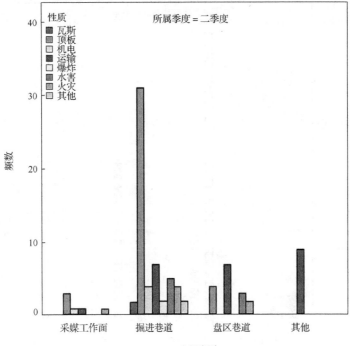

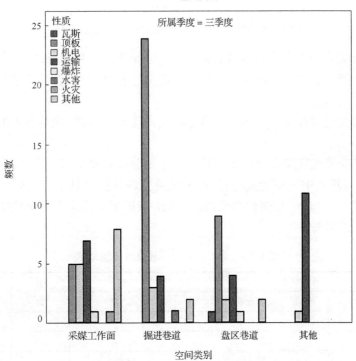

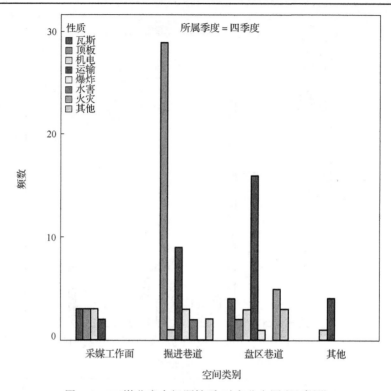

图5.4　TF煤业安全问题性质-时空分布图(见彩图)

(1)顶板类隐患多分布在掘进巷道，且在四个季度内频数都很高；

(2)瓦斯类隐患在第一季度比较明显主要分布在掘进巷道，其次是第四季度主要分布在采煤工作面；

(3)运输类隐患在第三季度主要分布在斜井等其他区域，在第四季度主要分布在盘区巷道；

(4)水害类隐患在第二季度比较明显，主要分布在掘进巷道和盘区巷道。

对三维列联表中的安全隐患性质-区域类型进行独立性卡方检验，检验结果如表5.10所示，通过表中显著性水平数值可知，煤矿安全隐患在各季度中都存在着明显的性质-区域相关性。

表5.10　煤矿安全隐患独立性检验结果

所属季度		值	df	Sig
一季度	皮尔逊卡方	43.738	21	0.003
	似然比	42.916	21	0.003
二季度	皮尔逊卡方	41.741	21	0.005
	似然比	43.982	21	0.002

所属季度		值	df	Sig
三季度	皮尔逊卡方	56.509	21	0.000
	似然比	56.316	21	0.000
四季度	皮尔逊卡方	61.845	21	0.000
	似然比	68.706	21	0.000
合计	皮尔逊卡方	133.152	21	0.000
	似然比	135.393	21	0.000

通过上述可视化图的直观观察以及变量独立性卡方检验,初步确定了 TF 煤业安全隐患在性质、时间和空间上存在着相关性,为进一步明确这三个变量不同类别间的相关性,采用多重对应分析方法,具体实现采用 IBM SPSS19.0 的最优尺度分析方法,分析情况汇总如表 5.11 所示,由表中数据可知维度 1 和维度 2 的克龙巴赫系数分别为 0.745 和 0.672,通常在探索性研究中,该系数在 0.6 以上则认为可信度较高,因此两维度有较高的内部信度,维度 1 的惯量为 0.524,能够解释方差的 52.366%,维度 2 的特惯量为 0.487,能够解释方差的 48.662%,两维度解释效果较好。

表 5.11　最优尺度分析情况汇总表

维数	克龙巴赫系数	解释		
		特征值总计	惯量	方差的%
1	0.745	1.571	0.524	52.366
2	0.672	1.460	0.487	48.662
总计		3.031	1.010	
均值	0.710	1.515	0.505	50.514

进一步分析两维度对性质、时间和空间三个变量的区分度,辨别分析结果如表 5.12 所示,由表中数据可知,空间类别在维度 1(0.709)和维度 2(0.486)上有较高的区分度,问题性质和所属季度在两个维度上区分度不高,但两维度对问题性质变量的解释效果较好(0.618),而对季度变量解释效果不高(0.300)。

表 5.12　性质-时间-空间三变量辨别度分析表

	问题性质	所属季度	空间类别	有效总计	方差的%
维度 1	0.649	0.213	0.709	1.571	52.366
维度 2	0.586	0.387	0.486	1.460	48.662
均值	0.618	0.300	0.597	1.515	50.514

性质-时间-空间三变量辨别度量图更形象地展示了两维度对三变量的解释和区分度，不难看出三变量中任意两个的夹角都为锐角，说明彼此相关度较大，特别是性质变量和空间变量相关性明显，如图 5.5 所示。

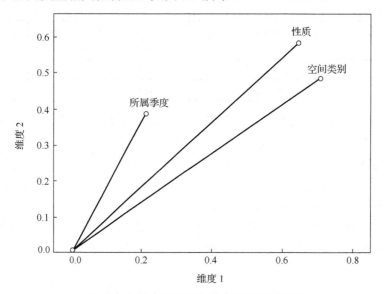

图 5.5   性质-时间-空间三变量辨别度量图

煤矿安全性质-时空多重对应分析图如图 5.6 所示，通过对应图可直观显示出安全隐患性质、区域与时间之间的交互关系。

根据对应分析图分析原则具体分析如下：

首先，从总体上看四个季度分布在四个象限，四个不同的区域类别分布在三个象限，不同性质的安全隐患在四个象限中也都有分布，说明三变量各类别区别明显。

其次，对三阶交互效应进行分析，分别以四个季度为圆心往外画圆，可知一季度掘进巷道的顶板和瓦斯类问题比较突出，三季度在采煤工作面存在很多机电和其他问题，四季度在盘区巷道存在着火灾和爆炸问题，由此煤矿安全管理者就能够更有针对性地开展安全管理工作，明确在什么时段需要关注哪些安全问题，并知道这些问题的易发区域。

最后，对二阶交互效应分析可知，采煤工作面与机电、其他类问题相关性强，掘进巷道与顶板类问题相关性强，一季度中瓦斯问题比较突出，二季度水害问题比较突出，四季度火灾、爆炸类问题比较突出，四季度的安全隐患主要发生在盘区巷。即除了三变量交互效应外，对应图中存在着明显的二阶交互关系，且其交互关系明显强于三阶交互。

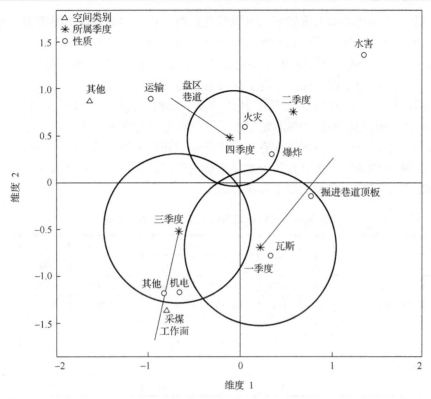

图 5.6　煤矿安全问题多重对应分析图

5.2.2.2　性质-时间-区域对数线性模型

为定量研究 TF 煤业安全隐患性质（X_1）-时间（X_4）-空间（X_5）三变量的交互关系，首先假定 TF 煤业三变量交互模型为饱和型对数线性模型，构建三维饱和型对数线性模型为

$$\ln n_{ijk} = \lambda_i^{X_1} + \lambda_j^{X_4} + \lambda_k^{X_5} + \lambda_{ij}^{X_1 X_4} + \lambda_{ik}^{X_1 X_5} + \lambda_{jk}^{X_4 X_5} + \lambda_{ijk}^{X_1 X_4 X_5} + \lambda \tag{5.26}$$

模型中包含单变量主效应、双变量交互效应和三变量交互效应三类交互效应如表 5.13 所示。

表 5.13　煤矿安全性质-时间-空间交互效应列表

效应类型	效应内容	效应解释
单变量主效应	$\lambda_i^{X_1}$、$\lambda_j^{X_4}$、$\lambda_k^{X_5}$	分别表示 X_1、X_4、X_5 的主效应
双变量交互效应	$\lambda_{ij}^{X_1 X_4}$、$\lambda_{ik}^{X_1 X_5}$、$\lambda_{jk}^{X_4 X_5}$	分别表示 $X_1 \cdot X_4$、$X_1 \cdot X_5$、$X_4 \cdot X_5$ 的交互效应
三变量交互效应	$\lambda_{ijk}^{X_1 X_4 X_5}$	表示三变量的交互效应

然后通过分层对数线性模型对各效应进行显著性检验，对于不显著的交互效应

予以删除,最终得到拟合度较好的对数线性模型,在分层对数线性模型中,当包含高阶交互效应时,认为同时包含参与高阶交互变量的所有低阶效应。

本节采用后向剔除法,从饱和型对数线性模型开始,逐项判断各效应的显著性,对于不显著的效应予以删除,实现工具为 IBM SPSS19.0。分析结果如表 5.14 所示,可知三阶交互效应的似然比显著性水平为 0.081>0.05,皮尔逊显著性水平为 0.427>0.05,因此认为在 95%的置信水平上三阶交互效应不显著,可在饱和型对数线性模型中予以剔除,得到仅含有二阶交互效应和单变量主效应的非饱和型对数线性模型;进一步考察二阶交互效应和单变量主效应,发现其显著性水平均小于临界值,即二阶交互效应和单变量主效应显著。

表 5.14   三阶对数线性模型交互效应检验表

| | K | df | 似然比 | | 皮尔逊 | | 结论 |
			卡方	Sig	卡方	Sig	
K 阶和高阶效果	1	127	748.138	0.000	1241.344	0.000	显著
	2	114	302.882	0.000	337.302	0.000	显著
	3	63	79.269	0.081	64.397	0.427	不显著
K 阶效果	1	13	445.256	0.000	904.043	0.000	显著
	2	51	223.613	0.000	272.905	0.000	显著
	3	63	79.269	0.081	64.397	0.427	不显著

进一步考察二阶交互效应中每项内容的显著性水平如表 5.15 所示,不难发现三个二阶交互项显著性水平均为 0.00<0.05,故认为所有二阶交互效应都是显著的,不予删除。

表 5.15   三维交互后向剔除过程分析表

步骤		效应项	卡方	df	Sig	结论
1	1.1	性质·所属季度·空间类别	79.269	63	0.081	删除
2	2.1	性质·所属季度	49.746	21	0.000	保留
	2.2	性质·空间类别	132.651	21	0.000	保留
	2.3	所属季度·空间类别	35.733	9	0.000	保留

最终形成了包含所有二阶交互项的非饱和对数线性模型可表示为

$$\ln n_{ijk} = \lambda_i^{X_1} + \lambda_j^{X_4} + \lambda_k^{X_5} + \lambda_{ij}^{X_1 X_4} + \lambda_{ik}^{X_1 X_5} + \lambda_{jk}^{X_4 X_5} + \lambda \tag{5.27}$$

对于非饱和型对数线性模型,剔除了三阶交互项,因此需对期望频数和观测频数进行残差检验,通常在95%置信度下标准残差界于[-1.96,1.96]说明模型拟合效果好,对 TF 煤业非饱和型对数线性模型残差检验情况进行分析,所有标准残差均落在 95%的置信区间,对模型进行拟合优度检验,其中似然比卡方估计量为 79.27,Sig = 0.081>0.05,皮尔逊卡方统计量为 64.395,Sig = 0.427>0.05,认为去除三阶效应项的非饱和型对数线性模型能够较好的解释安全隐患分布,拟合效果理想。

对非饱和模型进行运算,得出模型中不同维度各类别之间的交互效应大小。其中安全隐患性质与所属季度的交互系数如表 5.16 所示;为直观展示交互作用的大小,设计可视化效果如图 5.7 所示。图中横坐标代表季度,纵坐标代表安全隐患的性质,不同的色彩代表不同的管理关注等级,从红色到绿色关注等级依次降低。

表 5.16　煤矿安全性质与所属季度交互系数

$X_1 X_4$	瓦斯 (−0.401)	顶板 (0.871)	机电 (0.189)	运输 (1.188)	爆炸 (−0.629)	水害 (−0.685)	火灾 (−0.500)	其他 (−6.57)
一季度 (0.086)	0.581	−0.177	−0.046	−0.425	−0.102	−0.321	−0.103	0.593
二季度 (−0.097)	−0.294	0.103	−0.462	0.079	−0.066	0.673	0.629	−0.662
三季度 (−0.005)	−0.514	0.248	0.385	0.182	−0.011	−0.230	−0.415	0.355
四季度 (0.016)	0.227	−0.174	0.123	0.164	0.179	−0.122	−0.111	−0.286

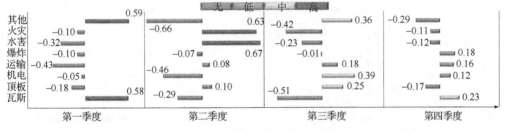

图 5.7　煤矿安全隐患性质与季度交互效应可视化设计(见彩图)

结合表 5.16 及图 5.7 对煤矿安全隐患性质与季度交互关系的管理意义分析如下:

(1)第一季度需重点关注瓦斯类、其他类安全隐患,交互系数分别为 0.58 和 0.59;

(2)第二季度需重点关注水害类、火灾类安全隐患,交互系数分别为 0.67 和 0.63;

(3)第三季度需重点关注机电类、其他类和顶板类安全隐患,交互系数分别为 0.39、0.36 和 0.25;

(4)第四季度需重点关注瓦斯类、爆炸类和运输类安全隐患,交互系数分别为 0.23、0.18 和 0.16。

根据上述分析结论,安全管理者在不同季度可有针对性地加强特定类型安全隐患的排查与管理工作。

安全隐患性质与作业区域的交互系数计算结果如表 5.17 所示;为直观展示交互

作用的大小，设计可视化效果如图 5.8 所示。图中四个象限分别代表采煤面、掘进巷、盘区巷和其他区域，每个象限中条形的颜色代表该区域中不同性质隐患的关注程度。这样安全管理者就能够迅速识别各类型区域中需要重点关注的隐患类型，具体分析同上，在此不再赘述。

表 5.17　煤矿安全性质与区域类别交互系数

X_1X_5	瓦斯 (−0.401)	顶板 (0.871)	机电 (0.189)	运输 (1.188)	爆炸 (−0.629)	水害 (−0.685)	火灾 (−0.500)	其他 (−6.57)
采煤面 (−0.085)	0.181	0.078	0.662	−0.669	−0.206	−0.424	0.343	0.035
掘进巷 (0.677)	−0.285	1.287	−0.201	−0.456	−0.079	0.364	−0.548	−0.082
盘区巷 (0.085)	−0.054	0.024	−0.579	0.275	0.174	−0.108	0.223	0.045
其他区域 (−0.677)	0.158	−1.389	0.118	0.850	0.111	0.168	−0.018	−0.002

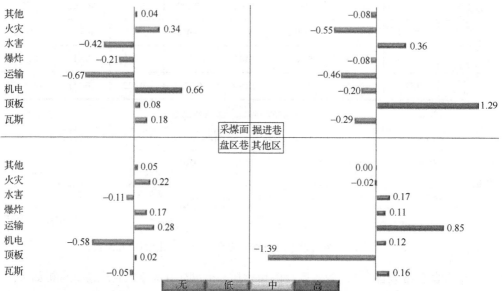

图 5.8　煤矿安全隐患性质与空间交互效应可视化效果图（见彩图）

安全隐患季度与区域的交互效应结果如表 5.18 所示；为直观展示交互作用的大小，设计可视化效果如图 5.9 所示。图中横轴代表季度，纵轴代表不同的区域，不同色彩代表不同的管理者关注等级。不难发现，第一季度和第四季度类似，除盘区巷道安全隐患不突出外，其他区域都需要加强隐患排查工作，第二季度需重点关注掘进巷道安全隐患，第三季度需重点关注采煤工作面安全隐患。

表 5.18 煤矿安全时间与空间交互系数

X_4X_5	一季度 (0.086)	二季度 (−0.097)	三季度 (−0.005)	四季度 (0.016)
采煤面 (−0.085)	0.089	−0.357	0.462	0.194
掘进巷 (0.677)	0.217	0.534	−0.524	0.227
盘区巷 (0.085)	−0.463	−0.124	0.045	−0.542
其他区域 (−0.677)	0.157	−0.053	0.017	0.121

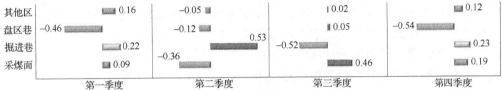

图 5.9 煤矿安全隐患时间与空间交互效应可视化效果图（见彩图）

至此已完成对 TF 煤业公司安全隐患性质-时间-空间三变量的多重对应分析和对数线性模型分析，结论如下：

(1) 通过对应分析初步判定 TF 煤业公司安全隐患存在性质-时间-空间的交互效应，主要表现为一季度掘进工作面的顶板和瓦斯类隐患比较突出，三季度在采煤工作面存在很多机电和其他隐患，四季度在盘区巷道存在着火灾和爆炸安全隐患；与三阶交互效应相比，三变量的两两交互效应更加明显。

(2) 进一步通过对数线性模型对三变量之间的交互效应进行具体分析，发现三阶交互效应不显著，予以剔除；所有的二阶交互效应都是显著的，予以保留；最终得到非饱和型对数线性模型。通过对非饱和型对数线性模型的拟合优度进行检验，发现去除三阶交互项的模型能够有效地解释煤矿安全隐患分布，拟合效果良好。

(3) 得出了性质与时间、性质与空间和时间与空间三个二阶交互项以及性质、时间和空间一阶效应的参数估计，通过参数的正负以及大小可以判定交互关系的类型及强度，并对未来安全隐患数目进行预测。

与两变量交互分析相比，多变量交互分析对安全问题不同维度之间的隐含知识分析得更加透彻，对煤矿安全管理者的现实指导意义更大，管理人员可以根据不同性质安全隐患的时空分布规律更加科学合理地安排隐患排查工作，提高隐患排查工作效率，将各类安全隐患、安全事故消除在萌芽状态，最终提高安全管理的科学化水平，保障煤矿安全生产。

5.3 隐患时空规律分析

时间、空间、隐患主题是潞安集团司马煤业安全隐患数据的三大主要信息，通过单变量统计分析，将煤矿安全问题按照时间、空间、隐患主题类别三个维度分别进行频数统计，能够获得对安全隐患的总体认识，初步揭示安全隐患的时空分布规律。例如，通过对安全隐患主题类别维度的频数分析，能够获得不同种类的安全隐患发生的频数及其所占的比例，从而可以确定哪些安全问题比较突出，进而对其加强监管；通过对时间维度频数分析，可以获得安全问题在哪些时段是高发期，从而可以判断不同安全问题随时间的变化趋势，并在安全问题高发时段加强监管；通过空间维度的频数分析，能够获取不同安全隐患在不同区域的分布情况，明确哪些区域是安全问题的高发区域，从而加强对安全问题高发区域的重点监管。通过单变量频数分析可以得到不同安全隐患在不同维度上的分布情况，但是安全隐患的发生受人、机、环、管等诸多因素的影响，因此需要利用变量间交互分析来进一步揭示不同安全隐患与时间、空间维度的交互关系。

为了进一步发现安全隐患时间、空间的内在联系，在明确了变量间知识可视化目标并选取时间、空间、隐患主题类别参与交互分析之后，需要进行变量独立性检验，如果变量间存在交互影响关系，则继续分析这种交互关系，否则就无须再进行分析。对应分析基本原理及步骤如前文所述。

安全隐患是导致灾害事故发生的直接原因，是一种非正常的假安全状态。预防和消除安全隐患除了可以在技术、装备、管理、培训等方面入手，对安全隐患发生的时空规律的认识也可以预防和减少重复性安全隐患或者是安全事故的发生。国内学者对煤矿灾害事故的时空规律也进行了研究，如殷文韬等[385]、景国勋[386]、袁显平等[387]、李波等[388]和程磊等[389]采用数理统计分析方法从煤矿灾害事故发生类型、时间、地域、所有制形式等维度研究煤矿事故发生特征及其时空规律。上述学者对煤矿灾害事故发生的时空规律的研究，主要是从煤炭行业、全国地域分布等宏观角度进行的数据统计分析，但是对特定煤矿企业的文本型安全隐患数据中暴露出来的安全问题发生的时空规律尚未涉及。鉴于此，本节利用对应分析方法对潞安集团司马煤业有限公司2009～2015年安全隐患文本数据进行挖掘分析，以揭示安全隐患发生的时空规律，为安全隐患防范与监管，遏制安全隐患发生，提高隐患排查和隐患治理水平提供支持。

5.3.1　煤矿安全隐患时间规律分析

1）按照年份

为揭示安全隐患在不同年份上的变化规律，对司马煤业2009～2015年安全隐患文本数据进行分词和词频统计。分别选择每年词频排名前12名的词汇，以观察相关高频词的变化趋势，如表5.19所示。可以看出，2009～2014年窝头、工作面词频排序靠前，说明该区域的安全隐患比较突出；2015年运巷、风巷词频排序比较靠前，说明该区域的安全隐患有所增加，但是窝头排名下降，说明该区域的安全隐患明显减少；2009～2012 年锚杆问题比较突出，但是 2013～2015 年锚杆问题数量持续下降，说明锚杆问题得到了有效遏制，但与此同时水害问题日益突出，这可能是随着煤矿从浅部开采逐渐进入深部开采，水害问题因此显著增多。皮带问题、支架问题、风筒问题等安全隐患呈现波动性变化，说明在煤矿生产开采过程中这类安全隐患比较普遍。

为了更直观地展示安全隐患信息在时间上的分布规律，选取 2009～2015 年每年排序前 300 的高频词，用于建立年份与高频词的关联矩阵，将其导入 Gephi 软件，得到如图 5.10 所示的安全隐患信息与不同年份的关联网络图。从图 5.10 中可以看出，由 7 个年份节点围成的中间区域为所有年份共同存在的安全隐患信息，说明这些安全隐患比较常见，如锚杆问题、积水问题、片帮问题、文明生产问题、顶板问题、通风问题等；边缘区域为某些年份相对独有的隐患信息，也就是说这类安全隐患比较稀少，如 2010 年卡轨（卡轨车、卡轨器）、破碎机、主皮带等词出现的频率比较高，说明与卡轨、破碎机、主皮带相关的安全隐患问题相对其他年份比较突出；2011 年瓦排巷、猴车巷出现的频率相对比较高，说明这两个区域的安全隐患相对其他年份隐患数量比较多；2013 年工作面支架顶部漏矸问题相对比较多。

表 5.19　2009～2015 安全隐患高频关键词(前 12 个)

2009 年		2010 年		2011 年		2012 年		2013 年		2014 年		2015 年	
高频词	词频	高频词	词频	高频词	词频	高频词	词频	高频词	词频	高频词	词频	高频词	词频
窝头	1205	窝头	1696	工作面	1652	窝头	1567	工作面	1935	窝头	1503	运巷	1446
锚杆	753	锚杆	1136	窝头	1501	工作面	895	窝头	1446	工作面	1361	风巷	1423
工作面	737	工作面	1077	风巷	1266	皮带	628	运巷	948	运巷	1143	工作面	1261
风巷	562	风巷	1041	运巷	1219	锚杆	623	支架	813	积水	974	积水	898
运巷	557	运巷	808	锚杆	795	片帮	495	片帮	787	风巷	886	支架	771
皮带	534	积水	762	皮带	772	运巷	457	风巷	743	皮带	874	皮带	660
支架	499	皮带	736	支架	733	风筒	436	积水	675	风筒	750	煤尘	600
风筒	427	风筒	602	片帮	668	积水	434	锚杆	629	煤尘	677	窝头	589
片帮	406	绞车	558	绞车	594	机尾	430	皮带	580	机头	658	机头	551
绞车	386	支架	545	积水	570	风巷	423	风筒	551	及时	654	及时	515
积水	373	巷口	526	及时	547	支架	408	机尾	549	锚杆	636	片帮	485
机尾	341	及时	521	煤墙	518	煤墙	366	及时	486	片帮	625	风筒	462

对于常见的安全隐患需要安全管理者从技术、设备、日常巡检、教育培训、管理制度完善等方面加强安全隐患防控与治理，做到无隐患早防控，有隐患早发现、早治理。对于某些年份出现的独有的安全隐患也不能麻痹大意，安全管理者应该认

真分析隐患致因,并有效控制安全隐患再次发生,避免让其演变成频繁发生的常见的安全隐患。另外,年份节点面积越大、颜色越深表明该年份安全隐患数量越多,如 2009 年和 2012 年安全隐患数量较少,2010 年和 2014 年安全隐患数量较多。

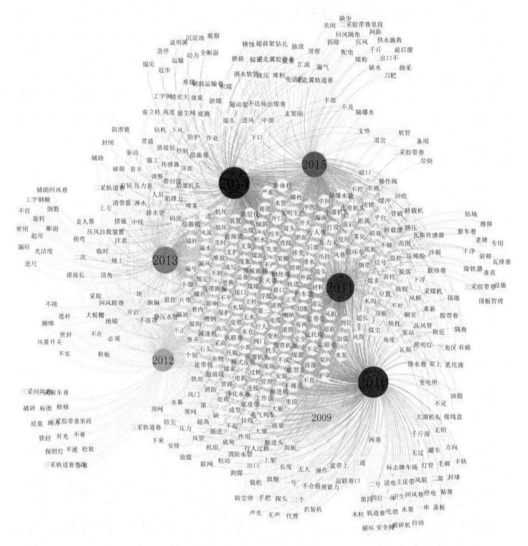

图 5.10　煤矿安全隐患信息与年份关联网络图

2) 按照季度

针对司马煤业2009~2015年排查出的安全隐患数据44633条对应的隐患主题进行统计,如图 5.11 所示。从图中可以看出皮带机问题、积水问题、锚杆问题、片帮问题和煤尘问题数量最多。为深入揭示安全隐患主题在时间、空间上的分布规律,以 44633 条安全隐患数据为基础，对其进行解析。安全隐患主题、时间、空间编码如表 5.20 所示。构建隐患主题和时间的二维列联表，如表 5.21 所示。

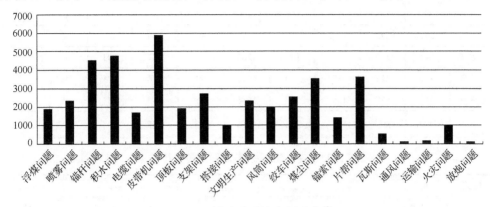

图 5.11　20 个安全隐患主题分布情况

表 5.20　变量与编码内容

变量	编码内容
安全隐患主题	1 放炮问题；2 搭接问题；3 电缆问题；4 顶板问题；5 风筒问题；6 浮煤问题；7 火灾问题；8 绞车问题；9 锚杆问题；10 锚索问题；11 煤尘问题；12 喷雾问题；13 皮带机问题；14 片帮问题；15 水害问题；16 通风问题；17 瓦斯问题；18 文明生产问题；19 运输问题；20 支架问题
季度	1 第一季度；2 第二季度；3 第三季度；4 第四季度
地点	1 风巷；2 工作面；3 轨道巷；4 猴车巷；5 胶带巷；6 排水巷；7 切眼；8 瓦排巷；9 运巷；10 其他

基于表 5.21 提出原假设 H_0：不同隐患主题与时间不相关；备择假设 H_1：不同隐患主题与时间存在相关性。取显著性水平 $\alpha=0.01$，$\chi^2_{0.01}(57)=84.733$，$\chi^2=223.982>84.733$，故在 $\alpha=0.01$ 水平上拒绝原假设 H_0，认为两变量存在相关性，分析结果如表 5.22 所示。从表 5.22 中"累积解释"数值可以看出，前两个维度累计解释达 84.2%，解释效果良好。

表 5.21　安全隐患主题-时间二维列联表

季度	隐患主题									
	1	2	3	4	5	6	7	8	9	10
一季度	32	198	417	496	480	423	245	543	1032	339
二季度	40	284	459	520	551	432	249	621	1242	416
三季度	40	310	449	487	575	633	262	734	1183	380
四季度	45	237	409	476	416	449	234	683	1073	336
有效边际	157	1029	1734	1979	2022	1937	990	2581	4530	1471

续表

季度	隐患主题									
	11	12	13	14	15	16	17	18	19	20
一季度	805	573	1422	868	1036	46	149	526	58	723
二季度	840	583	1507	916	1285	26	182	603	42	779
三季度	925	619	1574	964	1411	40	146	671	48	731
四季度	947	577	1369	864	1036	36	130	582	49	515
有效边际	3517	2352	5872	3612	4768	148	607	2382	197	2748

表 5.22　安全隐患主题-时间对应分析结果

维数	奇异值	惯量	卡方值	Sig	解释	累计解释	标准差
1	0.050	0.002			0.496	0.496	0.005
2	0.042	0.002			0.346	0.842	0.005
3	0.028	0.001			0.158	1.000	
总计		0.005	223.982	0.000[a]	1.000	1.000	

a.57 自由度

对时间类别的详细分析如表 5.23 所示，从表中可以看出，三季度"质量"最大为 0.273，说明三季度安全隐患最多，四个季度类别在两个维度上都有较好的区分度，其中维度 1 对二季度、四季度解释能力强，维度 2 对一季度、三季度解释能力强。

表 5.23　时间变量详细信息表

季度	质量	维中的得分		惯量	贡献				
					点对维惯量		维对点惯量		
		1	2		1	2	1	2	总计
一季度	0.233	0.174	−0.217	0.001	0.141	0.263	0.321	0.417	0.738
二季度	0.259	0.237	0.039	0.001	0.291	0.010	0.665	0.015	0.680
三季度	0.273	−0.086	0.294	0.001	0.041	0.565	0.086	0.833	0.919
四季度	0.234	−0.335	−0.170	0.002	0.527	0.162	0.793	0.170	0.963
总计	1.000			0.005	1.000	1.000			

对隐患主题类别的详细分析如表 5.24 所示。从表中可以看出，隐患主题 13 即皮带机问题的"质量"最大为 0.132，说明该类安全隐患占比最多。

表 5.24　安全隐患主题详细信息表

隐患主题	质量	维中的得分		惯量	贡献				
					点对维惯量		维对点惯量		
		1	2		1	2	1	2	总计
1	0.004	−0.443	−0.191	0.000	0.014	0.003	0.590	0.092	0.682
2	0.023	−0.085	0.445	0.000	0.003	0.109	0.032	0.734	0.766
3	0.039	0.065	−0.137	0.000	0.003	0.018	0.198	0.740	0.938
4	0.044	0.082	−0.301	0.000	0.006	0.097	0.081	0.915	0.996
5	0.045	0.249	0.188	0.000	0.057	0.038	0.657	0.312	0.969
6	0.043	−0.300	0.434	0.001	0.078	0.196	0.268	0.469	0.738
7	0.022	0.014	−0.148	0.000	0.000	0.012	0.007	0.662	0.669
8	0.058	−0.391	0.059	0.000	0.178	0.005	0.958	0.018	0.976
9	0.101	0.055	−0.051	0.000	0.006	0.006	0.101	0.072	0.172
10	0.033	0.167	−0.042	0.000	0.018	0.001	0.451	0.024	0.474
11	0.079	−0.329	−0.208	0.001	0.171	0.082	0.747	0.249	0.996
12	0.053	−0.075	−0.178	0.000	0.006	0.040	0.153	0.722	0.875
13	0.132	0.035	−0.078	0.000	0.003	0.019	0.132	0.549	0.682
14	0.081	−0.024	−0.104	0.000	0.001	0.021	0.052	0.789	0.841
15	0.107	0.068	0.325	0.000	0.010	0.270	0.049	0.938	0.987
16	0.003	−0.181	−0.537	0.000	0.002	0.023	0.031	0.226	0.257
17	0.014	0.426	−0.172	0.000	0.050	0.010	0.723	0.098	0.821
18	0.053	−0.155	0.080	0.000	0.026	0.008	0.788	0.178	0.965
19	0.004	−0.051	−0.626	0.000	0.000	0.042	0.005	0.578	0.583
20	0.062	0.546	0.010	0.001	0.368	0.000	0.949	0.000	0.949
总计	1.000			0.005	1.000	1.000			

在上述分析的基础上，得出安全隐患主题-时间对应分析图，如图 5.12 所示。

(1)从时间来看，一季度、二季度、三季度、四季度分布在四个象限，说明四个季度存在的安全隐患有明显的差异。

(2)从距离中心的位置来看，越靠近中心的点，越没有特征。在隐患主题和季度分析图中，越靠近中心原点的隐患主题，在各个季度中越没有差异，即在任何季度都可能发生。可以看出，靠近中心原点的三个隐患主题：锚杆问题、皮带机问题、片帮问题在任何季度都可能发生。

(3)从季度与隐患主题的关联影响来看，一季度最容易发生的安全隐患是顶板问题、瓦斯问题；二季度风筒问题、支架问题、锚索问题发生率比较高；三季度积水问题、搭接问题、浮煤问题是主要的隐患类型；四季度放炮问题和煤尘问题最为常见。

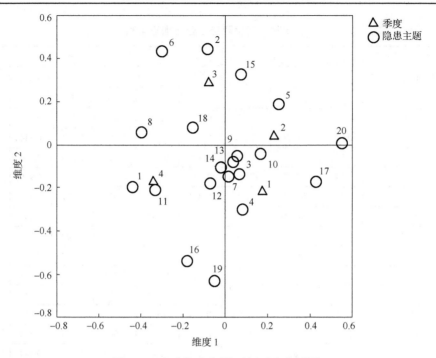

图 5.12　安全隐患主题-时间对应分析图

5.3.2　煤矿安全隐患空间规律分析

　　我国煤炭资源区域分布不均，地质赋存条件、管理水平和职工素质等各不相同，因此灾害事故呈现一定的地域性差异。在同一个矿井中，不同的生产地点也呈现出各异的隐患分布特征。为了直观展示司马煤业安全隐患在空间上的分布情况，对2009～2015 年每个生产地点对应的安全隐患数量进行统计分析，选取隐患数量最多的 20 个生产地点，并将其对应的安全隐患记录进行分词处理和词频统计，然后选取每个生产地点排序前 200 的高频词构建生产地点与高频词的关联矩阵，将其导入Gephi 软件进行模块化分析，利用力引导算法，设置斥力强度 350，重力 30，构建安全隐患空间分布关联网络，得到如图 5.13 所示的安全隐患信息与生产地点的关联网络图。由于煤矿工作面是煤炭开采生产的主要场所，包括采掘、运输、机电、通风、防爆以及各种设施设备等，是由人、机、环、管等因素组成的复杂系统，容易产生各类安全隐患，所以在安全隐患最多的 20 个生产地点中工作面占据了一半，因而工作面是安全隐患重点监管与治理的对象。从图中可以明显看出形成了两个簇群，十个工作面形成了一个簇群，另外十个安全隐患地点形成了另一个簇群，中间区域是两个簇群共同存在的安全隐患信息，说明两个簇群存在的安全隐患既有相似之处但也有差异。那些处于边缘节点的安全隐患信息是各个隐患地点独有的安全隐患，如 1211 风巷风流瓦斯传感器出现频率较高，说明风流瓦斯传感器相关安全隐患比较突出等；二采轨道巷齿轨车出现频率较高，说明与齿轨车相关的安全隐患比较突出等。

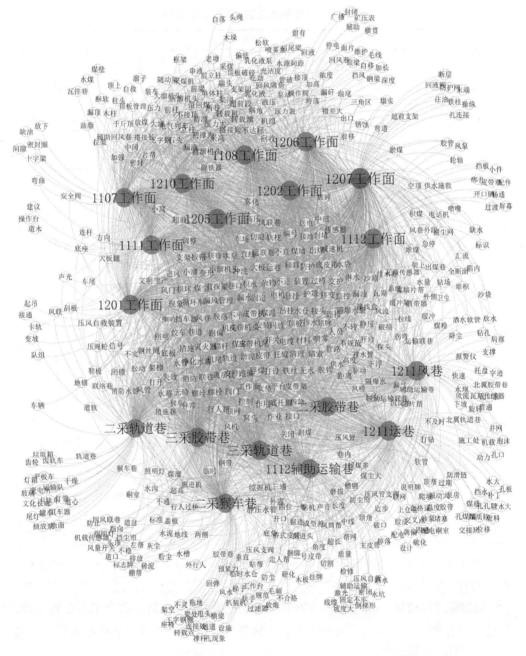

图 5.13   2009～2015 年煤矿安全隐患数量空间分布关联网络图

为进一步分析安全隐患发生的空间分布规律，构建隐患主题和空间的二维列联表，如表 5.25 所示。

表 5.25　安全隐患主题-空间二维列联表

隐患地点	隐患主题									
	1	2	3	4	5	6	7	8	9	10
1	17	16	307	201	569	344	169	323	1191	336
2	2	964	486	1202	119	711	306	1286	164	201
3	24	1	114	34	142	85	72	170	266	69
4	2	4	98	67	165	69	34	72	366	120
5	7	7	143	64	118	192	75	130	273	97
6	14	4	37	29	132	59	13	7	280	65
7	2	4	41	34	69	72	30	38	210	89
8	17	3	69	55	166	56	32	16	348	111
9	15	17	269	226	361	237	126	385	945	255
10	57	9	170	67	181	112	133	154	487	128
有效边际	157	1029	1734	1979	2022	1937	990	2581	4530	1471

隐患地点	隐患主题									
	11	12	13	14	15	16	17	18	19	20
1	569	460	1138	126	767	22	124	400	36	40
2	1269	852	1221	3179	2172	42	191	707	62	2677
3	184	135	201	21	142	7	53	131	34	6
4	156	107	398	28	146	5	10	118	9	1
5	252	86	786	33	415	13	24	193	11	0
6	159	82	255	8	141	2	22	51	0	0
7	78	66	212	20	97	1	12	98	5	8
8	112	76	243	30	110	16	42	89	3	0
9	502	333	1084	142	621	17	78	365	29	10
10	236	155	334	25	157	17	51	230	8	6
有效边际	3517	2352	5872	3612	4768	148	607	2382	197	2748

基于表 5.25 提出原假设 H_0：不同的安全隐患主题与空间不相关；备择假设 H_1：不同的安全隐患主题与空间存在相关性。取显著性水平 α =0.01，$\chi^2_{0.01}(171)$ =216.938，χ^2 =16286.797>216.938，故在 α =0.01 水平上拒绝原假设，认为两变量存在相关性，分析结果如表 5.26 所示。由表中"累计解释"数值可知，前两个维度累积解释达 93.5%，解释效果良好。

表 5.26　安全隐患主题-空间变量对应分析结果

维数	奇异值	惯量	卡方值	Sig	解释	累计解释	标准差
1	0.567	0.321			0.881	0.881	0.003
2	0.141	0.020			0.054	0.935	0.005
3	0.107	0.011			0.031	0.967	
4	0.073	0.005			0.014	0.981	
5	0.055	0.003			0.008	0.989	
6	0.041	0.002			0.005	0.994	
7	0.031	0.001			0.003	0.997	
8	0.028	0.001			0.002	0.999	
9	0.021	0.000			0.001	1.000	
总计		0.365	16286.797	0.000[a]	1.000	1.000	

a.171 自由度

对空间类别的详细分析如表 5.27 所示,由表不难看出,工作面质量最大为 0.399,说明工作面安全隐患最多。由"贡献"列数值可以看出,维度 1 对风巷、工作面、运巷解释能力强,维度 2 对胶带巷有较强的解释能力。

表 5.27　空间变量详细信息表

隐患地点	质量	维中的得分		惯量	贡献				
					点对维惯量		维对点惯量		
		1	2		1	2	1	2	总计
1	0.160	0.596	−0.005	0.034	0.100	0.000	0.948	0.000	0.948
2	0.399	−0.920	0.020	0.192	0.596	0.001	1.000	0.000	1.000
3	0.042	0.560	0.685	0.014	0.023	0.141	0.523	0.194	0.717
4	0.044	0.713	−0.163	0.015	0.040	0.008	0.870	0.011	0.882
5	0.065	0.511	−1.032	0.022	0.030	0.494	0.432	0.437	0.869
6	0.030	0.784	−0.009	0.014	0.033	0.000	0.759	0.000	0.759
7	0.027	0.642	−0.112	0.008	0.019	0.002	0.788	0.006	0.794
8	0.036	0.803	0.473	0.017	0.041	0.057	0.756	0.065	0.821
9	0.135	0.535	−0.172	0.024	0.068	0.028	0.916	0.023	0.939
10	0.061	0.675	0.787	0.025	0.049	0.268	0.641	0.216	0.858
有效总计	1.000			0.365	1.000	1.000			

对隐患主题类别的详细分析如表 5.28 所示,由"质量"列数值可以看出,皮带机类安全隐患质量最大为 0.132,说明该类安全隐患占比最多。

表 5.28　安全隐患主题详细信息表

隐患主题	质量	维中的得分		惯量	贡献				
					点对维惯量		维对点惯量		
		1	2		1	2	1	2	总计
1	0.004	1.114	2.660	0.009	0.008	0.177	0.283	0.401	0.684
2	0.023	−1.452	0.121	0.028	0.086	0.002	0.991	0.002	0.993
3	0.039	0.318	0.156	0.003	0.007	0.007	0.656	0.039	0.695
4	0.044	−0.563	0.020	0.009	0.025	0.000	0.932	0.000	0.932
5	0.045	0.945	0.344	0.025	0.071	0.038	0.902	0.030	0.931
6	0.043	0.078	−0.268	0.001	0.000	0.022	0.114	0.334	0.448
7	0.022	0.240	0.476	0.003	0.002	0.036	0.222	0.218	0.441
8	0.058	−0.290	0.147	0.006	0.009	0.009	0.429	0.027	0.456
9	0.101	1.003	0.309	0.061	0.180	0.069	0.947	0.022	0.970
10	0.033	0.731	0.139	0.012	0.031	0.005	0.867	0.008	0.875
11	0.079	0.104	0.012	0.001	0.002	0.000	0.382	0.001	0.383
12	0.053	0.102	0.283	0.002	0.001	0.030	0.192	0.364	0.556
13	0.132	0.508	−0.669	0.028	0.060	0.419	0.687	0.297	0.984
14	0.081	−1.302	0.093	0.078	0.242	0.005	0.993	0.001	0.994
15	0.107	−0.165	−0.384	0.004	0.005	0.112	0.367	0.493	0.860
16	0.003	0.335	0.409	0.001	0.001	0.004	0.237	0.088	0.325
17	0.014	0.239	0.681	0.002	0.001	0.045	0.217	0.439	0.656
18	0.053	0.273	0.097	0.004	0.007	0.004	0.616	0.019	0.636
19	0.004	0.197	0.494	0.002	0.000	0.008	0.047	0.073	0.119
20	0.062	−1.554	0.156	0.085	0.262	0.011	0.992	0.002	0.995
有效总计	1.000			0.365	1.000	1.000			

　　安全隐患主题与空间对应分析图如图 5.14 所示，根据对应分析图对其分析如下：

　　(1)可以看出，10 个隐患地点类别分布在三个象限，说明不同生产地点之间隐患分布有明显的差异，20 个隐患主题在四个象限都有分布，说明两变量各类别区别比较明显。

　　(2)从距离中心的位置来看，靠近中心原点的煤尘问题、浮煤问题、喷雾问题、文明生产问题，在不同区域没有差异，即在不同区域都可能发生。

　　(3)从空间区域与安全隐患主题的关联影响来看，胶带巷密切相关的安全隐患类型主要有皮带机问题，与工作面密切相关的安全隐患类型主要有顶板问题、片帮问题；与瓦排巷密切相关的安全隐患类型主要有风筒问题、锚杆问题。

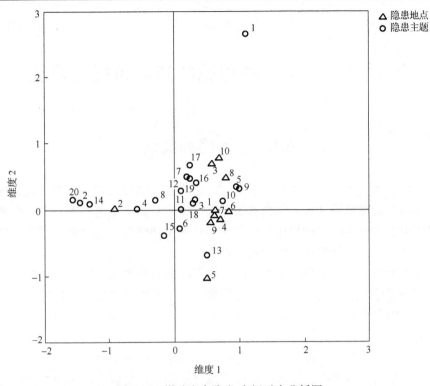

图 5.14　煤矿安全隐患-空间对应分析图

　　利用对应分析及对数线性模型，从时间、空间角度分析安全隐患发生的规律。最终发现了一批在特定时间、特定地点频繁发生的安全隐患，这为未来针对性治理提供了依据。

第 6 章　基于文本挖掘的知识可视化研究

6.1　文本挖掘概述

随着电子形式的信息，如数字图书馆、电子出版物等的增多，以及云计算、物联网和移动互联网等新一代信息技术的发展，文本数据库迅速增大。存储在多数文本数据库中的数据都是半结构化数据，人们开发出特殊的数据挖掘技术，即文本挖掘，用于从大型文本数据集中发现新的信息。

作为一个领域，文本分析比互联网搜索存在的时间更长，它是让计算机理解自然语言的一部分，通常是一个人工智能问题。文本分析可以用到任何地方，其中比较容易实现的是用于文本要点提取、文档分类，以及在文档很多以至于不可能手工分析的情况下进行总结分析。

文本挖掘是一个主要建立在文本分析技术基础上的新兴功能集，对象是不确定的、非结构化的文本数据。文本是正式信息交换的最常见媒介。传统的文本检索系统把文本索引转换成统计数字，如单词在每篇文档中出现的次数，而文本挖掘必须提供一些超越文本索引检索的值，如关键字。文本挖掘寻找文本中的语义模式。文本挖掘是一个涉及信息检索、文本分析、信息提取、自然语言处理、聚类、分类、可视化、机器学习和已经包括在数据挖掘中的其他技术的多学科领域。文本挖掘框架如图 6.1 所示，包括两个阶段：文本提炼和知识萃取。

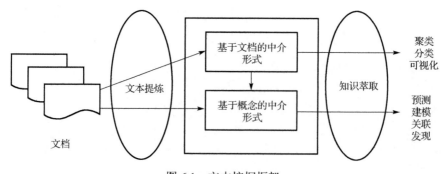

图 6.1　文本挖掘框架

中介形式(Intermediary Form，IF)可以是半结构化的，如概念图表述，也可以是结构化的，如关系数据表述。不同复杂度的中介形式适合不同的挖掘目标，它们可分类为基于文档的和基于概念的。基于文档是指每个实体都表示一个文档；基于概念是指每个实体代表特定领域中感兴趣的一个对象或概念。从基于文档的 IF 中挖掘，可推导出文档之间的模式和关系，其例子有文档聚类、可视化和分类。挖掘基于概念的 IF，可以得出对象和概念之间的模式和关系。这些语义分析方法的计算成本昂贵，对非常大的文本集来说，提高它们的效率和可伸缩性是一个挑战。文本挖掘操作(如预测建模、关联发现)都可归为这一类。

文本提炼、知识萃取功能和采用的中介形式都是划分不同文本挖掘工具和相应技术的基础。一些技术和最近可用的商业产品关注文档的组织、可视化和导航。另一些关注文本分析功能、信息检索、分类和总结概括。这些文本挖掘工具和技术的一个重要的子类是基于文档可视化的。一般方法是根据它们的相似性来组织文档，并把文档的分组和类表示成二维或三维图形。IBM 的 Intelligent Miner 和 SAS 的 Enterprise Miner 可能是当今最全面的文本挖掘产品。它提供了一套文本分析工具，包括特征提取工具、聚类工具、总结概括工具和分类工具。

6.2　LDA 文本主题模型

1)LDA 主题模型介绍

LDA 主题模型是一种基于概率的、能够提取文本隐含主题的非监督学习模型[390]，在基于概率模型的主题挖掘研究中，利用 LDA 模型进行主题挖掘具有较好的主题识别能力[391]。该模型将文本数据看成由文档、主题和特征词组成的三层贝叶斯概率结构，其拓扑结构如图 6.2 所示。通过主题挖掘可以完成文本分类、话题检测和关联判断等任务，实现对海量文本背后隐藏的语义的理解[392]。

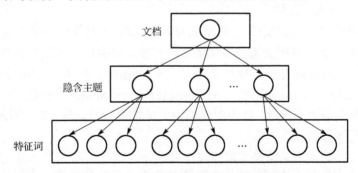

图 6.2　LDA 主题模型的三层拓扑结构图

LDA 是由 Blei 等[390]在 2003 年提出的生成式主题模型，模型结构图如图 6.3 所示。K 为主题数，D 为文档集 D 中文档总数，定义字符含义：主题为 $\varphi_{1:k}$，其中，φ_k 为第 k 个主题的特征词的分布，它是 v 维向量(v 为词典中词总数)；θ_d 表示第 d 个文档的主题分布，它是 K 维（K 为主题总数）向量，其中，$\theta_{d,k}$ 为第 k 个主题在第 d 个文档中的比例；第 d 个文档的主题全体为 z_d，其中，$z_{d,n}$ 是第 d 个文档中第 n 个词的主题；第 d 个文档中所有词 w_d 词总数记为 N_d，其中，$w_{d,n}$ 是第 d 个文档中第 n 个词。α 是每个文档的主题的多项分布的 Dirichlet 先验参数，β 是每个主题的特征词的多项分布的 Dirichlet 先验参数。联合分布以及 LDA 的后验概率分别为

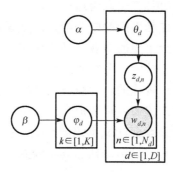

图 6.3　LDA 主题模型结构图

$$P\big(\varphi_{1:K},\theta_{1:D},z_{1:D},w_{1:D}\big)=\prod_{k=1}^{K}P(\varphi)\prod_{d=1}^{D}P(\theta_d)\left(\prod_{n=1}^{N_d}P\big(z_{d,n}|\theta_d\big)P\big(w_{d,n}|\varphi_{1:k},z_{d,n}\big)\right) \quad (6.1)$$

$$P\big(\varphi_{1:K},\theta_{1:D},z_{1:D}|w_{1:D}\big)=\frac{P\big(\varphi_{1:K},\theta_{1:D},z_{1:D},w_{1:D}\big)}{P\big(w_{1:D}\big)} \quad (6.2)$$

联合分布中 $z_{d,n}$ 依赖于 θ_d，$w_{d,n}$ 依赖于 $z_{d,n}$ 和 $\varphi_{1:k}$，θ_d 和 φ_k 均服从 Dirichlet 分布，且分别以 α 和 β 为超参数。LDA 的后验概率同理。

2）LDA 主题模型参数估计

在主题模型中，求解文档-主题概率分布和主题-词概率分布是主题模型的核心内容[393]。然而，在大规模文本集中词的维数很多，精确计算模型的联合概率分布是不现实的[394]，因此需要近似地推理算法估计上述的参数值。常用方法有吉布斯（Gibbs）抽样算法[395]和变分算法（Variational Empirical Mode，VEM）[396]。Gibbs 抽样算法描述简单且较容易实现，成为主题模型中最常用参数估计方法，因此采用 Gibbs 抽样算法进行参数估计。

Gibbs 抽样算法的思路是选取概率向量的一个维度，给定其他维度的变量值抽样确定当前维度的值，不断迭代，直到收敛输出待估参数 θ_d 和 φ_k[397]，计算过程如图 6.4 所示。其中，$P(z_i|z_{-i},d,w)$ 称为 Gibbs 更新规则（z_{-i} 意为除 i 之外），作用是排除当前词的主题分配，根据其他所有词的主题分配估计当前词分配各个主题的概率，公式为 $P(w,z)/P(w,z_{-i})$。θ_d 和 φ_k 计算公式为

$$\theta_{d,k} = \frac{n_d^{(k)} + \alpha_k}{\sum_{k=1}^{K}(n_d^{(k)} + \alpha_k)}, \quad \varphi_{k,i} = \frac{n_k^{(i)} + \beta_i}{\sum_{i=1}^{V}(n_k^{(i)} + \beta_i)} \tag{6.3}$$

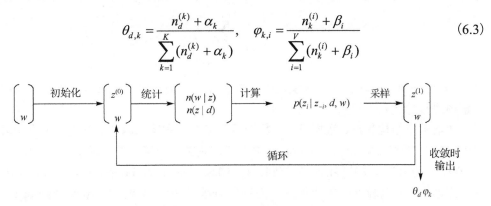

图 6.4　Gibbs 抽样算法学习过程

6.3　文本分类模型

随着文本型数据的不断增长，要从大量的文本数据中获取需要的规律、规则和知识，迫切需要采用某种数据挖掘方法将海量的、无序的、离散的文本数据进行分类。通过中文文本自动分类，可实现中文文本无序资源的有序整合[398]。文本自动分类主要流程[399]为：文本预处理、降维、分类器的设计、分类结果评估等。目前传统的分类算法主要有决策树、朴素贝叶斯(Naive Bayes，NB)、KNN、SVM、提升方法(Boosting)、神经网络等。

1) 决策树

决策树模型属于分类问题的研究范畴，是根据给定的数据样本进行归纳学习的方法。决策树模型采用递归形式构建树形结构，最顶层为根节点，最底层为叶子节点，内部节点为分枝属性，在构建决策树时，根据属性的不同取值建立分枝。决策树模型的构建过程如下：

(1) 获取数据。

(2) 数据预处理。为了提高决策树模型的准确性和有效性，需要对获取的数据进行预处理。清除异常的噪声数据，补充缺失值，并对数据的格式和类型等进行变换。

(3) 决策树模型构建。模型的构建主要包括三个步骤：划分数据集、决策树设计和决策树测试。划分数据集是将数据分为训练集和测试集两部分，采用训练集进行决策树设计，而测试集对决策树进行测试[400,401]。将精确度作为决策树模型分类性能的评价准则。如果测试集的样本数量为 N，分类类别为 m 个，被正确分类的样本数量为 TP_j，则精确度 ACC 的计算公式为

$$ACC = \frac{\sum_{j=1}^{m} TP_j}{N} \tag{6.4}$$

(4) 分类决策。如果决策树模型的分类性能可以被决策者所接受,就可以利用该决策树进行分类决策[402]。

随着数据结构复杂、数据量大、数据质量参差不齐等问题愈加突出,集成学习被提出。其中,随机森林(Random Forest,RF)算法是关注决策树的集成学习,由 Breiman 于 2001 年提出[403]。RF 算法将分类回归树(Classification and Regression Tree,CART)算法构建的没有剪枝的分类决策树作为基分类器,将引导聚集(Bootstrap Aggregating,Bagging)算法和随机特征选择结合起来,增加决策树模型的多样性。其原理是,首先从原始样本集中使用 Bootstrap 方法抽取训练集,然后在每个训练集上训练一个决策树模型,最后所有基分类器投出最多票数的类别或类别之一为最终类别[404]。

2) 贝叶斯分类

概率分类是一种实用的基于数据进行推论的方法,通过使用概率推论来找到给定值所对应的最佳分类。根据概率分布,可以通过最大概率值来确定最佳的选项。贝叶斯定理是获得推论的基本准则。贝叶斯定理让我们能够根据新的数据或者观测值来及时更新事件发生的可能性。换句话说,它让我们将先验概率 $P(A)$ 更新为后验概率 $P(A|B)$。先验概率是指在数据被评估之前所能够获得的最大可能概率,后验概率是指在数据被考虑之后所得到的概率。贝叶斯定理的具体表达式为

$$P(A|B) = \frac{P(B|A)P(A)}{P(B)} \tag{6.5}$$

Maron 等[405]以贝叶斯理论为基础,提出了依据概率原则进行分类的朴素贝叶斯算法。朴素贝叶斯是所有贝叶斯分类算法中最简单的一种分类算法。该算法是在 A 与 B 两个属性相互独立假设的基础上来获得所需要的概率,因此该模型也被定义为一个独立的特征模型。朴素贝叶斯广泛应用在文本分析中,因为这种算法可以简单有效地加以训练。对于待分类样本,根据已知的先验概率,利用贝叶斯公式求出样本属于某一类的后验概率,然后选择后验概率最大的类作为该样本所属的类[406]。朴素贝叶斯改进算法主要有树增强型朴素贝叶斯算法(Tree Augmented Naive Bayes,TAN)算法、半朴素贝叶斯算法、贝叶斯信念网络(Bayesian Networks)等。

3) K 近邻分类

Cover 等[407]在 1967 年提出了基于距离度量的 KNN 分类算法。KNN 分类算法作为一种简单、高效和无参数的数据分类方法[408],具有稳定性、鲁棒性、高准确率等优点[409]。KNN 算法的核心思想是计算出测试文本与训练样本集的每个文本的相似度,找 K 个最相似的文本,计算各自的权值,并把测试文本归属到权值最大的那

个类别中[410]。KNN 算法采用曼哈顿、柴可夫斯基以及欧氏距离，其中欧氏距离最常用。针对 KNN 算法的缺点，近邻规则浓缩法、产生或者修改原型法、多重分类器结合法等改进 KNN 算法被提出。

假设训练集文本为 S，S 中有 N 个类别 $C_1, C_2, \cdots, C_N$，S 中总的记录数量为 M。在 KNN 分类算法的训练阶段，首先对训练集文本 S 进行分词，并对特征项进行降维处理，最终将训练集文本表示为特征向量：$D_i = \{X_1, X_2, \cdots, X_n\}^{\mathrm{T}} \ (0 \leqslant i \leqslant M)$；在 KNN 算法分类阶段，按照训练阶段的过程将测试集文本 D 表示为特征向量：$D = \{X_1, X_2, \cdots, X_n\}^{\mathrm{T}}$，然后在文本训练集 S 中寻找与测试集文本 D 最相似的 K 个文本 $D_i = \{X_1, X_2, \cdots, X_n\}^{\mathrm{T}}$，依据这个 K 最近邻文本的类别作为候选类别，计算测试集文本 D 在这些类别里的隶属度，从而把测试集文本 D 归属到隶属度最大的类别。KNN 算法的具体步骤如下：

(1) 对训练集文本 S 进行分词。

(2) 对训练集文本的特征项 X_j 进行降维。

(3) 把训练集文本表示为特征向量 D_i。

(4) 对测试集文本 S' 进行步骤 (1)～(3) 的处理，得到 S' 的向量集 $\{D\}$。

(5) 利用向量夹角余弦公式计算测试集文本 D 与训练集文本 D_i 的相似度，公式为

$$\mathrm{sim}(D, D_i) = \frac{\sum_{j=1}^{n}\left(x_j \times x_j^{(i)}\right)}{\sqrt{\sum_{j=1}^{n} x_j^2} \times \sqrt{\sum_{j=1}^{n}\left(x_j^{(i)}\right)^2}} \tag{6.6}$$

(6) 从 $\{D_i\}$ 中选出与测试集文本 D 最相似即 $\mathrm{sim}(D, D_i)$ 最大的 K 个文本作为测试集文本 D 的最近邻。

(7) 根据 K 个最近邻计算测试集文本 D 在各个类别里的隶属度。计算公式为

$$P(D, C_m) = \sum_i \mathrm{sim}(D, D_i) \cdot \delta(D_i, C_m), \ 0 < m \leqslant N \tag{6.7}$$

其中，$\delta(D_i, C_m)$ 表示若训练集文本 D_i 属于类别 C_m，则值为 1，否则值为 0，$\delta(D_i, C_m)$ 的计算公式为

$$\delta(D_i, C_m) = \begin{cases} 1, & D_i \in C_m \\ 0, & D_i \notin C_m \end{cases} \tag{6.8}$$

(8) 选出隶属度最大的类别 C_m，并将测试集文本 D 归入到该类别 C_m 中。

4) SVM 分类

SVM 是 Vapnik[411]提出的一种基于统计学习理论的分类算法。该算法在解决小样本、非线性和高维模式识别问题中表现出许多特有的优势[412]。SVM 算法的基本

思想是在 n 维空间中寻找一个能够对数据点集$\{x_i\}$进行正确分类为 $y_i=1$ 或 $y_i=-1$ 两类的最优分类面，不但能将两类样本点$\{(x_i,y_i),\ i=1,2,\cdots,l\}$无错误地分开，而且要使两类的分类空隙最大[413]，如图 6.5 所示。图中空心点和黑心点代表两类不同类别的点（即 y_i 分别为 1 或-1），与两类最近的样本点距离最大的分类超平面称为最优超平面，H 为最优超平面，H_1、H_2 分别表示各类中离分类超平面最近且平行的平面，H_1、H_2 上的点为支持向量，H_1、H_2 之间的间距为分类间隔（Margin）。最优超平面就是将两个不同的类正确隔离，同时使分类间隔最大。

假设线性分类平面的形式为

$$g(x) = w^{\mathrm{T}}x + b \tag{6.9}$$

其中，w 为分类权重向量，b 是分类阈值。将判别函数进行归一化处理，使两类样本都满足$|g(x)|\geqslant 1$，此时离分类面 H 最近的样本$|g(x)|=1$，要使分类面对所有样本都能分类正确，则需要满足

$$y_i(w^{\mathrm{T}}x_i + b) \geqslant 1 \tag{6.10}$$

其中，y_i 是样本的类别标记，x_i 是相应的 n 维空间数据点，$i=1,2,\cdots,l$。式(6.10)中使等号成立的那些样本为支持向量。两类样本的分类间隔为

$$\mathrm{Margin} = \frac{2}{\|w\|} \tag{6.11}$$

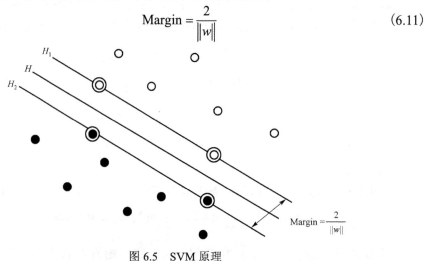

图 6.5　SVM 原理

因此，最优分类面问题可表示为如下约束优化问题，即在式(6.10)的约束下，求函数 $\varphi(w)$ 的最小值，其计算公式为

$$\varphi(w) = \frac{1}{2}\|w\|^2 = \frac{1}{2}(w^{\mathrm{T}}w) \tag{6.12}$$

也即将两类分类问题转化为优化问题：$\max\dfrac{2}{\|w\|}$ 或 $\min\varphi(w)$, s.t. $y_i(w^{\mathrm{T}}x_i+b)\geqslant 1$, $i=1,2,\cdots,l$。

引入拉格朗日乘子 α_i，根据 KKT（Karush-Kuhn-Tucker）条件，将上述问题转化为约束条件下使泛函 $w(\alpha)$ 最大化，约束条件和泛函 $w(\alpha)$ 的表达式为[412]

$$\text{s.t.} \sum_{i=1}^{l} \alpha_i y_i = 0, \quad \alpha_i \geqslant 0, \quad i=1,2,\cdots,l \tag{6.13}$$

$$\max w(\alpha) = \sum_{i=1}^{l} \alpha_i - \frac{1}{2} \sum_{i=1}^{l} \sum_{j=1}^{l} \alpha_i \alpha_j y_i y_j \tag{6.14}$$

二次规划可以求得 α_i，将 α_i 代入式 (6.15) 求得 w^*，其计算公式为

$$w^* = \sum_{i=1}^{l} \alpha_i y_i x_i \tag{6.15}$$

选择不为零的 α_i，代入式 (6.16) 求得 b^*，其计算公式为

$$\alpha_i (y_i (w^{*\text{T}} x_i + b^*) - 1) = 0 \tag{6.16}$$

解得 $b^* = \dfrac{\max\limits_{i:y_i=-1} w^{*\text{T}} x_i + \min\limits_{i:y_i=1} w^{*\text{T}} x_i}{2}$。

通过推导，得到最优分类函数为

$$f(x) = \text{sign}(w^{*\text{T}} x + b^*) \tag{6.17}$$

把测试样本数据点 x_i 代入式 (6.17)，如果 $f(x)=1$ 则 $y_i=1$，否则 $y_i=-1$。

SVM 分类效果的评价指标包括查全率（Recall）、查准率（Precision）、F1 值、宏平均查全率（macro_R）、宏平均查准率（macro_P）、宏平均 F1 值（macro_F1），其中，宏平均是每一类的性能指标算术均值。

6.4　煤矿安全隐患主题挖掘

煤矿安全隐患数据描述了安全隐患发生的时间、地点、致因和生产作业专业领域等信息，从时间、空间、致因等方面较好还原了安全生产场景，它是安全生产状况的真实写照，为安全隐患排查、隐患治理提供了重要信息线索。如何从这些庞杂的煤矿安全隐患记录中进一步挖掘出反映煤矿安全问题的隐患主题，实现对历史安全问题数据的深入分析和最大限度挖掘其应用价值成为当前的迫切需求。鉴于此，本节运用 LDA 模型挖掘煤矿安全隐患主题。

1) 主题挖掘流程

煤矿安全隐患主题挖掘，首先需要对收集的文本型安全隐患数据进行预处理和分词处理，然后进行词频统计，经过 TF-IDF 算法加权，采用 Gibbs 抽样算法对 LDA 主题模型参数进行估计，同时进行 10 折交叉检验，最后将参数代入 LDA-Gibbs 模型进行计算，获取主题聚类结果，具体流程如图 6.6 所示。

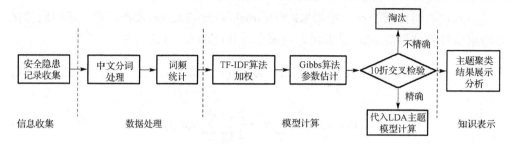

图 6.6　煤矿安全隐患主题挖掘流程

2) 数据说明

采集了司马煤业 2009~2015 年文本型安全隐患记录共计 44633 条,其内容形如表 4.10 所示。为保证主题挖掘效果,首先剔除其他字段的内容,仅保留问题描述字段的内容,并对文本进行预处理和分词处理。

3) LDA 主题模型计算及结果

LDA 主题模型在模型计算前需要估计最佳的主题数,本节采用"困惑度"(Perplexity)确定最佳主题个数,通常困惑度越小,模型的泛化能力和推广性就越好[414],计算公式为

$$P = \exp\left(-\frac{\sum_d \sum_i^{N_d} \ln p(w_{d,i})}{\sum_d N_d}\right) \tag{6.18}$$

其中,P 为困惑度,N_d 为文档 d 中的词数,$w_{d,i}$ 为文档 d 中的第 i 个单词。实验中令主题数 T 依次取值 10,20,30,…,200,取 α 经验值为 $50/T$,$\beta = 0.01$,采用 10 折交叉检验[415],训练各迭代 1000 次,测试各迭代 100 次。运用 Gibbs 抽样算法结合 LDA 模型进行实验,困惑度随主题数变化情况,如图 6.7 所示,在困惑度出现拐点处确定最优主题数为 20 个。

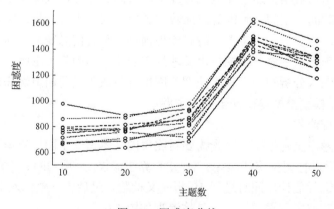

图 6.7　困惑度曲线

　　实验过程中考虑到出现频率小的安全隐患可能携带更大的安全信息，因此在模型计算前引入 TF-IDF 算法进行词向量加权[416]。该算法假设主题词 t 在隐患记录 d 中出现频率高、在其他隐患记录中出现频率低时，主题词 t 具有更强地将隐患记录 d 和其他隐患记录区分的能力，则隐患记录 d 中主题词 t 的权重 $W(t,d)$ 其计算公式为

$$W(t,d)=\text{tf}(t,d)\times\text{idf}(t)=\frac{\text{tf}(t,d)\times\log\left(\dfrac{N}{n_i}+0.01\right)}{\sqrt{\displaystyle\sum_{t\in d}\left\{\text{tf}(t,d)\times\log\left(\dfrac{N}{n_i}+0.01\right)\right\}^2}} \tag{6.19}$$

其中，$\text{tf}(t,d)$ 为主题词 t 在 d 中的词频，$\text{idf}(t)$ 为逆向文件频率，由隐患记录总数 N 除以含有 t 的隐患记录数 n_i 计算而得。如表 6.1 所示，通过 TF-IDF 算法加权，代入参数运用 LDA-Gibbs 模型计算后，得到安全隐患主题 20 个，然后去除安全隐患主题中存在的噪声主题词。通过实地调研发现，20 个安全隐患主题较好反映了司马煤业 2009～2015 年间存在的主要安全隐患类型。

表 6.1　基于安全隐患的 LDA-Gibbs 主题挖掘结果

安全隐患主题	主题词
放炮问题	放炮、母线、破口、水幕、炮眼、爆破
搭接问题	搭接短、前溜机头、前溜、小溜、带回煤、后溜机头、搭接长
电缆问题	电缆、吊挂、悬挂、整齐、铁丝、变电所、脱钩
顶板问题	顶板、破碎、漏石头、压力、管理、离层仪、煤墙
风筒问题	风筒、漏风、破口、接口、风筒帮、风量开关
浮煤问题	浮煤、窝头、皮带机尾、清理、架间、工作面、底皮带
火灾问题	灭火器、铅封、失效、过期、消防
绞车问题	绞车、开关、钢丝绳、信号、按钮、操作、电源
锚杆问题	锚杆、外露、超长、失效、预紧力、风筒帮、行人帮、打设、超高
锚索问题	锚索、窝头、槽钢、外露、防护、超长、加压
煤尘问题	煤尘、净化水幕、风巷、冲洗、捕尘网、雾化
喷雾问题	喷雾、桥式皮带、皮带机头、雾化、漏水、喷嘴、净化水幕
皮带机问题	皮带机、皮带机尾、皮带机头、跑偏、托辊、滚筒、护罩、不转
片帮问题	片帮、煤墙、顶板、压力、防片帮、严重、脱落
水害问题	积水、排水、水仓、水泵、淤泥、煤泥
通风问题	通风、风巷、漏风、压风、自救装置
瓦斯问题	瓦斯、瓦斯传感器、瓦斯管理牌板、瓦斯探头、风流瓦斯传感器
文明生产问题	文明生产、杂物、煤泥、淤泥、及时清理、码放、浮煤
运输问题	运输、影响、轨道、循环车、运输队
支架问题	支架、工作面、初撑力、漏液、立柱、不平、错差大、不接顶

以隐患主题挖掘结果中各主题词为索引，将隐患数据按生产单位分类，经过统计形成了安全问题、生产单位和事故要素的信息流，由此绘制出如图 6.8 所示的隐患信息桑基图。图中每个分支都代表了信息流（即词频），分支宽度反映信息流量大小，从左至右分别流经生产单位、隐患问题与事故要素，不同的责任主体和事故要素以颜色区分（黄色分支是根据主题挖掘结果统计后识别的包含更多隐患细分的隐患问题）。

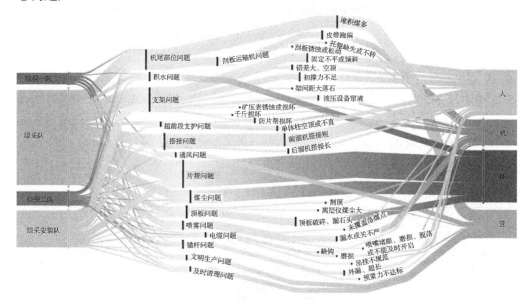

图 6.8　隐患信息桑基图（见彩图）

桑基图表达了更加细致、丰富的信息，它通过各分支宽度以及节点连接关系的对比可以回答煤矿管理者所关注的四个问题：各生产单位遇到的主要隐患问题有哪些，不同隐患问题需要注意的重要子问题是什么，产生不同隐患问题的主要事故因素是什么以及各种隐患问题、事故要素数量的大致对比。以本图为例，最需要重视的三类隐患问题为机尾部位问题、支架问题和片帮问题；各隐患问题细分中，最需要重视的是机尾堆积煤多、支架固定不平或倾斜、支架初撑力不足、前溜机搭接短和顶板破碎落石；负有安全责任最多的是综采队，最少的是综掘一队；事故要素最突出的为人为和环境因素。

当然，围绕上述四个问题，煤矿隐患管理者还能进一步分析并改善安全生产组织、绩效考核以及隐患预防控制方式。根据隐患问题重要程度，对不同的生产单位安排更有针对性的隐患排查制度，改进生产方式、规避危害性较小又暂时难以解决的隐患问题；根据生产单位安全责任，对不同安全责任主体制定不同的绩效指标，重点考核经常出现的高危害隐患问题，约束和激励相关安全生产行为；根据事故要素分析，明确隐患控制重点、完善隐患预防制度，结合隐患管理经验开展入职培训和相关业务培训。可见，基于煤矿隐患主题挖掘，不仅可以将复杂的煤矿隐患信息加以清晰、直观的表达，更为煤矿管理者提供了隐患管理新思路。

6.5　煤矿安全隐患文本分类

本节选用 KNN 分类算法对煤矿安全隐患数据进行文本分类，并采用 SVM 算法对相同的样本数据即 44633 条煤矿安全隐患记录进行分类实验，验证 KNN 算法与 SVM 分类效果的差异。

1) 基于 KNN 的文本分类实例

在运用 LDA-Gibbs 模型计算获得 20 个安全隐患主题后，将获取的 44633 条数据的 4/5 用做训练集，1/5 用做测试集，首先对用作训练集的每条安全隐患数据按照 20 个安全隐患主题进行人工标记，然后将人工标记的数据用 KNN 算法进行训练，构造文本分类器，最后根据训练阶段形成的分类器，对测试集安全隐患数据进行分类。煤矿安全隐患文本分类以及基于文本分类数据的安全隐患时空规律分析和危险源关联规则挖掘流程如图 6.9 所示。

实验将 44633 条安全隐患数据作为实证语料，语料共有 20 个类：浮煤问题、喷雾问题、锚杆问题、积水问题、顶板问题、文明生产问题等，本实验针对上述 20 个隐患主题类别进行，其中各个隐患主题文本分布如表 6.2 所示，共有训练集数据 35706 条，测试集数据 8927 条，训练集和测试集数据彼此不重叠。实验结果如表 6.3 所示，分类的正确率为 92.0%。整体而言，分类效果良好，但是有三个隐患主题类别：通风问题、运输问题、放炮问题的分类正确率低于 80%，分类正确率较低。经过仔细分析，有四个方面的问题值得进一步研究：

(1) 训练集和测试集需要分词处理，而安全隐患主题分类的正确率取决于分词的精度。

(2) 短文本存在关键特征非常稀疏和上下文依赖性强等问题，降维处理可能导致部分关键信息丢失。

(3) 分类准确率最低的通风问题、运输问题、放炮问题，无论是训练集还是预测集文本数据均较少，因此也会导致分类误差较大。

(4) 采取其他的分类算法进行实验对比分析，根据分类效果的差异，选取更优的分类算法进行安全隐患文本数据分类。

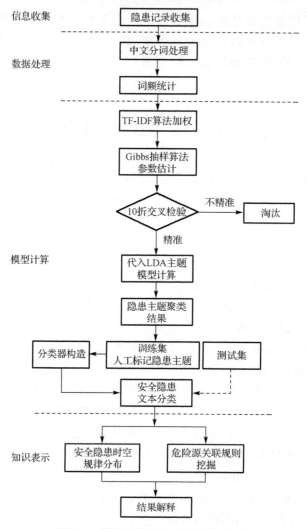

图 6.9　煤矿安全隐患文本分类框架

表 6.2　安全隐患主题文本分布表

安全隐患主题类别	训练文本数	测试文本数
浮煤问题	1549	388
喷雾问题	1950	402
锚杆问题	4049	481
水害问题	3428	1340
电缆问题	1457	277
皮带机问题	4888	984
顶板问题	1636	343

安全隐患主题类别	训练文本数	测试文本数
支架问题	2122	626
搭接问题	751	278
文明生产问题	1727	655
风筒问题	1601	421
绞车问题	2083	498
煤尘问题	2455	1062
锚索问题	1256	215
片帮问题	2912	700
瓦斯问题	554	53
通风问题	126	22
运输问题	169	28
火灾问题	843	147
放炮问题	150	7
合计	35706	8927

表 6.3　安全隐患主题文本分类结果

安全隐患主题类别	待分类隐患条数	正确分类隐患条数	分类正确率/%
绞车问题	498	480	96.4
风筒问题	421	403	95.7
水害问题	1340	1281	95.6
支架问题	626	597	95.4
煤尘问题	1063	1011	95.1
锚杆问题	481	452	94.0
片帮问题	700	655	93.6
搭接问题	278	258	92.8
顶板问题	343	316	92.1
电缆问题	277	250	90.3
浮煤问题	388	348	89.7
锚索问题	215	188	87.4
皮带机问题	984	852	86.6
文明生产问题	655	565	86.3
喷雾问题	402	344	85.6
火灾问题	147	123	83.7
瓦斯问题	53	44	83.0
通风问题	21	16	76.2

续表

安全隐患主题类别	待分类隐患条数	正确分类隐患条数	分类正确率/%
运输问题	28	21	75.0
放炮问题	7	5	71.4
合计	8927	8209	92.0

2) 基于 SVM 的文本分类实例

本实验基于 R 软件平台，选取 LIBSVM[417]作为分类器的训练环境。其核函数选取的是径向基内核，径向基核函数的形式为

$$K(x, x_i) = \exp\left(-\frac{|x - x_i|^2}{\sigma^2}\right) \tag{6.20}$$

实验选取的样本数据训练集与测试集比例也相同即为 8∶2，共有训练集数据 35706 条，测试集数据 8927 条，实验样本数据分布见表 6.2。采用 SVM 分类算法得到的实验结果如表 6.4 所示。

表 6.4　SVM 分类结果

类别	查全率/%	查准率/%	F1/%
放炮问题	100	100	100
搭接问题	100	98.2	99.0
电缆问题	98.1	94.8	96.4
顶板问题	94.1	87.7	90.8
风筒问题	96.4	100	98.2
浮煤问题	100	98.7	99.4
火灾问题	100	96.7	98.3
水害问题	97.8	98.5	98.1
绞车问题	97.0	95.0	96.0
锚杆问题	97.9	100	98.9
锚索问题	100	100	100
煤尘问题	97.2	98.6	97.9
喷雾问题	100	100	100
皮带机问题	98.0	95.0	96.5
片帮问题	97.1	100	98.5
通风问题	100	100	100
瓦斯问题	100	71.4	83.3
文明生产问题	96.2	100	98.1
支架问题	80.0	100	88.9
运输问题	95.2	96.7	96.0
宏平均	97.3	96.6	96.9

从 SVM 分类实验结果可以看出，macro_R、macro_P、macro_F1 均在 95%以上，与 KNN 分类算法相比，SVM 的分类效果明显更优，得到的结论与其他学者研究得到的结论一致，如张野等[418]利用 sougou 语料库涵盖十大类数据，分别使用六种特征选择方法和不同特征维度对 KNN 和 SVM 两种分类算法进行试验，从实验结果可以看出无论采取哪种特征选择方法，SVM 的分类效果均比 KNN 要好。通过实验对比分析可知，SVM 算法具有较好的稳定性和分类效果。因此，对文本型煤矿安全隐患数据采用 SVM 算法的分类准确率要优于 KNN 算法。

第7章 基于社会网络分析的知识可视化研究

7.1 社会网络分析概述

7.1.1 社会网络分析基本概念

1968 年，Quilian 在研究人类联想记忆时提出记忆是由概念间的联系来实现的，1970 年，Simon 正式提出社会网络的概念，并讨论了它和一阶谓词的逻辑关系[419]。社会网络利用节点和带标记的边构成的有向图描述事件、概念、状况、动作及客体之间的关系[420]。节点表示客体、概念、事件、状况和动作或客体属性，带标记的边描述客体之间的关系。

社会网络由一个或多个行动者有限集和他们之间的一种或多种关系组成，即社会网络是社会行动者及其之间关系的一个集合，常以图的形式表示，可为无向图或有向图。社会网络分析(Social Network Analysis，SNA)是以图论和数学等为理论基础，构建出这些点和关系的结构模型，对其进行量化分析的一种方法[421]。一个具体的包含两类节点集的社会网络可抽象为 $G = ((U,V),E)$，其中，U、V 代表网络中分别包含 p、q 个节点的集合，E 代表网络中节点之间的关系的集合，即边的集合。元素 $e = (i,j)$ 表示节点 $i \in U$ 和节点 $j \in V$ 相连接。可构建该网络的 $p \times q$ 邻接矩阵 S，若存在 $(i,j) \in E$，则 $S_{ij} = 1$，否则 $S_{ij} = 0$。

社会网络分析的核心在社会网络讨论中有一些具有基础性地位的关键概念，这些概念包括：行动者、关系连接、二元图、三元图、子群、群和关系。

(1)行动者。社会网络分析涉及理解社会实体间的联系及联系间的含义，这些社会实体即行动者。行动者是分散的个体、企业或集体的社会单位。行动者包括团体中的个人、企业的部门、城市公共服务机构。"行动者"并不代表这些实体一定要有"行动"的意志或能力。大部分社会网络应用时关注具有相同类型的行动者的集合(如同一个办公组的人)，称这些集合为单模网络。部分方法允许涉及不同类型或层次的或来自不同集合的行动者。

(2)关系连接。行动通过社会联系彼此相连成为一种关系连接。联系即建立了一对行动者之间的连接。一些常见的网络分析中联系的例子包括：资源的传输，如商业交易、租借物品；他人对某人的评价，如欣赏、尊重、爱慕或憎恨等；联合和从属，如共同参加一项活动、属于同一家公司等；行为互动，如一起交谈、一起旅游等；地位或状态之间的移动，如搬家、社会或物理的流动；生物关系，如血缘关系等。

(3)二元图。一个连接或关系建立了两个行动者之间的联系，这种联系本质上从属于两个行动者，而不仅仅从属于某一个行动者。二元由一对行动者和他们之间的(可能的)联系构成。二元关系关注成对关系的属性，如联系是否互惠、多种关系的某些类型是否同时出现。二元图是社会网络分析的基础单位。

(4)三元图。三元图即三个行动者子集和他们之间的(可能的)联系。平衡理论激发并推动了许多三元分析。如三元图是否是可传递的(如果行动者 i "喜欢"行动者 j，行动者 j "喜欢"行动者 k，则行动者 i 也"喜欢"行动者 k)，三元图是否是平衡的(如果行动者 i 和 j 互相喜欢，则 i 和 j 对第三个行动者 k 的态度相似，如果 i 和 j 互相不喜欢，则他们对第三个行动者 k 的态度不同。

(5)子群。二元图是成对的行动者及其联系，三元图是三个一组的行动者及其联系。可以把行动者子群定义为任意子集的行动者和他们之间的所有联系。在社会网络分析中，用某种标准识别和研究子群是备受关注的一个问题。

(6)群。网络分析并不仅仅关注各种二元图、三元图或子群。很大程度上网络分析的力量在于模拟行动者体系中的关系的能力。一个系统由一些(或多或少有界限的)群体成员的联系组成。在社会网络分析中，群是指相互间的联系将被测量的所有行动者的集合。一个群由一个行动者的有限集组成，这些行动者因定义上的、理论上的或经验上的理由被视为个体的有限集，网络测度则建立在这些个体之上。

(7)关系。群体成员间某种类型的联系的集合称为关系。如一间教室内成对小孩间的友谊集，世界上成对国家间的正式外交联系的集合。对任何行动者，我们可能测度几种不同的关系(如记录国家间正式外交外的特定年份的贸易额)。关系是指在一个特定行动者集中对成对行动者施以某种测度所界定的联系的集合，联系本身仅存于特定的成对行动者之间。

7.1.2　社会网络的分类

社会网络有很多种类型，划分方法也有很多。根据模态对社会网络进行划分是较常见的一种思路。模态，简称模，指社会网络中行动者的集合。模的数目表示网络中集合类型的数量，如 1-模网络指的是研究对象是一个集合行动者的网络，研究的重点主要是集合内部各个行动者间的关系；2-模网络则是研究两类行动者集合之间的关系，或行动者和事件两类集合间的关系[422]。例如，研究的煤矿安全事故致因因素涉及事故集和致因因素集两个集合之间的关系，因而事故-致因问题是一个 2-模网络问题，而对于致因因素内部关联关系的研究针对的是致因因素集合，致因因素-致因因素问题又是一个 1-模网络问题。

7.1.3　社会网络的研究范围

社会网络分析的范围广泛，涉及社会学、政治学、经济学和管理学等多个学科。社会网络研究离不开行动者及其关系的集合。国内外社会网络学界关注的问题大都涉及社会互动的形式化表征，侧重网络结构。根据不同的标准，社会网络的研究内容也不同。

1)根据"关系的性质"进行分类，将社会网络研究范围划分为三类

(1)侧重关系"结构形式"的研究，关注关系的"系统"。行动者之间的关系"模式"或"结构"如何影响到行动者的行为，行动者反过来又如何影响结构。这种研究将"网络"看成变量(既可以是自变量也可以是因变量)。此类的研究如：社会凝聚力的含义及测量；关系属性概念的界定，如阶级、角色、权力、自由等；等级、控制、秩序的生成，研究哪些因素导致社会关系中的秩序；群体内部的关系结构测量；社会关系结构对行动者的影响；行动者对关系及其结构的选择等。

(2)侧重关系"内容"研究，关注关系的"社会情境"。此类研究关注的是网络的具体"情境"如何影响行动者的行为。如：朋辈情境对犯罪有何影响？如果一个孩子的伙伴们都抽烟，那么孩子本人是否也容易抽烟？拥有许多弱关系的人是否更容易找到工作？不受欢迎的孩子是否比受欢迎的孩子更容易遭遇困境？

(3)侧重关系本身"渠道效应"的研究。此类研究可以包括："关系"通道传递的内容、性质及机制：风险、资金、资源、疾病等的传递；创新的扩散机制：谣言、名声、新药的推广；社会支持与精神健康；权力的分布：核心的行动者能控制资源吗？

2)根据"网络类型"进行分类，社会网络研究范围包括三个层次

(1)个体网。由一个核心个体和与之直接相连的其他个体构成的网络。个体网研究的测度包括：个体网的规模、关系的类型、网络的密度、关系的模式、网络成员的同质性、异质性等。研究的问题主要是个体网的诸多结构性质与个体的属性(如精神健康)之间有何关系。

(2)局域网。个体网加上与个体网络成员有关联的其他点构成局域网。这种网络中的关系要比个体网络中的关系多，但是又比整体网中的关系数量少。根据不同的研究目的，可以将局域网分为2-步局域网、3-步局域网等。2-步局域网指的是由"核心个体"的距离不超过2的点构成的网络，它可以包括全体到达核心点的距离为2的点，也可以是包含部分距离核心者为2的点。3-步局域网指的是由与"核心个体"的距离不超过3的点构成的网络，4-步局域网的概念依次类推。局域网的步长越长，网络发散的越大，网络越松散。

(3)整体网。由一个群体内部所有成员及其间的关系构成的网络。整体网需要研究的测度包括：各种图论性质、密度、子图、角色和位置等诸多内容。

7.2　煤矿安全隐患社会网络分析

为了揭示安全隐患信息之间的关联性，进而揭示安全隐患问题间的关联关系，本节以司马煤业安全隐患记录为数据来源，以煤矿安全隐患为研究对象，将其作为案例进行社会网络分析。借助社会网络研究文本型安全隐患数据，首先利用社会网络表示安全隐患地点、安全隐患对象以及安全隐患状态与安全隐患程度之间的关联关系，根据有向图中箭头指向及其连线，将安全隐患地点、安全隐患对象以及安全隐患状态与安全隐患程度关联在一起，形成对安全隐患比较完整和形象的描述，有助于安全管理者直观、高效地获取安全隐患概况和安全信息之间的关联关系。

在对安全隐患数据进行预处理的基础上，通过构建煤矿安全隐患社会网络研究煤矿安全隐患信息的关联关系和分布规律。煤矿安全隐患社会网络构建流程如图 7.1 所示。

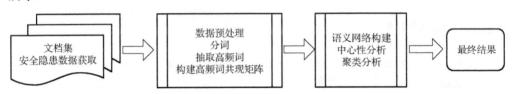

图 7.1　煤矿安全隐患社会网络构建流程

根据抽取的高频词及共词矩阵，运用 ROSTCM6 文本挖掘软件中的 NetDraw 工具绘制煤矿安全隐患社会网络图，如图 7.2 所示。根据社会网络的表示可知，煤矿安全隐患社会网络 $SW=(O,A,\gamma,f)$，其中，O 表示隐患对象，如锚杆等；A 表示隐患对象的属性，如超长；γ 表示隐患对象之间的从属关系，如 PART-OF（皮带、托辊）；$f(O)=(a_1,a_2,\cdots,a_m)$ 表示隐患对象 O 有 m 种属性。图中高频词间的连线表示共同出现在同一条安全隐患记录中，线条越粗表示共同出现的频率越高，图中方块大小表示节点中心度，方块越大则中心度越大，说明该节点在该网络中处于越重要的地位，在图中还可以看出高频词之间的连接方向和关系紧密程度。

如图 7.2 所示，社会网络将安全隐患高频词以网络的形式连接成一个整体，从而描绘了司马煤业安全隐患记录中各高频词之间的内部关联关系和分布情况，比较清晰地展现了安全隐患地点（窝头、工作面、运巷、风巷等）和隐患对象（锚杆、风筒、皮带机尾、煤尘、支架、片帮、煤墙、积水、皮带、托辊等）以及安全隐患状态与安全隐患程度等属性（失效、外露、超长、成型差、严重等）之间的关联关系。根据图中箭头指向及连线，将安全隐患地点、隐患对象、隐患状态与隐患程度关联在一起，形成对安全隐患比较完整的描述。

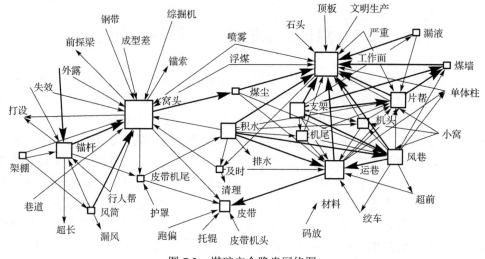

图 7.2　煤矿安全隐患网络图

7.2.1　中心性分析

为了对煤矿安全隐患社会网络的中心性进行分析,运用 ROSTCM6 软件构建了煤矿安全隐患词频矩阵,然后将其导入社会网络分析软件 Ucinet 得到煤矿安全隐患社会网络的"点度中心度"与"网络中心势"数值。首先,将安全隐患高频词按点度中心度排序,其中,点度中心度值较高的 27 个高频词如图 7.3 所示。其中,序号为按照高频词首字母排序生成的编号,Degree 数值为绝对点度中心度数值,NrmDegree 数值为相对点度中心度数值,它是绝对点度中心度数值的标准化,Share 数值为中心度占比。

中心性可以通过"网络中心势"和"点度中心度"两项指标反映。网络中心势(Network Centralization)是指整个网络中高频词的集中程度,越接近 1,说明网络越集中[423]。根据图 7.3 可知,煤矿安全隐患的网络中心势为 12.83%,说明网络中节点的集中趋势不是十分明显,有很多安全隐患高频词之间关联不大甚至没有关联,这说明司马煤业存在的安全隐患问题及隐患类型相对分散。点度中心度是指某个高频词在整个网络中的重要程度,即与其他高频词关系的紧密程度[424],它是相对的,只适合各个安全隐患高频词在网络中相互比较,点度中心度越高的节点在网络中的连接越多,说明对应的安全隐患高频词在网络中的地位越高。例如,窝头、工作面、运巷、锚杆、风巷和积水的点度中心度在煤矿安全隐患社会网络中的数值较高,其中,窝头、工作面的点度中心度分别为 17717、17111,表明它们在网络中最重要,这些高频词就是煤矿安全隐患社会网络结构的中心。

从图 7.3 中不难看出窝头、工作面、运巷、风巷、机头、机尾等表示空间区域的词语点度中心度值较高，因此是安全隐患发生的重点区域，片帮、锚杆、积水、支架、煤墙、风筒、皮带、煤尘等表示安全隐患内容的词语点度中心度值较高，这些隐患问题是需要重点防范的安全隐患。异质性(Heterogeneity)是指整个网络中各节点之间的连接状况(连接节点数)的不均匀分布程度。煤矿安全隐患社会网络异质性为 5.71%，表明网络中主要节点之间连接分布不均匀。

		1 Degree	2 NrmDegree	3 Share
42	窝头	17717.000	14.776	0.120
13	工作面	17111.000	14.271	0.116
48	运巷	11569.000	9.649	0.078
10	风巷	9496.000	7.920	0.064
34	片帮	9043.000	7.542	0.061
24	锚杆	8718.000	7.271	0.059
17	积水	7564.000	6.308	0.051
49	支架	7457.000	6.219	0.051
27	煤墙	4946.000	4.125	0.034
15	机头	4031.000	3.362	0.027
9	风筒	3891.000	3.245	0.026
16	机尾	3734.000	3.114	0.025
31	皮带	3673.000	3.063	0.025
33	皮带机尾	3152.000	2.629	0.021
18	及时	2807.000	2.341	0.019
26	煤尘	2530.000	2.110	0.017
40	外露	2256.000	1.882	0.015
19	架棚	2130.000	1.776	0.014
22	漏液	1812.000	1.511	0.012
6	单体柱	1670.000	1.393	0.011
44	小窝	1540.000	1.284	0.010
45	行人帮	1506.000	1.256	0.010
5	打设	1301.000	1.085	0.009
20	绞车	1162.000	0.969	0.008
46	严重	1024.000	0.854	0.007
37	失效	1014.000	0.846	0.007
11	浮煤	1002.000	0.836	0.007

网络中心势= 12.83%
异质性 = 5.71%　　正态值 = 3.79%

图 7.3　煤矿安全隐患社会网络中心性分析结果

7.2.2　凝聚子群分析

上述分析比较清晰地展现了安全隐患信息整体分布情况，但为了揭示安全隐患信息之间的关联性，进而揭示安全隐患问题间的关联关系，本节运用 Ucinet 软件继续对安全隐患社会网络进行凝聚子群分析，如图 7.4 所示。其中，纵坐标是安全隐患高频词及其按照首字母排序生成的编号，横坐标是指不同的"最小边关联度"，数值越大代表最小边关联度越高。凝聚子群分析可以将社会网络图和网络中心性结合起来，通过分析比较安全隐患高频词两两之间的紧密程度完成聚类，分化出次级小团体。

如图 7.4 所示，结合图 7.2 不难看出，将安全隐患地点、隐患对象与描述安全隐患状态及隐患程度的词语进行聚类，形成了两个簇群：一个是以安全隐患地点"窝头"为代表的簇群，另一个是以隐患地点"工作面、风巷、运巷"为代表的簇群，说明这两个簇群虽然存在共同的安全隐患，但也有较大的差异，并拥有各自独有的安全隐患。可以看出，在窝头区域，锚杆问题（锚杆、打设、外露、失效）、皮带问题（皮带、皮带机尾）和风筒问题比较突出；在工作面、风巷和运巷区域，片帮问题、支架问题、积水问题、煤尘问题、及时清理问题、超前段支护问题比较突出。因此，窝头、工作面、风巷、运巷是安全隐患监管的重点区域，锚杆问题、皮带问题、风筒问题、片帮问题、支架问题、积水问题、煤尘问题、及时清理问题、超前段支护问题是需要重点防范的安全隐患。

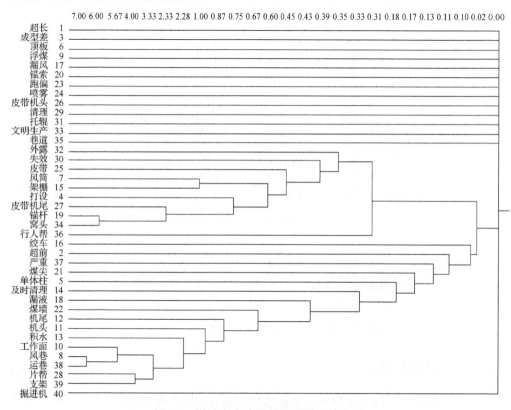

图 7.4　煤矿安全隐患凝聚子群分析结果

7.3　煤矿事故致因社会网络分析

煤矿安全事故因素复杂多变，涉及煤矿生产和管理的方方面面，本节以国家安监局等机构发布的事故报告为数据，以煤矿事故作为案例分析社会网络在煤矿事故致因分析方面的作用。

7.3.1　事故致因模型构建

首先，对煤矿安全事故发生的致因因素进行分类并做详细的分析；其次，基于我国国家矿山安监局以及各省煤矿监督管理机构发布的官方事故报告，形成了我国煤矿安全事故致因因素数据集；在此基础上，实现煤矿安全事故致因网络模型的构建，并围绕该网络模型进行相关分析。

7.3.1.1　煤矿安全事故致因因素划分

由于煤矿生产过程中存在众多不安全因素，这些因素相互影响、相互作用就可能会导致煤矿安全事故的发生。为保证煤矿的安全生产，减少我国煤矿安全事故的发生，就必须要对事故致因进行有效的研究。目前，国内外对于事故致因理论的研究已相对成熟，在煤矿安全事故的致因方面，也有部分学者提出了具有针对性的事故致因理论。总体来说，研究者普遍认为事故是由人、机、环、管四个方面的因素相互作用而导致的。由于管理因素的主体为人，所以，研究将基于人、机、环三方面对我国煤矿安全事故的致因因素进行划分。

1) 人因因素

人因因素是指由人的行为产生的结果偏离了既定的行为目标而造成事故发生的因素，主要包括人的不安全行为和管理上的缺陷。人的管理或操作需要配合设备和环境状态进行作业，但由于人的主动性难以控制和预知，因而对安全事故的发生具有较大的潜在危害。人的因素在事故的发生中起主导作用，是导致煤矿安全事故发生的最主要因素。由人的不安全行为引起的煤矿安全事故数占到了总事故数的 90%以上[425]，因此人因因素的研究对于控制煤矿安全事故的发生具有重大意义。煤矿安全生产的各个环节都有人的参与，煤矿安全事故的发生也大多起因于人的管理缺陷或操作不当。

根据劳动分工的不同，人因因素可划分为政府监管、企业管理以及员工作业这三方面的因素。政府监管包括我国各省(自治区、直辖市)煤矿安全监管机构以及政府相关部门、公安部门等的监督管理因素；企业管理包括煤矿集团或企业的相关领导或管理者在管理、督查矿井工作等方面涉及的因素；员工作业则包括直接接触事故发生的员工的不安全行为因素。因素分类以及详细的因素如表 7.1 所示。

表 7.1　人因因素划分表

因素分类		具体因素描述
政府监管层	政府、安监局等主要监管机构	对下级未正确履行安全监督职责问题失察、打击违法生产不力，未认真落实上级精神、行政处罚、隐患整改跟踪落实不够、未采取有效措施制止违法生产行为、未充分有效监督、驻矿安监员履职不到位

因素分类		具体因素描述
政府监管层	其他辅助监管机构	公安机关对火工品监督检查流于形式、国土资源部监管工作不到位、其他机构或部门监管工作不到位
企业管理组织层	监督管理漏洞	集团公司对上级部署贯彻落实不认真、对矿井监管不力、对违规组织生产失察、对存在的问题未能有效督促整改、安全监督重视不到位、力度不够、日常安全检查不到位、关键区域或工作环节重视不够、未进行危险源辨识、危害认识不足
	管理组织缺失	安全管理机构不健全、安全管理制度缺失、未严格落实安全规章制度、实施不到位、分工不明确、职责落实不到位、生产主体责任不到位、外包、转包、安全管理混乱
	管理过程漏洞	安全生产投入不到位、对技术工作重视不够、技术管理混乱、未提供专业的操作规程、设备安全管理不到位、人力资源管理不到位、超组织能力生产、安全隐患排查及时整改不到位、异常出现后忽视、未及时分析排查
	违规、违法监管	法制意识淡薄、矿井不具备入井作业条件、无生产资质、重生产、轻安全、无视矿工生命安全、违章指挥、擅自施工、隐瞒作业、违法组织生产、相关记录造假或无记录、缺乏有效监督、拒不执行整改命令、不具备安全管理资格、非法购买、违规管理使用火工品
作业员工层	安全能力差	员工自身安全技术素养较低、业务素质和业务能力较差员工处理应急问题经验不足、安全知识理解和掌握程度较低等
	精神状态	生病、服用药物、身体疲劳、酗酒、辨别危险意识差、缺失警觉意识、注意力不集中、思想麻痹、安全意识不强、员工缺乏自保互保意识
	差错、违规	未携带识别卡、人员定位卡、不听从指令操作、进入违章区域作业、操作者违反规章制度、操作程序、不规范操作、操作不当、冒险作业、对周围的环境没有进行有效的安全确认、无证上岗

2) 环境因素

煤矿安全事故中环境因素也占据着较重要的地位，环境致因因素可分为自然环境因素和作业环境因素。自然环境因素主要包括自然形成的地质地理、气候等条件及其变化而引起煤矿安全事故的致因因素。自然环境致因因素往往难以控制，并可能直接造成较大事故的发生，危害性较大，但采取一定的技术手段可对可能会触发的事故进行提前预测和防范。作业环境因素指直接作业人员所处作业地点的湿度、气味、噪声以及作业布局不适或不合理的致因因素。作业环境致因因素的好坏，对于作业人员在生理、心理和行为等方面有着直接的影响。好的作业环境有助于作业人员保持良好的精神状态，从而有利于提高作业集中注意力，能有效减少人的不安全行为，保证安全生产。对自然环境和作业环境因素的具体划分内容如表 7.2 所示。

表 7.2　环境因素划分表

因素分类	具体因素描述
自然环境	地质构造复杂、顶板条件不稳定、自燃发火、瓦斯或煤尘超限、有毒有害气体、水文条件复杂、自然天气原因
作业环境	矿井空气质量差、矿井湿度大、无风微风、噪声大、工作区域布局集中狭窄

3) 机电设备因素

机电设备在煤矿安全生产的过程中必不可少，是煤矿生产工作的基础。随着我国煤矿机械化、自动化水平的不断提高，煤矿对机电设备的需求越来越大。机电设备遍布于矿井生产的各工艺环节，应用广泛，从基础作业到安全监测监控等六大系统的搭建，都需要机电设备稳定良好的运行。机电设备的良好状态是保证煤矿安全生产的必要条件。任一环节机电设备的故障都有可能造成重大事故的发生。煤矿机电设备种类繁多、组件复杂，易产生不稳定因素。根据常见的机电设备致因因素，将其划分为机电设备故障、质量控制问题以及其他等三类，具体每类包含的致因因素如表 7.3 所示。机电设备的缺陷、故障因素主要包括煤矿作业设备、安全防护设备、传输传感设备等煤矿所有机电设备的缺陷和各种类型的故障；质量控制因素主要为机电设备自身性能的质量问题；其他问题则包含除上述两类外的所有机电设备致因因素。

表 7.3　机电设备因素划分表

因素分类	具体因素描述
设备缺陷、故障	专用作业设备缺陷或故障、线路故障、信号装置缺陷或故障、安全防护装置缺陷或故障、无安全检测仪器及自救器、电力故障、六大系统不健全、建设不到位
质量控制	设备不合格、不可靠
其他	设备位置放置不合理、设备老化、旧设备难以满足安全要求

7.3.1.2　煤矿安全事故致因因素网络模型

1) 数据来源与处理

研究获取到 285 篇有效煤矿安全事故调查报告，这些煤矿安全事故数据中共包含 99 个致因因素，对这 99 个致因因素进行编号，具体如表 7.4 所示。

表 7.4　煤矿安全事故致因具体因素及编号

节点编号	致因因素	节点编号	致因因素
1	线路故障	10	地质构造复杂
2	信号装置缺陷或故障	11	顶板条件不稳
3	专用作业设备缺陷或故障	12	自燃发火
4	设备安全防护装置缺陷或故障	13	瓦斯或煤尘超限
5	无安全检测仪器及自救器	14	有毒有害气体
6	六大系统不健全、建设不到位	15	水文条件复杂
7	设备位置放置不合理	16	自然天气原因
8	设备不合格、不可靠	17	矿井空气质量差
9	电力故障	18	无风微风

节点编号	致因因素	节点编号	致因因素
19	工作区域布局集中、狭窄	50	安全技术措施实施不到位
20	行政处罚、隐患整改跟踪落实不够	51	未提供专业的操作规程
21	未采取有效措施制止违法生产行为	52	设备安全管理不到位
22	安监机构对下级未正确履行安全监督职责问题失察	53	人力资源管理不到位
23	安监机构未认真落实上级精神	54	非法购买、违规管理使用火工品
24	煤矿安监机构未充分有效监督	55	地质信息不全面
25	驻矿安监员履职不到位	56	不懂专业防治技术，无法实施监督检查
26	公安机关对火工品监督检查流于形式	57	越界开采
27	国土资源部监管工作不到位	58	现场安全管理松懈
28	其他机构、部门监管工作不到位	59	对员工安全培训不到位
29	集团公司对上级部署贯彻落实不认真	60	对违规生产检查整改力度不够等
30	未认真落实主体企业安全生产管理责任，对矿井监管不力，对违规组织生产失察	61	未提供足够的休息时间
31	对下属矿井业务管理与技术指导失职	62	生产安排不合理
32	煤炭企业法制意识淡薄	63	超定员生产
33	矿井不具备入井作业条件	64	超组织能力生产
34	无生产资质	65	未纠正工人不恰当行为
35	不具备安全管理资格	66	安全隐患排查和及时整改不到位
36	安全生产投入不到位	67	违章指挥
37	安全管理机构不健全	68	违章审批或审批不严格
38	安全管理制度缺失	89	安全意识不强、员工缺乏自保互保意识
39	未严格落实安全规章制度，实施不到位	90	安全知识理解和掌握程度较低等
40	安全监管重视不到位，力度不够	91	未携带识别卡、人员定位卡
41	日常安全检查不到位	92	对工作面和设备情况不熟悉
42	关键区域或工作环节重视不够	93	不听从指令操作
43	未进行危险源辨识、危害认识不足	94	进入违章区域作业
44	采用明令禁止的非正规采煤方法	95	操作者违反规章制度、操作程序
45	重生产、轻安全，无视矿工生命安全	96	不规范操作、站位不当、操作不当
46	对技术工作重视不够，技术管理混乱	97	漏掉程序步骤、遗漏检查单项目
47	安全技术措施编制不严密	98	冒险作业、对周围的环境没有进行有效的安全确认
48	安全技术措施针对性不强	99	无证上岗
49	未制定安全技术措施		

2)网络模型构建与可视化

将 2-模数据转换为两个 1-模数据来考察每一类集合中点之间的关系，是分析 2-模数据较为常用的方法之一[426]。转换时有行模式和列模式两种转换模式，对于行数（事故数）为 p，列数（致因数）为 q 的事故-致因 2-模矩阵 S，利用对应乘积法，可构建事故-事故 P 和致因-致因 Q 两个 1-模矩阵。

$$P_{ij} = \sum_{k=1}^{q} S_{ik}S_{jk}, \quad 0 < i, j \leqslant p \tag{7.1}$$

其中

$$S_{ik} = \begin{cases} 0, & 事故i没有致因因素k \\ 1, & 事故i存在致因因素k \end{cases}$$

$$P_{ij} = \begin{cases} 0, & 事故i和事故j不存在任何一个相同的致因 \\ m, & 0 < m \leqslant q, \ 事故i和事故j存在m个相同的致因 \end{cases}$$

$$Q_{ij} = \sum_{k=1}^{p} S_{ki}S_{kj}, \quad 0 < i, j \leqslant q \tag{7.2}$$

其中

$$S_{ki} = \begin{cases} 0, & 事故k没有致因因素i \\ 1, & 事故k存在致因因素i \end{cases}$$

$$Q_{ij} = \begin{cases} 0, & 事故i和事故j没有在任何事故中共同出现 \\ n, & 0 < n \leqslant p, \ 致因i和致因j共同在n起事故中出现 \end{cases}$$

利用上述方法,可将事故-致因邻接矩阵转换为事故-事故 P 和致因-致因 Q 两个 1-模多值矩阵,表明了关系之间的强度。致因-致因 1-模矩阵包含了不同致因因素之间的关联关系,将该矩阵输入到 Ucinet 中可以通过可视化的方式将模型予以展示。

(1)2-模网络矩阵构建。将 285 篇煤矿安全事故报告中的事故原因描述对照表 7.4 的事故致因因素分类进行处理,形成如表 7.5 所示的事故-因素 2-模矩阵,即每一行代表一起事故,每一列对应表 7.5 中的事故致因因素,若某一事故存在某致因因素,则在矩阵中对应的位置标记为 1,否则记为 0。

表 7.5　事故-因素 2-模矩阵(部分)

因素\事故	1	2	3	4	5	6	7	8	9	10
X_1	0	0	0	0	0	0	0	0	0	0
X_2	0	0	0	0	0	0	0	0	0	0
X_3	0	0	0	0	1	1	0	0	0	0
X_4	0	0	0	0	0	1	0	0	0	0
X_5	0	0	0	0	0	1	0	0	0	0
X_6	0	0	0	0	0	0	0	0	0	0
X_7	1	0	0	0	0	0	0	0	0	0
X_8	0	0	0	0	0	0	0	0	0	0
X_9	0	0	0	1	0	0	0	0	0	0
X_{10}	0	0	0	0	0	0	0	0	0	0

(2)构建 1-模矩阵。为了挖掘出不同煤矿安全事故致因因素的内在联系，可构造煤矿安全事故致因 1-模网络对致因因素的共现关系进行研究。在 Ucinet 中，基于表 7.5 进行列转换，使用对应乘积法生成事故致因-事故致因关系矩阵，如表 7.6 所示，该 1-模多值矩阵对角线的数字代表该致因因素出现的次数，非对角线的数字为该元素对应行和列的致因因素共同出现在一篇事故报告中的次数，如编号为 1 所代表的致因因素"线路故障"在 285 篇事故报告中共出现 10 次，编号为 2 所代表的致因因素"信号装置缺失或故障"与编号 4 所代表的致因因素"设备安全防护装置缺乏或故障"在 2 篇事故报告中共同出现，两因素共同出现的次数越多，表明其关系强度越大。

表 7.6　煤矿安全事故致因-事故致因 1-模矩阵（部分）

因素	1	2	3	4	5	6	7	8	9	10
1	10	1	0	0	0	6	1	0	0	2
2	1	6	1	2	0	1	0	0	0	1
3	0	1	4	2	0	3	1	0	0	1
4	0	2	2	26	6	9	4	3	1	1
5	0	0	0	6	24	15	4	3	0	3
6	6	1	3	9	15	62	8	5	1	9
7	1	0	1	4	4	8	13	1	0	0
8	0	0	0	3	3	5	1	11	0	0
9	0	0	0	1	0	1	0	0	3	0
10	2	1	1	1	3	9	0	0	0	45

(3)边权设定。以两致因因素共同出现的事故数占总事故数的比重为连接强度，即边权。假设致因因素 i 或 j 出现在 n 起事故中，$n(i,j)$ 代表的是同时包含致因因素 i 和 j 的事故数，则致因因素 i 和 j 的两个节点连线的权重 w_{ij} 计算公式为

$$w_{ij} = \frac{n(i,j)}{n} \tag{7.3}$$

(4)煤矿安全事故网络模型可视化。基于上述事故致因-事故致因 1-模矩阵，将矩阵中元素变换为不同致因因素共同出现的事故起数占总事故数的比例，利用 NetDraw 绘制出煤矿安全事故致因网络进行可视化分析，如图 7.5 所示。

以煤矿安全事故的 99 个致因因素为网络节点，节点之间的连线表明节点之间存在共现关系，即在同一篇事故报告中出现。节点间的连线越粗，表明连线两端节点所代表的事故致因因素出现的次数越多，关系越密切。

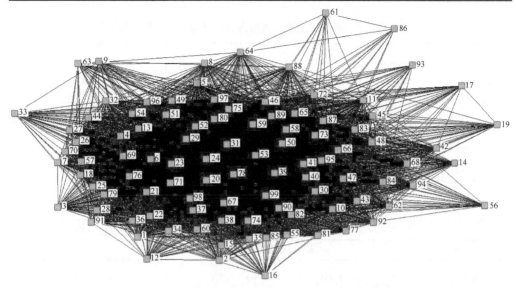

图 7.5　煤矿安全事故致因网络模型

7.3.2　网络模型分析

7.3.2.1　网络规模与密度

如果煤矿安全事故网络的密度为 1，说明该网络中节点与节点之间均互相连接，且边权均为 1，即不同的事故致因因素不仅均两两出现，而且每个致因因素对在 285 起事故中每一起事故中都出现。在图 7.5 所示的煤矿安全事故网络中共有节点 99 个，连线 3739 条，网络密度为 0.0225，表明煤矿安全事故致因网络是稀疏网络，网络中平均每对致因因素节点在 285 起煤矿安全事故中共同出现的概率约为 2.3%，网络密度低，结构较为分散。

7.3.2.2　节点频次与边权分析

对图 7.5 中 99 个节点在 285 起煤矿安全事故中出现的次数进行统计，选取频次≥100 节点，如表 7.7 所示。由此可知，在分析的 285 起煤矿安全事故中，节点 58 代表的"现场安全管理松懈"事故致因出现的频次最高，其次为节点 95"操作者违规操作"和节点 59"公司对员工安全培训不到位"。表中所列出的频次高于 100 的事故致因均为人因因素，涉及煤矿企业、矿井作业员工以及监管机构多方面。对于高频词的致因因素进行分析，有助于整体上把握 285 起事故中致因因素的分布情况。

表 7.7　煤矿安全事故致因因素统计(频次≥100)

节点编号	致因因素	频次
58	现场安全管理松懈	168
95	操作者违反规章制度、操作程序	151
59	对员工安全培训不到位	150
89	员工安全意识不强、缺乏自保互保意识	149
39	未严格落实安全规章制度，实施不到位	141
66	安全隐患排查和及时整改不到位	140
50	安全技术措施实施不到位	114
46	技术工作重视不够，技术管理混乱	112
24	煤矿安监机构未充分有效监督	109
40	安全监管重视不到位，力度不够	107

　　对煤矿安全事故致因因素网络中的边进行挖掘，统计煤矿安全事故致因网络中的 3739 条连接的权重，由大到小进行排序，选取排名前 10 的边，如表 7.8 所示。在图 7.5 所示的煤矿安全事故致因网络中，节点 59 和 89 之间的连线最粗，边权最大，达到了 0.379，说明这两节点代表的事故致因因素在 108 起煤矿安全事故中共同出现，与其他因素一起导致了煤矿安全事故的发生。对煤矿安全事故中不同致因因素之间的连接进行分析，切断网络中权重较大的边，防止该条边连接的两个节点因素共同作用，即对网络中权重较大的边进行重点防范，能够有效地降低煤矿安全事故发生的概率。

表 7.8　煤矿安全事故致因网络边权前 10 统计

边的表示	致因因素 1	致因因素 2	边权
59-89	对员工安全培训不到位	员工安全意识不强、缺乏自保互保意识	0.379
58-59	现场安全管理松懈	对员工安全培训不到位	0.344
58-89	现场安全管理松懈	员工安全意识不强、缺乏自保互保意识	0.340
58-66	现场安全管理松懈	安全隐患排查和及时整改不到位	0.333
58-95	现场安全管理松懈	操作者违反规章制度、操作程序	0.312
39-58	未严格落实安全规章制度，实施不到位	现场安全管理松懈	0.312
59-95	对员工安全培训不到位	操作者违反规章制度、操作程序	0.312
89-95	员工安全意识不强、缺乏自保互保意识	操作者违反规章制度、操作程序	0.291
39-95	未严格落实安全规章制度，实施不到位	操作者违反规章制度、操作程序	0.284
39-59	未严格落实安全规章制度，实施不到位	对员工安全培训不到位	0.281
66-89	技术工作重视不够，技术管理混乱	员工安全意识不强、缺乏自保互保意识	0.281

7.3.2.3　节点中心性分析

　　节点的度数中心度是描述节点中心性最直接的度量指标，运用 Ucinet 对煤矿安全事故致因网络进行中心度分析，对度数中心度从高到低进行排序，并选取排名前十位的节点，如表 7.9 所示。可见，度数中心度较大的十个事故致因因素也都是人因因素，其中，节点 89 的度数中心度最大，高达 98，即该节点与其他 98 个节点均有直接联系，表明节点所代表的煤矿作业工人安全意识不强、缺乏自保互保意识事故致因在网络中较为活跃，在煤矿安全事故致因网络中占据中心地位。其余 9 个节点的度数中心度也均在 90 以上，表明这些节点代表的事故致因也都具有很大的影响力，常与其他事故致因共同出现，导致事故的发生。

　　结合表 7.7 中对节点频次的分析，多数出现频次高的致因因素也具有较大的度数中心度，且这些因素均为人因因素，虽存在一定的不可预知性，但仍然可以对其适当地进行控制。因此，对这些度数中心度较大的节点进行重点防范与控制，可在一定程度上减少事故的发生。

表 7.9　煤矿安全事故致因网络部分节点中心性指标

节点编号	致因因素	度数中心度
89	安全意识不强、员工缺乏自保互保意识	98
59	对员工安全培训不到位	97
58	现场安全管理松懈	96
66	安全隐患排查和及时整改不到位	95
46	技术工作重视不够，技术管理混乱	95
95	操作者违反规章制度、操作程序	95
41	日常安全检查不到位	94
40	安全监管重视不到位，力度不够	94
39	未严格落实安全规章制度，实施不到位	94
31	对下属矿井业务管理与技术指导失职，对存在的问题未能有效督促整改	94

7.3.2.4　凝聚子群划分

　　为获得煤矿安全事故致因网络的子网络划分，以进一步挖掘出致因网络中的因素关联信息，在 Ucinet 中利用 CONCOR 法，对上述模型进行凝聚子群分析，得到的凝聚子群分布图如图 7.6 所示，子群的密度矩阵如表 7.10 所示。煤矿安全事故致因网络模型经过划分，共得到了 8 个子群。由表 7.10 可知，子群 6 的密度最大，为 0.058；子群 7 的密度最小，为 0；子群 1、子群 3 和子群 8 的密度也相对较小。密度较小的子群 1、子群 3、子群 7 和子群 8 包含的节点均很少，这些子群中包含的 6 个节点，在原网络中也处于边缘地位，6 个节点所代表的致因因素均是 285 起煤矿安全事故中出现的次数≤5 的事故致因，且节点的度数中心度也相对很低，因此这些子群的密度较低，在后续的分析中可以忽略。

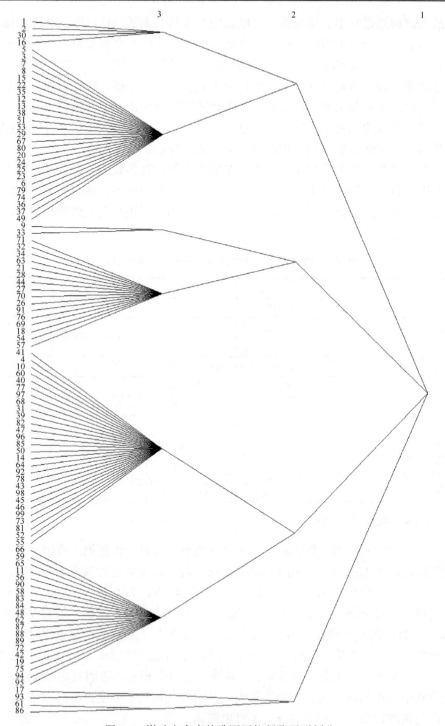

图 7.6　煤矿安全事故致因网络凝聚子群划分

表 7.10　煤矿安全事故致因网络子群密度矩阵

	1	2	3	4	5	6	7	8
1	0.006	0.009	0.000	0.005	0.011	0.009	0.000	0.000
2	0.009	0.026	0.003	0.020	0.025	0.023	0.000	0.000
3	0.000	0.003	0.004	0.004	0.001	0.001	0.000	0.000
4	0.005	0.020	0.004	0.020	0.014	0.012	0.000	0.000
5	0.011	0.025	0.001	0.014	0.035	0.040	0.020	0.000
6	0.009	0.023	0.001	0.012	0.040	0.058	0.005	0.002
7	0.000	0.000	0.000	0.000	0.020	0.005	0.000	0.000
8	0.000	0.000	0.000	0.000	0.000	0.002	0.000	0.007

由此，煤矿安全事故致因网络完成凝聚子群划分，共得到 4 个凝聚子群，每个子群包含的节点信息如表 7.11 所示。子群规模最大的为子群 3，共包含 28 个节点，规模最小的为子群 2，包含 16 个节点。结合表 7.4 中的事故致因因素编号处理，人因因素的编号为 20～99，可知，划分后得到的 4 个子群中均包含人因因素，且人因因素在每一子群中均占有较大的比例。

对每一子群的节点所代表的致因因素进行分析后发现，4 个子群包含的致因因素集合分别聚焦在不同的行为层，子群 1 中包含的致因因素主要集中在煤矿安监机构行为方面，子群 2 主要为煤矿组织层面的致因因素，子群 3 主要包含了煤矿管理层的相关事故致因因素，子群 4 则主要为煤矿员工层的致因因素的集合。

表 7.11　煤矿安全事故致因网络凝聚子群节点信息

序号	包含节点
1	3、5、6、7、8、12、13、15、20、22、23、24、25、29、35、36、37、38、49、51、53、67、74、79、80
2	18、21、26、27、28、32、34、44、54、57、63、69、70、71、76、91
3	4、10、14、31、39、40、41、43、45、46、47、50、52、55、60、64、68、73、77、78、81、82、85、92、96、97、98、99
4	11、19、42、48、56、58、59、62、65、66、72、75、83、84、87、88、89、90、94、95

本章以潞安集团司马煤业安全隐患文本数据以及煤矿安全事故调查报告为基础，一方面，利用分词提取文本中的关键因子，分析了各类安全隐患因子之间的内在关系。另一方面，从人因因素、环境因素、机电设备因素方面对煤矿安全事故致因因素进行了分类，全面构建煤矿安全事故致因因素网络模型，最后将煤矿安全事故网络划分为 4 个凝聚子群。根据社会网络得到的结论，可以为煤矿企业找出安全隐患致因因素，对于指导煤矿安全管理实践具有一定的参考价值。

第 8 章　基于关联规则挖掘的知识可视化研究

8.1　关联规则挖掘概述

世间万物都是有联系的，这种联系让这个世界变得丰富多彩而又生动有趣。关联分析就是要寻找到事物之间的联系规律和结构特征，发现它们之间的关联关系。数据挖掘中，关联分析的主要技术是关联规则（Association Rule），最早由 Agrawal 等提出，主要用于研究超市顾客购买商品之间的规律，目的是找到顾客经常同时购买的商品，进而合理摆放货架，方便顾客选取，该分析被称为购物篮分析[427]。随着关联规则技术的不断丰富和完善，关联规则技术已广泛应用于众多领域。

8.1.1　关联规则简介

8.1.1.1　事务和项集

关联规则的分析对象是事务（Transaction）。事务可以理解为一种商业行为，含义极为广泛。事务（T）通常由事务标识（TID）和项目集合（简称项集 X）组成。事务标识唯一确定一个事务；I 为包含 k 个项目的全体，即 $I = \{I_1, I_2, \cdots, I_k\}$。项集 $X \subseteq I$。如果项集 X 中包括 p 个项目，则称项集 X 为 p 项集。

8.1.1.2　关联规则的形成

关联规则的一般表示形式为

$$X \rightarrow Y \text{（支持度，置信度）}$$

其中，X 称为规则的前项，可以是一个项目或项集，也可以是一个包含逻辑与（$\cap$）、逻辑或（$\cup$）、逻辑非（$\neg$）的逻辑表达式。Y 称为规则的后项，一般为一个项目，表示某种结论或事实。

依据样本数据可以得到很多关联规则，但并非所有关联规则都有效。也就是说，有的规则可能令人信服的水平不高，有的规则适用的范围有限，因此这些规则都不具有有效性。判断一条关联规则是否有效，应依据各种测度指标，其中最常用的指标是关联规则的置信度和支持度。

8.1.1.3　关联规则有效性的测度指标

置信度（Confidence）是对关联规则准确度的测量，描述了包含项目 X 的事务中

同时也包含项目 Y 的概率，反映 X 出现条件下 Y 出现的可能性，其数学表示为

$$C_{X \to Y} = \frac{|T(X \cap Y)|}{|T(X)|} \tag{8.1}$$

其中，$|T(X)|$ 表示项目 X 的事务数，$|T(X \cap Y)|$ 表示同时包含项目 X 和项目 Y 的事务数。如果置信度高则说明 X 出现则 Y 出现的可能性高，反映的是在给定 X 情况下 Y 的条件概率。

支持度(Support)测度了关联规则的普遍性，表示项目 X 和项目 Y 同时出现的概率，其数学表示为

$$S_{X \to Y} = \frac{|T(X \cap Y)|}{|T|} \tag{8.2}$$

其中，$|T|$ 表示总事务数。支持度太低，说明规则不具有一般性。

另外，还可以计算关联规则中的前项支持度和后项支持度，它们分别是 $S_X = \frac{|T(X)|}{|T|}$ 和 $S_Y = \frac{|T(Y)|}{|T|}$。

支持度和置信度具有内在联系，分析它们的数学定义，可得

$$C_{X \to Y} = \frac{|T(X \cap Y)|}{|T(X)|} = \frac{S_{X \to Y}}{S_X} \tag{8.3}$$

也就是说，包含项目 X 的事务中可能包含项目 Y 也可能不包含，置信度反映的是其包含项目 Y 的概率，是支持度与前项支持度的比。

一个理想的关联规则应具有较高的置信度和支持度。如果支持度较高但置信度较低，说明规则的可信程度差。反之，支持度低置信度高，说明规则的应用机会少，没有太多的实际应用价值。

所以，关联规则分析的目的应是在众多关联规则中筛选出具有一定置信度和支持度的规则。对此，用户应给出一个最小置信度和最小支持度标准，也称阈值。只有大于最小置信度和支持度阈值的规则才是有效规则。当然，阈值的设置要合理。如果支持度阈值太小，生产的规则会失去代表性，而如果支持度阈值太大，则可能无法找到满足阈值要求的规则；同样，如果置信度阈值太小，生成的规则的可信度就不高；阈值太大，也同样可能无法找到满足阈值要求的规则。

8.1.1.4　关联规则实用性的测度指标

通常情况下，如果规则置信度和支持度大于用户设定的阈值，那么这个规则就是一条有效规则。事实上，有效规则在实际应用中并不一定实用。换句话说，有效规则未必具有正确的指导意义，因为关联规则所揭示的关联关系可能仅仅是一种随

机关联关系，或者关联规则所揭示的关联关系可能是反向关联关系。因此，衡量规则是否具有实用性和实际意义，还应参考关联规则的其他测量指标。

提升度(Lift)是置信度与后项支持度的比，其数学表示为

$$L_{X \to Y} = \frac{C_{X \to Y}}{S_Y} = \frac{|T(X \cap Y)|}{|T(X)|} / \frac{|T(Y)|}{|T|} \tag{8.4}$$

事实上，后项支持度是没有模型时研究项(后项)的先验概率。提升度反映了项目 X 的出现对项目 Y(研究项)出现的影响程度。一般大于 1 才有意义，意味着 X 的出现对 Y 的出现有促进作用，提升度越大越好[428]。

与提升度类似，置信差(Confidence Difference)也利用了后项支持度，是置信度与后项支持度的绝对差，数学表示为

$$D = |C_{X \to Y} - S_Y| \tag{8.5}$$

置信差应高于某个最小值，所得到的关联规则才有意义。

置信率(Confidence Ratio)的数学定义为

$$R = 1 - \min\left(\frac{C_{X \to Y}}{S_Y}, \frac{S_Y}{C_{X \to Y}}\right) \tag{8.6}$$

其中，括号中的第一项为提升度，第二项是提升度的倒数。由于提升度越大越好，所以 R 越大越好。置信率很适合于稀有样本的分析，同样，置信率应高于某个最小值，得到的关联规则才有意义。

正态卡方(Normalized Chi-Square)从分析前项与后项的统计相关性角度评价规则的有效性，其数学定义为

$$N = \frac{(S_X S_Y - S_{X \to Y})^2}{S_X \overline{S_X} S_Y \overline{S_Y}} \tag{8.7}$$

不难得出，当项目 X 和项目 Y 独立时，$S_X S_Y = S_{S \to Y}$，N 为 0；当项目 X 和项目 Y 完全相关时，N 为 1，因此 N 越接近 1，说明前项和后项的关联性越强。同样，正态卡方应高于某个最小值，所得到的关联规则才有意义。

信息差(Information Difference)是在交互熵的基础上计算出来的。交互熵(Cross Entropy)也称相对熵，在香农信息论中占有非常重要的地位，主要用于度量两个概率分布间的差异性。

设 $P = (p_1, p_2, \cdots, p_n)$ 和 $Q = (q_1, q_2, \cdots, q_n)$ 是两个离散型随机变量的概率分布向量，则 $D(P \| Q)$ 称为 P 对 Q 的交互熵，其数学定义为

$$D(P \| Q) = \sum_{i=1}^{n} p_i \log_2 p_i - \sum_{i=1}^{n} p_i \log_2 q_i \tag{8.8}$$

其中，第一项替换为 X 条件下 Y 的分布，第二项为 X 独立于 Y 情况的期望分布。

为了说明信息熵的含义，以购买面包和牛奶为例，如表 8.1 所示。

表 8.1　面包和牛奶的概率分布表

		Y(牛奶)		概率
		1	0	
X(面包)	1	ac r	$a\bar{c}$ $a-r$	a
	0	$\bar{a}c$ $c-r$	$\bar{a}\bar{c}$ $1-(a+c-r)$	$\bar{a}$
概率		c	$\bar{c}$	1

表 8.1 中，每个单元格的第一个数据为 X 和 Y 独立条件下的期望概率分布，也就是购买面包和购买牛奶没有任何关联下的分布；第二个数据为实际概率分布，r 为关联规则的支持度，a 为前项支持度，c 为后项支持度。现计算这两个概率分布的差异。根据交互熵的定义，信息差定义为

$$E = r\log_2\frac{r}{ac} + (a-r)\log_2\frac{a-r}{a\bar{c}} + (c-r)\log_2\frac{c-r}{\bar{a}c} + (1-a-c+r)\log_2\frac{1-a-c+r}{\bar{a}\bar{c}} \quad (8.9)$$

可见，信息差越大说明实际前后项的关联性越强。同样，信息差应高于某个最小值，所得到的关联规则才有意义。

8.1.2　Apriori 算法

最早的 Apriori 算法是 Agrawal 等于 1994 年提出的，后经不断完善，现已成为数据挖掘中关联规则算法的核心技术。为了提高有效关联规则的产生效率，Apriori 算法包括两大部分：第一，产生频繁项集；第二，依据频繁项集产生关联规则。

8.1.2.1　产生频繁项集

1）频繁项集

所谓频繁项集是指，对包含项目 A 的项集 C，如果其支持度大于等于用户指定的最小支持度 $S_{\min}$，可表示为

$$\frac{|T(A)|}{|T|} \geqslant S_{\min} \quad (8.10)$$

则称 $C(A)$ 为频繁项集。包括 1 个项目的频繁项集称为频繁 1-项集，记为 L_1；包括 k 个项目的频繁项集称为频繁 k-项集，记为 L_k。确定频繁项集的目的是确保后续生成的关联规则是在具有代表性的项集上生成的。

2) 寻找频繁项集

Apriori 算法利用迭代寻找频繁项集。第 i 次迭代计算出所有频繁 i-项集（包含 i 个元素的项集）。每次迭代都有两步：产生候选集；计算和选择候选集。

首先设定支持度阈值为 s_0，扫描整个数据集 H，形成候选 1-项集 C_1，计算候选 1-项集的支持度，形成频繁 1-项集 L_1，可表示为

$$\forall h_j \in H, \quad s(h_j) \geqslant s_0, \quad L_1 = \{h_j\} \tag{8.11}$$

其中，$s(h_j)$ 表示项目 h_j 的支持度，$j=1,2,\cdots,m$，m 为 H 中项目总数。

然后在 L_1 基础上通过连接计算，形成候选 2-项集 C_2，如式 (8.12) 所示；计算 C_2 中项集 $\{h_a\ h_b\}$ 的支持度，形成频繁 2-项集 L_2，可表示为

$$C_2 = L_1 \otimes L_1 = \{h_a \textstyle\bigcup h_b \mid h_a, h_b \in L_1, h_a \textstyle\bigcap h_b = \varnothing\} \tag{8.12}$$

$$\forall h_a \textstyle\bigcup h_b \subseteq C_2, \quad s(h_a \textstyle\bigcup h_b) \geqslant s_0, \quad L_2 = \{h_a \textstyle\bigcup h_b\} \tag{8.13}$$

同理在频繁 $k-1$ 项集 L_{k-1} 基础上进行第 k 次迭代，对 L_{k-1} 进行连接运算形成候选 k 项集 C_k，计算 C_k 中项集的支持度形成频繁 k 项集 L_k，计算公式为

$$C_k = L_{k-1} \otimes L_{k-1} = \{X \textstyle\bigcup Y \mid X, Y \subseteq L_{k-1}, |X \textstyle\bigcap Y| = \phi\} \tag{8.14}$$

$$\forall X \textstyle\bigcup Y \subseteq C_k, \quad s(X \textstyle\bigcup Y) \geqslant s_0, \quad L_k = \{X \textstyle\bigcup Y\} \tag{8.15}$$

当无法由 L_k 构造候选 $k+1$ 项集 C_{k+1} 时，算法终止，形成所有的频繁项集。

8.1.2.2　产生关联规则

从频繁项集中产生所有关联规则，选择置信度大于用户指定最小置信度阈值的关联规则，组成有效规则集合。

对每个频繁项集 L，计算 L 中所有非空子集 L' 的置信度，可表示为

$$C_{L' \to (L-L')} = \frac{|T(L)|}{|T(L')|} = \frac{S(L)}{S(L')} \tag{8.16}$$

如果 $C_{L' \to (L-L')}$ 大于用户指定最小置信度阈值，则生成关联规则 $L' \to (L - L')$。

Apriori 算法的关联规则是在频繁项集基础上产生的，因此有效保证了这些规则的支持度达到用户指定的水平，具有一定的适用性。再加上置信度的限制，使得所产生的关联规则具有有效性。

8.1.3　FP-Growth 算法

下面用 Apriori 算法的可伸缩性定义一个非常重要的问题。如果生成一个长度为 100 的频繁模式 (FP)，例如 $\{a_1, a_2, \cdots, a_{100}\}$，那么所产生的候选集的数量至少为 $2^{100}-1$，这需要数百次的数据库扫描，计算的复杂度呈指数增长，这也是影响一些新的关联规则挖掘算法开发的一个主要因素。

　　FP-Growth 算法是大型数据库中挖掘频繁项集的一个有效算法。该算法在挖掘频繁项集时，没有耗时的候选集生成过程，而这在 Apriori 算法中是必不可少的。当数据库很大时，FP-Growth 算法首先进行数据库投影，得到频繁项；然后构造一个紧凑的数据结构——FP 树，来对它们进行挖掘。

　　FP 树是一种输入数据的压缩表示，它通过逐个读入事务，并把每个事务映射到 FP 树中的一条路径来构造。由于不同的事务可能会有若干个相同的项，所以它们的路径可能部分重叠。路径相互重叠越多，使用 FP 树结构获得的压缩效果越好。如果 FP 树足够小，能够存放在内存中，就可以直接从这个内存中的结构提取频繁项集，而不必重复地扫描存放在硬盘上的数据。

8.1.4　多维关联规则挖掘

　　多维事务数据库 BD 的模式为 $(ID, A_1, A_2, \cdots, A_n, \text{items})$，其中 ID 为每个事务在数据库中的唯一标识，$A_i$ 是数据库中的结构化属性，items 是与给定事务连接的项的集合。每个元组 $t = (id, a_1, a_2, \cdots, a_n, \text{items} - t)$ 中包含的信息都可以分为两个部分：维部分 $(a_1, a_2, \cdots, a_n)$ 和项集部分 $(\text{items} - t)$。一般将挖掘过程分为两步：首先挖掘维度信息的模式，然后从投影的子数据库中查找出频繁项集，反之亦然。为了不偏向任何方法，下面用如表 8.2 所示的多维数据库 DB 来演示第一种方法。

表 8.2　多维事务数据库 DB

ID	A_1	A_2	A_3	Items
01	a	1	m	x,y,z
02	b	2	n	z,w
03	a	2	m	x,z,w
04	c	3	p	x,w

　　可首先查找频繁多维值的组合，然后寻找数据库中相应的频繁项集。假定表 8.2 中数据库 DB 的阈值为 2，即属性值的组合如果出现两次或两次以上，它就是频繁的，称为多维模式或者 MD-模式。在挖掘 MD-模式时，可使用改进的 BUC（Bottom Up Computation）算法。BUC 算法的基本步骤如下：

　　（1）首先，在第一维 (A_1) 中按值的字母顺序对每个元组排序。属性 A_1 的值是分类的。在该维中仅有的 MD 模式为 $(a, *, *)$，因为只有 a 出现了两次，b 和 c 出现了一次，所以它们就不属于 MD-模式。其他两个维的值 $(*)$ 代表它们在第一步中不相关，可以是允许的值的任意组合。

　　在数据库中选择那些具有 MD-模式的元组。在本数据库中，它们是 ID 为 01 和 03 的样本。针对第二维 $(A_2$，其值为 1 和 2)，对规约的数据库再次排序。因为模式没有出现两次，所以不存在 A_1 和 A_2 值的 MD 模式。于是可忽略第二维 A_2 (该维不会再归约数据库)。下一步将用到所有被选择的元组。

在第三维(本例是带有分类值的 A_3)中按字母顺序将每个选中的元组排序。子群 $(a, *, m)$ 包含在两个元组中,它是一个 MD 模式。因为在例子中已经没有其他维,所以下面开始步骤(2)的搜索。

(2)重复步骤(1)的过程;只是从第二维而不是第一维开始搜索(在这次迭代过程中不分析第一维)。在后面的迭代中,每次都会减少一维,逐步简化了搜索过程。继续处理其他维。

在本例中,第二次迭代从属性 A_2 开始,MD 模式为 $(*, 2, *)$。除了维 A_3 外,不存在其他 MD 模式。本例中的第三次迭代和最后一次迭代从维 A_3 开始,相应的模式为 $(*, *, m)$。

总之,改进的 BUC 算法定义了一个 MD 模式集以及相应的数据库投影。找到所有的 MD 模式后,分析多维事务数据库的下一步就是对每个 MD 模式在 MD 投影的数据库中挖掘频繁项集。另一种方法是首先挖掘出频繁项集,再挖掘相应的 MD 模式。

本节简单介绍了关联规则的相关概念和算法,Apriori 算法是关联规则的核心技术,FP-Growth 算法是大型数据库中挖掘频繁项集的一个有效算法,用简单的例子说明了多维事务数据库的关联规则挖掘。

8.2　TF 煤业危险源关联规则分析

煤矿安全问题的发生是由各类危险源处于危险状态而又没有得到及时治理引起的。同时暴露安全隐患的各类危险源之间并不是孤立的,它们之间存在着潜在的交互关系:如掘进巷道风筒破损,会导致巷道内风速下降,有害气体浓度升高;再如某工作面安全质量标准化开展不到位,会出现各类安全隐患;又如灭火器配备不足、瓦斯检查板不按时填写、工作面及其所属巷道杂物多、积水不及时清理等。这些危险源转变为安全隐患都是由管理缺陷导致的,即都存在共同的原因。因此不同危险源发生安全问题有一定的内在关联性,这种关联性有些可能是由危险源之间存在内在逻辑所致,如风筒破损,有害气体浓度升高;另一些可能是由危险源所处的管理环境一致所致。煤矿安全危险源交互分析的核心内容是通过对历史安全问题记录中各类危险源暴露安全隐患的数据进行分析,挖掘出暴露安全问题的危险源之间是否存在关联,如果有,那么哪些危险源容易同时发生安全问题。

在对安全管理理论的梳理中,不难发现风险预控安全管理是一种有效的管理手段,其核心是对危险源的识别、分析、评价、监测和控制。在煤矿生产作业各环节及相应区域中存在着众多危险源,通过经验对照分析和系统安全分析方法能够有效地对其进行识别。对此,《煤矿安全风险预控管理体系》(AQ/T1093-2011)中对危险源识别评估做了明确的规定,对煤炭企业开展危险源辨识工作提供了指导和依据。

因此本节提出如下假设：同时暴露安全隐患的危险源之间存在隐含关联规则。通过将安全隐患记录中的致因维度进行细化，得出具体危险源对象，通过对危险源数据集中频繁项集的挖掘，最终提取相应的关联规则。

8.2.1　建模分析

煤矿开采过程中存在很多区域，如前文所述，TF 煤业生产作业区域包括采煤工作面及其所属巷道，掘进工作面及其所属巷道，用于盘区轨道运输、皮带运输和回风的盘区巷道，用于连通各煤层的辅平硐以及斜井等，不同区域由于作业性质不同，其危险源类别有很大的差异，所以在进行危险源关联规则研究时，需选取相同性质的区域作为研究对象。

将针对某区域进行的每次隐患排查都看成一项"事务" t_i，t_i 记录着该次隐患排查发现的安全隐患信息，安全隐患数据库实际就是由 t_i 组成的事务集，记为 T，将煤矿特定区域内每项危险源看成一个项目，记为 h_j，则由所有危险源集合构成项集 H，每项隐患排查事务 t_i 都属于危险源项集 H 的一个子集。

假定危险源项集 $H_1 \subseteq H$，H_1 在事务集 T 上的支持度定义为 T 中包含 H_1 的事务数量占 T 中事务总数的百分比，即在所有的隐患排查记录中包含 H_1 中危险源的隐患比例，支持度按照式(8.2)计算。

假设当危险源项集 H_1 出现时，能够以一定的概率推出危险源项集 H_2，即 $H_1 \Rightarrow H_2$，则称 H_1 与 H_2 之间存在关联性，$H_1 \Rightarrow H_2$ 的概率称为置信度，是指在 T 中同时包含 H_1 和 H_2 的事务数占仅包含 H_1 的事务数的比重，如式(8.3)所示，置信度反映了关联规则的准确程度。

一旦关联规则被提取，就能够应用于日常隐患排查工作中，其实际意义在于若发现 H_1 中的危险源暴露安全问题，就可有针对性地排查 H_2 中的危险源是否存在安全问题，运用关联规则进行隐患排查能够提升排查效率，定义规则提升度为规则置信度与规则后项先验概率的比值，如式(8.4)所示。

规则提升度反映了规则后项受前项影响的大小：若规则提升度大于1，说明规则前项出现与否对后项有很大影响，此时关联规则现实意义明显；若规则提升度小于1，说明受前项影响条件下后项出现概率比先验概率还小，此时关联规则没有现实意义；若规则提升度等于1，说明规则前项与后项彼此独立，不存在关联关系。

因此，煤矿安全危险源关联规则挖掘就是在安全隐患数据集中寻找满足最小支持度的危险源频繁项集，进而根据置信度阈值构建危险源易发安全问题关联规则的过程。

8.2.2　模型构建

煤矿隐患排查事务集 T 中每一项隐患排查活动用 tid 标识，假定在第 i 次隐患排

查中危险源 h_j 是否出现用 a_{ij} 表示，若出现则 $a_{ij}=1$，否则 $a_{ij}=0$，则构建隐患排查事务集和危险源项集的关系如表 8.3 所示。

表 8.3　煤矿安全隐患危险源分布表

tid	h_1	h_2	...	h_j	...	h_m
1	a_{11}	a_{12}	...	a_{1j}	...	a_{1m}
2	a_{21}	a_{22}	...	a_{2j}	...	a_{2m}
⋮	⋮	⋮	⋮	⋮	⋮	⋮
i	a_{i1}	a_{i2}	...	a_{ij}	...	a_{im}
⋮	⋮	⋮	⋮	⋮	⋮	⋮
n	a_{n1}	a_{n2}	...	a_{nj}	...	a_{nm}

在表 8.3 的基础上，选择适用的关联规则挖掘算法构建关联规则模型。本节采用 Apriori 算法构建危险源关联规则挖掘模型，具体步骤请参阅 8.1.2 节。

8.2.3　关联规则挖掘工具

本节采用 IBM SPSS Modeler 作为数据挖掘工具。它是一款封装了多种数据挖掘算法的可视化数据挖掘工具，支持从数据获取、转换、建模、评估到最终部署的整个数据挖掘流程，符合跨行业标准数据挖掘流程（Cross Industry Standard Process for Data Mining，CRISP-DM）数据挖掘行业标准[429]。运用 Modeler 进行数据挖掘的关键是根据业务目的构建数据流，数据流由多个节点连接而成，能够直观反映数据挖掘过程中数据在各个步骤中的处理。Modeler 节点分为源节点、中间节点和终端节点三类，其中源节点用于读取模型所需的数据集，包含多种类型的数据集可供选择，如常见的数据库文件、Excel 文件、SPSS 文件、XML 文件等；中间节点主要用于对数据集的各种预处理，针对数据集中的行记录可进行汇总、排序、合并等操作，针对列字段可进行字段标识、过滤、分箱、填充等处理；终端节点包括图形节点、建模节点和输出节点，其中图形节点可以根据数据集生成直方图、网络图、散点图等可视化图形图表，实现对原始数据的可视化探索分析，建模节点中包含各类数据挖掘算法，如神经网络算法、决策树算法、关联规则挖掘算法、回归分析、贝叶斯网络等，输出节点提供了对挖掘结果的各种输出，包括数据表、报告、统计量等多种形式。

8.2.4　煤矿危险源关联规则挖掘实例

8.2.4.1　TF 危险源辨识及划分

本节以 TF 煤业安全隐患数据集为基础，对暴露安全隐患的危险源之间的关联关系进行挖掘。如前所述，在煤矿井下区域中，不同类型作业区域中涉及的自然禀赋、设备设施、作业人员、作业过程存在差异，这就导致了常见危险源类型的不同，为保证危险源项集的可比性，需选取同类型区域作为研究对象。因此，首先对 TF 煤业安全问题集中的区域类型进行筛选，选取具有代表性的掘进巷道安全问题集进行研究，共得到安全隐患记录 244 条，同一时间同一地点的安全检查视为一次事务，同一时间不同地点的安全检查视为不同的事务，244 条安全隐患可归于 68 个安全检查事务中。掘进巷道中主要设备对象包括皮带输送机、运输小绞车、排水泵及相关设备、消防器材及设备、防爆设备等；主要环境对象包括顶板、瓦斯、通风、煤尘等；主要管理对象包括各类牌板设置及填写、区域标准化工作、工作用具配备；主要人的因素包括作业中各类人的不安全行为。以危险源识别理论为指导，通过类比分析、资料学习以及对现场安全管理者的询问、交谈，对 244 条安全隐患涉及的危险源进行界定，共分为 17 类危险源，如表 8.4 所示。

表 8.4　TF 煤业掘进巷道涉及危险源列表

编号	危险源	风险类型
h_1	相应牌板未吊挂、填写，或吊挂、填写不规范	人或管
h_2	消防器材未配备或已失效	管或机
h_3	排水器材未配备或已故障	管或机
h_4	防爆设备设施未配备或无法正常使用	管或机
h_5	通风设备设施未配备或损坏导致无风、漏风	管或机
h_6	掘进工作面及巷道喷雾、水幕设备未配备或无法正常使用	管或机
h_7	掘进巷道成型不达标，不符合规程要求	环或管
h_8	掘进巷运输皮带及其相关部件问题	人或机
h_9	掘进巷运输绞车及其相关部件问题	人或机
h_{10}	锚杆/索缺失、失效、未打压、露头长度不合格	人或机
h_{11}	防护网、顶钢带配备不当导致的冒顶、片帮	人或机
h_{12}	杂物多，场所脏乱差、照明不足	管
h_{13}	电缆乱挂或电缆连接不恰当	人
h_{14}	积水未排、煤泥未清理	人
h_{15}	工作用具、防护用品缺失	管
h_{16}	各类环境监测传感器未配备、失效或安装不到位	管
h_{17}	浮煤、煤尘未清洗或较多	人或环

在危险源辨识的基础上，对 TF 煤业掘进巷道隐患排查事务中所包含的危险源进行分解，部分结果示例如表 8.5 所示。

表 8.5　TF 煤业安全检查事务列表及危险源项集

tid	时间	区域	安全问题	危险源
001	2014/01/06	03030208	1. 未吊挂"有掘必探"牌； 2. 运料斜巷与正巷交叉口缺一组组合锚索	h_1, h_{10}

续表

tid	时间	区域	安全问题	危险源
002	2014/01/07	02020201	1. 320 米处绞车无护绳板、钢丝绳末端未用压板； 2. 皮带头钟铃声光信号有声无光； 3. 隔爆水棚未吊挂牌板； 4. 皮带头一个灭火器失效	h_1, h_2 h_8, h_9
003	2014/01/08	02020202	1. 巷口缺各种管理牌板； 2. 巷口绞车钢丝绳末端未用压板压； 3. 左手帮部分锚杆不露头	h_1, h_9, h_{10}
004	2014/01/09	04020201	1. 无消防器材及消防设施； 2. 无防治水牌板； 3. 无水泵和排水设施	h_1, h_2, h_3
005	2014/01/10	02020201	1. 工作面有积水； 2. 巷 260 米处有大块矸石	h_{12}, h_{14}
006	2014/01/26	04020202	1. 巷口至工作面杂物太多、标准化差； 2. 巷底不平	h_7, h_{12}
...	...	...	...	...
066	2014/11/16	02020205	1. 无探水牌板； 2. 无排水管路、排水泵； 3. 风筒破口多，漏风严重； 4. 工作面浮煤、淤泥多； 5. 440 米和 560 米处仅 2.5 米高，与规程不符	h_1, h_3, h_5 h_7, h_{12} h_{14}, h_{17}
067	2014/11/16	02020206	1. 风筒漏风严重； 2. 工作面皮带底浮煤、淤泥多； 3. 工作面喷雾效果差	h_5, h_6, h_{12} h_{14}, h_{17}
068	2014/12/16	02020207	1. 工作面甲烷传感器吊挂不到位； 2. 吊挂传感器管理牌板距传感器 20 米； 3. 局扇未安设管理牌板； 4. 回风绕道拐弯处未安设拐弯风筒； 5. 未安设净化水幕	h_1, h_3 h_6, h_{16}

8.2.4.2　TF 危险源关联规则挖掘

本节以 CRISP-DM 方法论为指导开展对 TF 煤业危险源关联规则挖掘研究。根据 CRISP-DM 方法论，对 TF 煤业危险源关联规则挖掘分析如下：

（1）业务背景是针对日常隐患排查工作产生的安全隐患数据提取各类危险源暴露安全隐患的关联规则，其现实意义在于能够提升安全检查人员隐患排查的效率。

（2）数据基础是安全管理系统中历史隐患排查记录。

（3）数据准备阶段需完成两项工作。一是根据业务实际在安全隐患记录数据集中选择需要挖掘的数据，本节将按照区域类别字段对原始数据集进行筛选，得到区域类型为掘进巷道的隐患数据集；二是将安全隐患中涉及的危险源进行提取并进行标准化处理，得到规范化隐患排查事务集。

(4)模型构建阶段选择 Apriori 关联规则挖掘算法，模型中涉及的支持度、置信度和提升度根据模型运行情况进行调整。

(5)结果部署是对得出的关联规则进行分析和评价，并结合危险源含义解读关联规则的实际意义。

在上述分析的基础上，采用 Modeler 工具进行危险源关联规则数据流构建。定义数据流的源节点，选择规范化危险源数据文件作为数据源；采用"类型"节点对数据源中的字段进行变量类型、格式及角色的设置；采用"标识"节点将危险源集合中的 17 类危险源设为独立的字段，其中危险源取值为 1 表明该危险源在相应的隐患排查事务中出现，取值为 0 则表明未出现，采用"过滤"节点可灵活设置参与关联规则挖掘的字段；输出处理后的标准化危险源列表以及危险源关联关系网络图；通过采用 Apriori 算法对数据集进行挖掘，生成规则集。最终构建关联规则挖掘数据流如图 8.1 所示。

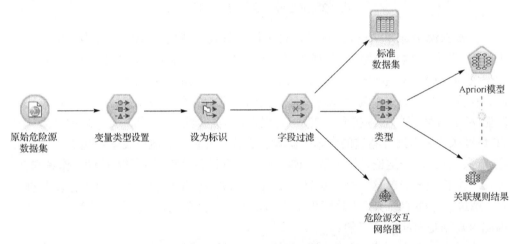

图 8.1 危险源关联规则挖掘数据流

在图 8.1 中，选择网络图节点，设置显示字段为 17 类危险源的真值，线值为危险源绝对频数，得出 TF 煤业危险源关联关系可视化网络图如图 8.2 所示，图中每个危险源显示为一个顶点，危险源间有关联则用线进行连接，线的粗细代表危险源同时出现的频数，两危险源同时出现的频数越高，其连线越粗，反之则越细。通过危险源网络图可对危险源之间的关联关系进行初判。由图 8.2 不难得出以下初步结论：

(1)危险源 h_5、h_{12} 和 h_{17} 同时出现的频次较高；

(2)危险源 h_1、h_2 和 h_5 同时出现的频次较高；

(3)危险源 h_{10} 与 h_{11} 同时出现的频次较高；

(4)危险源 h_5、h_{14} 与 h_{17} 同时出现的频次较高；

(5)危险源 h_5 和 h_6 同时出现的频次较高。

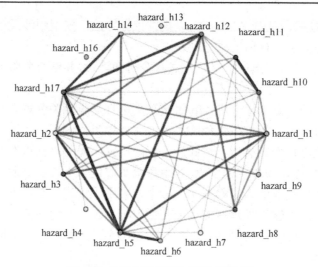

图 8.2　危险源关联性可视化网络图

在数据流中选择 Apriori 模型，设定最小规则支持度为 10%，最小规则置信度为 80%，进行关联规则挖掘，生成关联规则为 Rule：$h_6 \Rightarrow h_5$，规则支持度为 16.18%，置信度为 81.82%，提升度为 2.23，该规则的含义是如果危险源 h_6 出现，那么 h_5 同时存在安全隐患的概率为 81.82%，采用此规则进行安全隐患排查比随机排查发现危险源 h_5 存在隐患的效率提升 2.23 倍。根据两类危险源的含义，其实际意义为：对 TF 煤业来说，当掘进巷道的水幕喷雾设备存在问题时，其通风设备设施通常也会存在问题。对于这一结论，如不结合该矿实际业务进行分析，则令人费解，作者与 TF 煤业安全管理人员就这一规则进行了交流，发现该矿掘进巷道的通风工作以及掘进巷、掘进工作面的喷雾、水幕降尘工作都是由通风区负责，即责任主体为同一区队，因此该规则是有实际意义的。

为得出更多有价值的关联规则，对 Apriori 模型关键参数进行适当调整，将最小支持度阈值调整为 8%，最小置信度阈值调整为 60%，共得出 6 条有趣的规则，如表 8.6 所示。

表 8.6　危险源关联规则挖掘结果

规则 ID	规则内容	支持度/%	置信度/%	提升度
Rule 1	$h_6 \Rightarrow h_5$	16.18	81.82	2.23
Rule 2	$\{h_{12}, h_{17}\} \Rightarrow h_5$	13.24	66.67	1.81
Rule 3	$\{h_5, h_{12}\} \Rightarrow h_{17}$	13.24	66.67	2.06
Rule 4	$h_{11} \Rightarrow h_{10}$	23.53	62.50	2.13
Rule 5	$h_{14} \Rightarrow h_{17}$	22.06	60.00	1.86
Rule 6	$\{h_5, h_{17}\} \Rightarrow h_{12}$	14.71	60.00	1.86

结合各危险源含义，对规则的实际意义解释如下：

(1) Rule 1 表示当掘进巷道的水幕喷雾设备存在问题时，其通风设备设施通常也会存在问题，该规则置信度达到 81.82%，按照这一规则对通风设备设施安全隐患进行排查能够使检查效率提升 2.23 倍。

(2) Rule 2 表示当该矿掘进巷道同时存在"杂物多，场所脏乱差、照明不足"与"浮煤、煤尘未清洗或较多"安全问题时，通常会伴随"通风设备设施未配备或损坏导致无风、漏风"的安全问题，支持度为 13.26%，置信度为 66.67%，按照这一规则对通风设备设施进行安全检查能够使检查效率提高 1.81 倍。

(3) Rule 3 表示当该矿掘进巷道同时存在"通风设备设施未配备或损坏导致无风、漏风"与"杂物多，场所脏乱差、照明不足"安全问题时，通常会伴随"浮煤、煤尘未清洗或较多"的安全问题，支持度为 13.24%，置信度为 66.67%，按照这一规则对浮煤及煤尘危险源进行排查能够使检查效率提高 2.06 倍。

(4) Rule 4 表示当该矿掘进巷道"防护网、顶钢带配备不当导致冒顶、片帮"安全问题时，通常会伴随"锚杆/索缺失、失效、未打压、露头长度不合格"等顶板类问题，支持度为 23.53%，置信度为 62.5%，按照这一规则对顶板锚杆类问题进行排查能够使检查效率提升 2.13 倍。

(5) Rule 5 表示当该矿掘进巷道存在"积水未排、煤泥未清理"安全问题时，通常会伴随"浮煤、煤尘未清洗或较多"的安全问题，支持度为 22.06%，置信度为 60%，按照这一规则对浮煤及煤尘危险源进行排查能够使检查效率提高 2.06 倍。

(6) Rule 6 表示当该矿掘进巷道同时存在"通风设备设施未配备或损坏导致无风、漏风"与"浮煤、煤尘未清洗或较多"安全问题时，通常会伴随"杂物多，场所脏乱差、照明不足"的安全问题，支持度为 14.71%，置信度为 60%，按照这一规则对区域标准化内容进行排查能够使检查效率提高 1.86 倍。

上述六条规则的提升度均大于 1，说明规则后项受前项的影响大，规则是有意义的，能够依据关联规则开展有针对性的隐患排查工作。

8.3　司马煤业煤矿危险源关联规则挖掘

8.3.1　危险源关联规则挖掘问题描述

安全事故的直接致因是安全隐患，而安全隐患的产生是由危险源的失控引起的。由"伤害金字塔"模型可知，要消除死亡、重伤害等安全事故，就必须消除人的不安全行为、物的不安全状态和管理上的缺陷以及潜在的危险源等。但是暴露安全隐患的各类危险源之间并不是孤立的，它们之间存在潜在的、隐含的关联。如有研究表明，支护问题是否完好对顶板事故发生具有直接影响[430]；通风混乱、风量不足和无风微风等是导致瓦斯积聚事故的主要原因[431]。例如，瓦斯爆炸必须同时具备瓦斯浓度在爆炸界限内，混合气体含氧量不低于 12%，有足够能量的火源。揭示暴露安全隐患的各类危险源之间隐含的关联关系，对提高危险源识别的准确性和隐患排查效率具有重要作用。煤矿危险源关联规则挖掘就是对安全隐患记录中暴露安全问题的危险源之间的关联关系进行挖掘分析。

8.3.2　司马煤业危险源辨识与危险源类型

根据第 6 章的研究可知，通过对历史安全隐患数据进行主题挖掘，最终获取了 20 个安全隐患主题，每个隐患主题包含的主题词作为具体描述对应隐患问题的危险源信息，松散地分布于全部安全隐患记录中。因此，每条安全隐患记录对应一个安全隐患主题，其本质就是对安全隐患记录中包含的危险源信息的高度概括，因此 44633 条安全隐患涉及的危险源共分为 20 类，如表 8.7 所示。

表 8.7　司马煤业危险源与危险源类型

序号	危险源	危险源类型
1	放炮母线破损、放炮器故障、放炮员违规操作	放炮问题
2	工作面前溜机头与小溜机头、前溜机头与转载溜、前溜机头与小溜、后溜机头与小溜等搭接短或搭接长	搭接问题
3	电缆乱挂，电缆脱钩，电缆防护与接头问题	电缆问题
4	顶板破碎、顶板漏矸，顶板落石头，顶板压力大，顶板离层仪失效，顶板成型差	顶板问题
5	风筒破口、接口漏风，风筒帮成型差，风筒吊挂、连接问题	风筒问题
6	浮煤多、浮煤厚，未及时清理	浮煤问题
7	灭火器失效、过期、故障、无铅封，消防器材未配备	火灾问题
8	绞车及其相关部件问题	绞车问题
9	锚杆失效、缺失、预紧力不够，锚杆外露过长或过短	锚杆问题
10	锚索失效、缺失、未加压，预紧力不够，外露过长或过短	锚索问题
11	煤尘大、未冲洗，没有净化水幕或存在故障	煤尘问题
12	喷雾无水、漏水，喷雾效果差，喷雾故障	喷雾问题
13	皮带机头、皮带机尾相关部件问题，跑偏，托辊不转、缺失	皮带机问题
14	煤墙松软，顶板冒顶，防片帮脱落	片帮问题
15	积水深，未及时排水	积水问题
16	障碍物影响通风，压风自救装置未通风，通风设备设施未配备或损坏导致无风、漏风	通风问题
17	瓦斯传感器、瓦斯探头、瓦斯检测仪、瓦斯报警仪未配备、故障、吊挂不到位、相关部件破损	瓦斯问题
18	煤泥多，杂物多，材料堆放乱，文明生产差	文明生产问题
19	轨道、障碍物、杂物、照明等问题影响运输	运输问题
20	支架相关部件问题，支架脱落，支架高低问题	支架问题

根据表 8.7 司马煤业危险源类型对 44633 条安全隐患记录进行危险源标识,以便于进行关联规则挖掘,经过规范化处理的数据如表 8.8 所示。

表 8.8　司马煤业安全隐患记录及对应危险源类型

序号	时间	隐患单位	地点	问题描述	危险源类型
1	2009/1/2	综采队	1106 工作面	有两组支架高压胶管破	支架问题
2	2009/1/2	综采队	1106 工作面	皮带机头硬架压柱不吃劲	皮带机问题
3	2009/1/2	综采队	1106 工作面	60#~66#架煤墙片帮	片帮问题
4	2009/1/3	综采队	1106 工作面	运巷皮带底多处有积水	水害问题
5	2009/1/3	综安队	2102 切眼	支架矿压表显示异常	支架问题
6	2009/1/4	综安队	2102 工作面	63#~84#架煤墙片帮	片帮问题
7	2009/1/4	综安队	2102 工作面	62#架顶板破碎	顶板问题
8	2009/1/5	综采队	1106 工作面	工作面支架管路乱	支架问题
9	2009/1/5	综采队	1106 工作面	工作面有三组支架串液	支架问题
10	2009/1/5	综安队	2102 工作面	49#~54#架顶板破碎	顶板问题
11	2009/1/5	综安队	2102 工作面	118#~125#架处煤墙片帮	片帮问题
12	2009/1/5	综安队	2102 工作面	运巷 350 米处锚杆失效	锚杆问题
13	2009/1/5	综安队	2102 工作面	16#、17#支架架间距宽	支架问题
14	2009/1/6	综掘二队	轨道巷	皮带机尾处缺 10 串托辊	皮带机问题
15	2009/1/7	综安队	2102 工作面	皮带机尾护罩缺 3 条螺丝	皮带机问题
16	2009/1/7	综安队	2102 工作面	49#~55#支架顶板破碎	顶板问题
17	2009/1/7	综掘七队	二水平水仓	窝头 2 根锚杆预紧力不够	锚杆问题
18	2009/1/8	综安队	2102 运巷	工作面支架有错架现象	支架问题
19	2009/1/8	综安队	2102 工作面	第 115#~120#架片帮宽	片帮问题
20	2009/1/8	普掘二队	轨道大巷	窝头第一节风筒接口漏风	风筒问题
21	2009/1/9	普掘二队	材料硐室	窝头瓦斯探头悬挂不到位	瓦斯问题
...	...	...	...	...	...
44626	2015/11/21	综采队	1207 工作面	前溜机头与转载机搭接短	搭接问题
44627	2015/11/21	综采队	1207 工作面	工作面 95#支架直线度差	支架问题
44628	2015/11/21	综采队	1207 工作面	风巷超前段外文明生产差	文明生产问题
44629	2015/11/21	综掘二队	三采区	3#联巷内积水深	水害问题
44630	2015/11/22	综掘六队	1215 措施巷	工作面煤尘大	煤尘问题
44631	2015/11/22	综掘六队	1215 措施巷	皮带机头喷雾未开	喷雾问题
44632	2015/11/23	综掘二队	三采区里段	里段联巷文明生产差	文明生产问题
44633	2015/11/23	综掘二队	三采区里段	里段联巷有一处积水	水害问题

8.3.3　司马煤业危险源关联规则挖掘

采用 IBM SPSS Modeler 作为数据挖掘工具进行危险源关联规则数据流构建,将危险源类型集合中的 20 类危险源设为独立的字段,采用"过滤"节点设置参与关联规则挖掘的字段。通过采用 Apriori 算法对数据集进行挖掘，得到司马煤业危险源关联关系可视化网络图，如图 8.3 所示。

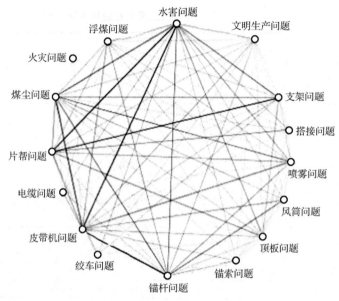

图 8.3　危险源关联性可视化网络图

根据危险源关联性可视化网络图可以对危险源之间的关联关系进行初步判别。由图 8.3 不难看出：

(1)"皮带机问题"与"锚杆问题"同时出现的频次最高，为 1055 次；

(2)"皮带机问题"与"水害问题"同时出现的频次较高，为 909 次；

(3)"片帮问题"与"水害问题"同时出现的频次较高；

(4)"片帮问题"与"支架问题"同时出现的频次较高；

(5)"煤尘问题"与"皮带机问题"同时出现的频次较高；

(6)"煤尘问题"与"锚杆问题"同时出现的频次较高；

(7)"片帮问题"与"顶板问题"同时出现的频次较高；

(8)"煤尘问题"与"喷雾问题"同时出现的频次较高。

通过对煤矿安全隐患记录进行运算处理，在支持度大于 10%，置信度大于 48%的水平下运算获得 1 条关联规则，关联规则为：支架问题 ⇒ 片帮问题（支持度=10.10%，置信度=48.6%，提升度=3.40），该规则表明，如果出现支架类隐患，那么出现片帮类隐患的置信度为 48.60%。根据该关联规则，司马煤业发现支架类安全隐患时，应该加强对片帮类安全隐患的排查和防范。实际上支架部件损坏、支架高低错差大、支架梁端距过大、支架受力不均、不接顶、支护不当等问题都会削弱支架支撑力和护帮、护顶效果，从而导致冒顶片帮、煤墙片帮发生的概率大大增加。因此，该规则对提高支架类和片帮类隐患排查效率与隐患治理具有现实意义。

为了获得更多有价值的关联规则，设定支持度 min_supp=2%，置信度 min_conf= 45.8%，共获得 14 条有趣的规则，如表 8.9 所示。

表 8.9 危险源关联规则挖掘结果

规则 ID	关联规则	支持度/%	置信度/%	提升度
Rule 1	{搭接问题，水害问题} ⇒ {片帮问题}	2.054	71.642	5.013
Rule 2	{搭接问题，支架问题} ⇒ {片帮问题}	2.146	66.571	4.659
Rule 3	{顶板问题，支架问题} ⇒ {片帮问题}	2.544	64.337	4.502
Rule 4	{搭接问题} ⇒ {片帮问题}	5.064	60.775	4.253
Rule 5	{支架问题，煤尘问题} ⇒ {片帮问题}	2.305	59.309	4.15
Rule 6	{支架问题，水害问题} ⇒ {片帮问题}	3.948	57.609	4.031
Rule 7	{顶板问题，水害问题} ⇒ {片帮问题}	3.09	54.365	3.804
Rule 8	{支架问题，煤尘问题} ⇒ {水害问题}	2.305	52.128	2.232
Rule 9	{顶板问题，煤尘问题} ⇒ {片帮问题}	2.152	51.852	3.629
Rule 10	{浮煤问题，片帮问题} ⇒ {水害问题}	2.532	51.332	2.198
Rule 11	{支架问题，皮带机问题} ⇒ {片帮问题}	2.164	51.275	3.588
Rule 12	{搭接问题，水害问题} ⇒ {支架问题}	2.054	50.149	4.964
Rule 13	{片帮问题，煤尘问题} ⇒ {水害问题}	3.525	48.696	2.085
Rule 14	{支架问题} ⇒ {片帮问题}	10.103	48.604	3.401

另外，还有 7 条关联规则置信度阈值小于 48.5%，但是提升度大于 3。一般认为，当提升度的值大于 3 时，挖掘的关联规则是有价值的。

Rule 15：{搭接问题，片帮问题} ⇒ {支架问题}，规则支持度为 3.077%，置信度为 46.414%，提升度为 4.594；

Rule 16：{顶板问题，片帮问题} ⇒ {支架问题}，规则支持度为 3.543%，置信度为 46.194%，提升度为 4.572；

Rule 17：{喷雾问题，水害问题} ⇒ {片帮问题}，规则支持度为 3.035%，置信度为 44.242%，提升度为 3.096；

Rule 18：{浮煤问题，片帮问题} ⇒ {支架问题}，规则支持度为 2.532%，置信度为 42.615%，提升度为 4.218；

Rule 19：{喷雾问题，片帮问题} ⇒ {支架问题}，规则支持度为 2.845%，置信度为 42.457%，提升度为 4.202；

Rule 20：{搭接问题} ⇒ {支架问题}，规则支持度为 5.064%，置信度为 42.373%，提升度为 4.194；

Rule 21：{片帮问题，水害问题} ⇒ {支架问题}，规则支持度为 5.542%，置信度为 41.04%，提升度为 4.062。

结合图 8.3 和上述 21 条关联规则，可以发现：

(1)"片帮问题"和"支架问题"这两种安全隐患类型在司马煤业危险源关联规则中比较突出，较多的关联指向这两种危险源。在 21 条关联规则中，有 11 条指向"片帮问题"，7 条指向"支架问题"，3 条指向"水害问题"。这说明司马煤业在 2009～2015 年存在的 20 类主要危险源中，片帮问题和支架问题尤其突出。根据 Rule 3、Rule 6、Rule 7 和 Rule 14、Rule 16 可知，顶板问题、支架问题、水害问题等可能导致片帮问题；根据 Rule 12、Rule 16、Rule 18 可知，片帮问题、顶板问题、水害问题等又可能导致支架问题。因此，片帮问题和支架问题这两种类型危险源是司马煤业需要高度关注、重点监管和防控的危险源，其次是水害问题。实际上根据表 8.8 可知，司马煤业在 2013～2015 年出现积水、突水等水害问题呈现非常明显的上升趋势，这可能是随着煤矿从浅部开采逐渐进入深部开采，水害问题显著增多。

(2)根据 Rule 1～Rule 14 可知，"支架问题"多为规则的前项，并且较多地指向"片帮问题"。另外根据 Rule 14 也可以看出，支架问题较大概率直接导致片帮问题。

(3)观察 21 条关联规则可以发现，不同的提升度对应的危险源存在一定的差异，在提升度较高的规则中，规则的后项主要是片帮问题和支架问题，且提升度均大于 3。因此，采用这些规则进行安全隐患排查比随机排查发现片帮、支架类安全隐患的效率将提升 3 倍以上。

(4)根据 Rule 1 可知，当该矿工作面同时存在"前溜机头与小溜机头搭接短或者搭接长"与"积水、突水等"安全问题时，通常会伴随"煤墙松软，顶板冒顶，防片帮脱落"，支持度为 2.054%，置信度为 71.642%，按照这一规则对片帮问题进行排查能够使排查效率提高 5.013 倍。虽然这条关联规则令人费解，但却是提升度最高的一条关联规则，因此对提高隐患排查效率和隐患治理具有重要意义。

(5)Rule 2 表示当该矿在工作面同时存在"工作面前溜机头与小溜机头、前溜机头与转载溜、前溜机头与小溜、后溜机头与小溜等搭接短或搭接长"与"支架相关部件问题，支架脱落，支架高低问题"安全问题时，通常会伴随"煤墙片帮、冒顶片帮"等片帮问题，支持度为 2.146%，置信度为 66.571%，按照这一规则对片帮类安全隐患进行排查能够使检查效率提高 4.659 倍。

(6)Rule 3 表示当该矿在工作面同时存在"顶板破碎、顶板漏石头、顶板压力大"与"支架相关部件问题，支架脱落，支架高低问题"安全问题时，通常会伴随"煤墙片帮、冒顶片帮"等片帮问题，支持度为 2.544%，置信度为 64.337%，按照这一规则对片帮问题进行排查能够使排查效率提高 4.502 倍。

8.4　煤矿安全事故致因因素的关联规则挖掘

煤矿安全事故的各种致因因素并不是孤立存在的，单独的一种致因因素常常难以引发事故。正是煤矿安全事故的多种致因相互作用，才导致了事故的发生。对煤矿安全事故的预防，不仅仅要寻找出众多引发煤矿安全事故的原因，还要挖掘出这些事故致因因素之间存在何种隐含联系。本节将在第 7 章的研究基础上，针对划分后的 4 个子群分别进行关联规则挖掘，为控制煤矿安全事故提供理论支持。

8.4.1　煤矿安全事故致因关联规则挖掘模型

事故调查报告承载了管理人员对事故致因的判断，利用关联规则挖掘能够更有效分析不同事故致因的联系。前文事故致因网络分析将煤矿安全事故致因网络划分为 4 个凝聚子群，为了更好地对煤矿安全事故致因网络的整体结构以及各因素之间的相互作用，针对划分后的 4 个凝聚子群，分别形成矩阵数据并进行分析。由于挖掘过程相似，关联规则挖掘过程将以子群 1 为例进行展示。子群 1 共包含 25 个节点，因此子群 1 数据集可以形成一个 285×25 的事故-致因矩阵，如表 8.10 所示。同理，子群 2、3 和 4 分别可以形成 285×16、285×28 和 285×20 的事故-致因矩阵，在此不一一列举。

表 8.10　子群 1 事故-致因矩阵

tid	3	5	6	7	8	⋯	53	67	74	79	80
X_1	0	0	0	0	0	⋯	0	0	0	0	0
X_2	0	0	0	0	0	⋯	0	0	0	0	0
X_3	0	1	1	0	0	⋯	0	0	0	0	0
X_4	0	0	1	0	0	⋯	0	0	1	0	0
X_5	0	0	1	0	0	⋯	0	0	0	0	0
⋮	⋮	⋮	⋮	⋮	⋮	⋮	⋮	⋮	⋮	⋮	⋮
X_{281}	0	0	0	0	0	⋯	0	0	0	0	0
X_{282}	0	0	0	0	0	⋯	0	0	0	0	0
X_{283}	1	0	1	0	0	⋯	0	0	0	1	1
X_{284}	0	0	0	0	0	⋯	0	0	0	1	0
X_{285}	0	0	0	0	1	⋯	1	1	0	10	0

8.4.1.1　关联规则挖掘

以子群 1 为例，对关联规挖掘的过程进行详细说明。首先将子群 1 的事故-致因矩阵导入到 R 软件中，在进行关联分析前需对该矩阵的列进行转换，转换为 Apriori

算法可用的形式，在此基础上进行后续操作分析。在经过多次试验后，设置最小支持度为 5%，最小置信度为 80%。

生成关联规则的过程，就是从所有满足最小支持度的频繁项集中，选择出满足最小置信度要求的规则的过程。同时还需筛选出满足提升度大于 1 的规则，即有效的强关联规则，通过对这些有效强关联规则的研究，可以揭示出频繁项集内各不同因素之间有意义的关联关系。在 R 软件中通过 Apriori 算法，设置最小置信度为 80%。对上述步骤中生成的子群 1 的频繁项集进行关联规则挖掘，得到结果如表 8.11 所示。

表 8.11　子群 1 煤矿安全事故致因关联规则挖掘结果

规则 ID	关联规则	实例	支持度/%	置信度/%	提升度
Rule 1	{25} ⇒ {24}	21	7.4	87.5	2.288
Rule 2	{79} ⇒ {24}	20	7.0	87.0	2.274
Rule 3	{29} ⇒ {24}	25	8.8	80.6	2.109
Rule 4	{22} ⇒ {24}	23	8.1	82.1	2.148
Rule 5	{23} ⇒ {24}	52	18.2	91.2	2.385
Rule 6	{20} ⇒ {24}	68	23.9	85.0	2.222
Rule 7	{20,79} ⇒ {24}	17	6.0	98.0	2.615
Rule 8	{24,79} ⇒ {20}	17	6.0	85.0	3.028
Rule 9	{20,74} ⇒ {24}	17	6.0	94.4	2.469
Rule 10	{24,74} ⇒ {20}	17	6.0	81.0	2.884
Rule 11	{5,20} ⇒ {24}	15	5.3	93.8	2.451
Rule 12	{5,24} ⇒ {20}	15	5.3	83.3	2.969
Rule 13	{23,29} ⇒ {24}	15	5.3	98.0	2.615
Rule 14	{20,29} ⇒ {24}	19	6.7	95.0	2.484
Rule 15	{22,23} ⇒ {20}	15	5.3	83.3	2.969
Rule 16	{22,23} ⇒ {24}	16	5.6	88.9	2.324
Rule 17	{20,22} ⇒ {24}	17	6.0	85.0	2.222
Rule 18	{20,80} ⇒ {24}	15	5.3	93.8	2.451
Rule 19	{24,80} ⇒ {20}	15	5.3	83.3	2.969
Rule 20	{20,51} ⇒ {24}	16	5.6	84.2	2.202
Rule 21	{24,51} ⇒ {20}	16	5.6	84.2	3.000
Rule 22	{23,67} ⇒ {24}	17	6.0	98.0	2.615
Rule 23	{20,67} ⇒ {24}	21	7.4	91.3	2.387
Rule 24	{23,37} ⇒ {24}	16	5.6	98.0	2.615
Rule 25	{6,37} ⇒ {24}	17	6.0	85.0	2.222
Rule 26	{20,37} ⇒ {24}	19	6.7	90.5	2.366
Rule 27	{23,53} ⇒ {24}	17	6.0	98.0	2.615

续表

规则 ID	关联规则	实例	支持度/%	置信度/%	提升度
Rule 28	{20,53} ⇒ {24}	21	7.4	84.0	2.196
Rule 29	{6,53} ⇒ {24}	26	9.1	98.0	2.615
Rule 30	{20,23} ⇒ {24}	37	13.0	90.2	2.360
Rule 31	{6,23} ⇒ {24}	30	10.5	96.8	2.530
Rule 32	{6,20,23} ⇒ {24}	19	6.7	98.0	2.615

根据上述步骤，对子群 2、子群 3 和子群 4 分别生成频繁项集和关联规则，最终得到各子群的关联规则挖掘结果如表 8.12～表 8.14 所示。

表 8.12　子群 2 煤矿安全事故致因关联规则挖掘结果

规则 ID	关联规则	实例	支持度/%	置信度/%	提升度
Rule 1	{57} ⇒ {71}	18	6.3	90.0	3.420
Rule 2	{70} ⇒ {71}	22	7.7	95.7	3.635
Rule 3	{21,76} ⇒ {71}	18	6.3	81.8	3.109

表 8.13　子群 3 煤矿安全事故致因关联规则挖掘结果

规则 ID	关联规则	实例	支持度/%	置信度/%	提升度
Rule 1	{10,43} ⇒ {50}	16	5.6	80.0	2.000
Rule 2	{41,78} ⇒ {39}	17	6.0	85.0	1.718
Rule 3	{31,78} ⇒ {39}	17	6.0	89.5	1.809
Rule 4	{41,98} ⇒ {40}	20	7.0	83.3	2.220
Rule 5	{31,41,46} ⇒ {40}	15	5.3	83.3	2.220

表 8.14　子群 4 煤矿安全事故致因关联规则挖掘结果

规则 ID	关联规则	实例	支持度/%	置信度/%	提升度
Rule 1	{83} ⇒ {89}	35	12.3	83.3	1.594
Rule 2	{75} ⇒ {59}	45	15.8	80.4	1.527
Rule 3	{87} ⇒ {89}	68	23.9	93.2	1.782
Rule 4	{65} ⇒ {58}	76	26.7	80.9	1.372
Rule 5	{75,89} ⇒ {59}	33	11.6	84.6	1.608
Rule 6	{66,87} ⇒ {89}	41	14.4	91.1	1.743
Rule 7	{87,95} ⇒ {89}	38	13.3	92.7	1.773
Rule 8	{59,87} ⇒ {89}	48	16.8	96.0	1.836
Rule 9	{58,87} ⇒ {89}	45	15.8	91.8	1.757
Rule 10	{65,66} ⇒ {58}	45	15.8	84.9	1.440
Rule 11	{65,95} ⇒ {58}	54	18.9	81.8	1.388

续表

规则 ID	关联规则	实例	支持度/%	置信度/%	提升度
Rule 12	{59,65} ⇒ {89}	51	17.9	81.0	1.548
Rule 13	{59,65} ⇒ {58}	52	18.2	82.5	1.400
Rule 14	{65,89} ⇒ {58}	54	18.9	84.4	1.431
Rule 15	{59,66,87} ⇒ {89}	30	10.5	93.8	1.793
Rule 16	{59,87,95} ⇒ {89}	30	10.5	100	1.913
Rule 17	{58,59,87} ⇒ {89}	34	11.9	94.4	1.806
Rule 18	{65,66,95} ⇒ {58}	31	10.9	83.8	1.421
Rule 19	{65,66,89} ⇒ {58}	29	10.2	85.3	1.447
Rule 20	{59,65,95} ⇒ {89}	39	13.7	84.8	1.622
Rule 21	{65,89,95} ⇒ {59}	39	13.7	83.0	1.577
Rule 22	{59,65,95} ⇒ {58}	37	13.0	80.4	1.365
Rule 23	{65,89,95} ⇒ {58}	39	13.7	83.0	1.408
Rule 24	{59,65,89} ⇒ {58}	42	14.7	82.4	1.397
Rule 25	{58,59,65} ⇒ {89}	42	14.7	80.8	1.545
Rule 26	{59,66,95} ⇒ {89}	37	13.0	84.1	1.608
Rule 27	{58,59,65,95} ⇒ {89}	31	10.9	83.8	1.603

8.4.1.2　关联规则的结果可视化

在 R 软件中挖掘各子群的关联规则后，使用 aRulesViz 软件包对四个子群的关联规则挖掘结果进行可视化展示，以便清晰直观地解读煤矿安全事故致因因素之间的关联关系。本节主要采用关联规则组合矩阵图以及关联规则网络可视化图对个子群的关联规则结果进行可视化展示及分析。

关联规则组合矩阵图采用聚类的方式将 RHS(Right Hand Side) 进行聚集，然后以矩阵方式加以表现。纵轴为关联规则前项，横轴为关联规则后项，关联规则前项的个数以及分组中的最重要的项集在列的标签中显示。圆形的大小代表关联规则的支持度，圆形颜色的深浅代表关联规则的提升度。

关联规则网络可视化图以顶点为项，以顶点之间边为关联关系来展示关联规则，边的方向有关联规则前项指向关联规则后项。同关联规则组合矩阵相似，连接顶点的边上的圆形的颜色通常用来表示提升度，圆形的大小表示支持度。关联规则网络图基于图形的可视化为关联规则提供了非常明确、直观的展示，但有时规则太多往往容易使图形变得混乱，因此当规则集数量不多时，可以采用该种方法进行可视化展示。对于下面的分析，当子群关联规则数目多于 10 条时，对提升度从高到低进行排序，选择 10 条具有高提升度的规则进行可视化展示；当子群关联规则数目不足10 条时，按实际的规则全部进行可视化展示。

1)子群 1 关联规则挖掘结果分析

相关可视化图形如图 8.4 和图 8.5 所示。

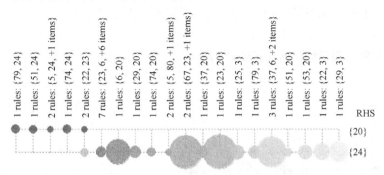

图 8.4　子群 1 关联规则组合矩阵图(见彩图)

结合表 8.10、图 8.4 和图 8.5 可以发现:

(1)煤矿安监机构行政处罚、隐患整改跟踪落实不够致因因素(节点 20)和煤矿安监机构未充分有效监督(节点 24)致因因素在规则中多次出现,较多的关联分别指向这两个节点,说明这两种事故致因因素在煤矿安全事故致因关联规则中比较突出,是引起煤矿安全事故发生的重要致因因素。

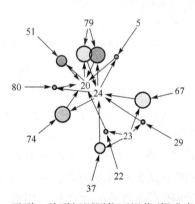

图 8.5　子群 1 关联规则网络可视化(提升度前 10)

(2)煤矿安监机构行政处罚、隐患整改跟踪落实不够(节点 20)致因因素作为前项时,和其他致因因素一同相互关联,指向煤矿安监机构未充分有效监督(节点 24);同时,煤矿安监机构未充分有效监督(节点 24)作为关联规则前项时,也同其他致因因素一起关联后,指向节点 20。可见,煤矿安监机构行政处罚、隐患整改跟踪落实不够和煤矿安监机构未充分有效监督两个致因因素之间具有相互影响相互作用的关系。对其中任一因素进行有效的管控都有可能对控制煤矿安全事故的发生起到良好的促进作用。

(3)在图 8.4 中,由图中点的颜色的深浅变化可知,提升度的值从左上角到右下角的对角线上逐渐减小。不同的提升度对应的煤矿安全事故致因关联规则存在差异。结合表 8.10 和图 8.5 不难发现,关联规则后项为煤矿安监机构行政处罚、隐患整改跟踪落实不够(节点 20)致因因素的提升度都较高,甚至 Rule 8 和 Rule 21 的提升度达到 3 以上。这些规则涉及提供专业的操作规程(节点 51)和外包、转包(节点 79)使得安全管理混乱致因因素,表明煤矿安监机构对于这两项内容未进行充分监督,通常会伴随着煤矿安监机构忽略对煤矿企业行政处罚和隐患的跟踪整改的致因因素。因此，各地方煤矿安监机构应对煤矿生产基本章程制度的制定、检查加以严管，同时加强对煤矿外包或转包公司的资质审查管理，严禁违法转包。

2) 子群 2 关联规则挖掘结果分析

相关可视化图形如图 8.6 和图 8.7 所示。

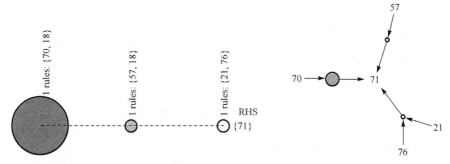

图 8.6　子群 2 关联规则组合矩阵图　　　　图 8.7　子群 2 关联规则可视化

由于在煤矿安全事故致因网络划分的 4 个子群中，子群 2 的网络密度最小，节点较少且节点间联系的密切程度小于其他子群，在最小支持度和最小置信度的要求下，所以子群 2 中共产生了 3 条关联规则。结合表 8.12、图 8.7 和图 8.8 可以发现：

(1) 违法组织生产致因因素(节点 71)在 3 条关联规则中均作为关联规则后项出现，表明子群 2 所涉及的煤矿安全事故致因中，煤矿违法组织生产问题最为严重，是导致煤矿安全事故的主要致因因素，且其本身受其他因素的影响较多。且这 3 条关联规则的提升度均大于 3，为有效强关联规则。所以，子群 2 中的 3 条关联规则对于打击违法组织生产，以控制煤矿安全事故的发生至关重要。

(2) 当煤矿存在越界开采(节点 57)问题或藏匿作业地点、蓄意逃避监管(节点 70)的问题时，或者煤矿拒不执行整改命令(节点 76)，同时煤矿安监机构也未采取有效措施制止煤矿的违法生产行为(节点 21)时，通常都会存在着违法组织生产的不安全行为。

3) 子群 3 关联规则挖掘结果分析

相关可视化图形如图 8.8 和图 8.9 所示。

由表 8.13，图 8.8 和图 8.9 可知：

(1) 在 5 条关联规则中，有 2 条关联规则指向煤矿企业未严格落实安全规章制度、实施不到位(节点 39)，2 条关联规则指向煤矿安全监管重视不到位、力度不够(节点 40)，表明这两种致因因素在子群 3 中同其他致因因素的关联性较强；而后者规则的提升度均明显大于前者，对提升度高的关联规则涉及的致因因素进行消除或改善，

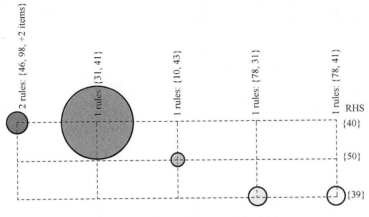

图 8.8　子群 3 关联规则组合矩阵图

其产生的效果或取得的效益会更加显著，因此若煤
矿对安全监管工作的重视程度以及整治力度进行
改善，那么对于控制煤矿安全事故发生的成效，要
优于煤矿严格落实安全规章制度。

（2）煤矿企业对下属矿井业务管理与技术指导
失职（节点 31）、煤矿日常安全检查不到位（节点 41）
和生产主体责任不到位（节点 78）致因因素在生成的
5 条关联规则中各出现了 2 次、3 次和 2 次，涉及 4
条关联规则，表明这 3 个致因因素较为活跃，出现的
频次较大，常与其他致因因素共同出现，相互影响。

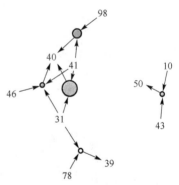

图 8.9　子群 3 关联规则可视化

（3）Rule 1 的提升度为 2，为有效强关联规则。该条规则指出，若煤矿环境中地
质构造复杂（节点 10），同时煤矿相关人员对危害认识不足、未进行危险源辨识（节
点 43）时，常常会伴随着安全技术措施实施不到位（节点 50）的致因因素。由于地质
条件变化机理复杂，难以有效预测，但当出现某些征兆时，若煤矿相关人员不能正
确地识别危险源，安全技术措施实施不到位，那么很容易引发严重煤矿安全事故。

4）子群 4 关联规则挖掘结果分析

相关可视化图形如图 8.10 和图 8.11 所示。

子群 4 是煤矿安全事故致因网络划分的 4 个子群中密度最大的子群，内部各节
点之间的联系较其他子群更为密切。由表 8.14、图 8.10 和图 8.11 对子群 4 生成的关
联规则分析如下：

（1）由图 8.10 和图 8.11 可知，在提升度排名较高的有效强关联规则中，煤矿工
人安全意识不强、缺乏自保互保意识（节点 89）致因因素最为突出，指向其的关联最
多。这表明在煤矿安全事故致因因素中，煤矿工人安全意识不强、缺乏自保互保意

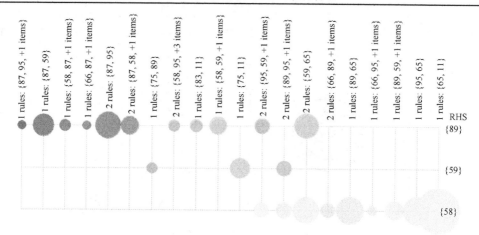

图 8.10　子群 4 关联规则组合矩阵图

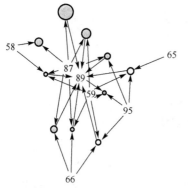

图 8.11　子群 4 关联规则可视化(提升度前 10)

识在多起煤矿安全事故的致因因素中经常出现，出现的频率大，难以有效地进行管控。因此该因素是需要煤矿企业高度关注和防控的对象。

(2)通过观察表 8.14 展示的关联规则可以发现，煤矿工人安全意识不强、缺乏自保互保意识(节点 89)、现场安全管理松懈(节点 58)和煤矿对员工安全培训不到位(节点 59)这三种致因因素通常会两两同时出现，甚至三者同时出现，它们之间的关联关系较为密切。可以认为这三种致因因素中的任一种致因因素的出现，都有极大的可能会伴随着其他两种问题的产生，它们之间关系并非独立。因此，根据这些关联规则，对于煤矿安全事故隐患进行排查时，应当发现一种问题存在后，同时对其他可能会引起安全事故的不稳定因素进行整治。

(3)在挖掘得到的关联规则中，有 9 条规则前项包含了未纠正工人不恰当行为(节点 65)，4 条规则前项包含了安全隐患排查和及时整改不到位(节点 66)，但从图 8.11 中可以发现，在提升度排名较高的 10 条关联规则中情况却相反，安全隐患排查和及时整改不到位(节点 66)作为关联规则前项出现了 3 次，而未纠正工人不恰当行为(节点 65)，只出现了 1 次。这表明，安全隐患排查和及时整改不到位(节点 66)虽出现的频次少，但同其他致因因素之间的关联更为紧密，在同样的条件下，对安全隐患排查和及时整改不到位(节点 66)致因因素进行监管取得的效果要优于对未纠正工人不恰当行为(节点 65)致因因素的控制。

8.4.2　煤矿安全事故致因因素时间关联规则

我国煤矿安全事故的发生具有较强的时间分布规律[432]，本节试图根据前文煤矿安全事故致因因素关联规则挖掘的结果，从时间的角度对煤矿安全事故致因因素关联规则的演变过程进行探索，以揭示煤矿安全事故致因因素的时间演变特征，为煤矿安全事故的控制提供指导。

8.4.2.1　致因因素季度关联规则挖掘

煤矿安全事故报告中包含了对每起煤矿安全事故的发生时间、地点等信息的详细记录，探究引起煤矿安全事故的致因因素之间的关联关系是否会随时间的变化而发生改变，挖掘每一季度的致因因素关联规则并进行对比分析。

1）煤矿安全事故发生时间统计

提取研究的 285 篇煤矿安全事故调查报告中的事故发生时间信息，报告中对事故发生时间的记录包含了年月日等信息，为简化分析，提取每起安全事故发生的月份信息，并对应到四个季度后，记录到煤矿安全事故数据集中。得到不同季度煤矿安全事故的发生情况统计见如表 8.15 所示。

表 8.15　各季度煤矿安全事故发生情况统计

时间	一季度	二季度	三季度	四季度
事故数	56	86	78	65

2）致因因素季度关联规则挖掘流程

致因因素季度关联规则挖掘，如表 8.16 所示，首先对煤矿安全事故数据集中的事故按照发生季度进行划分，得到不同季度的煤矿安全事故数据集，如一季度的煤矿安全事故数据集应是一个 56×99 的事故-因素 2-模矩阵；然后以煤矿安全事故致因网络的 4 个凝聚子群为单位，使用 Apriori 算法分别对不同季度发生的事故进行煤矿安全事故致因因素关联规则挖掘，获得各子群不同季度的致因因素关联规则；对比每一子群在四个季度的变化中关联规则的演变情况，揭示出致因因素关联规则的时间演变规律。

表 8.16　一季度煤矿安全事故数据集

因素 事故	1	2	3	⋯	50	97	98	99
X_1	0	0	0	⋯	1	0	1	0
X_{13}	0	0	0	⋯	0	0	0	0
X_{14}	0	0	0	⋯	1	0	0	0
⋮	⋮	⋮	⋮	⋮	⋮	⋮	⋮	⋮

续表

事故＼因素	1	2	3	...	50	97	98	99
X_{145}	0	0	0	...	0	1	1	0
⋮	⋮	⋮	⋮	⋮	⋮	⋮	⋮	⋮
X_{279}	0	0	0	...	0	0	1	0
X_{281}	0	0	0	...	0	0	0	0
X_{284}	0	0	0	...	0	0	1	0

8.4.2.2 致因因素关联规则的季度分布

1）子群 1 关联规则的季度分布

对子群 1 的煤矿安全事故数据进行关联规则挖掘，设置最小支持度为 10%，最小置信度为 80%，得到不同季度的致因因素关联规则共 46 条，其中一季度致因因素关联规则 13 条，二季度有 6 条，三季度有 2 条，四季度有 25 条，如图 8.12 所示。

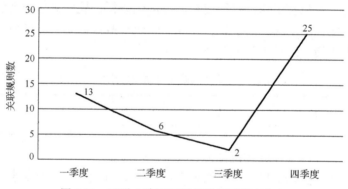

图 8.12　子群 1 致因因素关联规则季度分布

在前一节中的分析结果可知，该子群节点指代的煤矿安全事故致因因素主要为煤矿安监机构层面的致因因素，如煤矿安监机构行政处罚、隐患整改跟踪落实不够致因因素和煤矿安监机构未充分有效监督致因因素在规则中多次出现。由图 8.12 可知，子群 1 包含的煤矿安全事故致因因素在第四季度表现出较强的关联性。从表 8.14 可知，四个季度的发生的煤矿安全事故起数相差并不大。这种现象的出现，可能是由于政府或煤矿安监机构等部门在第四季度的工作重点转移到本单位年终工作总结、考核等方面，而忽视了对下属煤矿的监管工作，未能及时发现煤矿安全隐患并督促按时整改排除事故隐患，煤矿安监机构等部门的工作不到位和其他致因因素相互联系，共同导致了事故的发生。

2）子群 2 关联规则的季度分布

由于子群 2 中包含的致因因素节点数目少，且形成的关联规则数量较其他子群少，经多次试验分析，设置最小支持度为 5%，最小置信度为 80%。对子群 2 的煤矿安全事故数据进行关联规则挖掘,得到不同季度的致因因素关联规则共 38 条,其中一季度致因因素关联规则 2 条,二季度有 10 条,三季度有 24 条,四季度有 2 条,如图 8.13 所示。

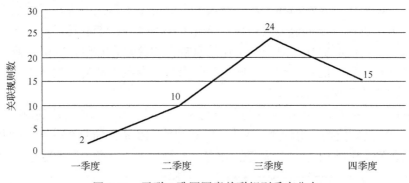

图 8.13　子群 2 致因因素关联规则季度分布

由图 8.13 可以发现,在第三季度挖掘子群 2 得到的事故致因因素关联规则最多,远高于其他时间段,表明该子群的致因因素在第三季度发生的煤矿安全事故中存在着较强的关联关系。子群 2 的关联规则展示的主要为违法组织生产、越界开采、藏匿作业地点、蓄意逃避监管以及煤矿拒不执行整改命令等致因因素间的关联关系,出现这种情况的可能原因是:煤矿组织者无视安全。违法生产是该阶段引起煤矿安全事故发生的重要因素之一。

3) 子群 3 关联规则的季度分布

设置最小支持度为 8%,最小置信度为 80%,对子群 3 各个季度的煤矿安全事故数据进行关联规则挖掘,得到不同季度的致因因素关联规则共 41 条,其中一季度致因因素关联规则 91 条,二季度有 2 条,三季度有 6 条,四季度有 16 条,如图 8.14 所示。

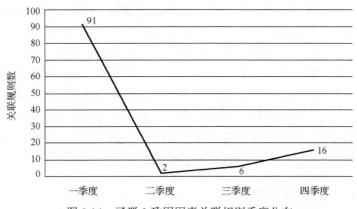

图 8.14　子群 3 致因因素关联规则季度分布

子群 3 中出现的关联规则多指向煤矿企业未严格落实安全规章制度、实施不到位和煤矿企业安全监管工作不到位，涉及煤矿企业日常安全检查不到位和生产主体责任不到位等致因因素，由图 8.14 可知，这些致因因素在第一季度有较强的关联关系，第一季度一般包含农历春节，节前煤矿企业员工常常提前进入假期状态，容易忽视自身工作责任，导致煤矿企业日常监管工作不到位；节后返工后也难以迅速恢复工作状态，短时间放松了对安全工作的重视。因此，在该阶段煤矿企业监管层工作的多种不安全行为的致因因素之间相互作用，易导致事故的发生。

4) 子群 4 关联规则的季度分布

设置最小支持度为 10%，最小置信度为 80%，对子群 4 各个季度的煤矿安全事故数据进行关联规则挖掘，得到致因因素关联规则共 310 条，如图 8.15 所示，其中一季度致因因素关联规则 88 条，二季度有 37 条，三季度有 149 条，四季度有 36 条。

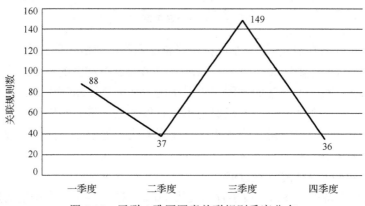

图 8.15　子群 4 致因因素关联规则季度分布

由图 8.15 可知，子群 4 中致因因素的关联规则在第一季度和第四季度具有较多的数量，另外两个季度表现相对较弱。子群 4 中得到的关联规则包含的致因因素主要为煤矿作业现场以及作业人员层面的因素，如煤矿工作安全意识不强、缺乏自我保护意识、现场安全管理松懈以及未纠正不安全行为等因素。在第一季度，工人春节后返工难以迅速高度集中投入到工作中，安全生产意识不强且易疏忽大意，以至于煤矿安全事故多发；第三季度气候较为炎热，空气湿度大，煤矿作业环境的不适宜易造成煤矿井下人员疲劳、注意力不集中，对不安全行为的防范意识降低，从而引发煤矿安全事故。因此在这两个时间段，井下工作人员的相关致因因素间的关联规则数量较多。

8.4.2.3　致因因素关联规则的季度演变特征

1) 子群 1 关联规则的季度演变

相关可视化结果如图 8.16～图 8.19 所示。

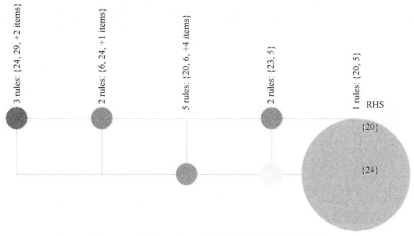

图 8.16　子群 1 第一季度关联规则组合矩阵图

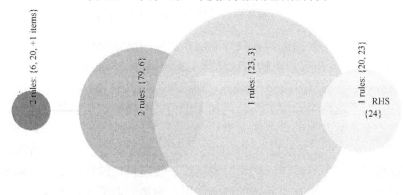

图 8.17　子群 1 第二季度关联规则组合矩阵图

图 8.18　子群 1 第三季度关联规则组合矩阵图

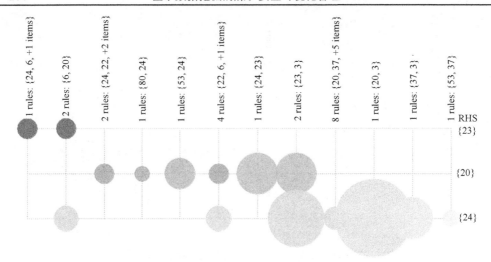

图 8.19　子群 1 第四季度关联规则组合矩阵图

由子群 1 各季度的致因因素关联规则组合矩阵图可以得出:

(1) 各季度均包含与安监机构未认真落实上级精神(节点 23)和煤矿安监机构未充分有效监督(节点 24)有关的关联规则,且这些关联规则基本覆盖了每个季度的全部关联规则,可见这两个与煤矿安监机构工作相关的煤矿安全事故致因因素一直都是引发煤矿安全事故发生的重要安全隐患之一。

(2) 除第三季度外,其余每个季度的多数关联规则均包含煤矿安监机构行政处罚、隐患整改跟踪落实不够(节点 20),表明煤矿安监机构的行政处罚与落实致因因素对煤矿安全事故的发生也有重要的影响作用;而第三季度未包含该致因因素,说明可能在第三季度中,煤矿安监机构的行政处罚工作与隐患整改工作落实较到位,引发的事故少,但由于其自身的关联规则数量极少,也有可能是由于该季度由煤矿安监机构工作不足引发的煤矿安全事故的数量本身就很少,所以与此相关的关联规则较少,难以得到与该季度相关的关联规则的季度演变信息。

2) 子群 2 关联规则的季度演变

相关可视化结果如图 8.20~图 8.23 所示。

由子群 2 各季度的致因因素关联规则组合矩阵图可以得出:

(1) 违法组织生产(节点 71)致因因素基本出现在每一季度的多数的关联规则中,多和其他致因因素一同导致煤矿安全事故的发生,是引发煤矿安全事故的多发性事故致因因素。

图 8.20　子群 2 第一季度关联规则组合矩阵图

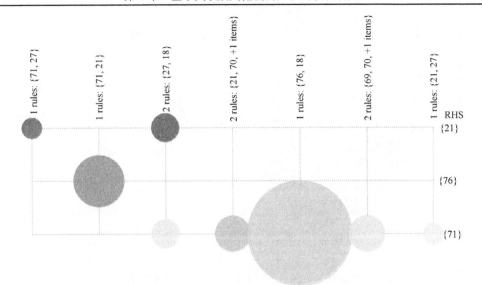

图 8.21 子群 2 第二季度关联规则组合矩阵图

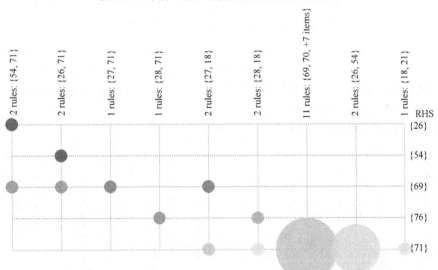

图 8.22 子群 2 第三季度关联规则组合矩阵图

(2) 包含未携带识别卡、人员定位卡(节点 91)致因因素的关联规则仅在第一季度出现，表明第一季度煤矿工人作业时未佩戴定位卡的问题较为突出，这可能是由于该季度包含春节，节前节后工人们放松警惕，安全意识不强，对人员定位卡的重视程度降低，存在侥幸心理的问题较为严重。

(3) 包含公安机关对火工品监督检查流于形式(节点 26)致因因素、非法购买、违规管理使用火工品(节点 54)致因因素和擅自施工、隐瞒作业(节点 69)致因因素的

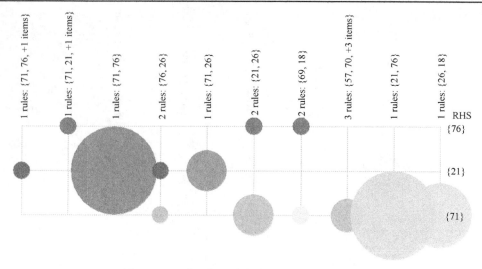

图 8.23　子群 2 第四季度关联规则组合矩阵图

关联规则只在第三季度出现，表明在第三季度中，公安机关对火工品的监督检查工作不到位，导致了煤矿在管理和使用火工品方面的不规范和违规，为煤矿安全事故的发生造成了安全隐患；另外，在第三季度中，煤矿擅自施工、隐瞒作业、违法组织生产的问题突出，这可能是由于三季度临近各地购煤过冬，各煤矿为提高产量，私自开采，隐瞒作业，安全生产条件不满足，易于导致煤矿安全事故的发生。

3）子群 3 关联规则的季度演变

相关可视化结果如图 8.24～图 8.27 所示。

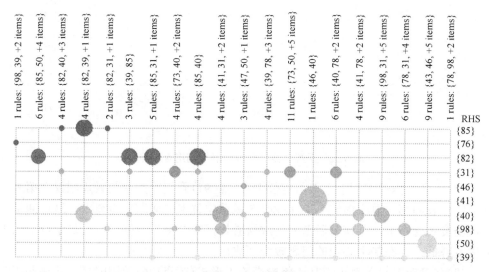

图 8.24　子群 3 第一季度关联规则组合矩阵图

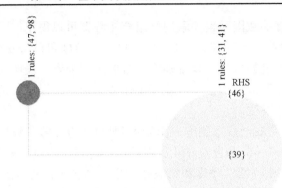

图 8.25　子群 3 第二季度关联规则组合矩阵图

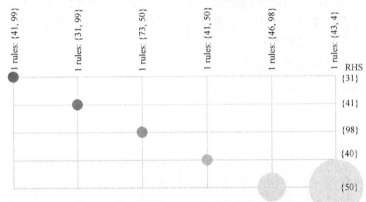

图 8.26　子群 3 第三季度关联规则组合矩阵图

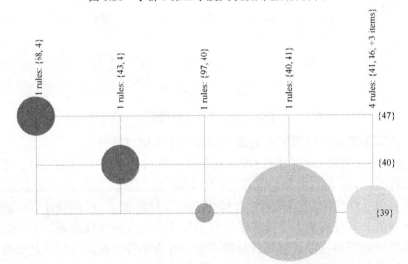

图 8.27　子群 3 第四季度关联规则组合矩阵图

由子群 3 各季度的致因因素关联规则组合矩阵图可以得出：

(1)对下属矿井业务管理与技术指导失职(节点 31)和日常安全检查不到位(节点 41)是该子群各季度的多数关联规则均包含的致因因素，表明煤矿集团层面对下属矿井管理的不到位和煤矿日常安全检查工作的不到位是煤矿长期存在的问题，容易引起煤矿安全事故发生。

(2)与未严格落实安全规章制度，实施不到位(节点 39)、煤矿安全监管重视不到位，力度不够(节点 40)和冒险作业、对周围的环境没有进行有效的安全确认(节点 98)相关的关联规则在第一季度和第三季度出现的较多，表明在第一、第三季度，煤矿在这些方面存在的问题较大，可能是由于一季度天气寒冷，而三季度天气又过于炎热，环境的不适宜易造成员工难以认真投入到工作中，注意力难以高度集中，安全意识较为薄弱，容易产生造成煤矿安全事故发生的重要隐患。第一季度煤矿安全问题较多也有可能是由于上一年安全情况保持了总体平稳、趋于好转的发展态势，管理者容易滋生盲目乐观和松懈大意情绪。

4)子群 4 关联规则的季度演变

相关可视化结果如图 8.28～图 8.31 所示。

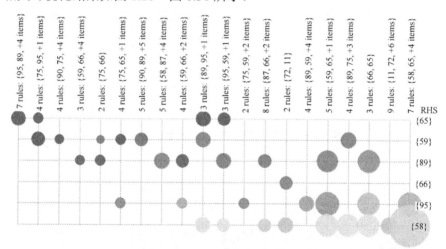

图 8.28　子群 4 第一季度关联规则组合矩阵图

由子群 4 各季度的致因因素关联规则组合矩阵图可以得出：

(1)现场安全管理松懈(节点 58)、对员工安全培训不到位(节点 59)、未纠正工人不恰当行为(节点 65)、安全隐患排查和及时整改不到位(节点 66)、安全意识不强、员工缺乏自保互保意识(节点 89)以及操作者违反规章制度、操作程序(节点 95)，这些致因因素的关联规则基本上覆盖了所有子群 4 个季度的关联规则，表明煤矿对员工管理和培训的不到位以及员工自身的不安全行为在各个时间阶段均是导致煤矿安全事故发生重要致因因素。

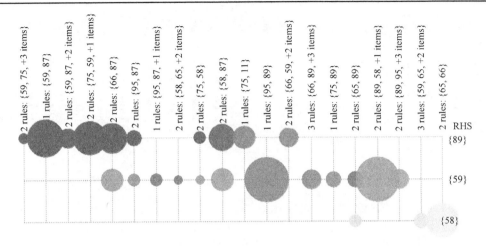

图 8.29　子群 4 第二季度关联规则组合矩阵图

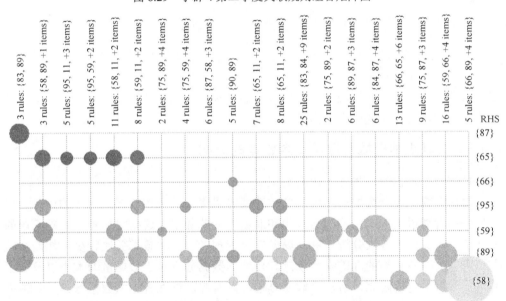

图 8.30　子群 4 第三季度关联规则组合矩阵图

(2) 相对前三个季度的关联规则，现场安全管理松懈(节点 58)在第四季度中表现得较为突出，与其相关的关联规则具有较大的提升度，表明在第四季度煤矿井下工作现场安全管理松懈；同时，未纠正工人不恰当行为(节点 65)致因因素在第一、四季度较为严重，表明在这两个时间段，井下监督管理人员对井下工人在作业过程中的不安全行为关注的较少或者存在侥幸心理忽视了不安全行为的不良后果。这两个季度为生产和销售的旺季，市场价格高，由于利益驱动的关系，煤炭企业急于完成任务易造成对安全问题的忽视。

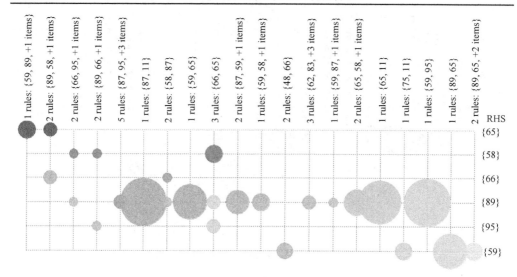

图 8.31　子群 4 第四季度关联规则组合矩阵图

　　(3) 员工辨别危险意识差 (节点 87) 在第三季度的关联规则中占据了较为重要的位置。员工的精神状态和身体状态对其行为的安全与否有着重要影响，由于第三季度气候炎热，井下工作环境空气湿度大，温度和湿度的不适宜使得作业工人的注意力难以集中，对危险的辨别能力造成一定影响。

8.4.3　关联规则挖掘对煤矿安全管理的影响

　　1) 探索数据价值，加强大数据意识

　　现如今煤矿安全数据已不仅仅是传感器等采集的数值型数据，更多的还包含煤矿生产和管理过程中产生的半结构化和非结构化的数据，这些数据难以依靠简单的软件工具对其完成各项分析。过去煤矿安全管理者对这类数据关注较少，然而在其中却可能隐藏着重要的煤矿安全规律。传统的数据分析对于数据量的大小以及数据的格式都有一定的限制，而在大数据时代，只有煤矿管理者加强数据意识，对数据进行经营和管理，利用大数据挖掘的相关技术，深入挖掘数据之间的关联关系，才可以得到更多精细化的信息规律，这对于煤矿安全管理具有重要的指导意义。

　　2) 构建智慧平台，积极主动预防

　　通过对煤矿安全事故数据的关联规则挖掘，可以得到不同致因因素之间的关联关系以及其随时间的变化情况，有利于煤矿管理者从宏观上掌握煤矿各方面的致因情况，并以此为指导，结合煤矿隐患数据等多种安全管理的数据，可以构建智慧矿山大数据平台，对煤矿进行有效的可视化管理。大量的数据挖掘后的信息可以为煤矿安全管理提供预防与管控的科学化对策，信息化手段的运用使得煤矿的安全管理从过去的被动管理向积极主动转变，一旦有隐患发生，强大的信息系统会快速地提取信息并完成信息的传递，辅助管理者进行科学决策，管理者可以有效地对隐患进行处理，以确保不会引起更大的危险，从而达到隐患排查，预防和控制煤矿安全事故的发生的目的。

3) 增强安全管理针对性，提高安全管理质量

从大量的煤矿安全数据中挖掘出有价值的信息规则，能够让管理者快速掌握大量数据中真正有意义的信息，提高安全管理效率。通过对煤矿安全事故关联规则季度演变特征的挖掘，可以得出不同时间煤矿安全事故致因因素的变化情况，以此辅助煤矿管理者有针对性地在不同时间对重点隐患地点和不安全因素进行防范与整改，如在第四季度，应注意在保证安全的情况下，完成产量任务，处理好年底考核总结等各项工作与安全管理工作的关系等。挖掘出有价值的规律信息可在一定程度上对煤矿安全管理起指导作用，针对不同的挖掘结果，制定有针对性的解决方案，加强重要安全信息的管理，可大大提高煤矿安全管理的效率和工作质量，有效防止煤矿安全事故的发生。

第9章 基于趋势性分析的时间序列数据知识可视化研究

趋势性知识发现，是以时间序列数据中的趋势性知识为研究/分析对象的时序数据挖掘研究，需要解决数据选择依据、时间序列数据趋势的准确描述、知识发现的科学流程等问题。

9.1 时间序列趋势描述基元体系

在时间序列数据挖掘研究中，趋势一般是对数据在一定时间段内发展变化方向的表述。一般使用趋势基元来定性描述分段子序列的形态，即以分段子序列拟合多项式函数的一阶导数和二阶导数的符号为媒介，将数据片段与趋势基元相对应，从而实现时间序列数据中子序列的趋势识别并用趋势基元符号予以表达。

时间序列的分段是指将时间序列数据 X 划分为若干个子序列，计算公式为

$$X = \{(x_{1,L}, \cdots, x_{1,R}), (x_{2,L}, \cdots, x_{2,R}), \cdots, (x_{j,L}, \cdots, x_{j,R}), \cdots, (x_{k,L}, \cdots, x_{k,R})\} \quad (9.1)$$

其中，$x_{j,L}$ 和 $x_{j,R}$ 分别表示第 j 个子段的起始值(左端)和终值(右端)，且 $x_{1,L} = x_1$，$x_{k-1,R} = x_{k,L}$，$x_{k,R} = x_n$，T_j 表示第 j 个子段的时间跨度，即 $T_j = t_{j,R} - t_{j,L}$，k 表示整个时间序列划分的子序列数目。

趋势基元是基本的趋势类型，主要依据分段子序列拟合多项式函数的一阶导数和二阶导数的符号两个维度实现对基元形态的划分，并将其予以符号化，如图 9.1 所示，将现有的趋势基元总结为九种类型，图中括号内分别是拟合多项式函数的一阶导数和二阶导数的符号。

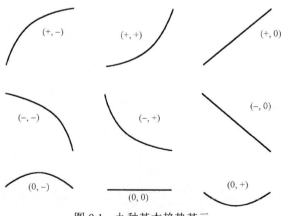

图 9.1 九种基本趋势基元

基元作为对时间序列数据局部趋势形态或模式的符号化表达，虽然可以借助拟合函数的导数实现对时间序列数据局部形态的描述，但时间序列数据的趋势不仅包含其短期趋势，而且包括长期趋势。以现有的趋势基元为基础，将时间序列数据转化为趋势序列，难以准确反映和描述数据的原本长期趋势，甚至会在一定程度上产生扭曲，如图 9.2 所示。

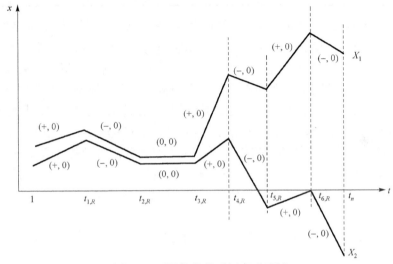

图 9.2　不同趋势的时间序列示例

时间序列数据 X_1 和 X_2 被划分为 7 个子序列，即 $k=7$，每个分段子序列线性拟合函数的一阶导数和二阶导数的符号如图 9.2 中括号所示。

可以看出，在传统趋势基元描述体系下，时间序列数据 X_1 和 X_2 的各分段子序列的趋势形态对应相同，而且将分段子序列转化为趋势基元符号后，两条时间序列数据的趋势序列从整体上看就会完全一致。但实际上，时间序列数据 X_1 和 X_2 的整体趋势是截然相反的。因此，单纯依据导数符号描述局部形态模式，会导致转换后的趋势序列对数据原有长期趋势的背离，其原因主要在于对分段子序列的均值或其拟合函数截距项的忽视。分段子序列均值之间的差异则可以有效反映时间序列的长期发展变化形态，基元模式的定义划分不仅要依据分段子序列拟合函数的导数符号，而且应该要充分考虑分段子序列的均值水平，从而保证基元同时具备准确描述时间序列短期趋势和长期趋势的能力。

基于上述分析，构建如表 9.1 所示的基元体系。该基元体系建立在对时间序列数据进行分段直线拟合的基础上，其中，$\bar{x}_j$ 表示第 j 段的均值，p_j 表示第 j 个分段拟合直线的斜率，$x_{\min}$ 和 $x_{\max}$ 分别表示时间序列 X 的最小值和最大值，即 $x_{\min} = \min(x_1, x_2, \cdots, x_n)$，$x_{\max} = \max(x_1, x_2, \cdots, x_n)$，$q = \dfrac{x_{\max} - x_{\min}}{3}$。

表 9.1　趋势基元符号对应表

均值　　　　　　　斜率	$p_j < 0$	$p_j = 0$	$p_j > 0$
$x_{\min} \leqslant \overline{x}_j < x_{\min} + q$	A	B	C
$x_{\min} + q \leqslant \overline{x}_j \leqslant x_{\min} + 2q$	D	E	F
$x_{\min} + 2q < \overline{x}_j \leqslant x_{\max}$	G	H	I

依据上述定义，时间序列 X 在划分为 k 段后，转化为趋势序列 $Z\_X = (z_1, z_2, \cdots, z_j, \cdots, z_k)$，其中，$z_j \in (A,B,C,D,E,F,G,H,I)$，序列中每个元素值为该分段的均值与拟合直线的斜率符号组合所对应的基元符号。依据直线拟合效果准确选取分段点，是保证趋势序列有效反映原始时间序列数据的局部形态与整体趋势的关键。

基于现有研究可以认为，长期趋势是时间序列的长期发展方向，是时间序列数据的整体形态，若干个趋势基元的有序组合，如(A>C>D>G>E)，其中，>为顺序标志；短期趋势是时间序列数据的短期发展趋向，是时间序列数据分段子序列的形态，是某一个基元代表的具体趋势类型。在趋势基元的基础上，时间序列的趋势是指若干个趋势基元有序连接构成的变化模式，长期趋势是短期趋势的有序叠加。

9.2　基于遗传算法的时间序列分段线性表示

近年来，遗传算法(Genetic Algorithm，GA)以其不依赖于问题的具体领域，对问题的种类具有很强的鲁棒性、灵活适应性和通用性，而且全局优化能力强，适用于解决复杂、困难的全局优化问题等优良特性，在较多领域的优化问题中得到广泛应用，取得了丰富的成果[433]。

本节尝试运用遗传算法进行分段点选择，探索一种基于遗传算法的时间序列分段线性表示方法，即以分段点构建个体，根据压缩率(详见式(2.4))确定个体大小，随机生成多个个体构建初始种群，以整体拟合效果作为适应度评价个体优劣，经过选择、交叉、变异等遗传操作，迭代动态调整分段点，寻找使拟合效果最优的分段点。在以压缩率确定个体大小的前提下，通过随机生成初始种群，该方法不仅满足固定压缩率的使用要求、避免初始单一特征点集合的限制和约束、不需人为估计合理的参数阈值以提取指定数量的分段点，而且不同于以进化技术实现参数阈值的优化。其适应度的优化过程，是分段点的调整选择过程；分段点的提取充分考虑拟合效果，将分段点选择过程与整体拟合效果优化相关联；相较于以启发式规则提取特征点的同时进行参数寻优的方法，可以进一步简化计算过程。

基于 GA 的 PLR 方法，就是运用 GA 寻找最优分段点集合。首先随机生成若干个分段点方案；构建初始种群，以每个分段点方案的拟合误差作为适应度，经过随机选择、交叉、变异等遗传操作对分段点方案进行筛选和进化；保留拟合误差小的方案、淘汰拟合误差大的方案；新群体保留上一代的特征且更优秀，反复循环，直至满足条件；最后被留下的分段点方案分布在最优解周围，筛选出其中拟合误差最小的分段点方案作为最终解。PLR_GA 方法流程图如图 9.3 所示。

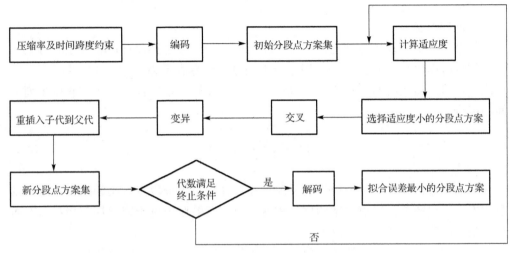

图 9.3　PLR_GA 方法的求解流程图

9.2.1　算法实现步骤

1）编码

采用整数排列编码方法，对于长度为 n 的原始时间序列，如果分段线性表示后分段子序列的数量为 k，则分段点分配方案，或者说解决方案，假设为 TEST，如式 (9.2) 所示，由 k 个大于 0 的随机整数组成，第 j 个随机整数 a_j 表示第 j 个分段的时间跨度，即 $a_j = t_{j,R} - t_{j,L}$，且 $a_j \in [1, n-(k-1)]$，$\sum_{j=1}^{k} a_j = n-1$。

$$\text{TEST} = (a_1, a_2, \cdots, a_j, \cdots, a_k) \tag{9.2}$$

各分段子序列的时间跨度 a_j 确定后，分段点就随之确定，时间跨度的生成过程实际上是分段点的确定过程。根据压缩率确定分段子序列的数量，无论是初始的分段点方案还是最终的分段点方案，分段点数量均相同，符合固定压缩率的要求，无须对参数阈值等进行估计以提取指定数量的分段点。

2）初始种群

编码完成后，需要形成由若干个分段点方案组成的初始种群作为起始解。分段点方案的数量 S 一般根据经验得到，其取值区间一般为 $[50,200]$。

分段点方案随机生成，每个分段点方案均是分段点的一种可能组合，而通过随机生成多个分段点分配方案，一方面不受人为主观性的影响，另一方面通过尽可能多地考虑分段点方案的可能性，在提高产生优秀分段点方案可能性的同时，能够有效避免单一的初始分段点对分段结果的限制和约束，从而为形成优秀的分段点方案提供多样性的保证。

3）适应度函数

每个个体即分段点方案的适应度为其相应的全局拟合误差（Fitting Error，FE）。

假设时间序列 X 对应某个分段点方案的分段线性表示为 X_{PLR}，分段线性表示经过线性插值后得到时间序列为 $X^C = (x_1^C, x_2^C, \cdots, x_n^C)$，则分段线性表示序列和原序列之间的拟合误差[112]FE 为

$$FE = \sqrt{\sum_{i=1}^{n}(x_i - x_i^C)^2} \tag{9.3}$$

全局拟合误差是对拟合效果的反映，通过计算每个分段点方案的拟合误差，以整体拟合效果衡量分段点方案的优劣程度，可以有效避免过于突出局部趋势形态而忽略整体趋势信息和拟合效果的不足。

优化的目标就是选择适应度值尽可能小的分段点方案，适应度值越小，代表拟合误差越小，相应的分段点方案越优秀。分段点方案的优化过程，也是分段点的调整过程，以整体拟合误差为适应度，保证了分段点的调整选择充分考虑整体拟合效果，实现分段点选择与拟合效果最优相统一。

4）选择操作

选择操作即采用随机遍历抽样的方法，从旧群体中以一定的概率选择个体到新群体中，作为个体的分段点方案，被选中的概率跟其适应度值有关，适应度值越小，被选中的概率越大。代沟参数 GGAP 一般设定为 0.95，表示新种群与旧种群中分段点方案的数量比例。

第 u 个分段点方案被选中的概率 p_u 为

$$p_u = \frac{1/FE_u}{\sum_{u=1}^{S} 1/FE_u} \tag{9.4}$$

其中，FE_u 为分段点方案 u 的拟合误差，S 为种群中分段点方案的数量 $\sum_{u=1}^{S} p_u = 1$。

每个方案的概率值组成一个区域 PZ，其中，$PZ_u = \left[\sum_{v=1}^{u-1} p_v, \sum_{v=1}^{u} p_v\right]$，$PZ_1 = [0, p_1]$，$PZ_S = \left[\sum_{v=1}^{S-1} p_v, 1\right]$。通过产生一个 0～1 的随机数，选择该随机数所属于的区间对应的

分段点方案，分段点方案允许重复提取，直到满足代沟参数 GGAP 确定的新种群中分段点方案的数量。

选择操作实际上是随机的优胜劣汰过程，这种随机选择较大程度上避免了人为主观性影响，而依据适应度确定的选择概率，保证了优秀方案被选择的可能性，从而为形成最优分段点方案奠定基础，即分段点选择以拟合效果最优化为目标。

5) 交叉操作

以前述选择操作形成的新种群，作为交叉操作的父代，将父代样本两两分组，每组以一定的概率 (P_c) 重复以下过程：产生两个 $[1,k]$ 区间内随机整数 r_1 和 r_2，确定两个位置，对两位置的中间数据进行交叉，假设 $r_1 < r_2$，TEST_l、TEST_{l+1} 为父代中的两个个体，则交叉后分别为 TEST_l'、TEST_{l+1}'，其计算公式为

$$\text{TEST}_l = (\cdots, a_{l,r_1-1}, a_{l,r_1}, a_{l,r_1+1}, \cdots, a_{l,r_2-1}, a_{l,r_2}, a_{l,r_2+1}, \cdots) \tag{9.5}$$

$$\text{TEST}_{l+1} = (\cdots, a_{l+1,r_1-1}, a_{l+1,r_1}, a_{l+1,r_1+1}, \cdots, a_{l+1,r_2-1}, a_{l+1,r_2}, a_{l+1,r_2+1} \cdots) \tag{9.6}$$

$$\text{TEST}_l' = (\cdots, a_{l,r_1-1}, a_{l+1,r_1}, a_{l+1,r_1+1}, \cdots, a_{l+1,r_2-1}, a_{l+1,r_2}, a_{l,r_2+1}, \cdots) \tag{9.7}$$

$$\text{TEST}_{l+1}' = (\cdots, a_{l+1,r_1-1}, a_{l,r_1}, a_{l,r_1+1}, \cdots, a_{l,r_2-1}, a_{l,r_2}, a_{l+1,r_2+1}, \cdots) \tag{9.8}$$

交叉后，检验新的分段点方案 TEST_l' 和 TEST_{l+1}' 是否满足约束条件 $\sum_{j=1}^{k} a_j = n-1$。

若 $\sum_{j=1}^{k} a_j > n-1 \big|_{a_j \in \text{TEST}_l'}$，则重新产生 r_1 和 r_2 之间的随机数，使 TEST_l' 满足条件 $\sum_{j=1}^{k} a_j = n-1$；若 $\sum_{j=1}^{k} a_j < n-1 \big|_{a_j \in \text{TEST}_l'}$，则该分段点方案的首个最小值用该最小值与 $n-1-\sum_{j=1}^{k} a_j$ 的和替代；对于 TEST_{l+1}' 亦然。

交叉操作执行与否与交叉概率 (P_c) 有关，当随机产生的 0~1 的随机数不大于 P_c 时，则执行交叉操作；否则，不执行交叉操作。

交叉操作是分段点的随机调整过程，是所选择的优秀个体之间的信息交换，实现模式重组，使得分段点方案强强组合，不断优化。

6) 变异操作

变异操作主要是维持种群多样性，在形成的新种群中，以一定的概率 (P_m) 随机地改变被选中个体。生成两个 $[1,k]$ 区间的随机整数 r_1 和 r_2，确定两个位置，将对应位置的数字互换位置，假设 $r_1 < r_2$，如 TEST_l' 变异后为 TEST_l''，其计算公式为

$$\text{TEST}_l'' = (\cdots, a_{l,r_1-1}, a_{l+1,r_2}, a_{l+1,r_1+1}, \cdots, a_{l+1,r_2-1}, a_{l+1,r_1}, a_{l,r_2+1}, \cdots) \tag{9.9}$$

变异操作执行与否与变异概率(P_m)有关，当随机产生的 0~1 的随机数不大于 P_m 时，则执行变异操作；否则，不执行变异操作。

变异操作是分段点方案的随机调整，使优秀分段点方案产生随机变化，实际上是通过突变过程赋予分段点方案尽更多的可能性，在避免拟合效果陷入局部最优化的同时，为其进一步改善提供更多的可能。

9.2.2　基于 PLR_GA 的时间序列数据降维变换过程

基于上述构建的 GA_PLR 方法，时间序列数据转换为趋势序列数据的降维变换过程如图 9.4 所示。

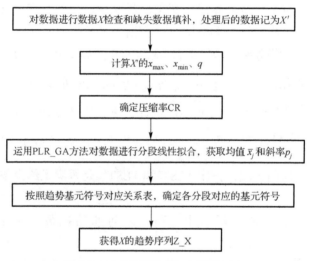

图 9.4　时序数据趋势识别转换过程

(1) 针对选取的某时间序列数据 X，进行数据检查和缺失数据填补等预处理，形成处理后的数据 X'。

(2) 识别数据 X' 中的最大值 x_{max} 和最小值 x_{min}，计算区间三分间隔

$$q = \frac{x_{max} - x_{min}}{3}$$ 。

(3) 根据式 (2.4) 确定压缩率 CR，运用 PLR_GA 方法对数据进行分段线性表示，获取各分段子序列的均值 $\bar{x}_j$ 和拟合直线的斜率 p_j。压缩率 CR 的取值，一般根据趋势性知识发现的需要设定。

(4) 依据表 9.1 趋势基元符号对应关系，确定各分段对应的基元符号，将 X 转化为以趋势基元符号表示的符号型序列数据 $Z\_X = \{z_1, z_2, \cdots, z_j, \cdots, z_k\}$，其中 $z_j \in (A, B, C, D, E, F, G, H, I)$。

9.2.3　算法特点分析

该方法分段点方案的长度，根据压缩率确定，从初始种群的生成到最终提取拟合效果最优的分段点方案，始终维持固定的分段点数量，从而满足需要固定压缩率的要求，无须人为估计合理的参数阈值，便于根据需要选择压缩的程度。

该方法以拟合误差为适应度，评价分段点方案的优劣，建立起分段点选择与其拟合效果的直接关联。选择、交叉、变异等遗传操作是一种随机过程，在无须人为设计启发式规则选择特征点的同时，可以较大程度地避免人为主观性对分段点选择的影响和拟合效果的限制约束。此外，分段点方案的择优迭代以及随机调整，是拟合效果不断优化的过程，实际上是对时间序列数据的客观自适应过程，保证了该方法对不同特点的时间序列数据具有适用性和通用性。

PLR_GA 方法的迭代进化过程是对比分析的过程，迭代过程中需要逐个计算分段点方案的拟合误差以评价其优劣，再加上交叉、变异等操作，因此，该方法具有主观影响的弱化、分段点的动态调整、较好的客观自适应性和通用性等特点，但需要大量的计算。计算量主要与种群规模 S、代沟参数 GGAP、遗传代数、交叉概率、变异概率等有关，相关参数越大，计算量越大。

9.3　基于 SPADE 算法的趋势序列频繁模式发现

时间序列数据，经趋势识别转换过程形成的趋势序列，实际上是以趋势基元为元素的序列数据，而趋势基元是一种定性的符号化数据。频繁模式的挖掘过程是序列模式发现的过程，频繁模式是序列模式发现的主要结果。

在现有的序列模式发现方法中，等价类序列模式挖掘(Sequential Pattern Discovery Using Equivalence Classes，SPADE)是广泛使用的一种频繁序列模式挖掘算法。

以案例数据中的CO序列为例,基于SPADE算法的序列频繁模式发现过程如下：

(1)由于 SPADE 算法主要用于多序列数据的频繁模式以及序列关联规则发现，现有的针对单序列的频繁模式挖掘，一般将单序列数据截断为多条子序列，运用传统的序列发现方法，如 SPADE 算法，挖掘序列频繁模式。因此，首先需要对 CO 趋势序列进行截断处理，将 CO 趋势序列拆分为若干个子序列，即 $Z\_CO = (Z\_CO_1, Z\_CO_2, \cdots, Z\_CO_i, \cdots, Z\_CO_w)$。

研究中，对 CO 趋势序列进行等长分段拆分，即依据趋势序列 Z_CO_i 的累计时间跨度将 CO 趋势分列划分为累计时间跨度等长的若干子序列。设定 $w=2$，将 CO 趋势序列划分为累计时间跨度等长的两段子序列。

子序列 Z_CO_i 代表序列关联规则中的事务，即数据记录，w 个子序列构成事务

集 Z_CO^{TS}，即 $Z\_CO^{TS}=(Z\_CO_1,Z\_CO_2,\cdots,Z\_CO_i,\cdots,Z\_CO_w)$。子序列 Z_CO_i 中的元素称为事务中的项集（记为 Z），作为元素的趋势基元符号是事务中的项目，如果项集中包含 p 个项目，即 p 个基元符号，则一般称项集 Z 为 p-项集，记为 Z_p，由于趋势序列中的元素即为趋势基元，因此项集 Z 通常只包含一个项目，即项集 Z 为 1-项集，实际上 $Z=z_j$，$z_j\in(A,B,C,D,E,F,G,H,I)$。

(2)找出数据 Z_CO_i 中所有候选 1-项集集合 Z_1，计算该候选项集中所有项集的支持度，设定最小支持度 minsupport=1，筛选符合要求的项集形成频繁 1-项集集合 L_1。

序列模式，记为 SP，其支持度是反映序列模式普遍性的测度指标，定义为包含某序列模式的事务序列数占总事务序列数的比例，频繁序列模式是满足支持度要求的序列模式，频繁序列模式记为 FSP。序列模式是若干个项集的有序连接，由项集和顺序标志组成，项集为 z_j，顺序标志用符号>表示。由于趋势序列中项集一般只有一个趋势基元，所以，由 p 个项集有序连接构成的序列模式记为 SP_p，相应的频繁序列模式记为 FSP_p。候选 1-项集是只包含一个趋势基元的序列模式，即 SP_1，而频繁 1-项集是符合支持度要求的只有一个趋势基元的频繁序列模式，即 FSP_1。支持度计算公式为

$$support(SP_p)=\frac{\{Z\_CO_i\in Z\_CO^{TS}|SP_p\in Z\_CO_i\}}{Z\_CO^{TS}} \tag{9.10}$$

其中，Z_CO^{TS} 表示事务集 Z_CO^{TS} 所包含的事务总数，$\{Z\_CO_i\in Z\_CO^{TS}|SP_p\in Z\_CO_i\}$ 为包含序列模式 SP_p 的事务数量。

(3)设定 maxsize=1，mingap=maxgap=1，序列模式最大长度 maxlen 设定为最长事务的长度。其中，maxsize 表示项集中最多可以包含几个项目，由于趋势序列中项集一般是一个趋势基元，所以 maxsize=1。mingap 和 maxgap 分别表示序列模式 SP_p 中两个连续的趋势基元之间的最小和最大项目数量间隔。maxlen 表示序列模式的最大长度，序列长度是序列所包含的项集个数，为了避免序列模式遗漏，maxlen 值设定为最长事务序列的长度。

对 L_1 中的项集进行连接处理，产生候选 2-项集集合，即序列模式 SP_2 集合 CSP_2，计算 CSP_2 中所有序列模式的支持度，构成频繁序列模式 FSP_2 集合 L_2。

(4)依次在 L_2 的基础上执行迭代过程，在 L_{k-1} 的基础上进行连接运算，产生 CSP_k，并根据支持度构造 L_k。

(5)当无法由 L_k 产生 SP_{k+1}，或者 CSP_{k+1} 中的序列模式 SP_{k+1} 数量为 0 时，结束迭代循环，形成所有的频繁序列模式。

对事务集 Z_CO^{TS} 的所有频繁序列模式进行整理，去掉冗余模式，形成该事务集的频繁序列模式集合 FSP_{Z_CO}。

9.4　动态模式匹配

现有研究在基于模式序列的趋势相似性度量方面提出了较多的思路和方法，但度量效果并不十分理想，仍然存在较大的改进和提升空间。因此，在依据分段子序列的均值及其线性拟合函数的导数符号实现模式转换的基础上，即将时间序列数据转换为趋势序列数据，以模式之间的异同性比较定义模式匹配距离，即不同趋势基元类型之间的距离，借鉴动态时间弯曲(Dynamic Time Warping，DTW)方法的动态规划原理，构建一种动态模式匹配方法，分析该方法的特点，并运用实验数据测试该方法的趋势相似性度量效果。

9.4.1　模式匹配距离

时间序列的模式匹配距离是指，时间序列数据在分段模式化转化后，两种模式之间的距离，即不同趋势基元类型之间的距离，其计算公式为

$$d(z_i, z_j) = \begin{cases} 0, & z_i = z_j \\ 1, & z_i \neq z_j \end{cases} \tag{9.11}$$

其中，模式匹配距离实际上是趋势符号之间的异同性比较，趋势符号相同则距离为0，趋势符号不同则距离为1。

9.4.2　动态时间弯曲距离

动态时间弯曲是一种通过弯曲时间轴来更好地对时间序列形态进行匹配映射的相似性度量方法，不仅可以度量长度相等的时间序列，也可以对不等长的时间序列进行相似性度量，对时间序列的突变点或异常点不敏感，能够实现异步相似性比较[434]。

假设有两个时间序列 Q 和 U，且 $Q = \{q_1, q_2, \cdots, q_n\}$ 和 $U = \{u_1, u_2, \cdots, u_m\}$，那么两个时间序列数据点之间形成的距离矩阵 $D_{n \times m} = \{d(i,j)\}_{n \times m}$，其中，$1 \leq i \leq n$，$1 \leq j \leq m$。$d(i,j)$ 的值由 q_i 和 u_j 之间的欧氏距离的平方来确定，即 $d(i,j) = (q_i - u_j)^2$。也就是说，矩阵 D 存储了两个时间序列不同时间点上数据之间的距离[435]。

如图 9.5 所示，图中的每个方格相当于 D 中元素值，那么 DTW 就是从该矩阵中找到一条连续的路径 $P = \{p_1, p_2, \cdots, p_s\}$，使得路径上的元素值相加之和最小，同时这条路径必须满足以下三个条件，即边界限制、连续性和单调性[435]。

在矩阵 D 中，只用一条路径作为 DTW 距离，为

$$L_{\text{DTW}}(Q, U) = \min_p \left(\frac{1}{s} \sum_{l=1}^{s} p_l \right) \tag{9.12}$$

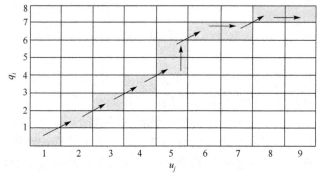

图 9.5　动态时间弯曲路径[435]

最优路径的查找方法是通过动态规划来实现的，构造一个累计矩阵 $R = \{r(i,j)\}_{n \times m}$ 来记录从起始位置到结束位置的最短路径，其计算公式为

$$r(i,j) = d(i,j) + \min \begin{cases} r(i,j-1) \\ r(i-1,j-1) \\ r(i-1,j) \end{cases} \qquad (9.13)$$

其中，$r(0,0) = 0$ ，$r(i,0) = r(0,j) = \infty$ 。

最终两个序列的 DTW 距离可由累计距离表示，即 $L_{\text{DTW}}(Q,U) = r(n,m)$ 。由上述算法过程可以看出，实现长度分别为 n 和 m 的两个时间序列之间的 DTW 距离的时间复杂度为 $O(nm)$[435]。

9.4.3　动态模式匹配

时间序列的趋势相似性度量建立在分段模式化基础上，因此衡量时间序列趋势变化的相似性，尤其是整体趋势的相似性，要求相似性度量方法对短期局部的噪声具备较好的抗干扰能力。DTW 方法通过弯曲时间轴实现序列的异步相似性度量，使其不仅能够根据时间序列的形态度量相似性，而且异步相似性度量可以有效避免短期局部的噪声对序列趋势相似性的干扰。以模式序列为对象，构建基于模式匹配距离的代价矩阵，在降低时间复杂度的同时，可以有效弥补 DTW 对数值变化敏感的缺陷，有利于度量大规模高维度时间序列的趋势相似性。

因此，基于趋势基元间的模式匹配距离，结合 DTW 的动态规划原理，构建动态模式匹配(Dynamic Pattern Match，DPM)方法。该方法的主要思想，就是遵循 DTW 距离的计算过程，并以两个模式序列的模式之间的匹配距离构建距离矩阵 D，最终的累计距离即为两个模式序列的 DPM 距离。

假设两个时间序列数据，经过分段模式化后形成两个趋势序列 Y_4 和 Y_5 ，$Y_4 = \{z_{41}, z_{42}, \cdots, z_{4j}, \cdots, z_{4k}\}$ ，$Y_5 = \{z_{51}, z_{52}, \cdots, z_{5i}, \cdots, z_{5v}\}$ ，Y_4 和 Y_5 并不一定等长。两个序列 Y_4 和 Y_5 的基元形态之间形成距离矩阵 $D_{k \times v} = \{d(j,i)\}_{k \times v}$ ，其中，$1 \leqslant j \leqslant k$ ，$1 \leqslant i \leqslant v$ ，

$d(j,i)$ 的值为 z_{4j} 和 z_{5i} 之间的模式匹配距离，即 $d(j,i)=d(z_j,z_i)$，以模式匹配距离代替动态时间弯曲距离中计算时间序列数据点之间距离的欧氏距离，形成模式匹配距离矩阵 $D_{k\times v}=\{d(j,i)\}_{k\times v}=\{d(z_j,z_i)\}_{k\times v}$。

按照 DTW 距离的求解过程，最优路径的查找方法通过动态规划来实现，以累计矩阵 $R_{\mathrm{DPM}}=\{r_{\mathrm{DPM}}(j,i)\}_{k\times v}$ 记录从起始位置到结束位置的最短路径，其计算公式为

$$r_{\mathrm{DPM}}(j,i)=d(z_j,z_i)+\min\begin{cases}r_{\mathrm{DPM}}(j,i-1)\\r_{\mathrm{DPM}}(j-1,i-1)\\r_{\mathrm{DPM}}(j-1,i)\end{cases} \tag{9.14}$$

其中，$r_{\mathrm{DPM}}(0,0)=0$，$r_{\mathrm{DPM}}(j,0)=r_{\mathrm{DPM}}(0,i)=\infty$。

最终，两个趋势序列之间的动态模式匹配距离 $L_{\mathrm{DPM}}(Y_4,Y_5)$ 可由累计距离表示，即 $L_{\mathrm{DPM}}(Y_4,Y_5)=r_{\mathrm{DPM}}(k,v)$。

9.4.4　算法特点分析

DPM 方法以模式序列间的动态模式匹配距离来衡量原始时序数据间的趋势相似性，因此，模式序列完整保留原始数据的局部形态与整体趋势信息，是该方法能够准确度量趋势相似性的前提和基础。

作为对模式形态间的异同性比较，模式匹配距离不遵循传统的"模式差异大，则数字距离大"的原则，而是将模式符号看成定性数据，对不同形态之间的差异等同化对待，而没有等级之分与大小之别，且计算过程较为简单，计算量小。

时间序列的分段模式化过程，依据分段子序列的均值及其线性拟合函数的导数符号将时间序列转化为模式序列，不仅降低了序列维度，而且可以在滤除噪声平滑序列的同时，保留序列趋势特征，从而为趋势相似性度量奠定基础。此外，DPM 方法基于模式匹配距离的代价矩阵，寻找最优路径的过程，通过弯曲序列轴允许异步异同性比较，可以避免短期局部的突变过程和异常情况对趋势相似性衡量的干扰。

该方法借鉴了 DTW 方法的计算原理，因此继承了其优良特性，不仅适用于序列等长的情况，而且也适用于序列不等长的情况；此外，由于该方法主要用于度量时间序列的趋势相似性，尤其是整体趋势的相似性，通过异步相似性度量模式序列的趋势相似性，所以不要求序列之间对齐。由于需要根据序列的变化幅度划分区间，所以主要适用于离线类时间序列数据的相似性度量。而且，划分的区间数量可以根据数据的变化幅度与复杂程度来选择，如当数据值的变化幅度较大，或者各分段线性拟合函数的斜率差异较大时，可以设定较多的模式类型。

根据该方法的计算过程，容易分析得到该方法的计算时间效率。长度为 n 和 m 的时间序列进行平均分段的时间复杂度分别为 $O(n)$ 和 $O(m)$，对长度为 k 和 v 的模式序列进行 DPM 距离度量需要的时间复杂度为 $O(kv)$，所以整个算法过程的时间

复杂度近似为 $O(m+n+kv)$。由于分段数目 k 和 v 通常小于原始序列的长度，所以 DPM 的时间复杂度 $O(m+n+kv)$ 要小于 DTW 的时间复杂度 $O(nm)$，且压缩率越大，二者的差距越大，即 DPM 的计算时间效率越高。

9.5 CO 监测数据趋势性分析

CO 是井下环境监测的重要对象，CO 浓度过高容易使人窒息，从而影响生命安全，因此分析 CO 随时间的发展变化规律，掌握其趋势特征与变化规律，有利于对 CO 浓度进行有效的预判和控制，保证其处于安全水平，维护矿井的安全状态与工人的生命安全。

9.5.1 基于 PLR_GA 的降维趋势变换

对上述 CO 数据，经过基于 PLR_GA 的趋势识别转换过程后，形成趋势序列数据。由于原始 CO 时间序列数据的维度较高，压缩率的取值决定了后续趋势序列的维度，而且序列频繁模式受压缩率取值的影响，煤矿安全单时序趋势性知识发现需要对不同压缩率条件下的序列频繁模式进行分析评估，以识别满足使用要求的频繁模式作为趋势性知识。所以，分别取压缩率为 50%、60%、70%、80%、90%，将原始 CO 浓度时间序列数据转换为趋势序列数据。

压缩率为 50%条件下，转换后形成的 CO 趋势序列如图 9.6 所示。

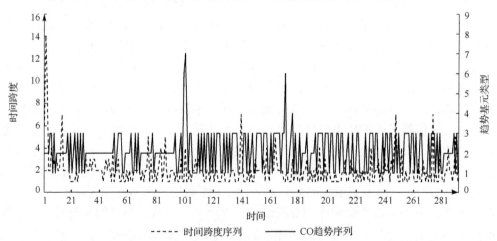

图 9.6 压缩率为 50%时的 CO 趋势序列及其时间跨度

图中实线为 CO 趋势序列，以右侧纵坐标轴为刻度单位，趋势基元类型与数字刻度的对应关系如表 9.2 所示。图中虚线为与该趋势序列相对应的时间跨度序列，表示对应位置的趋势基元的时间跨度，以左侧纵坐标轴为刻度单位。

表 9.2　趋势基元类型及其数字对应关系

趋势基元	A	B	C	D	E	F	G	H	I
对应数字	1	2	3	4	5	6	7	8	9

可以看出，在压缩率为 50% 的条件下，该 CO 趋势序列以底部的上升、平稳、下降等形态为主，大多数分段子序列的时间跨度较短，时间跨度较长的分段主要集中于底层的上升、平稳形态。主要的趋势基元类型及其累计时间跨度统计如表 9.3 所示。

可以看出，在压缩率为 50% 的条件下，该序列的主要基元形态为 A、B、C，其余基元形态较少，其中基元形态 B 的数量虽然较少，但其累计时间跨度则较长，说明该趋势序列底层的平稳形态持续时间均相对较长。

表 9.3　压缩率为 50% 时 CO 趋势序列结构分布

趋势基元	A	B	C	D	E	F	G	H	I	总计
数量	101	77	109	2	0	2	1	0	0	292
累计时间跨度	187	187	201	4	0	2	4	0	0	585

压缩率分别为 60%、70%、80%、90% 条件下，该 CO 时间序列数据的趋势序列及相应的时间跨度序列，分别如图 9.7～图 9.10 所示，其对应的趋势结构分布分别如表 9.4～表 9.7 所示。

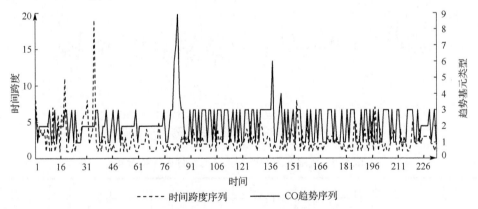

图 9.7　压缩率为 60% 时的 CO 趋势序列及其时间跨度

表 9.4　压缩率为 60% 时 CO 趋势序列结构分布

趋势基元	A	B	C	D	E	F	G	H	I	总计
数量	81	55	91	2	0	2	1	0	1	233
累计时间跨度	192	172	211	4	0	2	2	0	2	585

表 9.5　压缩率为 70% 时 CO 趋势序列结构分布

趋势基元	A	B	C	D	E	F	G	H	I	总计
数量	66	40	64	2	0	1	1	0	1	175
累计时间跨度	190	180	206	4	0	1	2	0	2	585

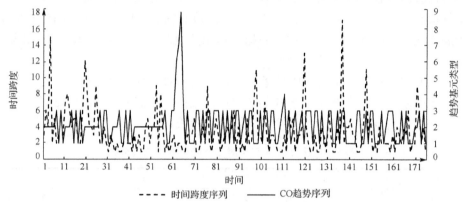

图 9.8　压缩率为 70% 时的 CO 趋势序列及其时间跨度

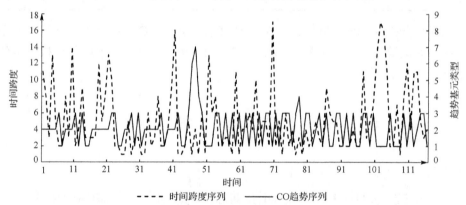

图 9.9　压缩率为 80% 时的 CO 趋势序列及其时间跨度

表 9.6　压缩率为 80% 时 CO 趋势序列结构分布

趋势基元	A	B	C	D	E	F	G	H	I	总计
数量	44	26	42	2	0	1	1	0	0	116
累计时间跨度	235	180	161	4	0	1	4	0	0	585

表 9.7　压缩率为 90% 时 CO 趋势序列结构分布

趋势基元	A	B	C	D	E	F	G	H	I	总计
数量	23	9	22	2	0	1	1	0	0	58
累计时间跨度	245	153	179	2	0	3	3	0	0	585

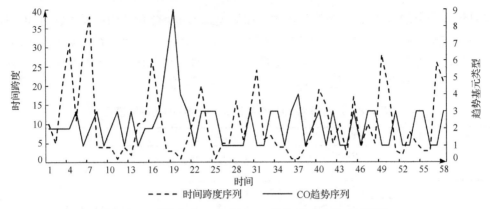

图 9.10　压缩率为 90%时的 CO 趋势序列及其时间跨度

　　可以看出，在不同压缩率条件下，底层形态 A、B、C 等是主要的局部形态，而且其所占据的时间范围最广，其他形态 D、F、G 等不仅出现次数少，而且其持续时间较短，呈现出短期突发的特点。CO 浓度序列在合理区间内的跳动变化模式，即以 A、B、C 为主要趋势基元的频繁模式，虽然广泛存在且是 CO 浓度序列在较长时间范围内的主要趋势变化序列模式，但对于煤矿安全管理来说，井下环境中 CO 浓度在合理安全区间内波动，属于正常状态，只有 CO 浓度急剧升高，超出安全限度，才是危险源的不安全状态，极易引发安全事故。因此，发现以 D、F、G 为主要构成的序列模式对于煤矿安全管理来说具有重要意义和价值，对 CO 浓度突出模式的模型化描述，可以为不安全状态的预判提供有效的判断依据。

　　不同压缩率条件下，该 CO 趋势序列对原始时间序列数据中趋势信息的保留程度有所区别，如在压缩率为 50%、80%、90%的条件下，趋势序列中的顶层趋势基元形态只包含趋势基元 G，而在压缩率为 60%和 70%的条件下，顶层趋势形态包含了 G 和 I，虽然数量不多，但对原始时间序列数据的趋势信息保留更为完整，有利于为后续频繁序列模式挖掘奠定良好的数据基础。

9.5.2　不同压缩率条件下的 CO 频繁序列模式评估

　　基于上述 CO 趋势序列频繁模式发现过程，运用 SPADE 算法分别识别 50%、60%、70%、80%、90%压缩率条件下，CO 趋势序列的频繁模式，不同压缩率条件下的 CO 频繁序列模式如表 9.8～表 9.12 所示。

　　可以看出，在不同压缩率条件下，CO 趋势序列的频繁模式以底层趋势基元形态 A、B、C 构成的序列模式为主。对于煤矿安全管理，CO 时间序列从安全状态向不安全状态的变化模式意义重大，从上述结果可以看出，在 50%压缩率条件下，频繁模式 D>A>C 是 CO 序列从中部结构向底部安全状态的转变，在压缩率为 70%的条件下，同样出现了频繁模式 D>A>C>A，在压缩率为 80%、90%的条件下，出现

了只包含一个趋势基元 D 的频繁模式，频繁模式 D>A>C 所代表的是 CO 时间序列
从中部结构向底部安全状态的转变，实际上是该 CO 从不安全状态向安全状态的转
变过程，对煤矿安全管理来说，发现 CO 时间序列从安全状态向不安全状态的转变
模式，才能为安全状态的趋势预判，提供可行参考依据。

表 9.8　压缩率为 50%条件下 CO 趋势序列的频繁模式

序号	频繁模式	序号	频繁模式
1	D>A>C	12	A>C>A>C>C>A>C
2	C>C>A>A>B	13	A>C>A>C>C>C>A
3	C>A>C>A>B>C	14	C>A>C>C>C>C>A
4	B>C>A>A>C>A	15	C>A>A>B>B>B>B
5	C>A>A>B>C>A	16	B>B>B>C>A>A>B
6	A>C>A>B>B>B	17	C>C>A>C>A>C>A
7	C>C>A>C>A>B	18	A>B>B>B>B>B>B
8	A>C>A>C>C>C>C	19	A>C>A>A>A>A>C>A>C
9	C>C>A>C>A>C>A	20	C>A>C>C>C>A>A>C>A>C
10	C>A>C>C>A>C>A	21	B>B>B>B>B>B>B>C>A>C>A
11	C>A>C>A>B>C>A		

表 9.9　压缩率为 60%条件下 CO 趋势序列的频繁模式

序号	频繁模式	序号	频繁模式
1	C>C>F	8	B>B>B>B>B>C>A>B
2	A>A>B>C	9	C>C>A>B>C>A>C>A
3	B>C>A>B>C	10	C>A>A>C>A>B>B>B>B
4	C>C>A>B>C	11	A>C>C>C>A>C>A>C>A>C>C
5	C>A>C>A>A>A	12	A>C>C>C>A>C>A>C>A>C>C>C
6	C>A>B>B>B>B>B	13	C>C>A>A>A>C>A>C>A>C>A>C
7	A>C>A>C>C>C>A		

表 9.10　压缩率为 70%条件下 CO 趋势序列的频繁模式

序号	频繁模式	序号	频繁模式
1	D>A>C	9	A>A>C>A>C>A
2	A>A>B>B	10	B>B>C>A>C>A
3	D>A>C>A	11	A>C>C>A>C>A
4	A>C>A>B	12	A>A>C>C>A
5	A>C>A>A>A	13	C>A>C>C>C>A>C
6	C>A>A>C>C	14	C>A>C>C>A>A>B
7	C>A>A>A>C	15	B>C>A>C>A>A>A
8	C>A>A>C>A>C	16	A>C>A>C>C>A>C>C

表 9.11 压缩率为 80%条件下 CO 趋势序列的频繁模式

序号	频繁模式	序号	频繁模式
1	D	5	C>A>C>A>B
2	B>C>C>A	6	B>C>A>C>A>A
3	C>A>A>C	7	C>A>C>A>C>A>C
4	C>A>A>A>C	8	A>A>C>C>A>C>A>C>A

表 9.12 压缩率为 90%条件下 CO 趋势序列的频繁模式

序号	频繁模式	序号	频繁模式
1	D	3	C>C>A>A
2	C>A>C>C	4	A>B>C>A>C>A

由表 9.9 可知，在压缩率为 60%的条件下，发现了频繁模式 C>C>F，该序列模式表示 CO 时间序列从底部安全范围内的波动向顶层状态转变，即 CO 浓度序列从较低水平安全状态向较高水平的不安全状态的趋势方向变化过程，虽然对煤矿安全风险识别与预判具有重要价值，但该频繁模式只在压缩率为 60%的条件下出现，在其他压缩率条件下没有发现，因此该频繁模式的可靠性不高，对煤矿安全管理的使用价值不高。

9.6 瓦斯监测数据趋势性分析

井下空气中的瓦斯气体，由于其易燃性和致灾严重性，是我国煤矿安全事故的重大危险源，也是煤矿安全管理工作的重点对象。充分发挥瓦斯监测数据的价值，识别瓦斯数据中的趋势性知识，尤其是特殊区域的瓦斯浓度变化趋势规律，为瓦斯浓度的变化趋势预判提供先验知识，是发掘数据价值辅助煤矿安全管理工作的重要途径。

9.6.1 基于 PLR_GA 的降维趋势变换

为了从瓦斯浓度时间序列数据中，识别满足使用要求和具备使用价值的频繁模式作为趋势性知识，对上述瓦斯浓度时间序列数据，分别取压缩率为 50%、60%、70%、80%、90%，基于 PLR_GA 的趋势识别转换过程，形成趋势序列数据。

不同压缩率条件下，瓦斯趋势序列及其时间跨度序列分别如图 9.11～图 9.15 所示，其相应的趋势结构统计如表 9.13～表 9.17 所示。

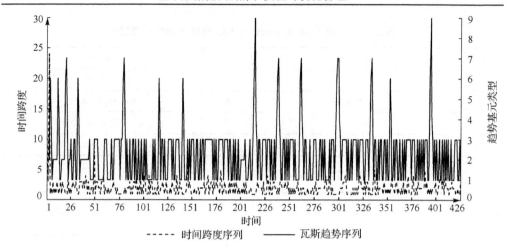

图 9.11　压缩率为 50%时的瓦斯趋势序列及其时间跨度

表 9.13　压缩率为 50%时瓦斯趋势序列结构分布

趋势基元	A	B	C	D	E	F	G	H	I	总计
数量	179	28	182	14	0	14	7	0	2	426
累计时间跨度	360	89	360	17	0	15	9	0	3	853

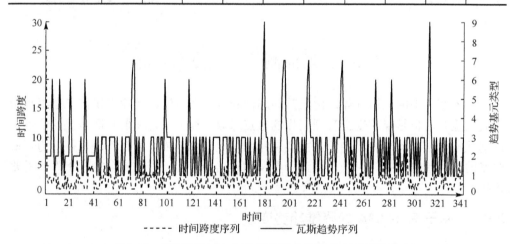

图 9.12　压缩率为 60%时的瓦斯趋势序列及其时间跨度

表 9.14　压缩率为 60%时瓦斯趋势序列结构分布

趋势基元	A	B	C	D	E	F	G	H	I	总计
数量	134	25	147	13	0	14	6	0	2	341
累计时间跨度	341	93	374	20	0	15	8	0	2	853

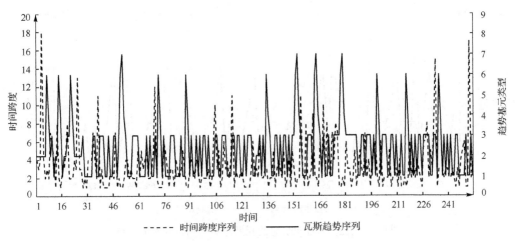

图 9.13　压缩率为 70%时的瓦斯趋势序列及其时间跨度

表 9.15　压缩率为 70%时瓦斯趋势序列结构分布

趋势基元	A	B	C	D	E	F	G	H	I	总计
数量	103	18	104	13	0	13	4	0	0	255
累计时间跨度	348	90	365	20	0	23	7	0	0	853

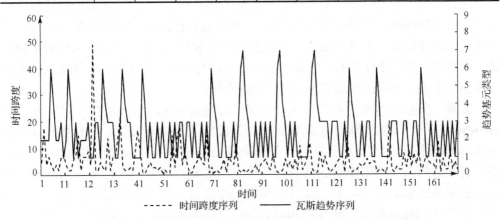

图 9.14　压缩率为 80%时的瓦斯趋势序列及其时间跨度

表 9.16　压缩率为 80%时瓦斯趋势序列结构分布

趋势基元	A	B	C	D	E	F	G	H	I	总计
数量	72	10	61	12	0	12	3	0	0	170
累计时间跨度	446	60	297	21	0	25	4	0	0	853

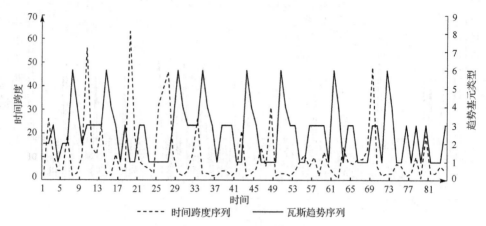

图 9.15　压缩率为 90%时的瓦斯趋势序列及其时间跨度

表 9.17　压缩率为 90%时瓦斯趋势序列结构分布

趋势基元	A	B	C	D	E	F	G	H	I	总计
数量	31	5	32	8	0	8	0	0	0	84
累计时间跨度	396	61	354	20	0	22	0	0	0	853

可以看出，在不同压缩率条件下，瓦斯趋势序列的构成，无论是趋势基元数量还是累计时间跨度，均以底部的 A、B、C 等基元形态为主，中部的 D、E、F 占比次之，而顶部的 G、H、I 则最少。在诸多基元形态中，底部、中部、顶部的平稳形态，相对于上升、下降形态，数量和累计时间跨度均较少，说明该瓦斯浓度时间序列数据以上升、下降的波动形态为主，序列不平稳。

此外，随着压缩率的不断增大，顶部形态构成变化较大，如在压缩率为 50% 和 60%的条件下，顶部形态包括了上升 I、下降 G 两种趋势基元，在压缩率为 70% 和 80%的条件下，顶部形态只包括了下降基元 G 一种基元，而在压缩率为 90% 的条件下，趋势序列中不再包含顶部形态，说明随着压缩率的增大，瓦斯浓度序列的趋势变化信息，尤其是浓度过高的趋势变化过程逐渐被模糊直至遗漏，不利于发现和识别瓦斯浓度趋势变化模式规则，尤其是瓦斯浓度大幅度增高的趋势变化规则模式。

9.6.2　不同压缩率条件下的瓦斯趋势序列频繁模式评估

依据 9.4 节 CO 趋势序列频繁模式发现过程，本节基于 SPADE 算法分别识别 50%、60%、70%、80%、90%压缩率条件下，瓦斯趋势序列的频繁模式。

不同压缩率条件下的瓦斯频繁序列模式如表 9.18～表 9.22 所示。

表 9.18　压缩率为 50%条件下瓦斯趋势序列的频繁模式

序号	频繁模式	序号	频繁模式
1	A>A>B	21	C>C>C>C>A>C>A>C
2	A>A>A>F	22	C>A>C>C>C>A>C
3	C>C>A>A>F	23	C>C>A>C>A>A>C>A
4	B>C>A>A>C	24	C>A>C>C>A>A>C>A
5	D>A>C>C>A	25	C>C>A>A>C>A>C>A
6	B>C>A>A>A	26	C>C>C>C>A>C>A
7	C>F>G>D>A>C	27	C>A>A>C>C>C>A
8	C>A>A>F>D>A	28	A>C>A>C>A>A>A
9	A>A>F>D>A>A	29	C>C>A>C>A>C>A
10	C>C>C>A>A>C>C	30	A>A>C>A>C>A>C>C>C
11	C>A>C>C>C>C	31	C>C>C>C>A>C>A>A>C
12	A>A>A>A>C>A>C	32	A>A>C>C>C>A>C>A>A
13	C>A>A>A>A>C>A	33	A>C>A>C>A>C>A>A
14	C>C>A>C>A>C>A	34	C>A>A>C>C>A>C>A>A
15	C>C>A>C>A>C>A	35	A>C>A>C>A>C>A
16	C>C>A>C>A>A>A	36	A>C>C>C>C>A>C>C>C
17	A>C>C>C>C>A>A	37	C>A>C>A>C>A>A>C>A
18	A>C>A>A>A>C>C	38	A>C>A>C>A>C>A>C>A
19	C>A>C>A>C>A>A>C	39	A>C>A>C>A>C>C>A>A
20	C>A>C>C>A>A>C	40	A>C>A>C>A>C>A>A>C>A

可以看出，不同压缩率条件下，瓦斯趋势序列的频繁模式数量差别较大，在压缩率为 50%时频繁模式数量最多，压缩率为 60%和 70%时数量次之，而压缩率为 80%和 90%时数量最少。此外，不同压缩率条件下，最长频繁模式的长度存在差异，在压缩率为 60 的条件下，最长频繁模式的长度为 16，即包含 16个趋势基元，为不同压缩率条件下最长频繁模式，压缩率为 50%、70%和 80%条件下的最长频繁模式的长度差异不大，而压缩率为 90%条件下的最长频繁模式的长度最短。

不同压缩率条件下，其频繁模式主要是底部形态 A、B、C 构成的趋势变化模式，实际上是瓦斯浓度在安全范围内的波动变化模式，而包含底部形态、中部形态，甚至是顶部形态的瓦斯浓度在不同水平间的趋势变化模式则相对较少，但是瓦斯浓度在不同水平，尤其是超过安全范围，从安全状态向不安全状态的趋势变化模式，则可以为煤矿安全危险源风险识别提供重要依据，对煤矿安全管理具有重要价值。

表 9.19 压缩率为 60%条件下瓦斯趋势序列的频繁模式

序号	频繁模式	序号	频繁模式
1	F>G>G	14	C>A>C>A>C>A>A
2	C>A>F>G	15	A>C>C>C>C>A>A
3	C>A>A>F	16	A>A>C>C>C>A>C>C
4	D>C>C>C	17	C>C>A>A>C>A>A>C
5	A>C>A>F>D	18	C>A>C>C>C>C>A>C
6	C>A>F>D>C	19	A>A>C>C>A>A>A>A
7	A>A>A>A>C>C	20	C>A>C>A>C>A>A
8	C>C>A>C>C>C	21	C>C>A>C>A>A>A>C>A
9	A>A>C>C>A>C>C	22	C>C>A>A>C>A>A>C>A
10	C>A>A>A>A>A>C	23	A>A>C>C>A>A>C>A
11	C>C>A>C>A>C>A	24	C>C>C>A>C>C>A>C>A
12	A>C>C>A>C>C>A	25	A>C>C>C>C>A>C>C>A
13	A>A>A>C>C>C>A	26	A>C>A>C>A>A>C>A>C>A>C>A>A>A>C>A

表 9.20 压缩率为 70%条件下瓦斯趋势序列的频繁模式

序号	频繁模式	序号	频繁模式
1	C>C>F	14	A>C>A>F>D>A>C
2	B>C>A	15	C>A>C>A>A>C>A
3	C>C>A>A>C>C	16	C>A>F>D>A>C>A
4	C>A>A>C>C>C	17	A>C>A>A>C>C>A
5	A>A>C>C>C>C	18	A>C>C>A>C>A>A
6	C>A>C>C>C>A	19	A>C>C>C>C>A>A
7	A>C>C>C>C>A	20	C>A>A>C>A>A>C>C
8	A>A>A>C>A>A	21	C>C>A>A>A>A>C>A
9	A>A>C>C>A>A	22	C>A>A>A>C>C>C>A
10	A>A>C>C>A>C>C	23	A>C>A>C>A>C>C>A>C
11	A>C>A>C>A>A>C	24	C>A>C>A>C>C>A>C>A
12	A>C>C>C>A>A>C	25	A>A>C>A>A>F>D>A>C>A
13	C>A>A>C>C>A>C	26	C>F>G>D>C>A>A>A>C>C>C

表 9.21　压缩率为 80%条件下瓦斯趋势序列的频繁模式

序号	频繁模式	序号	频繁模式
1	A>A>C>F	6	C>A>A>A>A
2	D>C>C>C	7	C>C>C>A>A>C
3	C>A>F>D>C	8	A>C>A>C>C>A
4	C>C>A>C>C	9	C>A>A>C>C>A>F>D
5	A>A>F>D>A	10	A>C>A>C>A>A>C>A>C>A>C

表 9.22　压缩率为 90%条件下瓦斯趋势序列的频繁模式

序号	频繁模式	序号	频繁模式
1	C>C>C>C	5	C>A>C>A>A
2	C>A>A>C>C	6	A>C>C>A>A>A
3	A>A>C>C>A	7	C>C>C>F>D>C>A>C
4	C>A>A>A>A		

在压缩率为 80%和 90%的条件下，频繁模式中均不包含顶部形态 G、I，遗漏了瓦斯浓度序列的重要信息。在压缩率为 70%的条件下，频繁模式 26 不仅包含较多的趋势基元，即该频繁模式的长度较长，而且包含顶部趋势基元形态 G，较好地反映了该瓦斯浓度序列数据的变化模式，该频繁模式的前端部分(C>F>G>D)与压缩为 50%条件下的频繁模式 7 的前端部分(C>F>G>D)相一致，表明该频繁模式具有较高的可信度。此外，压缩率为 50%条件下的频繁模式 9(C>A>A>F>D>A)，压缩率为 60%条件下的频繁模式 5(A>C>A>F>D)，频繁模式 6(C>A>F>D>C)，压缩率为 70%条件下的频繁模式 14(A>C>A>F>D>A>C)、16(C>A>F>D>A>C>A)、25(A>A>C>A>A>F>D>A>C>A)，压缩率为 80%条件下的频繁模式 3(C>A>F>D>C)、9(C>A>A>C>C>A>F>D)等，均包含序列模式(C>A>F>D)或近似结构，表明该频繁模式较为稳定，是该瓦斯浓度序列的典型趋势变化模式。

9.7　负压监测数据趋势性分析

负压数据作为煤炭企业井下环境监测的重要对象，主要是对井下空间的压力状态的实时监控，井下压力的变化在一定程度上是井下安全状态的重要表征，尤其是井下压力的急剧增大，极有可能是井下出现危险状况的前兆，有效掌握井下压力变化规律，是安全管理的重要决策支持。识别负压数据中趋势性知识，有利于为井下压力的长期预判提供有依据的参考性信息。

9.7.1 基于 PLR_GA 的降维趋势变换

对上述经异常值预处理后的负压时间序列数据，分别取压缩率为 50%、60%、70%、80%、90%，基于 PLR_GA 的趋势识别转换过程，形成该负压数据的趋势序列数据。

不同压缩率条件下，负压趋势序列及其时间跨度序列分别如图 9.16～图 9.20 所示，其相应的趋势结构统计如表 9.23～表 9.27 所示。

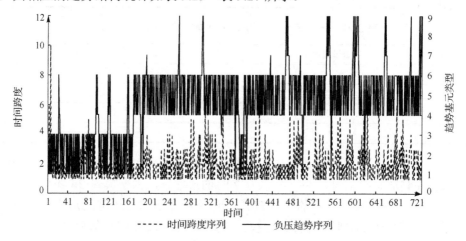

图 9.16　压缩率为 50%时的负压趋势序列及其时间跨度

表 9.23　压缩率为 50%时负压趋势序列结构分布

趋势基元	A	B	C	D	E	F	G	H	I	总计
数量	83	0	90	250	0	264	22	0	22	731
累计时间跨度	156	0	186	478	0	562	38	0	43	1463

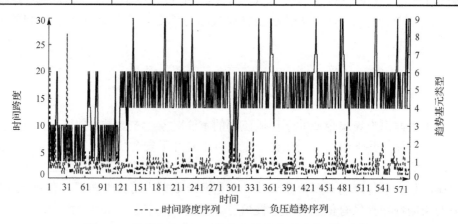

图 9.17　压缩率为 60%时的负压趋势序列及其时间跨度

表 9.24　压缩率为 60%时负压趋势序列结构分布

趋势基元	A	B	C	D	E	F	G	H	I	总计
数量	49	0	69	200	0	232	14	0	21	585
累计时间跨度	135	0	208	476	0	553	34	0	57	1463

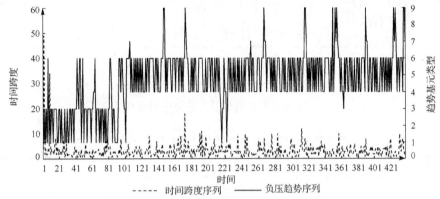

图 9.18　压缩率为 70%时的负压趋势序列及其时间跨度

表 9.25　压缩率为 70%时负压趋势序列结构分布

趋势基元	A	B	C	D	E	F	G	H	I	总计
数量	37	0	53	143	0	178	13	0	14	438
累计时间跨度	159	0	186	430	0	608	22	0	58	1463

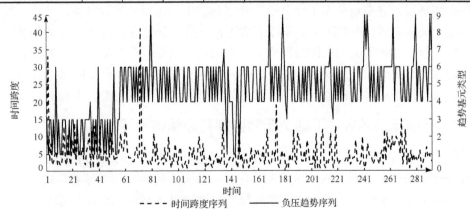

图 9.19　压缩率为 80%时的负压趋势序列及其时间跨度

表 9.26　压缩率为 80%时负压趋势序列结构分布

趋势基元	A	B	C	D	E	F	G	H	I	总计
数量	28	0	32	95	0	122	7	0	8	292
累计时间跨度	185	0	176	398	0	639	33	0	32	1463

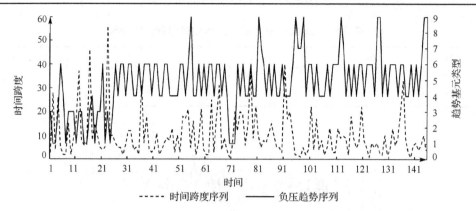

图 9.20　压缩率为 90%时的负压趋势序列及其时间跨度

表 9.27　压缩率为 90%时负压趋势序列结构分布

趋势基元	A	B	C	D	E	F	G	H	I	总计
数量	12	0	12	52	0	56	4	0	9	145
累计时间跨度	118	0	227	467	0	578	18	0	55	1463

可以看出，在不同压缩率条件下，该负压趋势序列数据，在趋势基元数量和累计时间跨度方面，以中层趋势基元形态 D、F 为主，其次是底层形态 A、B，而顶层趋势基元形态 G、I 数量最少，累计时间跨度最短。

在不同压缩率条件下，底层基元形态均主要集中于趋势序列的前段部分，而中层形态和顶层形态交错分布于该负压趋势序列的中间阶段和后期阶段，无论是整体趋势还是局部趋势，不同压缩率条件下均比较一致，表明基于 PLR_GA 的趋势识别转换可以较好地保留原始负压时间序列数据的趋势信息，具备较高的可靠性。

此外，该负压趋势序列中，缺少底层、中层、顶层的平稳形态 B、E、H 等趋势基元，表明该负压时间序列数据的波动较为频繁，序列的局部趋势不稳定。

9.7.2　不同压缩率条件下的负压趋势序列频繁模式评估

依据 9.1 节 CO 趋势序列频繁模式发现过程，本节基于 SPADE 算法分别识别 50%、60%、70%、80%、90%压缩率条件下，该负压趋势序列的频繁模式。

不同压缩率条件下的负压频繁序列模式分别如表 9.28～表 9.32 所示。

表 9.28　压缩率为 50%条件下负压趋势序列的频繁模式

序号	频繁模式	序号	频繁模式
1	F>A>F	4	C>C>C>A
2	D>F>A	5	C>C>A>F
3	F>D>A	6	F>G>D>F

续表

序号	频繁模式	序号	频繁模式
7	A>F>D>F	32	F>D>D>F>F>F>D>D>F
8	G>D>F>F	33	F>D>F>D>F>F>F>D>F
9	D>F>F>F>I	34	D>D>D>F>D>F>D>F>D
10	F>F>I>I>G	35	D>F>F>D>F>D>F>D
11	A>F>F>D>F	36	D>F>D>F>D>F>D>D
12	F>G>I>D>F	37	F>F>D>F>F>F>D>D
13	A>C>A>C>C>C	38	D>F>D>F>F>F>D>D
14	D>D>D>A>C	39	F>F>F>D>F>F>D>F>F
15	F>D>F>D>D>C	40	D>F>D>D>F>F>D>F>F
16	C>F>D>F>F>D	41	F>F>D>F>F>D>D>D>F
17	C>F>D>F>D>F	42	F>D>D>F>F>D>F>D>D>F
18	A>F>D>D>F>F	43	D>F>D>F>F>D>F>D>F
19	F>F>D>D>D>F>D	44	D>F>D>D>F>D>F>D>F
20	F>D>D>F>D>D>D	45	F>F>D>F>F>F>D>F>D
21	C>A>A>C>A>C>C	46	D>F>D>F>D>F>F>D>D
22	F>D>F>F>F>D>F	47	F>D>F>F>D>D>F>D>D>F>F
23	D>D>F>F>D>F>D>F	48	D>F>D>F>D>F>D>F>F
24	F>D>F>D>D>D>F>D	49	D>D>F>D>F>D>F>D>D>F
25	F>D>D>D>F>D>F>D	50	F>D>D>D>F>D>D>F>F>D>F>D
26	F>D>F>D>D>F>F>D	51	D>F>D>F>F>D>F>D>D
27	D>F>F>D>D>F>D>F>F	52	F>D>F>D>F>F>D>D>F>D>F>F>F
28	D>F>F>F>D>D>F>F>F	53	F>D>F>D>F>D>D>F>D>F>D>F
29	F>D>D>F>D>F>D>F>F	54	D>F>D>F>D>D>F>F>D>F>D>D
30	I>I>G>F>D>F>D>D>F	55	F>F>D>F>D>D>F>D>F>F>D>F>F>D
31	D>F>D>D>F>F>D>D>F		

表 9.29　压缩率为 60%条件下负压趋势序列的频繁模式

序号	频繁模式	序号	频繁模式
1	A>F	8	F>D>D>C>F
2	C>F>F	9	F>D>F>D>D>C
3	I>I>D	10	D>F>D>D>F>F>I
4	G>F>D	11	D>F>D>F>D>D>F
5	D>F>I>I	12	D>D>D>F>F>D>F
6	C>C>F>D	13	F>D>F>D>F>D>D
7	D>F>I>D>F	14	D>C>A>C>A>C>C

序号	频繁模式	序号	频繁模式
15	F>F>D>F>F>D>D	33	D>F>F>F>D>F>D>F>D
16	F>F>D>F>D>D>F>I	34	F>D>F>F>D>D>D>D>F>F
17	D>D>F>D>F>D>F>F	35	F>D>F>D>F>D>F>D>F>F
18	D>F>D>F>F>D>F>F	36	F>F>D>F>D>F>D>F>D>F
19	D>F>F>F>D>F>F>F	37	F>D>F>D>F>D>F>D>F>F
20	D>D>D>F>D>F>D>F	38	D>F>D>F>F>F>D>F>D>F
21	F>D>F>D>F>D>F>D>F	39	D>F>D>D>F>D>F>F>D>F
22	D>F>D>D>F>F>D>F>D	40	D>D>F>D>F>D>F>D>F>D
23	D>D>F>F>D>F>D>F>D	41	F>D>F>D>F>F>D>F>D
24	G>D>F>F>D>F>D	42	F>D>F>D>F>D>F>D>F>D
25	F>D>F>F>D>F>F>D	43	D>F>F>F>D>F>D>F>D
26	F>D>F>D>F>D>F>D	44	D>F>D>F>D>F>F>D>F>D
27	D>F>F>D>F>D>D>D	45	F>F>D>F>D>D>F>F>D>F>D
28	D>F>F>D>F>F>D>D>F>F	46	F>D>F>D>D>F>D>F>D
29	F>D>F>D>F>D>D>F>F	47	D>F>F>F>D>F>D>D>F>F>D
30	D>F>F>F>D>F>D>D>F	48	F>D>F>D>D>F>I>G>D>F>F>D>F
31	D>F>D>D>F>D>F>F>D	49	F>D>F>D>D>D>F>D>F>D>F>D>F>F
32	D>D>F>D>F>F>D>F		

可以看出，不同压缩率条件下，频繁模式的数量存在差异，在压缩率为50%的条件下，频繁模式的数量最多；在压缩率为90%的条件下，频繁模式的数量最少，随着压缩率的提高，频繁模式的数量逐渐递减。最长频繁模式的长度与压缩率存在较大关系，其中，压缩率为50%和60%条件下的最长频繁模式，长度相同，而压缩率为70%、80%和90%条件下的最长频繁模式长度较短且差异较小。

就频繁模式的构成来说，不同压缩率条件下的频繁模式，均以中层趋势基元类型 D、F 有序连接构成的频繁模式为主，而以底层和顶层基元形态有序连接构成的频繁模式数量则相对较少。

表 9.30　压缩率为 70%条件下负压趋势序列的频繁模式

序号	频繁模式	序号	频繁模式
1	I>D>F	6	F>G>D>F
2	D>C>F	7	A>C>C>F
3	F>D>C	8	C>C>F>D
4	D>A>C	9	G>D>F>D
5	F>F>I>I	10	C>A>C>C

续表

序号	频繁模式	序号	频繁模式
11	F>F>F>D>F	26	F>F>F>D>D>F>F>F
12	I>G>F>F>D	27	F>F>D>F>F>D>D>F
13	D>D>F>F>F>I	28	D>F>D>D>F>D>F>D
14	D>D>F>D>F>F	29	D>F>D>F>D>F>F>D
15	A>C>F>F>D>F	30	D>F>D>F>D>F>F>D
16	F>F>D>D>F>D	31	D>F>D>F>F>F>F>D
17	D>F>F>D>D>D	32	F>D>F>D>F>D>D>D>F
18	F>F>D>D>D>F>F	33	D>F>F>F>F>F>D>D>F
19	D>D>F>D>D>F>F	34	F>F>D>F>F>D>F>D>F
20	D>F>F>D>F>F>F	35	F>D>F>F>F>F>D>D>D
21	F>F>F>D>D>D>F	36	F>F>D>F>D>F>D>F>D>D
22	F>F>D>F>F>F>D	37	D>D>F>F>D>F>D>D>D>F>F
23	F>D>F>D>F>F>I>G	38	D>F>D>F>D>D>D>F>F>F
24	D>F>F>D>F>D>F>F	39	F>D>F>D>F>D>F>F>F>F
25	D>F>D>F>F>D>F>F	40	F>D>D>D>F>F>F>F>D>D

表 9.31　压缩率为 80%条件下负压趋势序列的频繁模式

序号	频繁模式	序号	频繁模式
1	D>A	13	F>D>D>F>F>D>F
2	C>F>F	14	F>D>F>D>D>D>F
3	F>G>D	15	F>D>D>D>F>D>D>F
4	A>A>C	16	D>F>F>F>D>D>F
5	F>A>C	17	F>D>F>D>D>F>D
6	A>C>F>A	18	D>F>F>F>D>D>F>D
7	F>F>D>F>I	19	D>D>F>D>D>F>D
8	F>F>D>D>D>F>F	20	D>F>D>F>F>D>F
9	F>I>D>F>F>F	21	F>D>D>F>D>F>F
10	F>F>D>F>F>D	22	D>F>D>F>F>D>F
11	D>F>D>F>D>D	23	F>D>F>D>F>D>F>F
12	D>F>D>F>F>F>F	24	F>D>F>F>D>F>F>D>F>D

表 9.32　压缩率为 90%条件下负压趋势序列的频繁模式

序号	频繁模式	序号	频繁模式
1	I>D	7	D>D>F>D>F>F>F
2	A>A	8	D>D>F>D>F>D>F
3	F>D>A	9	D>F>D>F>D>F>F>D>F>F
4	F>D>F>I	10	F>F>D>F>D>D>F>D>F
5	D>D>D>F	11	D>F>D>F>F>F>D>F>F>D>D>F
6	F>D>D>D		

井下负压在安全范围内的波动变化是危险源处于安全状态的表现，而对于煤矿安全管理与风险识别，负压短时间内的急剧升高，超出安全范围则是危险源向隐患的转变过程，危险源的不安全状态极易引发安全事故，也有可能是安全事故的前兆，因此，识别负压趋势序列中由底层和中层形态向顶层形态的趋势变化过程，不仅可以了解和掌握井下负压由危险源向隐患的转变过程，而且可以作为安全风险识别的判定依据，为煤矿安全管理工作提供可靠有效的决策依据。

在反映负压数据从安全状态向不安全状态转变的频繁模式中，序列模式 (F>G>D)在不同压缩率条件下的频繁模式中均有类似模式，如压缩率为 50%条件下的频繁模式 6(F>G>D>F)和频繁模式 12(F>G>I>D>F)，压缩率为 70%条件下的频繁模式 6(F>G>D>F)，压缩率为 80%条件下的频繁模式 3(F>G>D)等，说明该频繁模式在不同压缩率条件下均较为稳定，较为可靠。此外，序列模式 (F>D>F>I)及其类似结构在不同压缩率条件下均有所体现，如压缩率为 60%条件下的频繁模式 10(D>F>D>D>F>F>I)、频繁模式 48(F>D>F>D>D>F>I>G>D>F>F>F>D>F)，压缩率为 70%条件下的频繁模式 23(F>D>F>D>F>F>I>G)，压缩率为 80%条件下的频繁模式 7(F>F>D>F>I)，以及压缩率为 90%条件下的频繁模式 4(F>D>F>I)等，表明该序列模式较为稳定可靠。

9.8　煤矿安全综合数据趋势性分析

9.8.1　数据选择与预处理

现有的煤矿安全时序数据种类多，而煤炭企业的信息化水平参差不齐，部分煤炭企业的数据采集和存储情况并不理想，使得可用煤矿安全时序数据有限，而其中尤以井下环境监测数据较为丰富。因此，选择某煤炭企业的井下环境监测数据，包括 CO、风速、负压、瓦斯浓度、温度等，时间范围为 2014 年 12 月 1 日~2015 年 4 月 5 日，均为每 4 个小时的监测最大值记录。数据的基本情况如表 9.33 所示。

如表 9.33 所示，共有 20 个煤矿安全时间序列样本数据，主要为某煤炭企业井下环境监测数据，包括井下 CO、风速、负压、瓦斯、温度等，其中包括两个不同监测点的 CO 数据、两个不同监测点的风速数据、一条负压序列数据、六个不同监测点的瓦斯数据、九个不同监测点的温度数据，每个时间序列数据样本的维度不同，数据并不等长，即存在数据缺失。

从数据集的描述性统计可以看出，该数据集中的序列数据存在差异，数据间不完全一致，集中趋势与离中趋势各不相同，且与正态分布相比，数据分布呈现出不同程度的偏斜与陡峭特征。

基于 PLR_GA 的煤矿安全时间序列数据趋势识别转换过程步骤，将该数据集的每个样本数据进行分段模式化处理，设定压缩率为 80%，转化为趋势序列数据。转换后的煤矿安全趋势序列数据基本信息如表 9.34 所示。

表 9.33　煤矿安全多时序数据的描述性统计

序号	数据名称	维度	均值	最大值	最小值	标准差	偏度	峰度
1	北井 3#专回 CO	367	8.1403	156.25	0	21.9718	5.084	28.914
2	北井 5#408 专回 CO	469	9.9813	117.5	0	16.0907	3.758	16.516
3	北井 8#301 专回风速	569	1.1573	2.01	0	0.30304	0.279	1.817
4	北井 3#408 专回风速	599	3.2139	3.6	0	0.34683	−2.14	11.533
5	北井风井风硐负压	599	1.0939	1.34	0	0.10137	−1.83	22.535
6	北井 8#8501 工作面瓦斯	351	0.1606	2.01	0	0.42192	3.127	8.414
7	北井 3#408 煤仓上方瓦斯	365	0.1527	2.01	0	0.42942	3.243	8.757
8	北井 8#2701 工作面瓦斯	400	0.1082	2.03	0	0.40346	3.563	10.98
9	北井 8#2701 回风瓦斯	400	0.1068	2	0	0.40403	3.632	11.46
10	北井 3#8704 回风瓦斯	469	0.1088	2.03	0	0.37624	3.823	12.953
11	北井 3#2702 回风瓦斯	512	0.1669	4	0	0.44424	5.295	35.038
12	北井 8#408 专回末温度	524	14.6746	16.5	0	3.06849	−4.373	18.245
13	北井 8#301 专回温度	565	14.9102	16.63	0	1.91985	−6.643	49.186
14	北井 8#8501 回风温度	589	18.5026	24.06	0	2.11308	−5.792	47.875
15	北井总回温度	591	12.1396	12.88	0	0.89288	−8.857	114.666
16	北井 8#电所温度	594	17.0887	17.69	0	1.02811	−15.529	257.034
17	北井 3#408 专回温度	595	12.1002	13.06	0	0.68691	−9.134	161.348
18	北井 3#307 专回末温度	597	9.9116	11.13	0	0.92707	−6.103	63.891
19	北井 3#电所温度	598	21.0147	22.63	0	1.70899	−9.247	113.167
20	北井 8#水仓温度	598	16.2328	17.75	0	0.88237	−10.501	191.368

表 9.34　数据集转换后的趋势序列信息

序号	原始序列	趋势序列	趋势序列长度	序号	原始序列	趋势序列	趋势序列长度
1	$CO_1^{UE\_Eds}$	$Z\_CO_1^{UE\_Eds}$	75	11	$CH4_6^{UE\_Eds}$	$Z\_CH4_6^{UE\_Eds}$	102
2	$CO_2^{UE\_Eds}$	$Z\_CO_2^{UE\_Eds}$	93	12	$WD_1^{UE\_Eds}$	$Z\_WD_1^{UE\_Eds}$	104
3	$FS_1^{UE\_Eds}$	$Z\_FS_1^{UE\_Eds}$	113	13	$WD_2^{UE\_Eds}$	$Z\_WD_2^{UE\_Eds}$	112
4	$FS_2^{UE\_Eds}$	$Z\_FS_2^{UE\_Eds}$	119	14	$WD_3^{UE\_Eds}$	$Z\_WD_3^{UE\_Eds}$	117
5	$FY_1^{UE\_Eds}$	$Z\_FY_1^{UE\_Eds}$	119	15	$WD_4^{UE\_Eds}$	$Z\_WD_4^{UE\_Eds}$	118
6	$CH4_1^{UE\_Eds}$	$Z\_CH4_1^{UE\_Eds}$	70	16	$WD_5^{UE\_Eds}$	$Z\_WD_5^{UE\_Eds}$	118
7	$CH4_2^{UE\_Eds}$	$Z\_CH4_2^{UE\_Eds}$	72	17	$WD_6^{UE\_Eds}$	$Z\_WD_6^{UE\_Eds}$	118
8	$CH4_3^{UE\_Eds}$	$Z\_CH4_3^{UE\_Eds}$	79	18	$WD_7^{UE\_Eds}$	$Z\_WD_7^{UE\_Eds}$	119
9	$CH4_4^{UE\_Eds}$	$Z\_CH4_4^{UE\_Eds}$	79	19	$WD_8^{UE\_Eds}$	$Z\_WD_8^{UE\_Eds}$	119
10	$CH4_5^{UE\_Eds}$	$Z\_CH4_5^{UE\_Eds}$	93	20	$WD_9^{UE\_Eds}$	$Z\_WD_9^{UE\_Eds}$	119

9.8.2　煤矿安全趋势序列数据类型识别

9.8.2.1　层次聚类法

聚类是将相同、相似的对象划分(类似采用距离定义)到同一个组(簇)中的方法,与分类和回归等不同,聚类分析事先不需要参考任何分类信息,而是简单地通过判断数据特征的相似性来完成对数据的归类[436]。煤矿安全趋势序列数据聚类,就是将趋势变化相似的时间序列数据聚为一类,同一类的时间序列数据趋势相似性较高,而不同类的煤矿安全时间序列数据趋势特征存在较大差异。

聚类分析的应用非常广泛,其中层次聚类是一种通过迭代来尝试建立层次进行聚类的方法。该方法将产生一个聚类层次,并将聚类层次以系统树图的形式展现,且不需要事先指定簇的个数。层次聚类主要包括凝聚层次聚类和分裂层次聚类两种方式,且都需要首先通过距离相似性度量来判断对数据究竟是采取合并还是分裂处理。整个算法的递归过程一直持续到全部数据点都归并到一个簇中或再也无法对簇进行分裂处理时终止,最后可以使用系统树图来展现聚类的层次结构[436]。

由于凝聚层次聚类方式最常见且使用较为广泛,所以煤矿安全多趋势序列数据类型识别将使用凝聚层次聚类算法。

9.8.2.2　聚类过程

基于 DPM 的煤矿安全趋势序列数据的凝聚层次聚类过程如图 9.21 所示。

(1)计算趋势序列两两间的距离。在层次聚类中,首先需要计算样本两两间的距离,即 20 个趋势序列两两间的动态模式匹配距离 $L_{DPM}(i, j)$,其中 $1 \le i, j \le 20$,形成距离矩阵 $V_{20 \times 20} = \{L_{DPM}(i, j)\}_{20 \times 20}$,为后续的并类过程奠定基础。

(2)确定初始类簇。以每个趋势序列为一类,构造 20 个类,即每一类包含一个趋势序列,趋势序列间的动态模式匹配距离就是初始类簇之间的距离。

(3)根据最近原则进行聚类。针对初始类簇,以趋势序列间的动态模式匹配距离度量初始类簇之间的相似程度,距离越小则越相似,将距离最小的两类并为一类。对于非初始类簇,依据类间平均距离(Average)度量其相似程度,将距离最小的两类并为一类。

(4)更新类簇之间的距离。计算类与类之间的平均距离,以反映新的类簇与原来的类簇之间的相似程度。平均距离是指两类之间所有趋势序列两两间动态模式匹配距离的平均值,计算公式为

$$\text{dist}(C_u, C_v) = \frac{1}{|C_u||C_v|} \sum_{c_{ui} \in C_u, c_{vj} \in C_v} L_{DPM}(c_{ui}, c_{vj}) \tag{9.15}$$

其中,C_u 和 C_v 分别表示第 u 类和第 v 类,$|C_u|$ 和 $|C_v|$ 为该类簇的大小,即包含的趋

势序列数据样本数量，$L_{\mathrm{DPM}}(c_{ui},c_{vj})$ 为 C_u 类中的 c_{ui} 和 C_v 类中的 c_{vj} 两个趋势序列间的动态模式匹配距离。

(5)判断是否已经满足终止聚类的条件，即类的个数为 1。如果类的个数为 1，则终止聚类过程，输出系统树图；否则，返回第(3)步，不断反复上述过程，直到满足迭代终止条件。

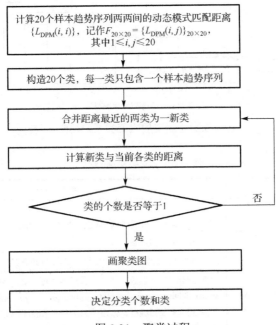

图 9.21　聚类过程

9.8.3　聚类结果

基于 DPM 的煤矿安全趋势序列数据凝聚层次聚类结果如图 9.22 所示。

可以看出，该数据集依据图中虚线可以分为四类。其中，样本 3 自为一类，样本 8、9 为一类，样本 1、2、6、7、10、11 组成一类，剩余的样本组成一类。聚类结果统计如表 9.35 所示。

从表 9.35 可知，第一类主要由 CO 浓度序列数据与瓦斯浓度序列数据构成，数据均属不同测点，说明该煤炭企业的井下瓦斯浓度具有大致相同的变化趋势，且 CO 浓度的变化趋势与瓦斯浓度的变化趋势相一致。

第二类是某一测点的风速序列数据，该数据单独成类，在变化趋势方面与其他数据有所不同。

第三类由两个不同测点的瓦斯序列数据构成，但监测点属于同一区域，即在同一个局部区域范围内，瓦斯浓度的变化趋势是一致的。

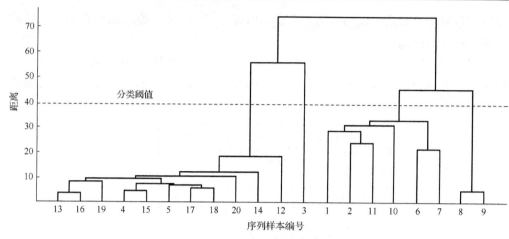

图 9.22　凝聚层次聚类系统树图

表 9.35　聚类结果统计

类别	样本编号	数据名称
第一类	1、2、6、7、10、11	北井 3#专回 CO、北井 5#408 专回 CO、北井 8#8501 工作面瓦斯、北井 3#408 煤仓上方瓦斯、北井 3#8704 回风瓦斯、北井 3#2702 回风瓦斯
第二类	3	北井 8#301 专回风速
第三类	8、9	北井 8#2701 工作面瓦斯、北井 8#2701 回风瓦斯
第四类	4、5、12、13、14、15、16、17、18、19、20	北井 3#408 专回风速、北井风井风硐负压、北井 8#408 专回末温度、北井 8#301 专回温度、北井 8#8501 回风温度、北井总回温度、北井 8#电所温度、北井 3#408 专回温度、北井 3#307 专回末温度、北井 3#电所温度、北井 8#水仓温度

第四类由风速、负压、温度等序列数据构成，北井 3#408 专回风速与北井 3#408 专回温度同属一类，即同一监测点的风速和温度的变化趋势是一致的。北井风井风硐负压是数据集中唯一的负压数据，其变化趋势与温度一致，可能与宏观自然地质环境有关。此外，数据集中的温度序列都属于一类，其变化趋势相一致与自然地质环境关系较大。

9.8.4　基于 SPADE 的序列趋势相似性关系分析与评估

为了描述上述不同类簇的趋势变化特征，运用同一类簇中的趋势序列数据构建序列数据事务集 $Cluster_1$、$Cluster_3$、$Cluster_4$ 为

$$Cluster_1 = (Z\_CO_1^{UE\_Eds}, Z\_CO_2^{UE\_Eds}, Z\_CH4_1^{UE\_Eds}, Z\_CH4_2^{UE\_Eds}, \\ Z\_CH4_5^{UE\_Eds}, Z\_CH4_6^{UE\_Eds}) \tag{9.16}$$

其中，$Cluster_1$ 为第一类的趋势序列事务集。对事务集 $Cluster_1$、$Cluster_3$、$Cluster_4$，分别执行 9.2 节基于 SAPDE 算法的序列频繁模式挖掘，识别不同类簇的频繁序列模式。

如表 9.36～表 9.38 所示，将各类别的频繁序列模式进行汇总。

由表 9.36 可知，第一类的频繁序列模式主要是基元形态 A、C、D、F 等有序连接构成的序列模式，其中以 A、C 构成的序列模式为主，包含 D、F 的频繁序列模式数量较少。由 A、C 构成的频繁序列模式如频繁模式 3～频繁模式 6，不仅数量多，而且序列模式的长度较长。而包含 D、F 的频繁序列模式只有频繁模式 1 和频繁模式 2，而且其长度较短。

表 9.36　第一类的频繁序列集

序号	频繁序列模式	序号	频繁序列模式
1	C>F	4	C>C>A>C
2	D>A	5	A>C>C>A
3	C>A>A>C	6	C>A>C>A>C

因此，第一类煤矿安全时间序列数据的共有频繁模式主要是由 A、C、D、F 等有序连接构成的序列模式，且以 A、C 有序连接构成的频繁模式居多，以 D、F 有序连接构成的频繁模式不仅数量少，而且长度较短，表明该类别煤矿安全时间序列数据的趋势特征主要表现为非平稳的底层跳动变化，并伴随短期的突然升高过程。由于该类别主要由 CO 浓度和瓦斯浓度时间序列数据构成，短期的突变过程实际上是由安全状态向不安全状态的转变过程，但同时包含底层和中层基元形态的频繁模式不仅数量少，而且长度较短，难以为危险源风险识别和预判提供可靠有效的参考依据。

表 9.37　第三类的频繁序列集

序号	频繁序列模式
1	A>B>B
2	G>D>B>B>B>B>B>F
3	D>B>B>B>B>B>B>B>B
4	B>B>B>F>D>B>B>B>B>B
5	B>B>B>B>B>B>B>B>F
6	B>B>B>B>B>F>D>B>B>B>F> D>B
7	B>B>B>B>B>B>B>B>F>D>B>B>B>B>F>D>B>B>B>F>D>B>B>B>F>D>B>B>B>B

由表 9.37 可知，由于第三类只有两个趋势序列，所以其频繁序列模式较长，最长的频繁序列模式为表 9.37 中第 7 个，其长度为 27。此外，该类别频繁序列模式主要由 B、F、D 的有序连接构成，结构较为稳定，表明该类煤矿安全时间序列数据的主要趋势特点是长期的较低水平的平稳状态与短时间突然的剧烈上升下降过程交替出现。但由表 9.37 可以看出，以 F、D 的有序连接构成的突变过程，其出现并没有明显一致的预判规则，难以为该类别煤矿安全时间序列数据的趋势预判提供参考。

表 9.38　第四类的频繁序列集

序号	频繁序列模式	序号	频繁序列模式
1	G>G>I>I	7	I>I>I>G>I
2	G>I>I>G	8	I>I>I>I>G
3	G>I>G>I>I	9	I>I>G>I>G>I
4	I>G>I>I>I	10	I>G>I>G>G>I
5	G>I>I>I>I	11	G>G>I>G>I>G>I
6	G>I>G>G>G	12	I>G>G>I>G>I>G

　　由表 9.38 可知，第四类的频繁序列模式主要由基元形态 G、I 的有序连接构成，而且较为稳定，表明该类别煤矿安全时间序列数据的共同具有的趋势特征主要是在较高水平的波动变化模式，且缺少平稳形态，波动频繁。

　　该类别主要包含井下温度时间序列数据，以及少量井下风速和负压数据，温度、风速、负压等环境监测对象，尤其是温度的变化趋势与自然地质环境有较大关联，由表 9.38 可知，该类别缺乏低水平和中等水平的频繁模式，以及由低水平和中等水平向高水平转变的趋势序列模式，因此，该类别煤矿安全时间序列数据在较低水平的趋势特征并不一致。

第 10 章　可视化管理图元研究

10.1　图　　元

10.1.1　图元相关概念

1) 图形

图形是指在一个二维空间中可以用轮廓划分出若干的空间形状，图形是空间的一部分，不具有空间的延展性，它是局限的可识别的形状。图形可以由计算机绘制的直线、圆、矩形、曲线、图表等表示。图形用一组指令集合来描述图形的内容，如描述构成该图的各种图元位置维数、形状等。描述对象可任意缩放不会失真。在显示方面使用专门软件，将描述图形的指令转换成屏幕上的形状和颜色。适用于描述轮廓不很复杂，色彩不是很丰富的对象，例如，几何图形、工程图纸、CAD、3D造型软件等。主要参数是描述图元的位置、维数和形状的指令和参数。

2) 图元

图元，全称为图形输出原语，是一种图形元素，是一组最简单的、最通用的字符或者几何图形。可以通过图元自身的组合设计以及对于不同属性的调整，实现对各种具体的可视化图形的展现。描述对象几何要素的输出图元一般称为几何图元。点的定位和直线段是最简单的几何图元。

图元是构成图形的最小单位，也是图形的重要组成部分，它用直观的图形或图像方式来形象表达对象的性质及内容。图元通过自身各种设计组合及属性的调整，可以实现各类可视化图形的展现,是图形软件用于操作和组织画面的最基本的素材。图元也是图元分类体系构建的基础，以一定的属性和拼接规则为指导，可以产生出不同且具体的可视化方式。图元分类体系的建立，对后续图元属性及其拼接的研究有着重要意义；图元分类体系的完善，有利于企业工作的标准化实现。

3) 基本图元和专业图元

基本图元是指包括直线(L)、多段线(P)、多边形(G)、文本(T)、圆/椭圆(C)、圆弧(A)、矩形(R)、区域填充和字符等构成复杂图形的基本元素，即点图元、线图元和面图元[437]。

专业图元可称为符号或图例等，是指针对各个行业各个领域，从不同角度进行分析，结合了基本图元拼接组合而成的图形、图像。

4) 图元识别、提取、设计、拼接

图元识别是指在采集得到的图像中定位一系列测量元素的过程。图元提取是指运用人工智能、机器学习、模式识别等方法，对图中的信息进行提取。图元设计是指在图形处理过程中首先需要将形状各不相同的图形使用简单的基本图元进行表示，然后由图形处理器设计完成最终的图形绘制，包括基本图元的位置、大小、前景色和背景色，绘制图形的画笔的宽度等基本属性，同时它还包括每个图元的一些基本操作，如图元绘制、移动、选择等操作。图元拼接类似于一种搭积木的方法，将各种常用的、带有某种特定专业含义的图形元素存储建库，设计绘图时，根据需要调用合适的图形元素加以拼接。

10.1.2　图元的应用

1) 三维图元拾取

图元拾取技术在计算机应用选取对象过程中经常用到，如拾取屏幕上一个目标或区域。对于三维应用程序，如三维图形系统、游戏等，需要通过鼠标拾取地形或网格上某个图元 (点、线、面)。与二维拾取不一样的是，三维空间中的拾取并不是简单地根据鼠标位置判断是否点击或选取某个图元，三维拾取可以看成渲染的逆过程，快速高精度的三维 GPU 拾取能够让用户在三维交互中有更好的体验，让 CPU 有更多的时间处理对象绘制等任务，能够在约半帧时间内拾取几何图元的指针信息和坐标信息，达到与屏幕像素大小同等的精确度[438]。

2) 面向对象技术

面向对象是一种软件开发方法。面向对象的概念和应用已超越了程序设计和软件开发，扩展到诸如数据库系统、交互式界面、应用结构、应用平台、分布式系统、网络管理结构、CAD 技术、人工智能等领域。面向对象是一种对现实世界理解和抽象的方法，是计算机编程技术发展到一定阶段后的产物。面向对象的图元设计是指根据系统图元图标的属性方法和操作特性，进一步设计实现图元和图元、图元和非组态条件的图标或非设备图标、图标和图标的成组功能，以及非组态条件的图标和非设备图标的拆组功能。图形化建模系统是建立在交互式模块化建模支撑系统上的在线图形化建模、调试与仿真环境。建模系统中采用了面向对象的自动建模方法大大地缩短了模型的开发周期。图形化建模系统功能完善，系统可靠，界面友好，使用方便，建模速度得到显著提高。并且，建立的图元库具有开放性和重用性的特点，可对图元库进行扩展，从而适用于各种生产过程的仿真[439]。

3) GIS

地图符号是表达地理空间信息的重要工具，地图符号库是 GIS 和专用地图制图软件管理地图符号的主要形式，它利用计算机进行管理，实现符号数据的存储、检索和更新。

　　地图整饰指对地图的图外装饰，图元是其中的整饰要素。要素分为地图框架整饰图元、与地图框架直接关联的整饰图元、简单说明性整饰图元和组合图元。地图框架图元是地图图幅的主要组成部分，主要用来显示地图的内容，还包括地图的经纬网、万里网、内外图廓等，以及用于特殊显示效果的阴影、背景等属性，可以实现对 GIS_MapElement 接口的实现；图形比例尺图元可以实现对 IGIS_ScaleBarElement 接口的具体实现；文本图元是对 IGIS_TextElement 接口的具体实现；组合整饰图元是对 IGIS_CompoundElement 接口的实现。图元的应用，能够准确实现地图内容的图外整饰功能，满足地理信息平台或制图平台制作打印地图的需要，解决了电子地图从屏幕显示到打印之间的整饰问题，从而使整饰功能更加完善，适应性更强，更好地满足特殊专题图的制作需要[440]。

　　4) OpenGL

　　OpenGL（Open Graphics Library）是一款面向开放性图形库的核心函数的图形加速器。其定义了 10 种图元，应用层软件将各种复杂的图形拆分为这些基本图元，然后使用顶点命令下发至图形处理器进行绘制。其关键操作包括几何变换、投影变换和视窗变换-矩阵运算、图元装配以及光栅化等单元。图形变换是计算机图形学的一个重要研究内容，矩阵运算是图形变换的基础。图元装配单元根据 OpenGL 命令将绘图对象装配成具有一系列特定属性信息的点、线、三角形等基本图元，采用软件方法拆成三角形图元并辅以边界边标志处理。图元的应用，为 OpenGL 提供开发基础[441]。

　　5) CAD 计算机设计辅助软件

　　在 AutoCAD 软件中，通过正确判断各图元间的位置关系，可以为精确绘制草图的 3D 构图提供方便。图元位置对于三维建模非常重要，利用 AutoCAD 绘图时，图元主要是直线段、圆弧等常见的元素。图元位置的智能化，可以准确判断图元间的互相位置关系，即垂直、相交、平行、相切、相离等关系，并给出具体的位置关系信息[442]。CAD 软件还可以将平面图分解成若干个基本图元，平面布置图可以看成由这些图元拼接而成的，可以方便地完成图的绘制，并记录相关信息，从而为平台提供所需要的基础数据[443]。

　　6) SVG

　　可伸缩矢量图形（Scalable Vector Graphics，SVG）是万维网联盟（World Wide Web Consortium，W3C）组织制定的基于 XML 的二维图形表达标准，它继承了 XML 的特性，简化了异构系统间的信息交流，能够描述任意复杂的图形。它也是国际性标准，在大多商业软件中得到支持。基本图元数据使用 SVG 来描述，具有与 SVG 同等的兼容和表达能力。选用 SVG 作为符号共享模型更具通用性，也有利于符号的维护管理和外部调用。地图符号由一系列图元中的点、线和面符号构成。其中，点符号是线符号和面符号的基础。在几何对象识别的基础上，将圆转为 SVG 的 circle 元素，将折线、多边形和圆弧等几何对象转为 SVG 的 path 元素[444]。

计算机科学和技术的进展在科学工程和商业领域产生了许多不可预测的可能性。与此同时，测量的自动化、网络传感、过程的数字化和大量的计算机仿真产生了海量数据。可视化提供了解决问题的新方法。可视化把数据、信息和知识转化为可视的表示形式并获得对数据更深层次的认识。与数据相比，人们对于图形图像具有更强的信息获取能力。各种数据和信息只有通过可视化变成图形图像，才能通过人的视觉能力激发人的形象思维。

可视化充分利用计算机图形学、图像处理、用户界面、人机交互等技术，形象、直观地显示科学计算的中间结果和最终结果并进行交互处理。可视化技术以人们惯于接受的表格、图形、图像等方法并辅以信息处理技术将客观事物及其内在的联系进行表现，可视化结果便于人的记忆和理解。可视化为人类与计算机这两个信息处理系统之间提供了一个接口。可视化对于信息的处理和表达方式有其他方式无法取代的优势，其特点可总结为可视性、交互性和多维性[445]。

可视化管理离不开对图元的研究与发展，图元为可视化展示与数据可视化奠定了基础。数据分析中需要不同且具体的可视化方式来使用图元，图元本身即为图元体系中最基础的构成元素，依靠基础分类体系，通过不同的属性及需求，进行不同构建产生必要的可视化方式。建立图元库，对数据进行合理的可视化展示，可以实现工作现场可视化管理，保证工作现场的标准化，并有效支持中高层控制决策，实现数据信息可视化，提高管理决策效率和水平。并且，能够为可视化管理提供支撑，为可视化管理提供一个基础平台[446]。

10.1.3　图元构成方法

如前文所述，本书将图元构成分为两类：基本图元和专业图元。

10.1.3.1　基本图元

依据图元的几何特征，基本图元是由点图元、线图元和面图元三类构成的。点状图元主要是指由点、折线、圆、圆弧、多边形等几种类型的图元类型构成。线状符号的基本图元有实线、虚线、点虚线、双虚线、双实线、连续点符号、定位点符号、导线连线、导线点符号、齿线状符号、渐变宽实线、渐变宽虚线、带状晕线等共 13 种图元[447]。

10.1.3.2　专业图元

专业图元因行业不同而有所不同。本书以煤矿领域的专业图元为例进行论述。

针对煤炭企业各层级人员的需要，按照面向煤炭企业各级管理对象的分类方法，本书将煤炭专业图元划分为面向员工及中高层管理者的图元。

　　不同管理层级的可视化方式需求不同，信息可视化展示的层次与信息用户的管理需求、认知能力保持协调。煤炭企业的安全事故很大一部分都是由员工在工作现场操作不规范引起的。针对基础操作层，通过在工作现场增加一些指示标牌，给工作现场制订一个标准，员工的失误率将会大幅减少，工作效率也将提高。对于采矿工人等基层员工，他们的重点在于工作现场的看板管理，体现在现场的标牌、警示灯等，起着警示、禁令、指示和预警等作用；对于中层控制和高层决策人员，他们对于综合把握、重点分析的需求更强烈，重点在于对现有数据或通过数据挖掘后形成的新数据进行集成和可视化表达，通过图表、图像、三维模拟等方式实现。

　　1) 面向员工的图元体系

　　面向员工的图元，可以从警示、禁令、指示和预警四个方面进行阐述，将其分为警示图元、禁令图元、指示图元和预警图元，如图 10.1 所示。图元体系在工作面的警示功能，用以警告员工前方的情况，提醒员工应该注意的事项，如前方车辆较多、注意避让，下井前请配备安全设备等；禁令是指明令禁止的操作事项，如禁止携带手机下井、禁止停车等；指示是为了员工及其他人员快速找到目的地设立的，如前方右转 50 米是人力资源部；预警是在现场出现问题的情况下对员工进行提醒，使员工提高警惕性，做好各方面准备工作。

图 10.1　面向员工的警示图示例

　　2) 面向管理者的图元体系

　　图元库在中层控制及高层决策的运用中，看板管理仅占很小的一部分，取而代之的是数据的可视化表达。随着企业信息化建设的推进，企业获得的数据逐年增加，从海量数据中提取有效的信息显得尤为重要。

图表是面向中层控制和高层决策可视化的常用手段，其中以基本图表——柱状图、折线图（散点图）、饼图等最为常用。此外还包括了气泡图、等值线图、走势图、维恩图、热力图、雷达图、鱼骨图等，如图 10.2 所示。

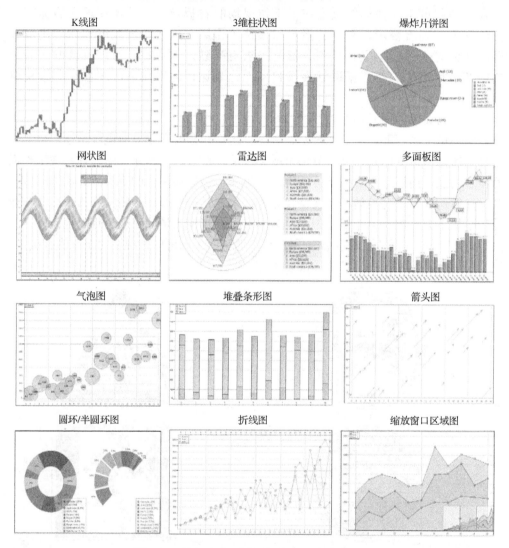

图 10.2　管理中高层常用各类可视化图表汇总

鱼骨图：主要用于企业的管理决策层。层层展开，每个层次以鱼骨与鱼刺的形式表示出来。查找要解决的问题，把问题写到鱼骨的头上；尽可能多地找到问题出现的原因，将不同类别的分组，写在鱼骨上，再进一步找到引起问题的可能因素。

饼图：饼图主要应用于企业的中间控制层。显示一个数据系列中各项的大小占各项总和的比例。企业管理者可以根据企业各项的比例情况，进行分析决策。

系统图：与鱼骨图类似，主要运用于企业的管理决策层。以"目的-方法"或"结果-原因"层层展开分析，以寻找最恰当的方法和最根本的原因。明确要达到的目的，找出所有可能达成这个目的的方法，进行第一次展开。以第一层次的方法再作为目的，分别找出可能的方法，进行第二次展开。

各个主要图表的对比分析如表 10.1 所示。

表 10.1　图表对比分析表

图表	维度	注意点
柱状图	二维	只需比较其中一维
折线图	二维	适用于较大的数据集
饼图	二维	只适用反映部分与整体的关系
散点图	二维或三维	有两个维度需要比较
气泡图	三维或四维	其中只有两维能精确辨识
雷达图	四维以上	数据点不超过六个

可以看出，颜色是图元库的基础，应用于管理、控制和操作的各个层面。颜色的研究，对于图元体系研究来说意义非凡。对图元体系的研究，能支撑可视化管理需要，为可视化管理提供一个基础图素库，企业各层人员可根据工作内容选择所需要的可视化表达方式，对可视化管理的实现至关重要。

10.2　可视化图元提取研究

10.2.1　煤矿安全可视化管理图元提取研究

本节从管理学、煤矿安全可视化管理的视角，运用数据挖掘和统计学方法，对提取内容进行研究，进而实现对基本图元的有效提取。以现有的各应用系统(如微软系统)、各行业和部门可视化管理系统，各国标、行标、国际标准以及各制图绘图应用软件中图元库的基本图元为基础，利用基本图元具有相似性的特点，对内容进行提取聚类，找出主要基本图元，并运用现有的煤矿符号拆分得出基本图元，以此确定最终基本图元的形成。

提取的内容划分为 3 大类 34 小类，包含 13 类制图绘画软件，5 类不同行业可视化管理系统及 16 类基本图元相关标准的提取内容。总结基本图元类型共计 42 项，具体包括：点、半圆、圆、弧、圆环、椭圆、直线、射线、斜线、曲线、矩形、折角、三角形、正方形、平行四边形、梯形、菱形、拱形、扇环、扇形、多边形、圆柱、圆锥、圆环、闪电形、太阳形、新月形、爆炸形、凸带形、卷形、波形、公式符、旗帜、星形、十字形、禁止符、心形、字符、数字、括号、特殊符号、箭头。

10.2.2　煤矿安全可视化管理基本图元 OMP 提取模型研究

构建基本图元提取模型，主要提取过程为：经过对原始基本图元内容(Original Primitive，OP)的提取"过滤"，将其中最重要、最主要的图元进行提取后形成初级主要基本图元(Funding Primitive，FP)，并根据初级主要基本图元，运用聚类方法进行合并同类项，形成主要基本图元(Major Primitive，MP)，进而经过现有煤矿符号拆分基本图元的验证，形成煤矿所需的基本图元(Basic Primitive，BP)。

该模型分为三个主要内容及步骤：

(1)原始基本图元(OP)的确定，简称为 O；

(2)对原始基本图元的提取及聚类等分析过程后，得出的主要基本图元(MP)，简称为 M；

(3)经过对主要图元完整性验证后，形成最终煤矿安全可视化管理所需基本图元(BP)，简称为 P，因此将模型称为 OMP 模型，如图 10.3 所示。

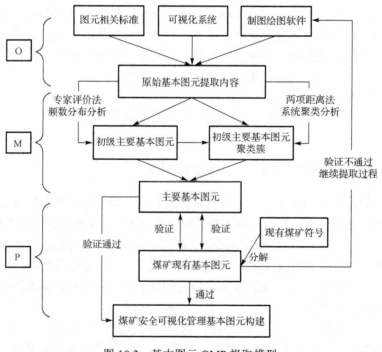

图 10.3　基本图元 OMP 提取模型

10.2.3　煤矿安全可视化管理基本图元构建

根据聚类及验证结果,总结提取的基本图元,共计 24 个基本图元,如图 10.4
所示。其中,点基类共分为五类,即圆的几何变化形式及圆点。线基类是长度
在图上依比例表示,而宽度在图上不依比例表示的,用于描述呈线状分布的元
素,包括直线、斜线、曲线三个二级分类。面基类是由点基类与线基类两部分
叠加拼接而成,指在图上各方向都能依比例尺表示的元素,用于面状事物的填
充模式,包括三角形、矩形、多边形、正方形、菱形等二级分类。注记类主要
是对前三类的补充与完善,包括字符、数字、文字、特殊符号、括号、箭头五
个二级分类[446]。

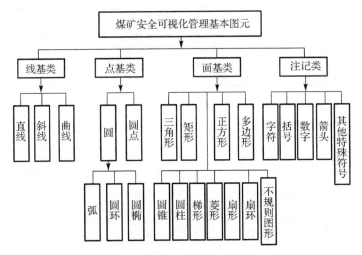

图 10.4　煤矿安全可视化管理基本图元框架图

10.2.4　煤矿安全可视化管理有效信息内容研究

有效信息内容是指在安全可视化管理过程中,信息内容较多且繁杂,应对管
理者关注的、急需的主要信息内容进行抽取,用较少的信息内容描述较多的因素
内容,进而实现对信息内容的浓缩,及对象的映射与确认,从而有效提取所需专
业图元。

从煤矿安全可视化管理的角度,我们对安全可视化管理信息内容进行细
化,分别从物态、人员、环境、信息、制度五个层面进行二级信息内容的三
级内容的划分,共分为 5 个一级指标、11 个二级指标、37 个三级指标,如表 10.2
所示。

表 10.2　安全可视化管理信息内容

一级信息内容	二级信息内容	三级信息内容	信息内容属性
物态安全可视化管理	物料基本及状态信息	物料基本信息	基本信息
		物料运行状态	状态信息
	物料资产管理	物料采购领用管理	基本信息、状态信息
		物料租赁与归还管理	基本信息、状态信息
		井下物料分布管理	状态信息、重点信息
	物料维修维护管理	物料维护管理	状态信息、重点信息
		物料维修管理	状态信息、重点信息
		事故与故障管理	状态信息、预测信息、趋势信息
人员安全可视化管理	人员及其行为管理	人员基本信息管理	基本信息
		井下人员定位	基本信息、状态信息
		人员移动轨迹	状态信息、趋势信息
		人员岗位安全操作行为	状态信息
		人员生产监督	状态信息、重点信息
	绩效与奖惩管理	绩效与奖惩制度管理	基本信息、状态信息
		工作考勤	状态信息、重点信息
		工资分析	状态信息、预测信息、趋势信息
		奖惩效果评估	预测信息、趋势信息
	人员安全培训	安全培训考核	状态信息、重点信息
		安全培训流程	状态信息
		安全培训效果评价	状态信息、预测信息、趋势信息
环境安全可视化管理	环境基本信息	环境基本信息	基本信息
	环境状态及趋势预测	环境实时状态监测	基本信息、状态信息
		环境异常分析	基本信息、状态信息、重点信息
		环境信息趋势及预测	预测信息、趋势信息
		环境影响评估	预测信息、趋势信息
信息安全可视化管理	应急预案及救援	应急救援事故信息查询	基本信息、状态信息
		应急救援最佳逃生路线分析	基本信息、预测信息
		应急救援预案	趋势信息、预测信息
		指挥调度管理	状态信息、重点信息、预测信息
		事故调查分析统计	趋势信息、预测信息
	隐患排查	隐患检查与反馈	状态信息、重点信息
		隐患实时及历史数据	状态信息、重点信息、趋势信息
		隐患趋势分析及预测	趋势信息、预测信息
	风险评估与管控	风险源监控管理	趋势信息、预测信息
		风险源评估及分析	趋势信息、预测信息

续表

一级信息内容	二级信息内容	三级信息内容	信息内容属性
制度安全可视化管理	安全管理制度	安全制度信息管理	基本信息、状态信息
		制度执行监控	基本信息、状态信息
		制度效果及评价	状态信息、预测信息
	安全文化	安全文化管理	基本信息、状态信息
		安全文化宣传活动	基本信息、状态信息
		安全文化转化实操	状态信息、预测信息
	安全管理流程	安全管理流程规范	基本信息、状态信息
		安全管理流程更改	状态信息、预测信息
		安全流程评估及反馈	状态信息、预测信息

10.2.5　煤矿安全可视化管理专业图元提取研究

专业图元的提取实质上属于信息提取的范畴,如图 10.5 所示,信息提取遵循七个方面的原则:可靠性、完整性、实时性、准确性、易用性、针对性与预见性。在综合分析信息采集的七个原则基础上,结合煤矿安全可视化管理图元的特点以及需求,将图元提取判别依据划分为八大要素,分别对应三大层面内容:管理内容层面、技术层面与管理者认知层面。具体来说,在管理内容层面,将信息采集中的可靠性、完整性归纳为管理中的重要性,将预见性与实时性归纳为需求性;在管理者认知层面,将信息采集中的针对性归纳为管理者认知层面中的认知性与社会性;在技术层面,将信息采集中的易用性归纳为技术中的易用性,准确性归纳为技术性。

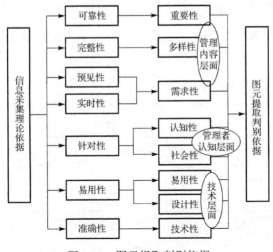

图 10.5　图元提取判别依据

以上述判别依据为判别准则,借鉴模糊综合评价方法及理念,建立图元提取判别规则，提取适宜的可视化管理所需专业图元。图元提取判别规则为：建立判别因素集 U，确定判别评价集 V，确定指标权重 A，确定判别矩阵 R，综合判别提取。

综合各类煤矿安全可视化管理图元提取方法，提出了 CEPP 煤矿安全可视化管理专业图元提取模型。模型主要包括四部分关键内容：安全可视化管理信息内容(简称 C)、可视化管理有效信息内容(简称 EC)、专业场景内容(简称 P)及专业图元内容(简称 PR)。根据以上主要内容简称，取其第一个首字母，将模型定义为 CEPP 提取模型。该模型共分为六层内容，包括安全可视化管理信息内容层(Information Content)、安全可视化有效(关注)信息内容层(Effective Information Content)、安全可视化具体有效(关注)信息内容层(Specific effective information Content)、专业场景层(Professional Scene)、备选专业图元层，即安全可视化管理具体信息对象(Objects)及属性(Attributes)、安全可视化管理专业图元(Professional Primitives)。其主要包括抽取、映射、提取三种关系，从安全可视化管理信息内容层到安全可视化有效(关注)信息内容层的管理者关注信息的抽取 f_1；在专业场景的映射下，从具体有效信息内容到备选专业图元层(安全可视化管理具体信息对象及属性)的细分 f_2；从备选专业图元层经过图元提取规则到安全可视化管理专业图元的提取 f_3。

CEPP 图元提取模型，如图 10.6 所示，首先从煤矿安全可视化管理的信息内容

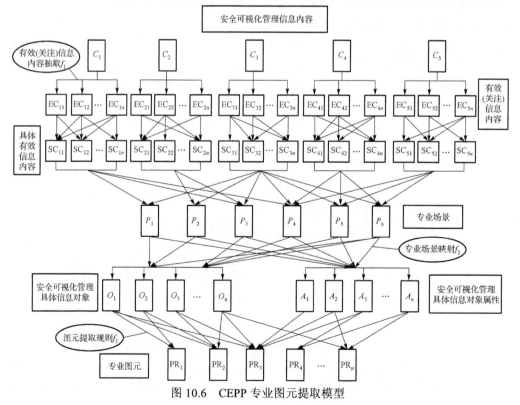

图 10.6　CEPP 专业图元提取模型

集合 $\{C_1,C_2,C_3,C_4,C_5\}$（包括人、物、环境、信息、制度五类可视化管理内容），通过问卷调查形式，运用探索性因子分析方法进行 f_1 抽取，得出管理者所需的、急需关注的信息内容，即有效信息内容 EC_{mn}，然后根据抽取出的有效信息内容进一步细化为具体有效信息内容 SC_{ij}，接下来根据可视化管理专业职能场景 $\{P_1,P_2,P_3,P_4,$ $P_5,P_6\}$（包括采掘、机电、提运、测量、通风、安全监测及应急）将具体信息内容通过映射 f_2，归纳出备选图元集合，即煤矿安全可视化管理具体信息对象集合 $\{O_1,O_2,O_3,\cdots,O_n\}$ 及属性 $\{A_1,A_2,A_3,\cdots,A_n\}$，最后通过三个层面的图元提取规则 f_3，提取得到安全可视化管理专业图元集合 $\{PR_1,PR_2,PR_3,\cdots,PR_n\}$。其中，专业图元中包括对象图元与属性图元。

10.3　可视化图元设计研究

10.3.1　可视化管理图元设计认知因素研究

本节主要对煤矿安全可视化管理图元语义及语用问题进行研究，即图元与设计及图元与使用之间的相互关系进行阐述。根据使用者的信息加工过程，可将其对图元的认知分为三个层面：视觉感知层、图元理解层、交互认知层，如图 10.7 所示。

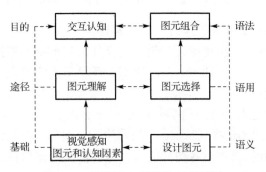

图 10.7　图元认知层次及对应过程

设计安全可视化管理图元符号需考虑多种因素，以煤矿安全可视化管理的视角，首先需考虑煤矿安全可视化管理的需求有哪些(管理目标、管理内容)，同时还受设计技术条件等因素的制约，更主要的是用户(管理者)对图元的认知程度及理解度。故煤矿安全可视化管理图元设计的影响因素主要有：管理目标与内容、认知因素、感觉水平与视觉心理、传统习惯与标准、技术因素，如图 10.8 所示。

从影响因素中可以看出，煤矿安全可视化管理图元的认知因素影响视觉感受水平，并对管理内容的展现有一定影响作用，使用者在短时间内认知并使用图元，影

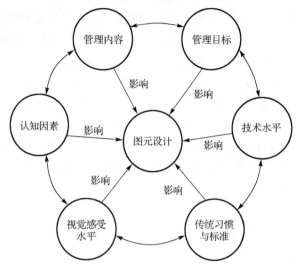

图 10.8　图元设计影响因素

响这一系列活动的因素有哪些，如何引起其在认知上差异的问题，皆与图元的认知因素有关。因此，本节将对煤矿安全可视化管理图元主要认知因素进行眼动定量研究，进而为图元设计奠定认知基础。

10.3.2　煤矿安全可视化管理图元设计选择 PDCE 模型

设计是一个不断改进与选择的过程，构建煤矿安全可视化管理图元设计选择 PDCE 模型，依据该模型可将图元的设计选择分为三个主要步骤：第一，设计未有图元(Design)，简称为 D，通过人员、物态、环境图元的提取，在原型自然匹配理论、格式塔心理学及制图经验等指导下，提取未有专业图元 $\{P_1, P_2, \cdots, P_n\}$，简称为 P。通过设计步骤进行三种不同图形的设计 $\{\{P_{11}, P_{12}, P_{13}\}, \{P_{21}, P_{22}, P_{23}\}, \cdots, \{P_{n1}, P_{n2}, P_{n3}\}\}$。第二，图元的选择(Choose)，简称为 C。对每一项图元所对应三种设计选项进行眼动实验，分析被试对各图元的认知有效性、认知负荷大小，并做出相应定量分析。第三，修改图元并确定图元表达图形(Ensure)，简称为 E。通过眼动实验后的问题调查的方式对设计图元进行选择，并给出相应修改建议，对图元修改完善，并结合眼动实验方差分析结果，最终形成未有图元的图形表达 $\{P_{1i}, P_{2j}, \cdots, P_{nm}\}$。根据以上步骤及过程简称，形成 PDCE 图元设计过程模型，如图 10.9 所示。

10.3.3　煤矿安全可视化管理图元设计研究

煤矿安全可视化管理图元设计过程是表达客体对象内容的过程。因此需要遵循一定顺序，才能更好地设计出相应图元符号，以实现不同的安全可视化管理目的。

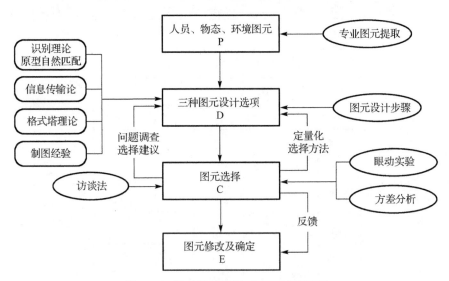

图 10.9　图元设计选择 PDCE 过程模型

图元符号设计有六大步骤：明确管理目标、分析管理内容、确定视觉水平、选择基本图元及设定认知因素(属性)及实际具体设计图元，如图 10.10 所示。

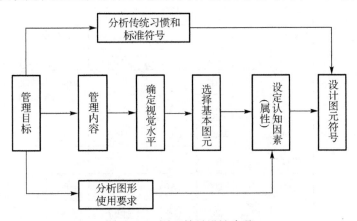

图 10.10　图元符号设计步骤

本节全面参考煤矿安全可视化管理图元国标、行标等相关文件以及权威文献，吸取丰富的知识，采用更抽象、更简洁明确的归并，从认知、管理角度实现图元与客体对象的直观一致表达。所有图元采用 32×32 像素的尺寸大小，以对人员的设计过程为例进行阐述，提出煤矿安全可视化管理图元设计图示，如图 10.11 所示。

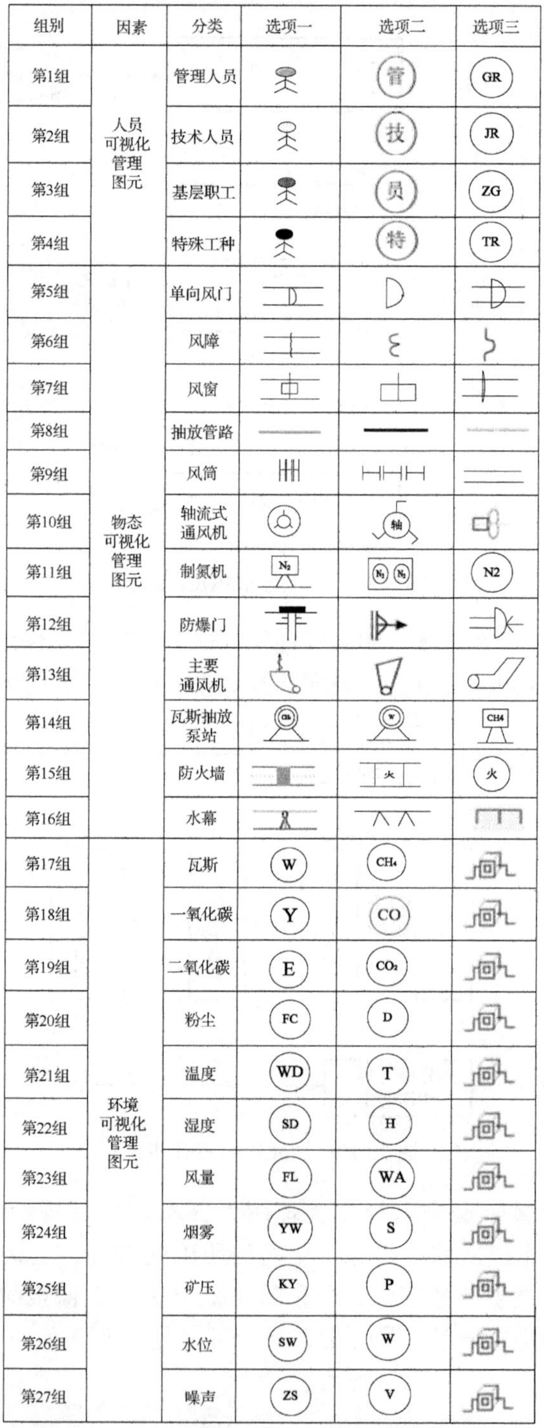

组别	因素	分类	选项一	选项二	选项三
第1组	人员可视化管理图元	管理人员		管	GR
第2组		技术人员		技	JR
第3组		基层职工		员	ZG
第4组		特殊工种		特	TR
第5组	物态可视化管理图元	单向风门			
第6组		风障			
第7组		风窗			
第8组		抽放管路			
第9组		风筒			
第10组		轴流式通风机		轴	
第11组		制氮机	N₂	N₂ N₂	N2
第12组		防爆门			
第13组		主要通风机			
第14组		瓦斯抽放泵站	Gs		CH4
第15组		防火墙		火	火
第16组		水幕			
第17组	环境可视化管理图元	瓦斯	W	CH₄	
第18组		一氧化碳	Y	CO	
第19组		二氧化碳	E	CO₂	
第20组		粉尘	FC	D	
第21组		温度	WD	T	
第22组		湿度	SD	H	
第23组		风量	FL	WA	
第24组		烟雾	YW	S	
第25组		矿压	KY	P	
第26组		水位	SW	W	
第27组		噪声	ZS	V	

图 10.11　煤矿安全可视化管理图元设计图示

10.3.4 煤矿安全可视化管理图元选择研究

根据 PDCE 模型，安全可视化管理图元设计后需进行选择修改。本节将可视化图元符号分为三种类型：人员可视化管理图元、物态可视化管理图元和环境可视化管理图元。对于这三类符号，被试根据自身对不同图元符号的认知及理解进行选择。构建图元设计选择二维模型，包括定性与定量两个维度，定量维度依据人们在使用图元时，靠视觉获取 85%的内容信息。眼动行为在视觉信息加工中发挥着重要的作用，因此，运用眼动仪进行眼动实验，通过被试对图元的眼动数据，定量化地揭示被试对设计图元的认知水平及关注程度，为图元的选择提供定量化依据，如图 10.12 所示。定性维度则是 20 名被试对图元设计的选择建议调查，根据其选择排序并对图元修改及进一步完善。通过眼动实验了解被试对设计图元的认知情况，同时针对设计图元进行调查分析，予以选择建议，进而根据排序结果进行图元选择，找出最适宜表达可视化管理中图元的有效表达形式。

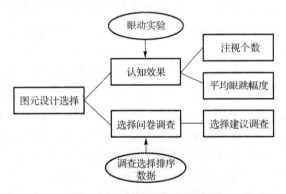

图 10.12 图元二维选择过程

基于对眼动数据的统计分析，结合评分表及访谈内容，选取最为适宜的图元表达图形，对每一组的图元选择项进行完善处理，最终形成完善后的可视化管理图元。在此基础上，将原有图元与未有图元相结合并进行合并，构建适合煤矿通风专业所用的图元符号。

10.4 可视化图元拼接与组合研究

10.4.1 图元拼接与组合基本理论

10.4.1.1 图元的拼接与组合

在图元的拼接和组合理论方面，于海冲等[447]认为应用在交通领域，可以通过图元的组合设置绘制图元的顺序、交通网要素的自动绘制,从而大大地简化了人工操作,提高了制图效率。张丽等[448]在分析了传统电网调度控制系统图形展示方面存在的问题之后,强调了图元标准化的问题,为后续图元的组合奠定基础。汪荣峰等[449]将分层分块的层次细节技术应用于电子地图绘制中,提出了分块地图矢量数据的符号化方法,使得地图要素的整体显示效果稳定、连续。Guo 等[210]提出了一种用于CAD 工程制图中,改进实例驱动的工程图符号组合应用方法。本节研究的重点是基于前文编制的图元体系,以一定的构图原理、煤矿相关知识以及管理人员关注点为依据,最终将图元拼接组合成完整的作业场景。

10.4.1.2 煤矿安全可视化管理图元的拼接与组合

在煤炭行业中,煤炭安全可视化管理图元作为图形软件用于操作和组织画面的最基本的素材,根据具体管理目的与方式,运用所需图元,将信息技术与可视化技术中人-机-环有效结合,通过图元组合及设计形成有效视觉图形界面,对客体对象进行形象展示及表达,能清晰生动且直观地表达模拟生产状态、运行情况及各种紧急问题,使管理人员及时了解管理状况并做出调整,展示煤矿安全可视化管理中的人、物、环境、信息、制度等内容,进而辅助管理者提升煤矿安全水平。由于井下构筑设施众多、巷道错综复杂、井下人员众多、环境恶劣等,煤炭行业自身特殊性导致了信息量大且复杂,利用独立分散的图元展示这些主体和客体,简单地堆砌是无效的,只有通过合理科学的拼接组合才能实现有效信息的展示和识别。

煤炭企业井上与井下的动态控制产生大量数据,这些数据要实时传递给管理人员,管理人员接收并分析数据需要大量时间。从空间层面分析,煤炭企业的信息主要分为集团信息和各矿信息,信息分布点多面广,较为分散,在传递给管理人员的过程中易出现误差,最终导致管理人员接收错误信息。其次煤炭企业信息量逐渐增加,而企业内部没有完善的信息统计办法或数据应用效果欠佳。统计数据表现形式单一,缺乏动态性与连续性,随时间变化的数据对比不够强烈,数据变化趋势不够明显,信息重点不突出。从大量数据中快速获取有效信息的能力差,导致决策时间过长,管理成本过高,有时会因为管理者的决策延迟导致安全事故的发生,所以设置图元就显得尤为重要。而图元是一组最简单的、最通用的几何图形或字符,是图形软件用于操作和组织画面的最基本的素材。图元有利于煤炭企业工作现场标准化的实现,有利于煤炭企业管理系统的完善,为煤炭企业提高生产决策效率,减少安全事故奠定基础。而设置图元的目的,是为了体现警示性、易读性、可信性和协调性这四个特征。因为每个图元都是单一、分散且独立的个体,单一的图元并不能给管理人员展现一个完整的场景。从两个角度来说,一方面,安全角度来看,煤炭企业中图元的拼接与组合可以使管理人员更加形象生动清晰地看到井下矿工的作业情况,掌握危险源分布和容易造成事故的不确定因素,从而让管理人员准确地接收到信息，及时采取措施，以免造成不必要的损失和事故。另一方面，从关注度来看，对于煤炭企业图元的拼接与组合，管理人员不仅可以清楚地描述井下的情况，还可以让管理人员更加直观地关注到重点热点数据信息。因此，煤炭企业中图元的拼接与组合可直接为煤矿企业呈现出安全可视化管理场景。

10.4.2　场景拼接中涉及的原则和依据

煤矿井下通风系统的场景是由简单的图元体系拼接组合而成的，用以展示井下通风过程涉及的全部内容，以直观可视的方式展示给管理人员，帮助其高效准确地对井下通风系统的当前状态有一个整体的认识，并快速识别在当前运行状态下有哪些需要解决和处理的问题。为了便于煤矿井下通风系统的可视化展示，前面设计了一系列完整的通风系统图元体系，每个图元都是独立且松散的个体，是供图元的组合和拼接呈现场景的基本元素。

煤矿安全管理场景构筑的主要思路：首先，通过煤矿安全可视化管理内容及场景等情况分析，确定图元所需应用的范围、展示内容中包含的具体信息等；其次，根据确定的安全可视化管理目标，明确在何种目标下进行的图元组合应用的意义及所产生的作用；然后，通过安全可视化管理目标的确定，形成可视化管理应用内容，进一步明确所需应用图元及其属性，系统从图元库中自动提取所需图元，并按照相关参数的输入对图元的相关属性进行标准化处理；最后，根据以上管理需求、目标、功能以及相关技术准则，对选取图元进行场景的拼接和融合，形成一个可以展示管理需求场景的可视化展示图像。整体流程如图 10.13 所示。

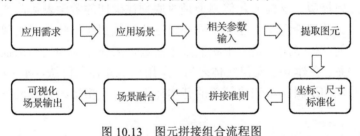

图 10.13　图元拼接组合流程图

本节探讨场景中涉及的图元拼接与组合的原则和依据，主要从两方面展开分析：第一，从技术角度探讨计算机构图中图元的拼接和组合；第二，从煤矿知识和管理人员关注点的角度进行分析。

10.4.2.1　计算机图形学

计算机图形学是利用计算机研究图形的表示、生成、处理和实现的学科。计算机中图形的表示方法，以及利用计算机进行图形的计算、处理和显示的相关原理和算法，构成了计算机图形学的主要研究内容。计算机图形学的一个主要目的就是利用计算机产生令人赏心悦目的真实感图形。为此，一般先通过一系列扫描、填充、裁剪、消隐等算法函数建立目标图形所描述场景的几何表述，再采用某种光照模型等，对目标图形进行渲染最终实现真实感图形的构建。

其中，定义一个复杂场景或系统最容易的方法就是先进行局部建模，然后再描述如何将局部个体拼接成完整的场景对象，这里涉及的方法就是层次建模。描述一个整体场景模型的信息通常是由几何数据和非几何数据组成的。几何信息包括定位图元的坐标值、输入图元和定义场景结构的属性函数，以及构造场景中图元之间联系的数据。非几何信息包括文字标识、模型操作的算法描述和判别图元之间的关系和连接的规则。通用的层次建模方法，可以通过将一个结构嵌套到另一个结构中形成树形结构，从而创建系统的层次式模型。在将每个结构放进层次时，进行适当的变换以适合整体模型。

10.4.2.2　几何造型

几何造型(Geometric Modeling，GD)始于 70 年代初期，是随着计算机图形显示、计算机辅助设计和制造技术的迅速发展开始使用的。它被看成确定物体形状和其他几何特征方法的总称，是几何学与计算机的完美结合。几何造型方法作为一个有完善定义的语言和逻辑的独立学科，是许多领域方法的综合，其中，包括解析几何、画法几何、拓扑学、集合论、数值分析、矢量验算和矩阵方法等。

几何造型系统是指能够定义、描述、生成几何模型，并能够进行交互编辑处理的系统。采用几何造型技术，可以将物体的形状及其各种属性存储在计算机内，形成该物体的几何模型，这样的几何模型是对原物体确切的数学表达，或对其某种状态的真实模拟。几何造型实体建模主要是通过几何数据和拓扑数据实现对模型的描述，其中，几何数据是用来定义形状的基本参数，拓扑数据则是用来描述几何元素之间的连通关系。在建立了几何实体之后，采用构造立体几何法，即利用布尔运算，通过数字符号化的逻辑推演法将简单的基本体素联合、相交、相减最终拼合成复杂实体。

10.4.2.3　人因工程学

国际人机工程学会将人机工程学定义为：研究人在某种工作环境中的解剖学、生理学和心理学等方面的因素，研究人和机器及环境的相互作用，研究在工作中、生活中和休息时如何统一考虑工作效率、人的健康、安全和舒适等问题的学科。人因工程学着重于研究人类以及在工作和日常生活中所用到的产品、设备、设施、程序与环境之间的相互关系，试图改变人们所用的产品和所处的环境，更好地适合人的生理、心理特征，从而达到提高生产效率、生产安全、健康与舒适的目的。

在井下作业的过程中，作业的环境是直接影响工作人员和管理人员身心健康和安全的关键要素,所以在场景构筑前期以及作业中期都应该关注作业环境是否适宜,例如,温度、噪音、照明和振动等环境条件对人的工作效率和健康的影响是极大的。除此之外,作业空间的设置也要按照作业者的操作范围、视觉范围以及工作姿势等一系列因素进行合理布置和摆放。人机系统设计、显示器与控制器的设置等都要考虑人因工程的相关设置原则,以便设置一个人与环境和谐相处的场景。

10.4.2.4　GIS

GIS 是综合计算机科学、地理科学、地图学、测绘学、遥感技术、信息管理和管理学科等多学科在内的一门学科。GIS 的可视化技术在煤矿安全领域的应用,一定程度上减少了煤矿安全事故发生率并提高了决策效率。在煤矿生产经营活动中,GIS 提供了实时的动态地理位置信息,将计算机图形技术和数据库技术融于一体[450],煤矿的图形资料以及属性资料皆具空间位置特征,具有数据量大、数据时空性强等特点,因此矿山 GIS 成为安全信息可视化展示的一个重要的研究方向。在煤矿生产活动中借助 GIS 技术,将原始的空间地质、物理信息、化学信息、遥感数据及成矿信息等加以整合,形成便于矿产预测的图层。通过多个图层的叠加,不仅可以收集及核查各类数据,同时管理者可以根据职位需求使用图层对数据进行有序管理。以通风管理为例,基于 GIS 的通风网络模型可以实现巷道风流建模、风流动态模拟与实时监测等[451]功能,有助于确保巷道风流顺畅与保障井下人员作业安全[452]。

10.4.2.5　煤矿安全知识

采掘系统平面图是根据地质资料和测量资料绘制的,反映采掘工程实际情况的图件,以通风过程为例,绘制的步骤如下:首先绘制井筒的位置以及方位;接着绘制总回风巷以及采区内各种巷道、硐室以及采空区;最后标注出通风构筑物、主要通风机、局部通风机以及风流的相关信息。在实际的生产过程中,系统平面图被用来计算巷道的长度、坡度以及具体设施的位置等,是实际工作中可以借助的实测资料。精确的地质报告以及国家行业的规程规范等是采区巷道布置图的基础资料,在采区巷道布置图的基础上,依据比例尺计算掘进工程量,在进度要求的条件下编制相关的用料计划以及工艺设计[453]。

矿井必须有完整的独立通风系统。改变通风系统时必须履行报批手续;掘进巷道贯通时,必须按《煤矿安全规程》规定,制定安全措施。在矿井通风系统图中涉及的主要内容包括:进风井、回风井,进、回风巷,通风网络结构,通风设备型号、台数、主要技术参数、安装位置;新鲜风流、污浊风流的方向及路线;各巷道(运输大巷、主石门、井底车场、回风大巷、回风石门、回风平硐、采区进风巷、进风上山;采区回风巷、回风上山,采区运输巷、胶带运输中巷)、硐室、采煤工作面、掘进工作面名称及通过的风量;矿井通风设施及其位置(如防爆门、测风站、风帘、风门、风桥、调节风窗、密闭等),尽可能采用并联通风系统,并使各条风路的阻力接近相等。避免在通风系统中设置过多的风桥、风门、调节风窗等通风构筑物。煤矿由于开采技术条件的不同,其通风方式和通风系统表现出复杂性和多样性,但一般可分为机械通风和自然通风两种,其中机械通风又分为抽出式通风、压入式通风和混合式通风。掘进巷道必须采用矿井全风压通风或局部通风机通风。煤巷、半煤岩和有瓦斯涌出的巷道掘进通风方式应采用压入式,如果采用混合式,必须制定安全措施。以抽出式和压入式为例,抽出式通风局部通风机安装在离掘进巷道口 10m 以外的回风侧巷道中,新鲜风流沿掘进巷道流入工作面,污风经风筒由局部通风机抽出。压入式通风是矿井主要通风机安装在进风井口附近,经风硐与进风井筒相连。局部通风机安设在进风巷道的新风流中,距掘进巷道的排风口,必须大于 10m。

绘制矿井通风系统图的主要依据有矿井开拓开采技术资料以及矿井通风技术资料。本节选取矿井通风系统图中的系统平面图、局部细化图、人员定位状态图以及设备信息图为例,说明场景拼接的原则和依据。矿井通风系统图必须标明风流方向、风量和通风设施的安装地点,必须按季绘制通风系统图,并按月补充修改。多煤层同时开采的矿井,必须绘制分层通风系统图。矿井应绘制矿井通风系统立体示意图和矿井通风网络图。

矿井通风系统平面图是在采掘系统平面图的基础上,对不必要的内容做出适当的删减,根据确定的通风方式,再添加诸如风流方向、通风构筑物以及通风机等元素绘制成的。标注顺序从进风井开始,先进风系统后回风系统,先采煤工作面系统后掘进工作面系统和巷道系统,其中,总回风巷的具体位置和底板标高是以井田开拓方式图为依据绘制的。高、突矿井的每个采区和有自然发火危险的采区,必须设置至少 1 条专用回风巷。低瓦斯矿井开采煤层群和分层开采采用联合布置的采区,必须设置 1 条专用回风巷。采区进、回风巷必须贯穿整个采区,严禁一段为进风巷,一段为回风巷。矿井通风系统平面图是依据采掘系统平面图中各个巷道之间的相对位置关系绘制的,需要注意的是绘制过程中不按照比例尺,用双线条画出各个巷道、硐室及采掘工作面的平面投影位置[454-456]。

根据井下巷道布置以及通风方法,在相关矿图的基础上借助 AutoCAD 软件和GIS 等,对系统中涉及的图元进行组合与拼接,逐步绘制"五图"(详见 10.4.3 节)。

10.4.2.6　管理人员关注点

在通风安全管理中,生产作业人员按照职能分类可以分为管理类和生产技术类人员。管理人员主要包括通风区主任和副主任,生产技术类人员主要包括瓦斯检查工、矿井通风工、矿井测风工、矿井测尘工、注水工、防尘工、井上灌浆工、矿山救护工、自救器管理工、安全检查工、验身工、通风仪器检修工、井下卫生工以及通风调度员[457]。通风管理中涉及的信息主要包括通风网络信息、风构筑物信息、通风管理信息、通风动力信息以及预警信息，进一步可以划分为通风基本属性信息以及预警信息。

根据不同的角色对于安全管理信息的需求不同，针对不同的管理信息，选取不同的展示方式以求达到认知效率最大化。对于通风管理相关的工作人员来说，需要掌握井下人员分布以及人员轨迹图、设备运行的展示机理图以及安全环境监测系统的组态图。因此，在图元的拼接与组合中要注意根据通风管理目标，将管理内容中的重要因素进行提取、拼接与组合，进而形成可视化展示图形，运用图元的属性变化，突出管理中的重要信息内容，避免管理者在烦琐的多源异构的信息搜索中耗费时间，进而合理分配自身关注程度，提升管理效率。通风系统平面图的应用，可以使管理者直观地掌握井下实时情况，及时地辨别和排除隐患，提高管理效率，大幅度降低安全事故发生率。

10.4.3 管理场景

对于煤矿管理者而言，拥有能高效反映出井下煤矿安全管理场景的方法是一件至关重要的事，就此本节提出了"管理场景五图"来提高煤矿安全管理。对于各种不同的场景，本节将其以整体到局部的形式分成系统平面图、局部细化图、人员定位状态图、设备信息图以及环境信息图。

管理场景五图不是孤立存在的个体，而是相互影响、相互制约的关系，如图 10.14 所示。系统平面图用来展示井下系统的整体场景，为煤矿管理人员构筑了井下系统的现状，使得管理人员可以快速地对井下管理环境有一个直观整体的认知。基于整体系统图，进一步细化向管理人员展示局部细化图。管理人员在管理过程中主要关注的信息体现在人、机、环境三方面，故后续构筑三幅图向管理人员详细展示这三方面的状态，即人员定位状态图、设备信息图以及环境信息。

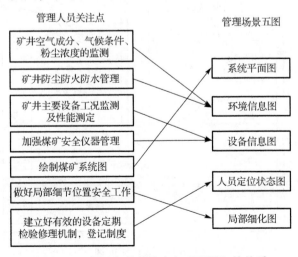

图 10.14 管理人员关注点与"五图"的关系

10.4.3.1 系统平面图

煤矿安全管理问题一直以来是管理者所关注的重点，为了更好地使管理者对整个井下系统有总体的把握，构筑能反映井下总体场景的图就显得非常重要，所以本节提出了系统平面图，其可以反映出关键位置影响煤矿安全的环境信息(如采空区附近容易自然发火的气体、容易引起爆炸的气体等)、井下主要设备的运行状态(如水泵参数信息、提升机参数信息等)、井下各关键位置的人员数目(如掘进巷、运输巷道、车场等)。当井下的环境、设备、人员等出现问题时，就会通过声光、颜色等方式对问题进行报警提示，从而使得管理者对问题出现的位置以及问题的大致情况等信息有一个清晰的认知。据此管理者就可以针对不同问题类型采用相应的措施来处理发生的问题，从而保证有针对性地处理矿井中的安全隐患，使煤矿安全管理更加有效。

本节以通风管理问题对系统平面图中展示的信息展开描述，如图 10.15 所示。采空区、车场、工作面等井下地点场所涉及的位置信息及相互关系，回风巷、运输巷、掘进巷等巷道的位置连接关系，各个设备，如主要通风机、局部通风机的安装位置，风墙、风桥、风窗等各种通风构筑设施的安装位置，这些只是最基本的展示信息。对于通风管理者而言，保证煤矿井下安全是最重要和最关注的事，所以本节的系统图特别增加了安全预警报警显示功能，当井下的环境、设备等通过监测出现影响煤矿安全的问题时，在系统平面图上就会显示出醒目的红色报警信息，这样管

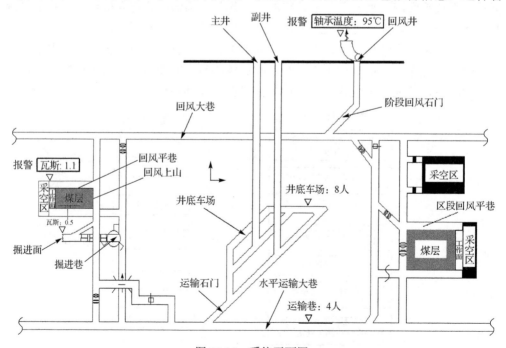

图 10.15　系统平面图

理者就会快速高效收到信息并采取相应措施，从而保证井下煤矿的安全。人员定位相关地点人数显示功能可以使管理者了解到各个地点的人数，从而对井下人员分布有清晰的了解，便于管理。

10.4.3.2　局部细化图

煤矿井下复杂多变，容易引起安全问题的位置有很多，系统平面图所展现的信息并没有细化，局部细化图是从微观的角度让管理人员深入了解井下作业环境和现状，所以本节提出了局部细化图，构筑局部细化场景，完善煤矿安全管理。采煤工作面是煤炭的第一生产现场，具有作业空间狭小、机械设备多、环境复杂气温高等特点，其安全事故频发，是煤矿安全管理工作中的重点区域。如果采用局部细化图对其进行展示，就可以使管理者对工作面的具体空间信息、人员设备环境信息等有更好的了解，并采取最好的安排。因此，局部细化图可以完善管理者对煤矿安全的管理，从而保证煤矿的安全。

本节以通风为例提出局部细化图，如图 10.16 所示，管理人员可以根据此图简单易懂地了解到：局部细节位置工作所涉及的巷道位置信息，如运输斜巷、掘进巷道等，新风污风的风速风向信息，各种设备和构筑设施信息，包括风门、主要通风机、局部通风机和风筒，这些信息均由图元库中的独立图元表示。由于煤矿井下很多局部细节对于煤矿安全管理同样重要，所以局部细化图对于管理人员关注井下

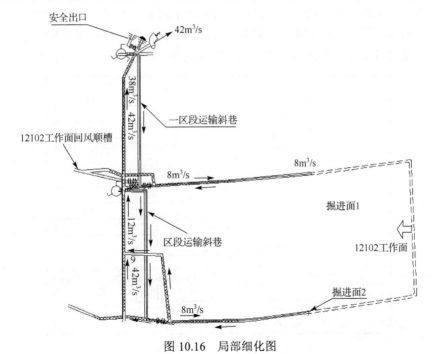

图 10.16　局部细化图

具体情况起到很好的展示作用，也便于管理人员发现煤矿系统中相关的具体问题并及时做出决策。

10.4.3.3 人员定位状态图

煤矿安全管理中对人的管理是很重要的一部分，研究表明，在众多煤矿安全事故中，人为因素所占比重最大，就此本节提出人员定位状态图来完善煤矿安全管理工作。人员定位图可以反映出井下人员的具体位置、具体身份信息、人员工作状态情况、考勤信息等。当井下出现环境、设备等引起的安全问题时，管理人员可以根据人员定位状态图了解到井下人员的情况信息，从而调遣最合适的人员及时处理问题。随着技术的不断进步，还可以增加监测的信息，通过设备采集到人体的多项生命体征信息，这样就可以对疲惫或生病的人员进行调换或抢救，避免发生不必要的隐患。

本节以通风为例提出的人员定位状态图简单详细地展示了井下人员的信息，如图 10.17 所示，包括定位信息、状态信息以及基本信息。定位信息一般包括：人员实时或过去一定时间的位置、速度、高度、上下井时间、上下井位置、井下(各位置)停留时间、下井时长、下井次数等；状态信息也就是井下人员现在在干什么，是处于工作中，还是在休息等；基本信息包括人员的 ID(或卡号、编号等)、姓名、身份证号码、出生年月、职务工种(岗位)、所在部门或区队班组等。在 CAD 截图中我们选取了几项重要的信息，包括人员的姓名、工号、职务、所在位置、高度、速度、下井次数、下井时长以及工作状态。当管理人员需要了解井下人员情况信息时，就可以通过人员定位状态图来了解情况，当需要解决煤矿安全问题调遣安排人员、对人员进行调度时，就可以采用人员定位状态图来了解人员情况并安排井下人员的具体工作。

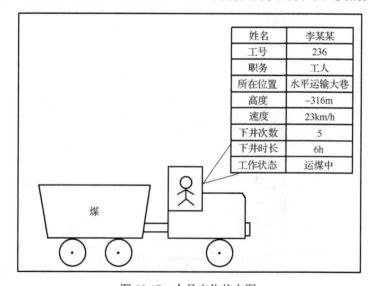

姓名	李某某
工号	236
职务	工人
所在位置	水平运输大巷
高度	−316m
速度	23km/h
下井次数	5
下井时长	6h
工作状态	运煤中

图 10.17　人员定位状态图

10.4.3.4　设备信息图

煤矿井下的设备有很多，设备出现问题会对煤矿的生产以及安全有很大影响，如井下主要排水泵是排出井下多余液体的设备，它出现问题会影响井下人员的生命安全；提升机是用来提升煤炭、矿石、矸石以及升降人员、下放材料的设备，它出现问题会严重影响生产工作；还有很多重要设备，如胶带机、采煤机以及空气压缩机等出现问题同样给煤矿生产及井下安全带来影响。所以，设备信息图可以简单易懂地展现出重要设备所对应的具体数据参数。管理者可以根据设备信息图了解到设备运行重要信息情况。当管理者通过设备信息图发现设备不符合规定的数据信息时，可以派人对其进行维修，从而可以保证煤矿安全，提升煤矿的安全管理水平。

本节以通风为例提出的设备信息图简单易懂地展示了各重要设备的实时重要数据以及报警情况，如图 10.18 所示，针对的是主要通风机的六项重要实时信息，包括风量、轴承振动、轴承温度、湿度、三项绕组温度以及全压。对于煤矿安全管理来说，主要通风机和局部通风机的监测是非常重要的，当然也包括其他设备及设施。对于主要通风机需要监测的信息除上面的六项重要信息以外还包括风压、风机轴功率、风机设备效率、电机输出功率等。局部通风机需要监测风量、风压、风筒压力、振动速度、电压、电机电流、功率、电机温度、开停状态等信息。设备信息图可以帮助管理人员进行设备的监测与管理，和环境信息一样，设备出现问题时的报警信息也会出现在前文提到的系统平面图中，由于管理者只能知道是设备出现了问题，却不知道设备问题的具体数据信息，所以管理者便可以在平面图中点击报警的设备，进而可以反映出此设备是哪些指标出现了问题，出现问题的数据会用醒目的红色字体显示，并且会有报警符号；正常的数据便会采用绿色的字体来表示，这样就可以使管理者更高效地明确问题，并及时采取正确措施来恢复设备的正常运转，从而保证煤矿井下的安全。

参数	限值	实时数据
风量	≥9660 m³/min	12370
轴承振动	≤19.5mm/s	10.7
轴承温度	≤90℃	95
湿度	≤90 %RH	56
三项绕组温度	≤120℃	92
全压	≥2850 Pa	3765

图 10.18　设备信息图

10.4.3.5　环境信息图

煤矿井下不同于地面，井下环境复杂多变，极易引起煤矿安全事故，如自然发火、瓦斯煤尘爆炸等，所以为保证煤矿安全，对于井下环境的监测一直是管理人员关注的重点。系统平面图虽有环境报警显示功能，但不够具体，不能使管理人员对动态的环境信息准确了解。所以本节提出环境信息图，环境信息图可以反映具体位置重要环境的实时数据、报警情况以及在一段时间环境的变化情况。当环境监测数据超过限额并报警了，此时很有可能已经产生了煤矿安全问题。管理人员可以根据环境信息图来了解环境的变化情况，从而可以预测环境的变化趋势，这样就可以在煤矿安全问题发生之前采取行动并使之恢复正常，从而保证煤矿的安全。

本节以煤矿通风为例提出的关于煤矿安全管理的环境信息图简洁易懂地显示出某固定地点在一段时间内的环境变化及报警情况。如图 10.19 所示，列举了四种在采空区附近最重要的需要监测的环境信息，包括瓦斯浓度、一氧化碳浓度、氢气浓度以及温度。当然不同地点的重要环境监测信息是不同的，总体来说需要监测的环境参数有各种的有毒有害的气体，包括瓦斯、一氧化碳、二氧化碳、二氧化氮、硫化氢、二氧化硫、氢气等；温度、湿度、风量风速、矿压、粉尘、烟雾、水位、噪

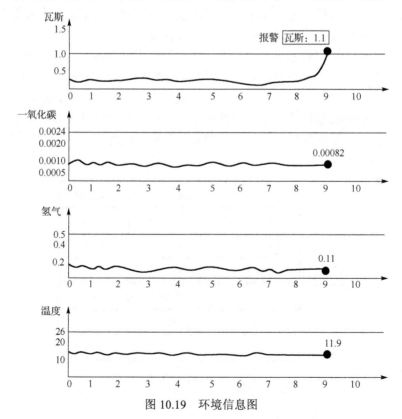

图 10.19　环境信息图

声等。虽然前文提到的系统平面图有对环境状况的报警显示的功能，但是，它不能显示环境信息的具体情况，所以当管理人员在平面图中发现环境报警信息时，可以点击报警图标，这样就会看到对应的环境信息图，并以基于环境数据形成的随时间变化的数据曲线，更加具体详细明了地显示环境的状况和报警的原因，管理人员还可以对正常环境信息对应曲线的变化情况预测此环境的未来变化，这样可以将危险扼杀于萌芽之中，对于煤矿安全管理有着重要的作用。我们还会提前设置不同环境参数的限制范围即限值，以及用不同颜色显示环境的不同状态。在环境信息正常、符合规定要求时，就会以绿色曲线形式展现出来，而当传感器测得某一环境参数超过提前设置的限值时，就会以非常醒目的红色来显示此信息并报警，从而使得管理者更高效地了解情况，以便采取相应的措施来保证煤矿井下的安全。

10.5　可视化图元应用

10.5.1　煤矿安全可视化管理图元应用内容及原则

煤矿安全可视化管理图元应用即为图元的组合应用，进而形成展示可视化图形，这里的图元为基本图元与专业图元的集合，由两种图元类型组合而成的图形，本节将其称为复合型可视化管理图形。现有关于图元应用的文献较少，而其中绝大多数皆是从计算机软件及图形学的角度进行的研究，一般而言是从某一系统软件入手，对图元进行拼接组合研究，从管理学的视角进行研究的文献鲜为少见，本节将以煤矿安全可视化管理的视角，运用人机交互、视觉传达及视觉认知等理论，对图元的组合应用成图进行研究。

10.5.1.1　煤矿安全可视化管理图元应用要素模型

人机工程学中定义产品为"一组将输入转化为输出的相互关联或相互作用的活动"的结果，而图形同样也强调"相互关系过程"的结果，也可将其看成一种产品，图元应用也可理解为是产品设计的过程。因此，借鉴产品质量设计模型，建立图元应用要素模型，对图元组合应用所涉及的 x、y、z 因素进行阐述，形成煤矿安全可视化管理图元应用要素模型，为应用模型奠定要素基础，如图 10.20 所示。

产品质量设计模型包括输入变量(信号因素)y_0、参数变量(设计因素)x、噪声变量(质量影响因素)z 与输出因素(质量特性变量)y。其中，输出因素 y 受到 x、z、y_0 的影响。对于图元的组合应用，同样也包含 y_0、x、z 与 y，分别为输入 y_0(管理目标与内容)、组合应用参数 x(组合应用内容、图元、规则)、影响因素 z(管理效果、认知负荷、技术难度)、输出 y(展示可视化图形)。其中，信号因素 y_0 为管理目标及管理内容的结合，即在管理目标的指导下，对各管理场景及对象的可视化表达需求，

运用各种手段及图元组合对对象进行直观有效的表达；设计因素 x 是产品设计中一些可控因素的集合，集合表示为

$$x = (x_1, x_2, \cdots, x_n) \tag{10.1}$$

在图元组合应用中称为组合应用参数，包括应用内容 x_1、所需图元 x_2、应用规则 x_3，表示关系为

$$x = (x_1, x_2, x_3) \tag{10.2}$$

噪声因素 z 在设计模型中指不可控因素的集合，集合表示为

$$z = (z_1, z_2, \cdots, z_k) \tag{10.3}$$

图元组合应用中将其称为组合成图过程中影响其效果的因素，这并不是本节的研究重点，主要包括管理效果不佳 z_1、认知负荷较大 z_2、操作技术难度大 z_3，关系表示为

$$z = (z_1, z_2, z_3) \tag{10.4}$$

质量特性 y 是设计结果的输出，在图元组合应用中为经过一系列的图元组合后，形成可表达客体对象的展示可视化图形。由于受到因素 x 与因素 z 的影响，所以 y 是 x 与 z 的显式或隐式的随机函数，函数关系为

$$y = y(x, z) \tag{10.5}$$

同时，为保证图元组合能够成图的效果，应用的结果输出均值需满足

$$y = y_0 \tag{10.6}$$

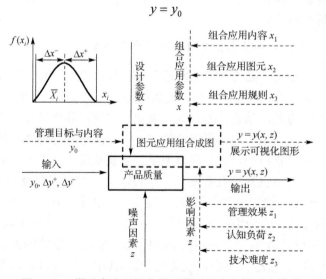

图 10.20　煤矿安全可视化管理图元组合应用要素模型

10.5.1.2　煤矿安全可视化管理图元应用原则

煤矿安全可视化管理图元的应用过程是人机交互的过程，用户体验则是对其的评价分析，针对用户体验的需求层次：感觉需求-交互需求-自我需求，并逐层增高，可将图元应用的原则根据以上需求进行对应阐述。

1）面向使用者原则

煤矿安全可视化管理图元组合应用目的是对客体对象有效、直观、及时地展示，使得使用者可以全面了解及掌握矿井完整信息，及时发现安全问题及隐患，进行预防预警并采取措施，从而更好地面向用户、指导用户，满足安全管理需求。可视化图形信息的输出需在满足管理需求的情况下，首先将显示的信息量尽可能最少化，以免增加管理者的认知负荷及记忆负担。其次，展示的图形需被使用者正确查看、理解与使用。最后，对不同的管理对象、管理层级及管理重要性、紧迫性进行色彩比对及突出强调，避免信息超载。

2）人机交互原则

从人机交互理论视角看，任何功能的实现都是通过人机交互来完成的，交互设计的目的是使用户界面简单易用，如图 10.21 所示。因此，人的因素应作为设计的核心。从使用者与展示图形交互的过程模型可以看出，图形界面越接近人的感知、认知及反应系统，两者间的耦合度就越高，从人机工程学角度称为人机一体化程度高，即可达到并实现顺畅的交互。因此，关注人的认知特性，并根据相应的特性规律进行图元组合应用，即可提高界面与使用者的交互性及可用性。

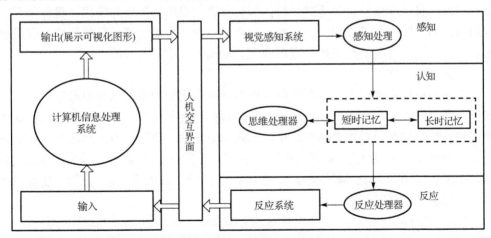

图 10.21　人机交互示图

人的认知在时间与空间维度上有着不同的特性表现。

时间维度上结合思维处理器，人的信息加工有三种类型：瞬时记忆、短时记忆与长期记忆，在应用研究中需考虑认知的临界值，由于短期记忆最有效的项目数不应超过 7+2 项或 7−2 项(即 5～9 项),图形展示、操作及选项应尽可能地减少用户的记忆负载。

　　在空间维度上,由于人们的认知具有阈值,视野是极其有限的,不能同时接受外界所传达的所有信息,所以人眼须按照一定的顺序运动,才能够感知到更多传达的信息。视觉流程是人们的视觉在接受外界传达的信息时的运动流程与程序,其随人眼注视决定着视觉区内空间位置的不同人眼的注目程度不同,如图形界面的中上部及上部皆被称为"最佳视觉范围",因而在组合图形中可将重要信息放在人眼注视程度较高的位置,如图 10.22 所示。

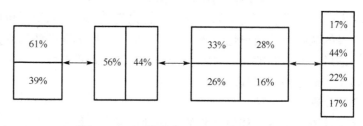

图 10.22　视觉区内人眼的注视程度比较

　　以视觉流程设计的角度,根据视觉传达相关理论,可视化展示图形信息必须引人注目,才可取得有效传达的效果。视觉流程设计应以这一心理过程为依据。流程设计的内容与方法,一般分为三个阶段:目光捕捉、信息传达、印象留存。在图元应用中需利用外界刺激,引起使用者的视线与注意,进行整体及局部感知,在视觉上醒目而入目,继而注目并达到悦目,同时根据信息传达的感知阶段,进行信息的解码与编码,图元得以被识别、接收、分析及处理,最终实现信息的价值,促进使用者记忆,达到视觉线路通达、流程合理、准确传达信息的目的。

　　3)艺术性原则

　　在安全可视化管理图元组合应用中应合理运用比例的原理以获得最佳的位置、造型、结构或色彩。在运用黄金分割、等比数列、等差数列等理论基础上,构成优美比例。可合理运用对比手法可使传达的效果更生动、更富活力。对比在设计中表现在空间对比、量的对比(大小、多少、明暗等)、质的对比(软硬、强弱、方圆、曲直、冷暖等)、聚散对比(疏密关系)、方向对比(上下、左右等)几个方面,使得突出内容更加醒目、鲜明。

　　4)统一多样原则

　　统一多样包括形式统一原则、局部与整体统一原则等方面。煤矿安全可视化管理图元应用展示化图形与客体对象越相近,具有一定相似性与一致性,就能最大限度地减少认知负荷,增强使用者认知及运用图形效率。同时,运用统一性原则,可提高记忆与学习对象或场景的能力,这就要求在一定视觉规律下,首先在排列顺序及布局上,需用统一完整的视觉流程自然地表达客体场景及对象，按照信息重要程度及使用习惯进行结构设计及排序，增强整体感；再次，在平衡整体与部分的基础上，注重结构的轻重缓急，突出所要表达的对象内容，在视觉流相关理论指导下，运用不同的颜色、形状、亮度及图元变化节奏、变化频率等动态视觉变量，令使用者迅速关注到重点信息内容，不至于偏离展示图形所要表达内容，进而增强吸引力与引导力。

10.5.2　煤矿安全可视化管理图元应用 RCPG 模型

　　根据煤矿安全可视化管理图元应用要素模型的论述，将图元应用的过程要素分为应用图元(x)、应用内容(y)及应用准则(f)三个方面，如图 10.23 所示。图元作为应用进而形成可视化管理展示图形的基础，需根据一定的管理目标与特定管理内容及场景，在应用准则的指导下，图元与不同内容相对应，最终组合成为不同的展示可视化图形。运用三者之间的关系，可形象、真实地表达安全可视化管理的信息内容，即 $y=f(x)$。

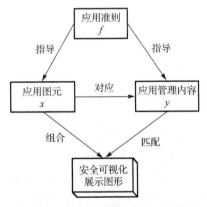

图 10.23　煤矿安全可视化管理图元应用包含内容

10.5.2.1　煤矿安全可视化管理图元应用元素

　　煤矿安全可视化管理图元应用研究的主要内容之一为图元应用的元素，即本书中所述的图元，包括基本图元与专业图元两类。由于在前面章节已对图元进行了详细阐述，在此不再赘述。

10.5.2.2　煤矿安全可视化管理图元应用内容与规则

　　图元仅仅作为一个独立的因素，尚不能准确地表达完整的情景，若要表达完整的场景情况，图元必须按一定规则组合起来，这种规则在符号学中称为符码，语言学中即为语法，即预先以某种方式组织起来的规则。

　　对信息内容层次的划分构成了图元组合的层次，分别为基本图元、专业图元、展示可视化、优化融合，即从低层次基本图元及属性的选择变化，在一定管理场景与内容下，结合专业图元，按照应用规则完成组合形成可视化展示图形，以及对成图进一步渲染、加工及优化，更加清晰明确地表达可视化管理的客体对象及内容，如图10.24所示。

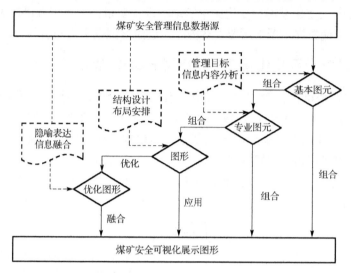

图 10.24　煤矿安全可视化管理图元应用内容及规则

　　煤矿安全可视化管理图元应用内容分为三个层次：第一个层次为管理目标的确定及信息内容的分析；第二个层次为对图形界面的结构设计及安排布局；第三个层次为对表达信息的融合及隐喻表达。

　　煤矿安全可视化管理图元组合应用准则是在内容分析的基础上，首先由煤矿安全管理的信息数据源出发，对在生产、管理等活动中所需的信息进行分析，通过安全可视化管理目标与信息内涵、内容的确定，明确在此信息内容下所需的基本图元、专业图元及其对应属性。若专业图元在图元库中缺失，将运用一定设计规则将基本图元与属性进行组合，形成相应的专业图元。完备所需图元，将所有图元选取完毕，完成信息内容及管理目标对图元的映射过程；其次，结合对客体对象及场景的实际状态，运用应用原则与内容，在对各个图元间的逻辑关系分析的基础上，利用格式塔理论及设计学理论，对包括颜色、大小、亮度、变化速率等属性形成信息内容的层次性，以及运用颜色对比、数量突出等形式对重要内容进行视觉流引导，突出重要信息内容及进行更深层次的布局安排，进而形成初步的可视化图形；最后，利用工程设计及人机交互等理论，对初步形成的可视化图形进行渲染等图形设计及优化处理工作，进一步提升图形表达能力，挖掘数据信息隐喻。

10.5.2.3　图元应用 RCPG 模型

安全可视化管理图元应用模型是以人机交互模型为理论支撑进行的构建研究，

称为图元应用 RCPG 模型，主要分为四个部分，即应用需求（Reqirement）、应用内容（Content）、应用图元（Primitive）及应用成图（Graph），四个方面紧密联系，互相依托。如图 10.25 所示，在安全可视化管理目标、管理内容、具体功能、应用图元、应用内容及应用规则的基础上，首先通过煤矿安全可视化管理内容及场景等情况分析，确定图元所需应用范围、信息内容包含的具体内容等；其次，根据确定的安全可视化管理目标，明确在何种目标下进行图元组合应用的意义及所产生的作用；然后，通过安全可视化管理目标的确定，形成可视化管理应用内容，即功能层次的描述，进一步明确所需应用图元及其属性；最后，根据以上管理需求、目的、功能及内容的确定，对选取图元进行设计组合过程，最终形成可视化展示图形。

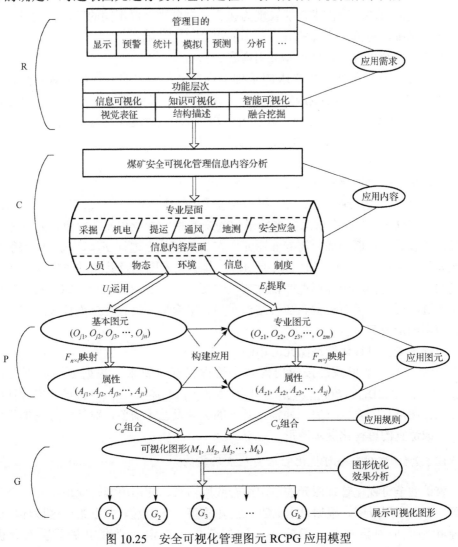

图 10.25　安全可视化管理图元 RCPG 应用模型

1) 煤矿安全可视化管理图元应用需求（R）

图元应用需求分析包括管理目的 $\{G_1, G_2, \cdots, G_k\}$ 及功能层次 $\{F_1, F_2, \cdots, F_i\}$ 两个方面，其中可分为显示 G_1、分析 G_2、统计 G_3、报警 G_4、预警 G_5、预测 G_6、模拟 G_7 等管理目的，不同的管理目标与目的，其对图元的选择及组合应用也各不相同。同时通过管理目的 G，确定管理需求功能层次 F，其中需求功能按照可视化管理发展的层次及特征（信息可视化、知识可视化、智能可视化）进行层次划分，与可视化管理层次相对应的视觉表征 F_1、结构描述 F_2 及融合挖掘 F_3，三种功能类型从初级到高级层次依次加深与提升。不同的管理目的其需求功能也大不相同，如以显示为目的的管理活动，其需求功能表现为视觉表征及结构描述层次；以对客体对象或场景模拟或预测为目的，则需求功能表现为融合挖掘层次。以不同的管理目的及需求功能层次为基准，对信息内容的分析及图元组合奠定基础。

2) 煤矿安全可视化管理图元应用内容（C）

应用内容分析是在应用需求的基础上，对信息内容的进一步细致划分，按照两个维度对信息内容进行划定，包括专业层面及信息内容层面，专业层面分别为六大专业部门 $\{G_{z1}, G_{z2}, \cdots, G_{z6}\}$，信息内容层为人员、物态、环境、信息、制度 $\{G_{n1}, G_{n2}, \cdots, G_{n5}\}$ 五个方面，专业图元的提取也将从该层次中进行提取选择，并进行组合应用。

3) 煤矿安全可视化管理图元应用过程（P）

在上述应用图元的基础上，提取专业图元 $\{O_{z1}, O_{z2}, \cdots, O_{zm}\}$ 及相关基本图元 $\{O_{j1}, O_{j2}, \cdots, O_{jn}\}$，在存在信息内容需求但尚未有相关专业图元情况下，对基本图元进行拼接设计，进而形成所需专业图元。在图元基础上进行 $F_{n\times i}$、$F_{m\times j}$ 的映射形成图元属性 $\{A_{j1}, A_{j2}, \cdots, A_{ji}\}$、$\{A_{z1}, A_{z2}, \cdots, A_{zj}\}$，其中基本图元及其属性可在专业图中灵活使用，可运用基本图元属性即视觉变量的变化与专业图元结合，结合需求功能层次，通过应用规则 f 对视觉表征、结构布局、融合挖掘进行逐层设计及应用，形成相应应用图形内容。

4) 煤矿安全可视化管理图元应用图形（G）

经过以上三个步骤，按应用内容、管理目标等要求，根据应用原则与规则 $\{C_a, C_b\}$，将专业图元 $F(O_{zm}, A_{zj})$ 及基本图元 $F(O_{jn}, A_{ji})$ 相结合，组合设计出管理所需的可视化图形 $\{G_1, G_2, \cdots, G_k\}$，并根据管理的美观及艺术需要，对其进行图形优化设计，形成适宜的可视化展示图形。

10.5.2.4　煤矿安全可视化管理图元应用实例

煤矿安全可视化管理图元的应用结合应用需求、应用内容、应用图元三个主要方面，形成应用成图。根据以上 RCPG 应用模型，本节选取井下某一区域环境监测监控状态完成对定性与定量实验方法的分析，在定性研究中基于层次分析法

（Analytic Hierarchy Process，AHP），利用评分形式对三种不同形式进行分析，在定量研究中运用眼动实验，根据被试的反应时间，运用组间组内（重复测量）方差分析方法，分析经过应用模型的效果。

　　井下环境的监测作为煤矿安全可视化管理的重点关注内容，也是较多安全隐患及事故发生的原因，由于煤矿行业信息化水平普遍较落后，受监测的隐患种类较多，运用常规的表格等简单的图形形式已无法满足生产管理的需要，所以，对其研究具有重要意义。根据 RCPG 图元应用模型，需根据以下四步骤对某区域环境监测进行图元组合应用，流程图如图 10.26 所示。

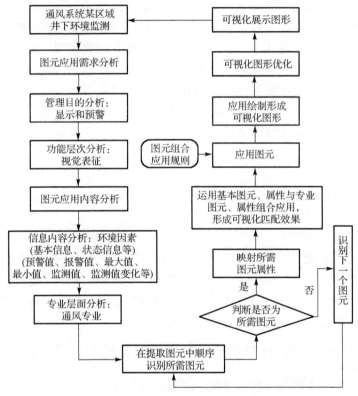

图 10.26　煤矿某区域环境监测图元组合应用流程

　　1）图元应用需求确定

　　首先根据安全可视化管理目的，将可视化管理目标确定为对环境因素的监测显示及预警，同时根据管理目标在功能层次方面将其划分为视觉表征描述层次，即对信息内容的展示与状态表达。

　　2）图元应用内容分析

　　通过应用需求得出应用内容。根据对环境因素监测显示及预警这一管理目标，分析得出关注的信息内容包括环境因素的类型，环境因素类型的基本信息、状态、预警值、报警值、最大值、最小值、监测值、监测值的变化等基本及状态信息内容。在以上内容分析的基础上，选取某区域环境内容监测进行说明。

3) 图元组合应用过程

根据应用目的、内容对基本及专业图元进行设计、组合及应用。首先，通过应用内容的分析，得出所需的专业图元与基本图元各包含哪些内容，在所提取的图元库中进行比对，依顺序分别进行一一识别，进而选取所需要的图元类型。如在通风专业的井下环境监测中，根据现场环境情况及状态，需要进行展示的专业图元选取包含密闭墙、调节风窗、防爆门、风门、主要通风机、局部通风机、进风风流方向及风量、回风风流方向及风量、测风站、瓦斯传感器、一氧化碳传感器、温度传感器等图元符号。同时，在识别对比过程中，对瓦斯、一氧化碳、温度、风量等环境因素的状态监测是安全可视化管理的重要方面，作为其重要属性的研究，由于无相应的设计图元，根据对主要认知因素的分析，选取较能引起人们关注的基本图元：圆环(形状因素)+颜色的等级差异表现环境因素的状态实时变化，用颜色来区分不同的因素状态等级，对于调节风门故障及通风机失灵，则用灰色(颜色属性)进行图形表达，方便管理人员可以清晰直观地了解到现有安全隐患。再次，将所需信息内容与图元进行一一识别，将已识别出的图元符号与按照设计规则设计的未有图元相结合，根据应用规则及现场环境情况，对其进行结构设计及图形处理，最后组合应用为直观有效的可视化展示图形。

4) 可视化图形优化

根据以上的图元应用过程，将组合应用所得可视化图形进行优化处理，例如，在井下环境监测的可视化图中，一氧化碳的监测状态若达到预警警戒值，将采用基本图元三角形及红色进行预警表达，同时经过图形优化处理，使得图形更加具有美观感受，最终得到可视化图形。

10.5.3　煤矿安全可视化管理图元应用模型定性与定量分析

本节将对三种不同的可视化图元应用图形进行探讨，如表 10.3 所示，表达某一区域井下环境监测情况同一内容，分别用数据表、由基本图元所组合形成的可视化展示图形以及由 RCPG 应用模型所成图形，通过定性与定量的分析研究，即层次分析及眼动实验的方法，验证经过模型组合应用的图形在信息认知过程中，其认知时间最短，效果最好。

表 10.3　三种不同形式图形对比

类型	数据表	基本图元应用图形	RCPG 模型应用图形
应用内容	井下安全环境监测	井下安全环境监测	井下安全环境监测

续表

类型		数据表	基本图元应用图形	RCPG 模型应用图形
应用元素	对象图元	数字、字符	字符、基本图元、其他特殊符号、箭头	基本图元：圆环、圆形、其他特殊符号、字符等
				专业图元：密闭墙、调节风窗、防爆门、风门、主要通风机、局部通风机、进风风流方向及风量、回风风流方向及风量、测风站、瓦斯传感器、一氧化碳传感器、温度传感器等
	图元属性	排序、编号	颜色、形状	基本图元属性：颜色、形状、结构
				专业图元属性：瓦斯等环境因素的状态属性(监测值变化)、风门状态、通风机运行状态、防火门状态等
应用规则		地点序列排序	格式塔-整体性、对比增强	空间布局、格式塔-整体性、信息层次设计、对比增强
应用图形		表格	鱼骨图	可视化展示图形

10.5.3.1 煤矿安全可视化管理图元应用定性分析

为了使结果更为客观真实地反映问题，本节采用定性与定量分析方法，对以上三种图形进行对比,分别为基于 AHP 的层次综合评价法的定性分析及基于眼动技术实验的定量分析。

1)煤矿安全可视化管理图元应用定性分析指标

煤矿安全可视化管理图元组合应用成图的过程是人机交互、视觉传达的演变结果,对其应用的分析则可理解为人机交互中用户体验的过程。蜂巢模型[458]如图 10.27 所示，定义了用户体验的 7 个维度：适用性、可用性、易查性、可靠性、可访问性、满意度及价值度。再根据 Whitney[459]提出的 "5E" 模型，判断指标分别为有效性、效率、吸引性、容错及易学性。

从人因工程学的角度，可视化展示图形同样属于人机交互中用户体验定性分析的指标。在综合以上两类模型的维度指标后，将分析指标归纳总结为 4 个二级指标(可用性、吸引性、满意性、有效性)与 11 个三级指标，如图 10.28 所示，其中可用性包括认知性、灵活性、效率性；吸引性包括信息的引导效果及传达效果；满意性包括图形界面整体效果、结构设计、整体意境；有效性包括图形的可联系性、可识别性及完整性。

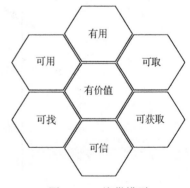

图 10.27 蜂巢模型

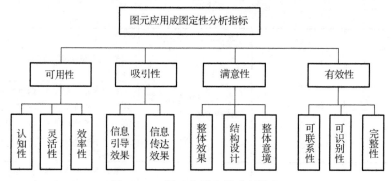

图 10.28　图元应用定性分析指标

2) 煤矿安全可视化管理图元应用定性分析研究

为更好地选择最佳可视化展示图形界面，本节依据 AHP 分析图元应用成图效果。根据以上划分指标，将各类因素层次化，并逐层比较多种关联因素，提供比较依据。

为了得到判别矩阵，利用 1～9 标度对人的主观判断进行量化。通过选择专家，并向专家发各维度加权意见征询表，说明赋值的方法和标准，专家通过指标间逐一两两比较的方法，使用 1～9 及其倒数作为标度进行赋值，在判断两个元素重要性区别。1 表示相等、2 表示较强、3 表示强、4 表示很强、5 表示绝对强，等等，将思维判断数量化。利用 Satty 标度法，通过将专家咨询结果进行整理，然后对咨询结果在项目中进行内部的讨论和归纳，得到如下判别矩阵 $M_1 \sim M_5$。

$$
\left\{
\begin{aligned}
M_1 &= \begin{bmatrix} 1 & 2 & 1 & 2 \\ 1/2 & 1 & 2 & 1 \\ 1 & 1/2 & 1 & 2 \\ 1/2 & 1 & 1/2 & 1 \end{bmatrix} \\
M_2 &= \begin{bmatrix} 1 & 2 & 1 \\ 1/2 & 1 & 1/2 \\ 1 & 2 & 1 \end{bmatrix} \\
M_3 &= \begin{bmatrix} 1 & 2 \\ 1/2 & 1 \end{bmatrix} \\
M_4 &= \begin{bmatrix} 1 & 1/2 & 1/3 \\ 2 & 1 & 1/2 \\ 3 & 2 & 1 \end{bmatrix} \\
M_5 &= \begin{bmatrix} 1 & 5 & 3 \\ 1/5 & 1 & 1/3 \\ 1/3 & 3 & 1 \end{bmatrix}
\end{aligned}
\right.
\tag{10.7}
$$

利用现代综合评价(Modern Comprehensive Evaluation,MCE)软件来实现判别矩阵的计算。MCE 是用来处理较复杂综合评价问题的综合软件。依据处理过程,计算权重如下。

针对矩阵 M_1,其最大特征根为

$$\lambda \max = 4.2463 \tag{10.8}$$

权重计算结果为

$$W_1 = \{0.3431, 0.2426, 0.2426, 0.1716\} \tag{10.9}$$

针对矩阵 M_2,其最大特征根为

$$\lambda \max = 3.0000 \tag{10.10}$$

权重计算结果为

$$W_2 = \{0.4000, 0.2000, 0.4000\} \tag{10.11}$$

针对矩阵 M_3,其最大特征根为

$$\lambda \max = 2.0000 \tag{10.12}$$

权重计算结果为

$$W_3 = \{0.6667, 0.3333\} \tag{10.13}$$

针对矩阵 M_4,其最大特征根为

$$\lambda \max = 3.0092 \tag{10.14}$$

权重计算结果为

$$W_4 = \{0.1634, 0.2970, 0.5396\} \tag{10.15}$$

针对矩阵 M_5,其最大特征根为

$$\lambda \max = 3.0385 \tag{10.16}$$

权重计算结果为

$$W_5 = \{0.6370, 0.1047, 0.2583\} \tag{10.17}$$

每个判别矩阵的单层权重直接放在判别矩阵的最下面一行。软件给出的矩阵 CI 和 RI 值与权重等信息汇入以下表中,如表 10.4～表 10.8 所示。

表 10.4　判别矩阵 M_1 的单层权重

图形应用分析 G	可用性 B_1	吸引性 B_2	满意性 B_3	有效性 B_4
可用性 B_1	1	2	1	2
吸引性 B_2	1/2	1	2	1
满意性 B_3	1	1/2	1	2
有效性 B_4	1/2	1	1/2	1
单层权重	0.3431	0.2426	0.2426	0.1716

注: lmax=4.2463,CI=0.0821,RI=0.9,CR=0.0912

表 10.5　判别矩阵 M_2 的单层权重

可用性 B_1	认知性 C_1	灵活性 C_2	效率性 C_3
认知性 C_1	1	2	1
灵活性 C_2	1/2	1	1/2
效率性 C_3	1	2	1
单层权重	0.4000	0.2000	0.4000

注：lmax=3，CI=0，RI=0.58，CR=0

表 10.6　判别矩阵 M_3 的单层权重

吸引性 B_2	信息引导效果 C_4	信息传达效果 C_5
信息引导效果 C_4	1	2
信息传达效果 C_5	1/2	1
单层权重	0.6667	0.3333

注：lmax=2，CI=0，RI=0，CR=0

表 10.7　判别矩阵 M_4 的单层权重

满意性 B_3	整体效果 C_6	结构设计 C_7	整体意境 C_8
整体效果 C_6	1	1/2	1/3
结构设计 C_7	2	1	1/2
整体意境 C_8	3	2	1
单层权重	0.1634	0.2970	0.5396

注：lmax=3.0092，CI=0.0046，RI=0.58，CR=0.0079

表 10.8　判别矩阵 M_5 的单层权重

有效性 B_4	可联想性 C_9	可识别性 C_{10}	完整性 C_{11}
可联想性 C_9	1	5	3
可识别性 C_{10}	1/5	1	1/3
完整性 C_{11}	1/3	3	1
单层权重	0.6370	0.1047	0.2583

注：lmax=3.0385，CI=0.0193，RI=0.58，CR=0.0332

　　为了判断上述权重结果是否科学，须进行一致性检验。一致性检验是否通过的标准是：CR 代表一致性比率，即判断 CR 值是否小于 0.1。当 CR 小于 0.1 时，该矩阵的计算结果通过一致性检验，权重计算结果可靠；反之，权重计算结果不可靠。

　　一致性检验的计算公式为

$$CR = \frac{CI}{RI} \qquad\qquad (10.18)$$

下面依次对 $M_1 \sim M_5$ 的计算结果进行一致性检验。

对于 M_1

$$\mathrm{CR} = \frac{\mathrm{CI}}{\mathrm{CR}} = \frac{0.0821}{0.9000} = 0.0912 < 0.10 \tag{10.19}$$

对于 M_2

$$\mathrm{CR} = \frac{\mathrm{CI}}{\mathrm{CR}} = \frac{0.0000}{0.5800} = 0.0000 < 0.10 \tag{10.20}$$

对于 M_3

$$\mathrm{CR} = \frac{\mathrm{CI}}{\mathrm{CR}} = 0.0000 < 0.10 \tag{10.21}$$

对于 M_4

$$\mathrm{CR} = \frac{\mathrm{CI}}{\mathrm{CR}} = \frac{0.0046}{0.5800} = 0.0079 < 0.10 \tag{10.22}$$

对于 M_5

$$\mathrm{CR} = \frac{\mathrm{CI}}{\mathrm{CR}} = \frac{0.0193}{0.5800} = 0.0332 < 0.10 \tag{10.23}$$

故 $M_1 \sim M_5$ 所有判别矩阵的 CR<0.1，均通过了一致性检验。各准则层的判定均具有一致性，计算结果科学有效。

经过一致性检验之后，利用如下公式计算综合权重

$$W = W_1 \times W_2 \tag{10.24}$$

计算结果如表 10.9 所示。

表 10.9　权重计算结果

目标层	一级指标层	一级权重 W_1	二级指标层	二级权重 W_2	综合权重 W
图元应用分析 G	可用性 B_1	0.3431	认知性 C_1	0.4000	0.1372
			灵活性 C_2	0.2000	0.0686
			效率性 C_3	0.4000	0.1372
	吸引性 B_2	0.2426	信息引导效果 C_4	0.6667	0.1617
			信息传达效果 C_5	0.3333	0.0809
	满意性 B_3	0.2426	整体效果 C_6	0.1634	0.0396
			结构设计 C_7	0.2970	0.0721
			整体意境 C_8	0.5396	0.1309
	有效性 B_4	0.1716	可联想性 C_9	0.6370	0.1093
			可识别性 C_{10}	0.1047	0.0180
			完整性 C_{11}	0.2583	0.0443

通过专家评价法，对三幅不同应用方式打分，如表 10.10 所示。

表 10.10　专家评分统计表

指标	方案 A	方案 B	方案 C
	第一幅图	第二幅图	第三幅图
认知性	4.3	6.2	7.5
灵活性	4.1	5.6	7.1
效率性	3.9	6.0	7.3
信息引导效果	4.0	6.4	6.9
信息传达效果	3.7	6.1	7.0
整体效果	4.8	5.7	7.8
结构设计	4.2	5.4	7.2
整体意境	4.0	5.2	7.3
可联想性	4.5	6.1	6.8
可识别性	4.3	6.4	7.4
完整性	4.8	5.9	7.9

最后，对每种方案(图形)的最终得分计算公式为

$$V = \sum_{i=1}^{11} W_i \times F_i \tag{10.25}$$

式中，W_i 为指标 i 的综合权重，F_i 为指标 i 的得分，V 为综合得分，加权得分如表 10.11 所示。

表 10.11　加权得分

指标	方案 A	方案 B	方案 C
	第一幅图	第二幅图	第三幅图
认知性	0.5901	0.8509	1.0293
灵活性	0.2813	0.3843	0.4872
效率性	0.5352	0.8234	1.0019
信息引导效果	0.6470	1.0351	1.1160
信息传达效果	0.2992	0.4932	0.5660
整体效果	0.1903	0.2260	0.3092
结构设计	0.3026	0.3891	0.5188
整体意境	0.5236	0.6807	0.9556
可联想性	0.4919	0.6668	0.7433
可识别性	0.0773	0.1150	0.1330
完整性	0.2128	0.2615	0.3502

总得分如表 10.12 所示。

表 10.12　图形总得分

方案	方案 A	方案 B	方案 C
	第一幅图	第二幅图	第三幅图
综合得分	4.1513	5.9260	7.2104
优劣排序	3	2	1

依据综合得分的多少，可得优劣排序为

图形 A<图形 B<图形 C

即第三幅图的分析评价效果好于第二幅图，第二幅图好于第一幅图。

10.5.3.2　煤矿安全可视化管理图元应用眼动定量分析

以上是运用定性方法对煤矿安全可视化管理图元应用进行的分析，本节将在眼动工效学的基础上，运用眼动指标对可视化管理图元应用效果进行分析。

1) 眼动实验准备与设计

实验目的：说明在管理目标与管理内容下，是否进行了可视化与不同图元组合应用的可视化形式存在认知效果和认知时间上的差异，通过实验验证，模型确定的专业图元与基本图元的组合应用的认知时间最短。

实验准备：选择 30 名 S 煤矿公司的管理人员作为实验对象，分为 A、B、C 三组，每组 10 人。A 组人员在眼动仪测试观看的是数据表格形式表达图形，B 组人员观看的是基于基本图元应用表达图形，C 组人员观看的是根据模型由基本图元与专业图元共同应用表达的可视化图元应用图形(复合可视化图元应用图形)。同时，在观看完相应图片后，每组人员均须回答三个问题，三个问题的难度也不断增大。第一个问题为：二段暗风井的单向风门是否出现问题；第二个问题为：03 掘进工作面的局部通风机失灵，现在是否以及正常运转；第三个问题为：六联络巷的巷道风流较大，是否会成为安全隐患。

实验材料：选取以通风部门为例的表达井下环境监测监控的图片，共三种表达形式，分别为由表格、由基本图元所组合成的可视化展示图形以及由模型所得的复合应用可视化图形，即基本图元与专业图元共同组合成图的三种不同表现形式，以考察各种形式的认知效果。

实验设计：为了更进一步了解被试对于设计图元的认知效果及评价建议调查，本节所有实验皆采用有靶式刺激型实验，即带有问题的实验设计。用眼动追踪技术的数据分析可使评价更加客观，选用反应时间作为眼动评价参数指标，反映各种图形形式的认知时间快慢与认知效率的高低。而每一组图元集放映结束后会出现三道有靶式问题进行选择。

实验程序：被试坐在高靠背椅子上，目视前方，保持头部不动，先闭上眼睛，打开仪器记录单元开关，打开文件并选取相关图形文件夹，在调校完毕后，每 10 人一组进行实验，首先是对表格形式的展示对象方式，在图片展示前，首先将需要被试进行回答的三个问题进行放映，使得被试可以有针对性地观看图片，在被试熟记问题后，按下空格键，系统自动跳入图片界面。被试观看图片后，按下空格键会依次出现三个问题，被试要求以最快的速度回答问题，回答完毕后实验结束。第一组 10 个人结束后，按照相同的实验程序打开基于基本图元组合应用的图形，进行问题回答与眼动记录，按照同样方法进行第三组并回答问题。

2) 煤矿安全可视化管理图元应用定量研究

打开相应软件，分别对每组中相关图片划分兴趣区，并对兴趣区及实验过程数据进行导出，分别为 Event Detailed Statistics、Fixation Details 等数据。自变量为不同应用形式的对客体对象的表达，共分为三个水平，因变量从认知效率及认知时间进行考量，选取反应时间(Reaction Time，RT)进行研究，其与认知效率成正比，即反应时间越快，认知效率就越高。

数据分析采用重复测量、组间组内方差分析的方法。其中，几种不同形式的图形表达为组间因素，问题难度即认知难度为组内因素，因变量为被试的反应时间。分析对象为 A 组与 C 组、B 组与 C 组，分别使用三个零假设。对于 A 组与 C 组而言，假设分别是检验数据表形式的展示与复合图元应用图形及各自对应的认知难度，对于 B 组与 C 组假设分别是检验由基本图元的可视化图形展示及复合图元应用图形，以及各自对应的认知难度，第三个假设为检验各组自变量间的交互效应。以 A 组与 C 组为例进行假设。

假设 1：原假设为被试在数据表与基本图元应用可视化图形上的反应时间总体一致；备择假设为被试对两者的反应时间总体不一致，即

H0：$\mu_{\text{数据表}} = \mu_{\text{复合图元应用可视化图形}}$；

H1：$\mu_{\text{数据表}} \neq \mu_{\text{复合图元应用可视化图形}}$。

假设 2：原假设为被试对不同难度的问题(问题 1、问题 2、问题 3)的反应时间在总体上是一致的。备择假设与之相反，对不同难度问题，被试的反应时间在总体上是不一致的，即

H0：$\mu_{\text{问题1}} = \mu_{\text{问题2}} = \mu_{\text{问题3}}$；

H1：至少有一个总体均值与其他不同。

假设 3：原假设为不同图元应用图形或表格与问题难度间无交互效应，备择假设为其之间存在交互效应，即

H0：数据表×问题难度的交互效应；

H1：复合图元应用图形×问题难度的交互效应。

在 SPSS 软件基础上，运用组间组内(重复测量)方差分析的方法进行假设验证，若 $P<0.05$，拒绝原假设；若 $P>0.05$，接受原假设。对 A 组与 C 组及 B 组与 C 组进行相同过程分析，眼动实验数据如表 10.13 所示。

表 10.13　眼动实验数据汇总

A 组	A_1	A_2	A_3	A_4	A_5	A_6	A_7	A_8	A_9	A_{10}
问题 1	4.8	3.9	4.1	4.3	3.2	2.8	5.4	4.6	3.5	4.5
问题 2	9.6	9.2	8.4	9.9	10.3	9.3	8.8	9.1	10.5	8.3
问题 3	16.3	16.1	15.6	16.9	15.8	17.2	16.4	15.9	15.2	16.8
B 组	B_1	B_2	B_3	B_4	B_5	B_6	B_7	B_8	B_9	B_{10}
问题 1	3.6	3.2	4.1	3.5	2.6	2.2	3.1	3.9	2.7	2.5
问题 2	8.2	8.4	7.9	8.5	7.2	8.1	9.3	8.8	8.4	7.3
问题 3	14.2	14.9	15.1	14.3	13.6	14.8	15.7	15.2	14.3	13.9
C 组	C_1	C_2	C_3	C_4	C_5	C_6	C_7	C_8	C_9	C_{10}
问题 1	2.1	2.5	1.7	2.4	1.9	2.6	3.1	2.3	1.8	2.2
问题 2	7.5	7.9	6.2	6.4	7.1	8.6	7.4	8.3	8.5	6.3
问题 3	11.3	11.8	12.5	12.9	12.2	11.4	10.5	11.1	10.9	11.6

　　A 组与 C 组组间组内方差分析：对不进行可视化应用的数据表 A 组及进行可视化图元应用图形 C 组进行基于反应时间的 2×3 组组间组内方差分析，分析结果如表 10.14～表 10.16 所示。

表 10.14　A、C 组多变量检验

	效应	值	F	自由度	误差自由度	显著性	η^2
问题难度	Pillai 的跟踪	0.993	1172.489b	2.000	17.000	0.000	0.993
	Wilks 的 Lambda	0.007	1172.489b	2.000	17.000	0.000	0.993
	Hotelling 的跟踪	137.940	1172.489b	2.000	17.000	0.000	0.993
	Roy 的最大根	137.940	1172.489b	2.000	17.000	0.000	0.993
问题难度 ×组别	Pillai 的跟踪	0.694	19.276b	2.000	17.000	0.000	0.694
	Wilks 的 Lambda	0.306	19.276b	2.000	17.000	0.000	0.694
	Hotelling 的跟踪	2.268	19.276b	2.000	17.000	0.000	0.694
	Roy 的最大根	2.268	19.276b	2.000	17.000	0.000	0.694

表 10.15　A、C 组主体内效应检验

	源	III 类平方和	自由度	均方	F	显著性	η^2
问题难度	球形检测	1152.799	2	576.400	869.017	0.000	0.980
	温室校正	1152.799	1.793	642.868	869.017	0.000	0.980
	重复测量	1152.799	2.000	576.400	869.017	0.000	0.980
	二分查找	1152.799	1.000	1152.799	869.017	0.000	0.980
问题难度× 组别	球形检测	24.583	2	12.292	18.531	0.000	0.507
	温室校正	24.583	1.793	13.709	18.531	0.000	0.507
	重复测量	24.583	2.000	12.292	18.531	0.000	0.507
	二分查找	24.583	1.000	24.583	18.531	0.000	0.507

续表

源		III 类平方和	自由度	均方	F	显著性	η^2
误差 (问题难度)	球形检测	23.878	36	0.663			
	温室校正	23.878	32.278	0.740			
	重复测量	23.878	36.000	0.663			
	二分查找	23.878	18.000	1.327			

表 10.16   A、C 组主体间效应检验

源	III 类平方和	自由度	均方	F	显著性	η^2
截距	4329.902	1	4329.902	18703.678	0.000	0.999
组别(表达应用方式)	116.761	1	116.761	504.369	0.000	0.966
误差	4.167	18	0.232			

在以上的表中,给出了对问题难度(组内因素)、问题难度×组别与问题难度(交互效应)的检验结果,通过 Pillai 的跟踪、Wilks 的 Lambda、Hotelling 的跟踪、Roy 的最大根四种不同算法的显著性,均小于 0.05,符合相关检验。

可以看出,有图元应用的可视化图形的展示有显著主效应

$$F(1, 18)=504.37, \quad P<0.05, \quad \eta^2 = 0.966$$

因此拒绝数据表与基本图元应用的可视化图形两者在反应时间上总体一致的假设,认为是否用可视化形式表达客体对象内容在反应时间、认知效率方面是不相同的。问题难度也具有主效应

$$F(1.793, 32.278)=869.017, \quad P<0.05, \quad \eta^2 = 0.98$$

因此拒绝三个问题难度的均值相等的假设,推断出至少有一个均值与其他问题难度的均值不相等。同时,存在问题难度×组别的交互效应

$$F(1.793, 32.278)=18.531, \quad P<0.05, \quad \eta^2 = 0.507$$

因此拒绝原假设,同样说明组内组间的交互效应也会对反应时间造成显著性影响。由所显示的参数估计分析中得出,不同难度的问题其回归系数分别为 1.85、1.92、4.6,均有统计学意义($P<0.001$),如图 10.29 所示,可见随着问题难度的增加,A 组与 C 组的反应时间差距逐渐增大,C 组的反应时间明显优于 A 组。

B 与 C 组组间组内方差分析:与上述 A 与 C 组的分析相同,对 B 与 C 组同样进行基于反应时间的 2×3 组组间组内方差分析,分析结果如表 10.17 所示。

表 10.18 和表 10.19,给出了对问题难度(组内因素)、问题难度×组别与问题难度(交互效应)的检验结果,通过 Pillai 的跟踪、Wilks 的 Lambda、Hotelling 的跟踪、Roy 的最大根四种不同算法的显著性,均小于 0.05,符合相关检验要求。

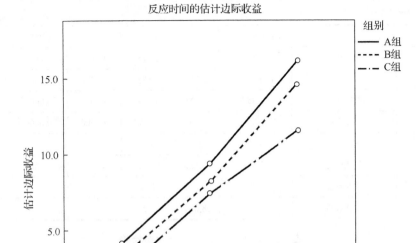

图 10.29　不同组图片交互效应图

表 10.17　B、C 组多变量检验

效应		值	F	自由度	错误自由度	显著性	η^2
问题难度	Pillai 的跟踪	0.995	1609.716b	2.000	17.000	0.000	0.995
	Wilks 的 Lambda	0.005	1609.716b	2.000	17.000	0.000	0.995
	Hotelling 的跟踪	189.378	1609.716b	2.000	17.000	0.000	0.995
	Roy 的最大根	189.378	1609.716b	2.000	17.000	0.000	0.995
问题难度 ×组别	Pillai 的跟踪	0.634	14.730b	2.000	17.000	0.000	0.634
	Wilks 的 Lambda	0.366	14.730b	2.000	17.000	0.000	0.634
	Hotelling 的跟踪	1.733	14.730b	2.000	17.000	0.000	0.634
	Roy 的最大根	1.733	14.730b	2.000	17.000	0.000	0.634

表 10.18　B、C 组主体内效应检验

源		III 类平方和	自由度	均方	F	显著性	η^2
问题难度	球形检测	1083.789	2	541.895	1242.508	0.000	0.986
	温室校正	1083.789	1.729	626.875	1242.508	0.000	0.986
	重复测量	1083.789	2.000	541.895	1242.508	0.000	0.986
	二分查找	1083.789	1.000	1083.789	1242.508	0.000	0.986

续表

源		III 类平方和	自由度	均方	F	显著性	η^2
问题难度×组别	球形检测	15.357	2	7.678	17.606	0.000	0.494
	温室校正	15.357	1.729	8.883	17.606	0.000	0.494
	重复测量	15.357	2.000	7.678	17.606	0.000	0.494
	二分查找	15.357	1.000	15.357	17.606	0.000	0.494
误差（问题难度）	球形检测	15.701	36	0.436			
	温室校正	15.701	31.120	0.505			
	重复测量	15.701	36.000	0.436			
	二分查找	15.701	18.000	0.872			

表 10.19　B、C 组主体间效应检验

源	III 类平方和	自由度	均方	F	显著性	η^2
结局	3720.938	1	3720.938	7149.284	0.000	0.997
组别（应用方式）	36.037	1	36.037	69.241	0.000	0.794
误差	9.368	18	0.520			

结果显示不同图元应用的可视化图形之间具有显著主效应

$$F(1，18)=69.241，P<0.05，\eta^2=0.794$$

因此拒绝基本图元应用的可视化图形与复合型图元应用可视化图形两者在反应时间上总体一致的假设，认为两者在表达客体对象内容在反应时间、认知效率方面不相同。问题难度也具有主效应

$$F(1.729，31.12)=1242.508，P<0.05，\eta^2=0.986$$

因此拒绝三个问题难度的均值相等的假设，推断出至少有一个均值与其他问题难度的均值不相等。同时，存在问题难度×组别的交互效应

$$F(1.729，31.12)=17.606，p<0.05，\eta^2=0.494$$

因此拒绝原假设，同样说明组内组间的交互效应也会对反应时间造成显著性影响。由显示的参数估计分析中得出，不同难度的问题其回归系数分别为 0.88、0.79、2.98，均有统计学意义（$P<0.001$），随着问题难度的增加，B 组与 C 组的反应时间差距逐渐增大，C 组的反应时间明显优于 B 组。

10.5.3.3　煤矿安全可视化管理图元应用分析

结合前面对煤矿安全可视化管理图元应用的定性与定量分析，从定性分析（基于 AHP 方法）的角度，在用户体验蜂巢模型及 5E 模型的基础上，进行定性分析指标的

确定，进而在对专家评价分数与各指标权重综合的基础上，得出最后三幅图片的得分为图形 A <图形 B < 图形 C，由此可得数据表的应用效果差于基本图元应用的可视化图形，基本图元应用的可视化图形的应用效果差于复合型可视化图形。从定量分析的角度看，运用眼动技术进行以 10 人一组的共三组图片的眼动实验，并以眼动数据反应时间为因变量，不同形式的图形表达为组间因素，问题难度即认知难度为组内因素，分别对两两一组进行了 2×3 组的组间组内方差分析，由此得出的结论与定性分析方法所得结果相同，因此可知，由模型得到的复合型图元应用表达图形的反应时间最短，认知效果最好，同时也证明了该模型的有效性。

第 11 章　可视化方式研究

11.1　可视化方式

云计算、物联网、人工智能等领域的发展以及与其他领域的交叉和融合，催生了体量巨大、复杂异构、种类繁多、时效性高但价值密度低的数据，给人们带来新的机遇和挑战。人类视觉是接收（获取）、处理（分析）信息的高效通道，一幅图胜过千言万语，人类从外界获得的信息约有 80%以上来自视觉系统[460]，当大量数据以形象的可视化形式进行直观展示时，往往能够辅助信息用户洞悉数据背后隐藏的信息，并有效地转化为知识、智慧。因此，将具有上述特点的数据以直观的可视化图形方式展示出来，是使人们能够高效使用大数据进行分析、决策的重要方法和手段，具有非常重要的理论价值和现实意义。

11.1.1　可视化方式相关概念

可视化方式是可视化管理应用的外在表达，它的本质是对数据、信息、知识等内容的视觉表达。可视化方式在管理实践中的应用由来已久，在最初的传统可视化管理阶段，如烽火、标语、颜色区分等都是早期的传统可视化方式，并随着可视化管理的研究而逐步发展。可视化方式作为一门学科研究，起源于 1987 年的美国国家科学基金会议提出的"科学计算可视化"，其后，随着可视化管理的阶段发展，同样经历了四个发展阶段，依次为科学可视化、数据可视化、信息可视化与知识可视化。

可视化方式是一门综合性极强的交叉学科，其研究通常包含人机交互、视觉设计等内容，其中，信息可视化是可视化方式直接关联的理论基础。在国内外对可视化方式的理论研究中，很多学者对可视化方式进行了不同的解释，国内比较有代表性的有，杨峰[461]将数据可视化与科学可视化定义为"单一图元表示一个数据项，多维数据展示数据的多属性状态并进行视觉处理，从而便于不同维度分析"，其对象为数据、区别在于数据是否具备空间结构属性，此外，还提出信息可视化是以"认知为目的、对信息进行视觉展示的学科"，其对象为世界"普遍信息"。赵慧臣等[462]将知识可视化定义为"知识的视觉表征方式"，其对象为知识。国外学者通过对可视化方式进行大量研究后，形成的相关学术词语和经典定义有，Roberson 等[463]将"信息可视化"定义为"对抽象数据依靠计算机支持、交互的、可视化的表示形式以增强用户的认知能力"；Chen[464]认为"信息可视化"是"抽象信息的结构化展示"；

可视化方式的权威学术期刊 *Journal of Visualization* 则将"可视化"定义为"利用可视化技术与计算机辅助工具而将视觉不可察觉的事物变为可视图像的一门交叉学科"。

目前，可视化方式的研究集中于具体的视觉图形、信息可视化研究，不同学科、不同学者对可视化方式类型的总结各不相同。最常见的一种分类方式是通过展示信息的维度而将可视化方式分为一维(符号、数字)、二维(图形图表)、三维(动画视频)、多维(虚拟现实、模拟交互)等形式。戴文澜[465]按照数据的表达形式，将信息可视化分为数据、映射(数据映射成为图像)、交互(数据集合间的交换)、符号(视觉表征系统)。Bell 等[466]提出按照视觉信息的来源，将"可视化方法"分为数据驱动或理论驱动而进行可视化方式的分类等。

对可视化方式功能的研究，比较有代表性的观点有，王建平[467]认为颜色、标志等可视化方式能够提高施工现场安全管理效率。Tezel 等[468]总结了可视化方式的效益，认为可视化方式能强化组织的持续改进能力，更敏锐地发现用户需求与提升用户满意度，提升组织员工的满意度、参与度与业务水平。Tjell 等[469]在 Tezel 等学者研究的基础上继续提出，可视化方式能够促进设计团队内部协调、激发组织成员之间的协同创造能力等。

国内外的可视化方式研究随可视化管理的内涵发展而不断深化，但当前仍属于初创研究阶段，缺乏统一的学术词语定义、类型划分标准，亟需系统的可视化方式基础研究。因此，本书以煤炭企业安全管理为实践基础，梳理信息可视化与知识可视化的内涵层次，对之前学者的理论研究进行归纳总结，将可视化方式概念定义为：基于信息技术而对数据集成、挖掘，分析、洞察信息数据的表征含义与隐性内涵，并将其转化为合理的视觉表征加以显性展示，即可视化方式本质是信息的视觉展示形式。

11.1.2　可视化方式的相关理论

1)可视化参考模型

信息可视化的概念最早由 Roberson 与 Mackinlay 在 1989 年 ACM 会议中提出，并迅速发展成为一门独立的计算机学科分支。信息可视化擅长于高维度、非时空性质的大规模数据分析处理，并通过可视化技术生成易于理解、交流、获取洞察的视觉图像，因此在多研究学科与应用领域得到广泛应用。唐家渝等[470]讨论了不同对象类型的复杂文本的内容、结构与内在规律，并分析了文本可视化研究现状。王宛生[471]基于 Eclipse 扩展技术，提出了可视化的软件开发界面与数据模型。孙雨生等[472]和阮婉玲等[473]对信息可视化理论的发展演变、研究趋势进行了总结。

其中，Bier 等[474]优化了信息可视化的经典参考模型，该模型提出了经由数据集、可视化形式、人感知系统的数据映射关系，为信息可视化的深入研究、扩展提供了经典模型，具体如图 11.1 所示。该模型描述了原始数据通过一系列数据传输至人的感知系统的过程。图中从左到右，每个箭头表示该阶段的数据映射变换。从右到左，每个箭头表明用户操作行为对这些变换的应对调整。具体包括：数据变换把原始数据映射为数据表（数据的相关性描述）；可视化映射把数据表转换为可视化结构（结合了空间基、标记和图形属性的结构）；视图变换通过定义位置、缩放比例、裁减等图形参数创建可视化结构的视图；用户的交互动作则用来控制这些变换的参数。信息可视化要解决的主要问题就是上述参考模型中的映射、变换及交互控制[475]。

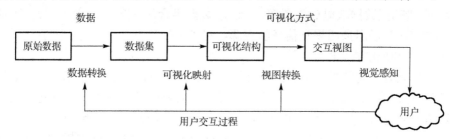

图 11.1　信息可视化参考模型

2) 可视化系统的数据结构模型

随着信息可视化技术与基本理论的发展，信息可视化与软件开发、MIS 系统结合产生了丰富的系统应用，逐步形成了可视化系统数据结构研究。有学者分析了可视化转变过程中数据的状态变化，提出了可视化数据状态转化的参考模型（Data State Reference Model），其分为原始数据、分析提炼、可视化提炼和可视化视图四个阶段。各个阶段要依次经过三种数据转换算子，依次为数据转换、可视化转换、视图转换（视觉映射转换），各对应相应的信息可视化技术，如图 11.2 所示。此外，周宁等[476]提出的 RDV 模型描述了信息可视化的数据结构变化过程，被广泛应用于可视化系统开发中。

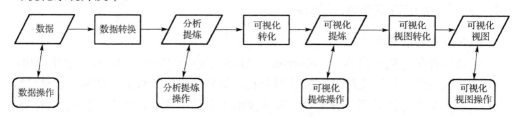

图 11.2　信息可视化系统的数据结构模型

根据 RDV 信息可视化模型与信息可视化数据结构模型，可以提出可视化系统的结构模型[477]，如图 11.3 所示。第一层是原始数据层，功能为储存不同种类的信息源；第二层是关系特征层，功能在于处理可视化所需的信息属性、概念、结构和各种模式等可视化对象；第三层是视图对象层，可以将各种可视化对象映射成视图对象，最终形成可视化结果的显示。其中，原始数据库与其他数据库包含文本、图像与音频数据库，特征提取通常包含信息检索、图像处理、机器学习等方法；特征提取可以从原始数据库中提出不同属性与对象类型的特征，分别在第二层中的特征库与结构模式库中加以保存，从而形成可视化对象；图符库一方面储存可视化系统的标准图库，同时也负责通过映射算法挑选个性化的图表；映射将可视化对象的属性、结构、类型等与选中图符组合成为适宜的视图形式，从而最终完成可视化图形展示。

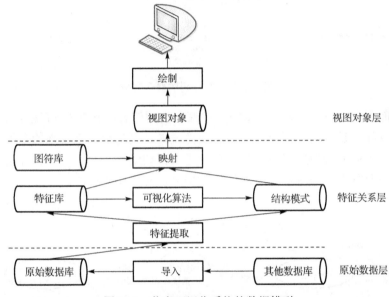

图 11.3　信息可视化系统的数据模型

3) 大数据可视分析

可视分析技术由 Thomas 等[478]在 2005 年首次提出，其定义"可视分析是一种通过交互式可视化界面来辅助用户对大规模复杂数据集进行分析推理的科学与技术"。当前，可视分析的研究在多方面取得丰富应用成果，如马超[479]对公共安全管理应急疏散方案的可视分析研究，赵颖[480]构建了网络安全数据协同管控的可视分析模型等，都取得了良好的信息认知与智能管理效果。

图 11.4 为可视分析的概念范畴，其为人机交互、认知科学、数据挖掘、信息管理等学科的交叉融合，并以可视化展示为表现，大数据可视分析是在大数据时代背景下，利用计算机自动化分析、数据挖掘能力，并充分发挥人对于可视化信息的认知能力优势，从而将人、机、环境的各自强项进行有机融合，借助人机交互式分析方法和交互技术，辅助人们更加直观和高效地获取大数据背后的信息。

图 11.5 为可视分析的运作机制，从图中可知，可视分析的运行过程可看成"数据-知识-数据"的循环过程，主要包含两层内容：可视化展示、智能分析模型，依

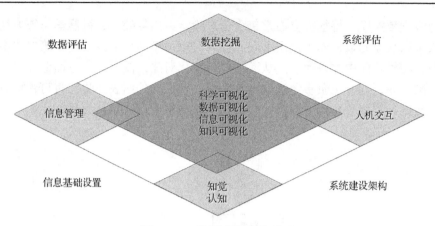

图 11.4 可视分析的概念范畴

靠这两方面内容的协同、配合而从中获取深层次的信息洞察[481]。可视分析概念提出时的拟定目标即是面向大规模、动态、属性模糊、运动状态不规则的数据集来进行分析,因此可视分析的应用与大数据分析需求密切结合,在互联网、社会网络、智慧交通、安全管理、金融业等方面的大数据分析应用比较广泛。

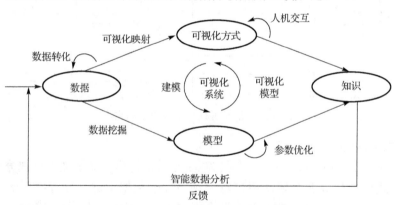

图 11.5 可视分析的运作机制

4) 信息行为理论

Bier 等[474]在对信息可视化的研究中指明,"信息可视化本质是一个意义重构循环的信息行为过程,信息行为理论的研究可以有力指导可视化方式的理论体系研究与科学应用"。信息行为理论起源于 20 世纪初的文献利用、档案信息管理的相关研究,随着当前信息网络时代的发展,数据呈现海量、多维化、社会化和综合化的特征。因而,根据 Wilson 的信息行为嵌套模型,信息行为包含信息搜寻行为、信息搜索行为、信息利用行为。结合胡雅萍[482]、张海游[483]、查先进[484]分别对网络信息行为理论研究的发展所进行的总结与评述,可以梳理得出信息行为的发展脉络,其研究方向大致分为三个方面：结合信息加工过程的认知角度，如 Kuhlthau 的信息检索模型、Wilson 的信息行为模型、Dervin 的意义构建模型、强调个体认知差异的 Bystrom&Jarvelin 模型；结合信息环境、组织、制度等因素的社会角度，如社会网络结构的 Chartman 模型；以及将二者结合的多元化角度，如日常生活信息搜寻的 Savolainen 模型。其中，Saracevic[485]的信息检索与交互分层模型，是现代信息系统人机交互中信息认知、信息资源效率评价的典型模型，具体如图 11.6 所示。

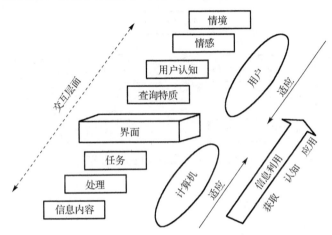

图 11.6 Saracevic 信息行为模型

Saracevic 提出的分层模型理论结合了认知心理学、语言语义分析以及人机交互的研究成果，其理论基于两点假设[486]：第一，用户与信息检索系统相互作用、彼此优化、适应并共同完成信息利用；第二，信息利用与认知及情境应用相关。模型本质是"获取-认知-应用"三个信息交互子过程（Acquisition Cognition Application，ACA）。其中，信息获取、识别信息构成获取行为；信息吸收、内化认知过程构成认知行为；利用认知分析获取的知识、完成任务与解决问题的过程为应用行为。模型中各部分均包含用户和信息系统这两大要素，它们通过交互界面进行信息沟通，在用户方面包含信息主体的查寻特征、生理感知、用户认知、情感、情境等层面，在计算机方面包含工程任务、处理、内容符号等层面。

5）可视化的人机交互理论

人机交互（Human-Computer Interaction，HCI）是计算机科学、认知心理学、人机工程学等交叉领域，在 20 世纪 80 年代逐步形成了独立、完善的理论体系。此后，不同学者对人机交互进行进一步发展研究，如吴静[487]、张宁等[488]讨论了基于用户的人机界面设计与系统交互实现，黄文俊[489]提出了普适计算模式下的移动终端信息系统的人机交互模式，Green 等[490]结合信息认知行为理论，提出了人机认知交互模型（Human Computer Model，HCM）。

　　在信息可视化角度的人机交互研究中，Patterson 等[491]分析与扩展了 Moller 等提出的信息可视化人机交互功能，如图 11.7 所示。它包括用户任务设计而开展的功能界面设计，即设计者应当清楚用户需要通过可视化完成的任务、实现目标；用户动机设计而开展的认知界面设计，即用户进行信息可视化的动机；理解与认知设计而开展的审美界面设计，帮助设计者挖掘数据的隐喻内涵；测试，即系统鲁棒性、有效性测试。

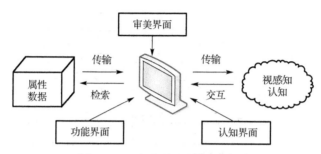

图 11.7　可视化的人机交互模型

11.1.3　可视化方式的应用

11.1.3.1　可视化方式的应用类型

　　可视化方式的发展经历了科学计算可视化、数据可视化、信息可视化与知识可视化四个阶段，随着可视化技术与其应用深入，可视化方式的面向对象更加广泛，功能更加智能化，所属的管理类型也由传统管理向全面安全管控、卓越管理的模式发展，具体各发展阶段的特征如表 11.1 所示[492]。

表 11.1　可视化方式的发展阶段

可视化方式类型	科学计算可视化	数据可视化	信息可视化	知识可视化
面向对象	空间数据	结构、空间数据	多维、非结构数据	知识
技术条件	信息集成、传输图形处理	信息交互处理数据挖掘	数据挖掘知识创新	知识发现知识传播
交互类型	人-机	人-机	人-机	人-机、人-人
管理功能	管理信息传递,激励与监督等	管理预测，模拟实验等	辅助科学决策,业务流程再造等	创新管理模式,组织自我完善等
可视化管理类型	传统管理	科学管理	智能管理	智慧管理

　　目前的可视化方式研究主要集中于数据可视化与信息可视化阶段，知识可视化条件下的智能管理辅助、知识管理、知识发现将成为下一步探索发展的必然趋势。可视化方式应用类型的相关研究主要包括以下几个方面。

(1)数据可视化拥有丰富的实践积累,不同学者对于数据可视化方式应用类型提出了各自的归类方法,如 Daniel[493]根据交互性与数据变换对数据可视化方式进行归类,蔡朱华[360]面向聚类而进行的数据可视化及其相关技术的总结研究,张浩[494]讨论了大数据与系统软件下的多维数据可视化应用、服务与交互平台。结合前述文献各观点,根据实现技术、应用效果不同,可以将现有的数据可视化方式分为基于图标、面向像素、基于图形、基于层次、基于几何、基于降维的数据可视化方式类型等,具体如表 11.2 所示。

表 11.2　数据可视化方式的应用分类归纳[466]

数据可视化类型	可视化方式	可视数据量	数据交互性	数据组织形式
基于图标的可视化方式	形状编码、枝形图、颜色图标	较少	一般	无要求
基于层次的可视化方式	维形堆、维数嵌套、锥形图、树图	适中	适中	层次结构
基于图形的可视化方式	多线图、网图、鱼眼图、超图、透视墙	较多	较好	无要求
基于降维的可视化方式	自组织属性映射图	较多	好	无要求
基于几何的可视化方式	散列图、平行坐阵、平行坐标系、双曲树	适中或较多	较好	无要求
面向像素的可视化方式	图形分割、递归显示、空间填充	多	一般	无要求

(2)数据按照一定目的进行筛选、处理、加工而形成信息,信息是对象事物的客观表达。信息可视化方式当前也处于不断丰富、发展的趋势。Chen 等[495]、张龙飞等[356]根据数据结构而将信息可视化方法分为一维、二维和三维信息可视化方式,多维信息可视化方式(如坐标系法、Radviz 法、散点图、双曲线图等)、时间序列信息可视化方式(线型、堆积图、时间线、地平线图等)、层次信息可视化方式(节点链接、树图等)、网状信息可视化方式(力导向图、分层图、网格图等)。杨彦波等[496]在此基础上,结合系统交互而加入了自适应信息可视化方式的新类型。彭韧[497]根据展示信息对象的不同,而将信息可视化方式分为低维度信息可视化(一个或两个不同维度属性的信息,如时间数据)、高维度信息可视化(高维度信息,如股票、金融、物理信息等)、文本与超文本可视化(如文本本身可视化、大型文本集合可视化)、层次结构可视化(如图书分类、文档管理等)。

(3)知识是经过各类信息归纳、整理、演绎等脑力加工而得到,具有逻辑性、抽象性等特征。知识可视化方式的研究与知识管理、知识发现研究的兴起紧密相关[498]。Martin 等[499]将知识可视化方法概括为启发式草图、概念图表、视觉隐喻、知识动画、知识地图、科学图表的六种类型。周宁等[500]从知识发现、知识表达、知识组织三个角度讨论了知识可视化方法,如离散点图、离散矩阵、多角度变换、数据云与数据管道等。刘超[501]对国内外近十年来的知识可视化发展演变、核心概念、应用评价等进行综述。王金羽[502]以 SECI 模型为主体,对隐性知识的层次结构和流转过程进行了分析，提出了创新型企业中隐性知识转化的障碍及相应的解决对策。Wang 等[503]讨论了借助可视化技术软件实现"问题情境"可视化，从而将信息查询与知识构建活动更好地联系起来，通过知识可视化的应用提升信息用户获取、认知的效率。张霞[504]对知识可视化的发展历程进行评述，讨论了知识可视化的定义、工具类型与设计原则，为知识构建的可视化设计提供借鉴。

(4) 当前许多国内外的可视化设计者通过实践使用，积累了丰富的可视化方式应用经验，为可视化方式的研究奠定了基础，其根据应用场合、应用目的的不同，对现有可视化方式进行归纳与分类，有学者[505]提出了可视化方式元素周期表，其中模仿化学元素周期表中属性随着位阶变化的图形规律，介绍了以 110 种可视化方式为"元素"的可视化方式总览目录，从多个维度介绍了各元素属性，包括逻辑、外观、内涵深度、详细程度、思维导向，并展示了每种可视化图形的视觉特征和适用范围。Severino 建立的 Data Visualisation Catalogue 数据库，罗列了 56 种可视化图形（仍在完善中），并从适用功能、外观提供各类可视化方式、可视图形的具体介绍与使用案例。

11.1.3.2 可视化方式的应用实现

可视化方式的兴盛与大数据发展、信息需求多元化息息相关。当前，结合人机交互、图形图像学、数据挖掘与分布式数据库等技术的发展，可视化分析与信息可视化技术已经广泛应用于工业、制造业、商业、金融等领域的信息搜索、智能分析中，并形成了丰富的可视化数据资源、软件，借助于这些工具可以比较便捷地设计、制作与实现各类需要的可视化方式。结合文献调研与实际操作，本书总结了当前常用的一些可视化方式相关软件与数据库[506,507]，具体如表 11.3 和表 11.4 所示。

表 11.3　国内外主要可视化方式工具、软件

可视化工具	编程语言	主要内容
Tableau	多语言兼容	可视化图表交互式设计软件
Circos	Perl 语言	循环关系的数据可视化(基因图谱)
Gephi Platform	Java 语言	网络复杂系统，动态和分层图的交互可视化
InfoVis Toolkit	JavaScript	可交互式的数据图表库
Processing	Java	支持编程、交互式可视化
R	R 语言	统计计算与图形可视化
FoamTree	JavaScript	算法演示与动画可视化
Introducing Visage	Column Five	基于 Web 平台的数据可视化展示、设计

表 11.4　国内外主要可视化方式网站、资料库

可视化方式数据库	开发方	主要内容
Maby Eyes	IBM Visualization Hubs	常用图标、图形的可视化图库
The New York Times	NYT Visualization Lab	提供 NYT 文章数据的数据源、可视化分析
Cool Infographics	Randy Krum	信息可视化的介绍、提供可视化资料搜索
Well-formed Data	Moritz Stefaner	交互界面设计、图形作品、数据统计可视化
Visualising Data	Andy Kirk	最新的可视化技术、软件资源和应用实践
Information's beautiful	David McCandless	可视化作品浏览、信息可视化竞赛
PKU VisualizationBlog	北京大学可视化与可视分析实验室	可视分析最新研究进展、可视化作品
Flowing data	Nathan Yau	可视化方式图表分析、数据搜索

11.2　煤矿安全可视化方式关联因素研究

本节对煤矿安全可视化方式的关联因素进行分析,即对"X-Y"的关联开展研究(第一个核心问题)。首先,结合系统工程霍尔三维结构,提出煤矿安全可视化方式的四维分析模型,据此分析可视化方式的影响因素(X)、描述因素(Y)、管理效应(P)的基本内容;结合描述因素 Y 的分析结果,讨论可视化方式的结构特征、应用类型,并探讨可视化方式的描述因素及其描述层次的分析过程;通过问卷调研与 EFA 因子分析,确认可视化方式影响因素 X 的指标体系;结合 X-Y 的对应关系,构建煤矿安全可视化方式的 SCE 关联模型,并提出信息服务质量(Information Service Quality, ISQ)评价方法,为可视化方式类型的最优选择、优化需求评价提供指导。

11.2.1　煤矿安全可视化方式的关联因素维度研究

结合煤矿安全管理实践与安全系统工程原理,本节提出可视化方式的优化"四维"分析模型,以此为基础,分别讨论安全可视化方式的描述因素、影响因素、管理效应因素基本维度,为进一步的需求判断、选择优化、管理效应研究提供理论基础。

煤矿安全管理是一个复杂且庞大的系统,安全系统工程是系统论与安全工程、各安全应用领域专业技术结合的管理和工程交叉学科。安全工程管理理论与技术,有以霍尔方法为代表的硬系统工程方法论、以 Checkland 为代表的软系统方法论、物理-事理-人理(WSR)系统方法论、定性与定量结合的综合集成法等理论派系[508]。其中,霍尔三维结构的核心内容是对安全管理资源的最优化配置。霍尔结构的三维分别是步骤维、过程维、知识维,如图 11.8 所示。其中,步骤维的各阶段内容描述了安全管理(解决安全问题)的步骤、顺序,过程维的内容描述了安全管理的方式、

途径，二者彼此间存在时间、空间的排序关系，此外，知识维贯穿于步骤维与过程维之中，为其提供具体管理活动的知识支撑。

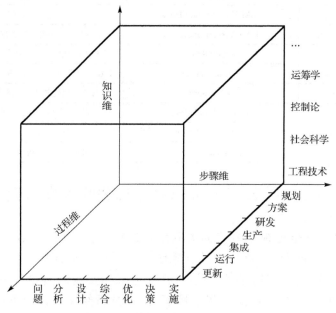

图 11.8　霍尔三维结构标准模型

本书借鉴了霍尔三维结构对问题进行系统化、结构化、维度化分析的基本思想，联系煤矿安全管理的实际需求可知，所有煤矿安全管理关注对象（安全事故、人员行为、安全意识与制度等）的信息内容可以划分为四大类型：时间信息、空间信息、过程信息、逻辑信息。由此，结合总结得出的煤矿安全管理"人-物-技术-信息"对象体系，对安全管理对象、安全可视化方式的信息内容进行分析，分析得出安全可视化方式的四个基本维度，如图 11.9 所示。

如图 11.9 所示，在煤矿安全管理的具体情境中，可视化方式受到安全管理对象所处的空间、时间位置以及管理对象属性改变而构成的逻辑结构、管理过程的影响。因此，将煤矿安全可视化方式的因素维度集合 $\{F\}$ 划分为时间维度 $\{T_n\}$、空间维度 $\{S_n\}$、逻辑维度 $\{L_n\}$、过程维度 $\{P_n\}$，形成四维结构体系来具体分析可视化方式在安全管理中的关联因素，集合为

$$\{F\} = \{T_n, S_n, L_n, P_n\} \tag{11.1}$$

1）时间维与空间维

对于时间维的描述，分为时间序列关系、时差对比关系、实时时间等；空间维则包括相对空间时间、空间定位、空间布局等信息类型。

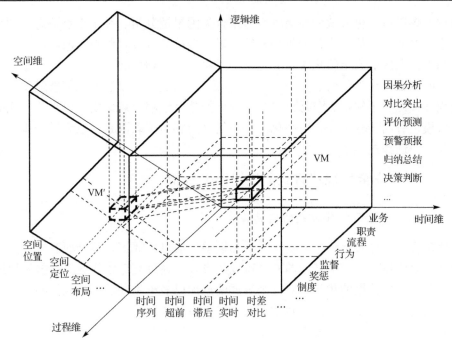

图 11.9 煤矿安全可视化方式的霍尔改进四维分析模型

2)过程维

过程维用于描述安全管理的行为和状态变化，也是安全可视化方式需要展示的重要内容，可以分解为：分析管理业务的具体需求，明确相关人员与部门的负责内容、职责分工，发起具体的工作流程，并采取相应的管理行为与应对措施，对管理结果实行绩效考核与实施奖惩等。此外，管理过程中始终遵照安全管理规章制度，每项管理过程终结后可以对管理制度进行修正完善，如图 11.10 所示。

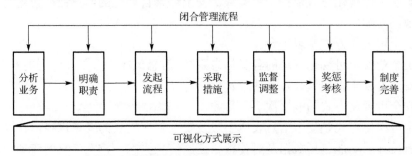

图 11.10 煤矿安全管理霍尔属性分析模型的过程维度图

3)逻辑维

安全可视化方式需要准确描述管理的内在逻辑"知识"、安全信息中的深层管理内涵，管理对象运动变化的规律、安全事件发生的机理等，这些体现于模型中的逻辑维。煤矿可视化方式的逻辑维度通常分为因果链分析、突出重点信息、预测事故隐患，对非常态信息进行分析与预警、对未来趋势进行预测与判断等。

综上，在煤矿安全管理中，安全管理对象的状态(时间维、空间维)发生变化形成具体的步骤，步骤的演变形成过程(过程维)，而过程的发展变化需要遵循一定的客观规律，即安全知识(逻辑维)贯穿于变化的整个过程。煤矿安全可视化方式的四维分析模型有助于分析安全可视化方式的信息内容与关联因素，也为进一步的理论分析与实践选择提供了理论指导。

11.2.2　煤矿安全可视化方式的描述因素分析

11.2.2.1　安全可视化方式的内涵层次分析

煤矿安全管理具有环境多变、负外部性强、信息内涵模糊复杂而时效性要求高的特征。以信息化技术为基础的安全可视化方式，通过充分发挥计算机技术快速、海量、关联处理数据的优势，对安全数据信息加以多维生动展示，从而将安全管理者从过去消耗大量精力的海量数据筛选、辨识中解放出来。

安全可视化方式不只是安全信息的可视化，还对煤矿安全的业务流程、管理手段产生影响；其不只转化信息资源外在表达形式、提升信息利用率，而且提升安全管理主体的认知效率、激发新的安全知识。煤矿安全可视化方式内涵的深入分析如图11.11所示。

1)安全可视化方式对象

煤矿安全管理的各项管理资源，包括安全物态资源、人员资源、技术管理与信息资源，都是安全可视化方式的作用对象。

2)安全可视化方式的技术手段

煤矿安全可视化方式依托于各类煤矿安全综合自动化的监测监控设备与系统而得以实现。

3)安全可视化方式实现平台

煤炭企业安全可视化管理的各类信息系统、信息集成平台是其应用的实践平台，而煤矿安全可视化管理模式是其建设目标。

4)安全可视化方式功能层次

安全可视化方式是安全信息表达手段及安全管理模式的变革途径，在安全管理活动中所发挥的功能包括数据及时传播、还原信息原态、挖掘信息的管理内涵，并最终服务于安全智慧管理与科学决策。

5)安全可视化方式作用层次

安全可视化方式的作用层次包括安全信息的视觉展示、管理内涵的深度挖掘，通过可视化方式的优化设计而提升信息认知效率。

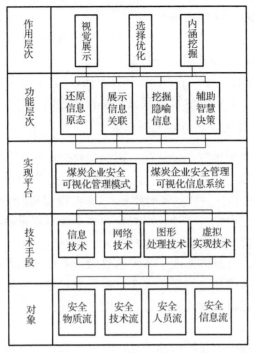

图 11.11　煤矿安全管理可视化方式的结构分析

综上，随着可视化方式在煤炭企业安全管理活动中的深入推广，可分为数据处理、信息展示、知识创新、智慧洞察四个层次，具体如图 11.12 所示。

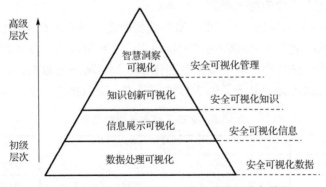

图 11.12　煤炭企业可视化方式的发展层次与特征

（1）在安全可视化方式应用的初期，可视化方式主要对海量的数据进行去冗余操作，并进行简单、初步的可视化，保证管理者准确、迅速获取所需的基本信息内容，满足把握安全管理实时现场状况的需求。

（2）在数据时效性处理的基础上，可视化方式筛选关键数据、重点数据，提取海量信息中真正具备管理价值的信息内容并进行可视化视觉展示，帮助管理者从众多安全工作中迅速找到核心关注内容。

(3)对安全数据、属性进行关联分析,提取信息特征、析取核心属性,并利用数据挖掘与算法演示构建核心管理活动的模型。

(4)结合管理层级的不同需求、管理群体不同区别,以认知心理学为指导构建可视化方式管理系统,在煤矿安全管理实现辅助智慧决策。

11.2.2.2　安全可视化方式的基本分类

对可视化方式的类型进行归纳总结,不同学科可以形成不同的划分方法。煤矿安全可视化方式的实践应用类型,从低层次到高层次,分为图表(数据汇总)、图形(数形分析)、动画(关联分析)、视频(实时监控)、虚拟现实(预测评估)等形式。随着信息技术与认知科学的发展完善,现代煤炭企业安全管理着重数据汇总分析、信息内涵挖掘,与此相关的视觉展现形式也丰富多元,如结构化文档、视频、虚拟动画、各类安全技术软件等,并最终形成了多源信息融合的多媒体发展趋势。

本节结合四维分析模型,将煤矿安全可视化方式划分为五类:基于时间维度、基于空间维度、基于逻辑维度、基于过程维度以及复合型的安全可视化方式。

1)基于时间维度的安全可视化方式

对于煤矿安全管理中的任何管理活动,时间序列关联分析、时效性要求都是安全管理状态描述、进行安全决策的首要因素,基于时间维度的可视化方式是煤矿安全管理的重要内容。时间维度下的可视化方式主要包括时间数据表(Time Table)、时间管道(Time Tube)[509]、时间河流(Time River)[510]等模式。煤矿安全管理时间维度的可视化方式主要分为两大类。

(1)时间序列的可视化方式:将单属性数据所需要展示的信息属性、文字资料等按照时间先后顺序展示在时间轴的对应阶段内,它可以准确描述各时间测点下的管理对象状态。煤矿安全管理常用该类可视化方式为时间序列数据表,如表 11.5 所示的工作面瓦斯监测情况,显示了以 3 分钟间隔的瓦斯数据。

表 11.5　矿井工作面瓦斯监测表

时间	浓度	时间	浓度	时间	浓度	时间	浓度
00:00	0.14	00:18	0.2	00:36	0.19	00:53	0.17
00:03	0.18	00:21	0.2	00:39	0.19	00:57	0.17
00:06	0.24	00:24	0.2	00:42	0.19	01:00	0.17
00:09	0.29	00:27	0.19	00:45	0.19	01:03	0.17
00:12	0.28	00:30	0.19	00:48	0.19	01:06	0.15
00:15	0.28	00:33	0.19	00:51	0.18	01:09	0.15

(2)时间关联的可视化方式:是对多重信息的属性关联进行分析与展示,它可以

直观地揭示信息属性的发展趋势，并展示不同属性之间的时间关联。如图 11.13 所示的瓦斯 K 线图，每个直方块展示了该时间段内的最大值、最小值、初始值和最终值，即体现出每一个单位个体反映了单位时间内瓦斯的波动情况。

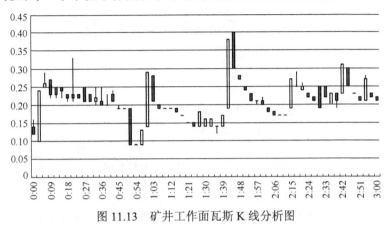

图 11.13　矿井工作面瓦斯 K 线分析图

2）基于空间维度的安全可视化方式

空间维度的安全可视化方式分为两大类。

（1）空间概览的可视化方式：是对所有安全管控对象的总体空间布局浏览。如图 11.14 所示，通过 3D GIS 系统对某矿区井上的地理信息全貌的三维模拟，可以直观明了地获知该矿区各部门、设备的分布情况，并提供详细信息浏览功能。

（2）空间定位的可视化方式：是确定某项安全管控要素所处的空间信息。如图 11.15 所示的矿井人员定位图，直观标注出该时刻井下人员分布位置、人数等信息。

图 11.14　矿区地面地理全貌概览

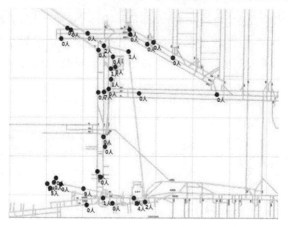

图 11.15 矿井人员位置分布信息图

3)基于过程维度的安全可视化方式

过程维度的可视化方式对安全管理工作流程进行描述,辅助不同管理层级、职能部门都能迅速准确地把握与理解业务流程、工作任务内容。

(1)静态结构的可视化方式:对安全管理的静态过程信息(业务流程、组织结构等)按照时序变化、权责结构加以展示,主要包括组织架构图、业务职责表等,如图 11.16 所示的煤矿隐患工作流程表明了在事故隐患排查中的相关工作内容和业务流程。

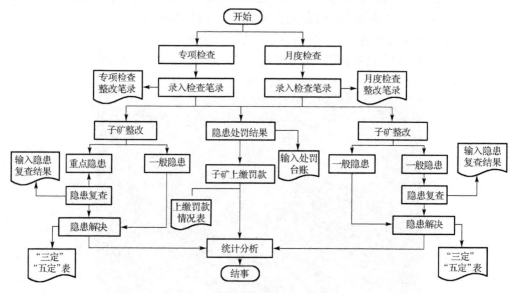

图 11.16 煤矿隐患排查工作流程图

(2)动态流程的可视化方式:主要描述安全管理如图 11.17 所示的安全重点建设工程进度图,通过图形能够形象地获取工程的阶段规划、各阶段进展情况。

ID	任务名称	开始时间	完成	持续时间	Q3 13年			Q4 13年			Q1 14年			Q2 14年			Q3 14年			Q4 14年	
					07月	08月	09月	10月	11月	12月	01月	02月	03月	04月	05月	06月	07月	08月	09月	10月	11月
1	安全重点建设工程规划	2013-07-01	2014-11-30	518天																	
2	前期调研、需求分析	2013-07-01	2013-08-15	46天																	
3	施工一段	2013-08-16	2014-05-31	289天																	
4	试运行	2014-05-15	2014-07-01	48天																	
5	施工二段	2014-06-01	2014-11-15	168天																	
6	正式运行、测试使用	2014-11-16	2014-11-30	15天																	

图 11.17 煤矿安全重点建设工程进度图

4) 基于逻辑维度的安全可视化方式

煤矿安全管理涉及人员、设备、环境等多种类型的监测数据与管控信息,为避免理解信息受限于专业技术知识的制约,需要将这些数据转化处理成为更符合安全管理需求的信息形态。基于逻辑维度的可视化方式,通过对不同类型信息及其属性之间的内在关系、内隐知识进行显性化视觉展示,从而更好地服务于管理活动理解、分析、决策、判断的认知需求。信息预测分析是对信息分析、知识转化过程的研究学科,其将信息的逻辑关系划分为比较、分析与综合(因果相关、典型相关等)、推理[511]三类。

(1) 相关分析的可视化方式:是对各安全要素之间的因果关系进行表达,它表明特点现象、状态的出现必然由特定原因导致,且产生特定的结果。掌握因果链条可以方便"知因测果"(预测)或"倒果查因"(总结)。如图 11.18 所示的矿井安全事故人因分析图就对引发事故的人员因素进行形象分析。

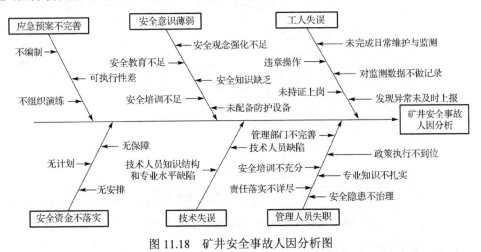

图 11.18 矿井安全事故人因分析图

(2) 对比分析的可视化方式:是根据一定的安全管控目的,将各安全要素及其相关属性状态信息置于共同的判断标准下，对其异同进行比较分析，包括同一标准下的不同管理对象的对比(如不同矿井的隐患数量对比)、同一管理对象的不同属性特征对比(同一矿区的已完成、未完成、待复查隐患对比)。如图 11.19 所示的雷达图，可以清晰地反映出各矿井的隐患治理能力的信息对比。

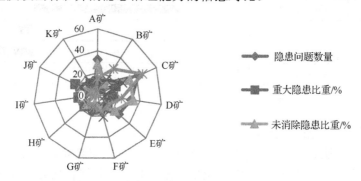

图 11.19　煤矿安全隐患管理效果对比分析图

(3)推理分析的可视化方式：是结合已有、已确定的信息数据，对可能产生、未确定的后果进行评估与预测，其在安全隐患评估、安全决策管理中的使用较为广泛。图 11.20 为井下爆炸模拟示意图，通过输入爆炸效率因子、爆炸热值等物理参数，可以对事故灾害级别与损失范围进行推测评估。

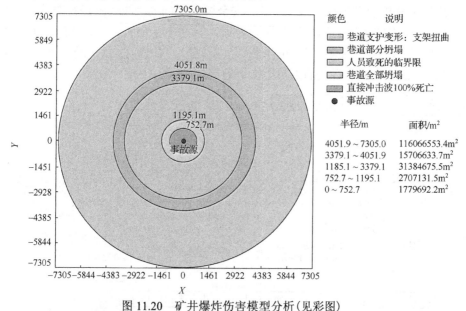

图 11.20　矿井爆炸伤害模型分析(见彩图)

5)复合形式的安全可视化方式

复合形式的安全可视化方式是对时间、空间、过程与逻辑维度中可视化方式的综合应用。通过实践证明，不同可视化方式元素"擅长"表达的信息属性不同，因而可以综合应用多种可视化方式类型，从而满足不同的安全信息特征的描述与管理需求。

11.2.2.3 安全可视化方式的描述因素分析

1) 安全可视化方式的描述因素构成

根据前述的霍尔属性分析模型，煤矿安全可视化方式的描述因素分为三类，分别为视觉描述因素、结构描述因素、隐喻描述因素。对当前类型丰富的安全可视化方式应用类型进行综合分析，本书提取出的安全可视化方式可以从目的、内容、结构、模式组合四方面要素进行描述[512]。

(1) 可视化方式的管理目的。采用安全可视化方式进行安全信息展示、管理辅助，首先需要拥有目的清晰、定位明确的安全管理目标，它是可视化方式试图解释与查找管理信息的根源。

(2) 可视化方式的信息内容。可视化方式所展示、表达的内容，能够包含且尽量只包含管理目的所需信息，满足准确有效、冗余性低的需要。

(3) 可视化方式的结构。利用可视化方式的结构设计、位置布局等，能够准确地表现信息内容联系，且符合管理者的认知规律、视觉偏好。

(4) 可视化方式的模式组合。不同类型的可视化方式进行交叉组合，形成复合的可视化展示模式，将原本难以展示的复杂、高维信息通过适当的筛选加工、模式处理，转化为所需要的展示形态。

2) 安全可视化方式的描述层次分析

内容、结构是所有可视化方式的基础描述层次，而随着信息维度、关联复杂程度的增加，需要更高的描述层次，即结构设计与模式组合。事实上，煤矿安全实践中并非所有安全信息都需要进行高层次的可视化方式转化，以信息复杂度的适宜程度为前提，不同的管理需求可以进行不同的描述层次转化。可以通过如下的流程分析安全可视化方式的描述层次，如图 11.21 所示。

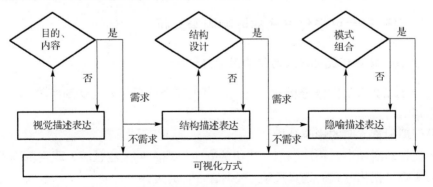

图 11.21 煤矿安全可视化方式的描述层次分析过程

在选择可视化方式的信息描述层次过程，需要结合三方面考虑。

(1)层次性，即按照视觉描述(安全管理目的、安全信息内容)、结构描述(安全管理结构设计)、隐喻描述(模式组合)依次进行可视化方式的描述。

(2)需求性，即以安全管理者的认知需求(管理目的、信息需求)、安全管理信息的数据特征(维度、冗余性、时效性等)，判断是否需要更高层次的描述表达，当有需求再进行深层次的可视化转化。

(3)维度性，它是判断可视化方式是否已将该描述层次中的各个维度的信息内容、数据关联清晰、准确地展示出来，该层次的各维度信息完备展现后，才考虑之后层次的需求。以上节的安全监测集成平台为例，具体分析如表 11.6 所示。

表 11.6   井下安全生产监测系统集成平台的可视化方式描述矩阵

	管理目的		信息内容		结构设计		模式组合	
	需求	维度	需求	维度	需求	维度	需求	维度
视觉描述表达	√	日常管理	√	原始数据	×	/	×	/
	√	总体管控、综合调度	√	文本显示、状态信息	×	/	×	/
结构描述表达	√	检测维修	√	文本提示、原始数据	√	对比、因果结构	×	/
	√	监测监控、异常判断	√	数据分析、文本提示	√	因果、推测结构	×	/
隐喻描述表达	√	预测预警	√	图形提示	√	推测结构	√	空间编码
	√	态势评估、事故分析	√	图表提示、数据分析	√	对比、因果、推测结构	√	非空间编码

当安全监测自动化系统集成平台的管理任务集中于日常管理、综合调度时，可视化方式集中于原始数据(人数、产量、进尺、瓦斯等)的时序显示、状态信息(运行、检修、停止等)等，此时为视觉描述表达层次；当表达检测维修、实时监测与异常判断时，需要通过对比(直方图、折线图等)、因果(事故树、鱼骨图等)展示出来结果，即结构描述表达。

11.2.3   煤矿安全可视化方式的影响因素分析

11.2.3.1   安全可视化方式的影响因素辨识

结合 11.2.2 节的四维分析模型结果，煤矿安全可视化方式受到如图 11.22 所示的因素影响。

1)管理因素方面的影响分析

企业管理活动中，不同职能、层级的安全管理人员关注领域、职责范围不同，因而会影响可视化方式的选择反馈。根据管理优先度矩阵理论[513]，影响安全可视化方式的管理因素分为重要性与时效性两方面。

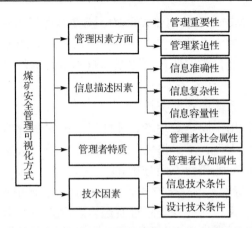

图 11.22　煤矿安全可视化方式的影响因素结构图

（1）管理的重要性。煤矿安全管理涉及范围广、信息量巨大，安全管理者无法对所有安全信息、安全管理业务都面面俱到。因此，根据管理目标有针对地区分安全业务的重要性，选择合理的可视化方式突出安全管理重点，用吸引注意力的视觉元素展示关键信息，辅助管理者合理分配自身的关注度与认知分析能力，减少在繁杂的安全信息中搜寻，将安全管理者的认知能力损耗降低到最低程度。

（2）管理的时效性。应用恰当的安全可视化方式掌握管理活动与管理要素之间的时间关系，辅助管理人员把握管理活动中的关键时机，从而掌握安全管理的主动权，减少安全事故所造成的损失；对于重大事件或影响全局的问题，利用可视化元素对时效性要求进行突出展示，实现超前谋划，保证安全管理有序进行。

2）信息描述方面的影响分析

安全信息是可视化方式的内容主体，因而它是决定可视化方式选择与设计的核心因素。煤炭企业的安全管理信息首先体现出了复杂性与关联性特征，对安全管理者的信息识别、辨析造成巨大的压力。因而，将安全信息表达得更加精准而形象、使复杂信息简易化，并且最大限度地开发单位时间、单位载体中的信息传载量，这些因素都是可视化方式需要考虑的重要方面。

（1）信息准确性。信息的准确性要求信息内容不失真、信息完备，理想状态为信息源与接收者间信息完全对称，即数据内容真实、数据量不缺失，且接收者对数据的解码、再加工不存在任何错误解读。可视化方式能够将信息全貌及其关联信息进行综合展现。

（2）信息容量。从信息传播路径来看，信息经过了源、中间传递节点、接收者等节点，煤矿安全管理将持续产生海量的实时数据。从信息容量的角度，可视化方式在煤矿安全管理的应用，需要考虑源信息传递量、信息认知获取量、信息规范承载能力因素的影响。

(3)信息复杂性。煤矿安全信息多源异构、类型多样极为复杂，同时必须满足极其复杂的管理需求。煤矿安全管理工作需要多部门跨职能的配合，安全信息管理也很难单独由安全部门完成，部门监控的安全信息不单对本部门有管理价值，因而信息利用的模糊性、信息作用环境的不确定性加大了安全信息处理的难度及其复杂性。

3)可视化方式受众方面的影响分析

可视化方式只有作用于安全管理者，才能对煤矿安全管理发挥效用。结合经济学、组织行为学"理性人"、"经济人"、认知心理学"认知人"[514]的研究成果，从管理者社会特性与认知特质两方面分析。

(1)管理者的社会特性。可视化方式辅助安全管理工作更加顺畅、科学进行，本质仍是以安全管理需求为导向的安全管理资源合理配置与展示。可视化方式依据安全管理资源属性，考虑直接接触和使用可视化方式管理人员的基本社会特性，即管理者的业务素质、专业知识水平与工作技能，在现代安全管理中也与管理者的计算机操作技能相关。

(2)管理者的认知特质。认知资源有限理论阐述了人员对工作投入的精力、认知能力都是有限的，无法覆盖于所有的管理业务，管理者的工作能力也因个人认知特性而千差万别。基于可视化方式的视觉工作原理，在煤矿安全管理活动中应用可视化方式的影响因素包括个人认知能力[515]、视觉认知偏好[516]、个人认知风格[517]与工作态度等。

4)技术条件方面的影响分析

(1)企业的信息化技术基础。煤矿安全可视化方式需要的基础条件主要包括信息化基础建设(信息化投入、硬件水平、信息资源库规模等)、信息化管理制度、可视化方式采用的技术等因素，其发展水平影响着安全可视化方式应用。

(2)可视化方式的设计技术。安全可视化方式通过对安全管理人员的视觉刺激而促进管理效能。实验证明，不同的可视化元素及其组合方式对人类视觉刺激程度[518]不同。因而，通过可视化方式的科学设计、优化创新能够影响和提升其在煤矿安全管理中的实际应用效果。

综上，初步构建煤矿安全管理可视化方式的影响因素结构表，分为4个一级指标、9个二级指标、29个三级指标，具体如表11.7所示。

表 11.7　煤炭企业安全管理可视化方式影响因素表

一级因素	二级因素	三级指标	指标含义
A_1 管理因素	B_{11} 重要性	安全管理的重要性	管理事项自身是否重要
		安全管理的关联重要性	相关联的管理事项是否重要
		安全管理的相对重要性	所有管理事项中的重要度排序

续表

一级因素	二级因素	三级指标	指标含义
A_1 管理因素	B_{12} 紧迫性	安全管理任务的时效性	管理事项自身是否紧迫
		安全管理任务的关联时效性	相关联的管理事项是否紧迫
		安全管理任务的相对时效性	所有管理事项中的紧迫度排序
A_2 信息描述因素	B_{21} 准确性	信息内容的正确率	是否准确表达信息属性、特征
		信息内容的完备性	是否覆盖全部的信息属性、特征
		对信息的诊断能力	辅助判断异常、筛选数据的能力
		对信息的预测能力	辅助趋势分析、数据预测的能力
	B_{22} 容量性	源信息传递量	一次传递的信息数量
		信息认知获取量	安全认知的信息再加工数量
		信息规范承载能力	集成、融合不同数据源的信息数量
	B_{23} 复杂性	信息复杂性	信息属性、特征的复杂程度
		信息不对称性	信息共享、协同处理的复杂度
		信息利用目标不确定性	信息应用范围、融合需求的复杂度
A_3 管理者特质	B_{31} 社会特性差异	受教育程度	信息用户的受教育水平
		业务素质、工作技能	信息用户的业务素质、工作技能
		计算机操作能力	信息用户的计算机操作能力
	B_{32} 认知特质差异	视觉认知偏好	信息用户的视觉认知偏好
		认知能力	信息用户的分析、逻辑思维能力
		个人态度	信息用户的工作热情、配合程度
A_4 技术因素	B_{41} 信息技术	信息化基础建设水平	企业的信息化基础建设述评
		信息化管理制度完善程度	组织的信息管理制度完善度
		可视化技术的先进程度	应用可视化技术的先进程度
	B_{42} 设计技术	结构性	设计结构科学、符合视觉认知规律
		易解性	设计简易直观、便于理解
		趣味性	设计富有趣味、能引发视觉注意
		互动性	设计包含信息互动、激发积极性

11.2.3.2　安全可视化方式影响因素的探索性因子分析

探索性因子分析法(Exploratory Factor Analysis，EFA)是一种对影响变量、支配变量之间的共同因子进行分析的方法。其基本理论以相关性分析为基础，研究所有变量的相关矩阵内部结构，找到能控制所有变量的少数几个随机因素来描述变量之间的相关关系，同时把高度相关的变量归纳为一组。同组变量被认为受到共同因素影响而呈现高度相关，称为公因子，其余部分为特殊因子。

设 n 个原始观测变量 $X=(x_1,x_2,\cdots,x_n)^{\mathrm{T}}$，$m$ 个样本数据分别为 $b_1=(b_{11},b_{21},\cdots,b_{m1})^{\mathrm{T}}$，$b_2=(b_{12},b_{22},\cdots,b_{m2})^{\mathrm{T}}$，$\cdots$，$b_n=(b_{1n},b_{2n},\cdots,b_{mn})^{\mathrm{T}}$，它们可写成原始数据矩阵 $b=(b_1,$

$b_2, \cdots, b_n$）。在 x_1，x_2，$\cdots$，x_n 存在相关关系，且其中含有 p 个独立的公因子 $f_1, f_2, \cdots, f_p (n \geqslant p)$，观测变量 x_i 含有特殊因子 u_i（$i=1,2,\cdots,n$），u_i 之间互不相关，且与 f_j（$j=1,2,\cdots,p$）也互不相关，每个 x_i 可由 p 个公共因子和对应的特殊因子 u_i 线性表示为（以下假设 x_i 已做标准化处理）

$$\begin{cases} x_1 = a_{11}f_1 + a_{12}f_2 + \cdots + a_{1p}f_p + c_1u_1 \\ x_2 = a_{21}f_1 + a_{22}f_2 + \cdots + a_{2p}f_p + c_2u_2 \\ \vdots \\ x_n = a_{n1}f_1 + a_{n2}f_2 + \cdots + a_{np}f_p + c_nu_n \end{cases} \tag{11.2}$$

矩阵表示为

$$\begin{bmatrix} x_1 \\ x_2 \\ \vdots \\ x_n \end{bmatrix} = (a_{ij})_{n \times p} \begin{bmatrix} f_1 \\ f_2 \\ \vdots \\ f_p \end{bmatrix} + \begin{bmatrix} c_1u_1 \\ c_2u_2 \\ \vdots \\ c_nu_n \end{bmatrix} \tag{11.3}$$

简记为

$$\underset{(n \times 1)}{X} = \underset{(n \times p)}{A} \underset{(p \times 1)}{F} + \underset{(n \times n)}{C} \underset{(n \times 1)}{U} \tag{11.4}$$

其中，样本原始变量为 $X = (x_1, x_2, \cdots, x_n)^{\mathrm{T}}$，公共因子为 $F = (f_1, f_2, \cdots, f_p)^{\mathrm{T}}$ 以及 $U = (u_1, u_2, \cdots, u_n)^{\mathrm{T}}$，$A = (a_{ij})_{n \times p}$，$C = \mathrm{diag}(c_1, c_2, \cdots, c_n)$。此外还满足以下条件：

(1) $n \geqslant p$；

(2) $\mathrm{Cov}(F,U) = 0$，即 F 与 U 不相关；

(3) $E(F) = 0$，$\mathrm{Cov}(F) = (1 \times 1)_{p \times p} = I_p$，即 $f_1, f_2, \cdots, f_p$ 不相关，方差为 1，均值为 0；

(4) $E(U) = 0$，$\mathrm{Cov}(U) = I_n$，即 $u_1, u_2, \cdots, u_n$ 不相关。

A 作为因子载荷矩阵，元素 a_{ij} 表示第 i 个变量 x_i 在第 j 个公共因子 f_j 上的载荷，即因子载荷。把 x_i 看成 p 维因子空间的一个向量，则 a_{ij} 表示 x_i 在坐标轴 f_j 上的投影。因子分析的目的就是用 F 来代替 X，由于 $n \geqslant p$，从而能够实现结构变量降维。

在因子载荷矩阵 $A = (a_{ij})$ 中，第 j（$j = 1,2,\cdots, p$）列的平方和 $S_j^2 = \sum\limits_{k=1}^{n} a_{kj}^2$ 代表公共因子 f_j 对所有原始变量 X 提供的方差贡献总和，即方差贡献量。S_j^2 是衡量公共因子 f_j 的相对重要性指标，它表示 f_j 对所有观测变量的方差贡献率，数值越大越重要。

确定公因子个数，需要依据选择公共因子的方差贡献率累计值和（累计方差贡献率）达到预想的百分比时的因子个数。因子提取认为累计方差贡献率达到 80% 以上分析效果较好，70% 以上为可接受[519]。

探索性因子分析法的基本步骤包括：第一，辨认、收集观测因素，根据研究的问题选取原始变量 X，利用样本数据 b 对因子分析的适用性进行检测，原始变量之间应具有较强的相关关系，否则无法从中综合能够反映变量共性的公因子；第二，选择提取因子法，对 m 个样本数据矩阵 $(b_{ij})_{m\times n}$ 进行变换和运算，提取因素和计算因子载荷矩阵，求解初始公共因子，因子载荷矩阵是各个原始变量的因子表达式的系数，表达公因子对原始变量的影响程度；第三，确定提取因子个数，通常以 Kaiser 准则（KMO 值）和 Scree 测试（碎石图）作为提取因子数目准则；第四，解释提取的公因子，即通过因子旋转对提取因子进行重新命名，使得因子解集的意义更加明确，利于解释说明。

11.2.4　煤矿安全可视化方式的 SCE 因素关系模型

可视化方式影响因素 X 反映信息的需求预期，描述因素 Y 则体现可视化方式展示的信息具体内容。本节对二者关联进行分析，由此提出安全可视化方式的 SCE 因素关联模型，该模型探索了理论最优的可视化方式选择方法。

11.2.4.1　安全可视化方式的因素关联分析

对前节得出的安全可视化方式影响因素与描述因素进一步探讨，即可视化方式研究的三个问题中的 XY 关联进行分析，如图 11.23 所示。

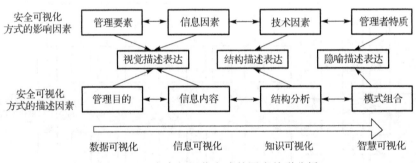

图 11.23　安全可视化方式的因素关联分析

从横向看，影响因素中的管理要素、信息因素与可视化方式构成要素中的视觉描述表达中的管理目的、信息内容相对应；技术因素与结构描述表达的信息展示内涵对应；管理者特质与隐喻描述表达的层次相对应；从纵向看，由于管理目的、信息内容是所有可视化方式的基础构成要素，因而可视化方式的表达层次由视觉描述向隐喻描述递进发展，也代表煤矿安全管理的可视化方式应用由数据可视化向智慧可视化发展。

综上，煤矿安全可视化方式的影响因素与描述因素之间存在内在关联，对其进行关联分析，进而得出安全可视化方式的因素关联模型。

11.2.4.2　安全可视化方式的 SCE 因素关联模型

基于上述影响因素与描述因素的关联研究，结合煤矿安全管理对象属性、信息内容属性的分析，本书提出煤炭企业安全管理可视化方式的 SCE 因素关联模型。可视化方式的因素关联模型包含三个层次，具体可以分为八个步骤：煤矿安全管理综合环境层(Surroundings，S)；煤矿安全可视化方式因素对比关联层(Contrast，C)；可视化方式效果评估层(Effectiveness，E)。S 层有安全可视化方式影响因素(Influencing Factors，X)；C 层分为安全管理对象属性分析(Objects-Attributes，O-A)、安全信息内容属性分析(Info Contents-Attributes，C-A)、安全可视化方式描述因素(Describing Factors，Y)、可视化方式设计(Design，D)、可视化方式选择(Selection，Se)。其中的三个映射是可视化方式分析设计的难点，它们是安全管理对象属性向安全信息内容属性的属性映射 f_1、描述因素向可视化方式设计的视觉关联 f_2、根据个人差异进行可视化方式优选的偏好映射 f_3。SCE 模型的具体内容如图 11.24 所示。

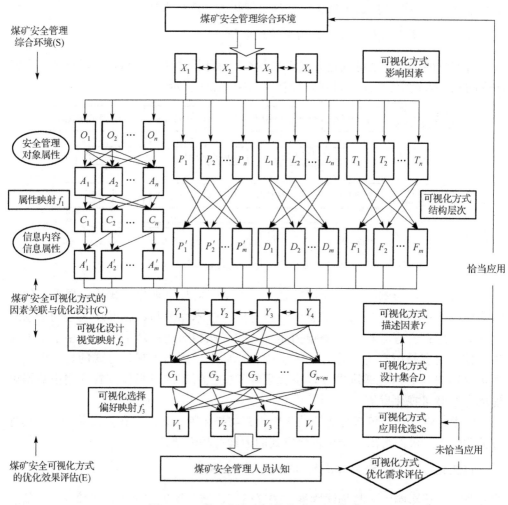

图 11.24　煤矿安全可视化方式 SCE 模型

1) 煤矿安全管理综合环境

在特定的安全管理情境包含物态、人员、制度、技术以及信息等资源流，及其相互作用形成的安全管理状态、行为、事件等。这些要素构成可视化方式的影响因素集合 $\{X_1, X_2, X_3, X_4\}$，即信息内容、管理因素、技术条件、管理者特质等。

2) 煤矿安全可视化方式的因素关联与优化设计

对安全管理的影响因素集合 $\{X\}$、描述因素 $\{Y\}$ 进行进一步分析，信息因素 X_1 中包含安全管理对象 $\{O_1, O_2, O_3, \cdots, O_n\}$ 及其对象属性 $\{A_1, A_2, A_3, \cdots, A_n\}$，通过映射关联 f_1 可以将安全管理对象及其属性与一定的安全信息关联起来，即得出安全信息的内容 $\{C_1, C_2, C_3, \cdots, C_m\}$ 及其信息属性 $\{A_1', A_2', A_3', \cdots, A_m'\}$，并对应于可视化方式描述因素中的信息内容 Y_1；管理因素 X_2 中包含管理级别、管理功能等 $\{P_1, P_2, P_3, \cdots, P_n\}$，决定了可视化方式展示的安全信息是否具备重要性、紧迫性等管理属性，即通过属性映射 f_1 而形成 $\{P_1', P_2', P_3', \cdots, P_m'\}$，对应于管理目标 Y_2；技术因素 X_3 中包含技术基础、可视化方式设计水平等 $\{L_1, L_2, L_3, \cdots, L_n\}$，它决定了安全可视化方式优化设计的技术条件、结构布局等，即通过属性映射 f_1 形成 $\{D_1, D_2, D_3, \cdots, D_m\}$，对应于结构设计 Y_3；管理者特质因素 X_4 中包含不同管理级别的认知能力、视觉偏好等 $\{T_1, T_2, T_3, \cdots, T_n\}$，它决定了可视化方式设计的模式组合、信息层次等，即通过属性映射 f_1 形成 $\{F_1, F_2, F_3, \cdots, F_m\}$，对应于隐喻挖掘 Y_4。此外，因素 X、Y 之间的属性关联过程，也是对可视化方式的结构层次分析，因素集合 $\{A'\}$ 与 $\{P'\}$ 构成可视化方式的视觉描述层次内容，因素 $\{D\}$ 为可视化方式的结构描述层次，因素 $\{F\}$ 为可视化方式的隐喻描述层次。

基于可视化方式的描述因素 $\{Y\}$，经过设计关联 f_2 而形成安全可视化方式的待选集合 $\{G_{n \times m}\}$，再经过选择关联 f_3 而得出推荐的可视化方式类型 $\{V_i\}$。属性关联 f_1 代表安全管理信息的采集、筛选以及数据挖掘、智能分析的过程，而设计关联 f_2、选择关联 f_3 代表了煤矿安全可视化方式的设计优化过程。

3) 煤矿安全可视化方式的优化效果评估

将推荐的可视化方式展示给安全管理人员，但可视化方式的设计无法将每位信息用户的特质全部考虑在内，只能遵循大众化的视觉认知特性、信息认知规律，因而，面向具体的安全人员个体，需要基于个人特质而进行进一步的个人可视化方式优化。通过对关联因素 XY 的契合度对比，形成可视化方式的 ISQ 评价模型，评价结果如为恰当应用，则直接通过其可视化方式作为该安全管理的可视化方式应用类型，通过其进而与安全管理环境进行作用交互；如评价结果为未恰当应用，则认为该项内容存在优化需求，需进行 f_2、f_3 的进一步优化。

SCE 因素关联模型阐述了可视化方式的影响因素 $\{X\}$、描述因素 $\{Y\}$ 之间的关联。由于不同安全管理活动的可视化需求不同，不同安全人员存在各自的认知差异与视觉偏好，通过 SCE 模型可以综合各类关联因素，优选出理论最优的可视化方式类型。此外，SCE 模型同样是其优选设计的指导理论，通过属性关联 f_1、设计规律 f_2、选择规则 f_3 的映射关联，随着安全管理环境的变化，可以及时调整可视化方式要素，使其得以不断的优化完善。

11.2.5　煤矿安全可视化方式的 ISQ 优化需求评估

11.2.5.1　基于 SCE 模型的 ISQ 优化需求评估方法

煤矿安全管理活动并非所有管理流程、环节都适宜进行可视化方式的信息展示，对可视化需求进行适当判断、度量，并提炼出安全信息中真正重要、关键的属性、内容进行可视化转化，是可视化方式在安全管理中应用推广的首要前提。

结合 CSI 信息质量测度理论，构建安全可视化方式的信息服务质量评价方法，其本质是对安全可视化方式优化需求的评价。通过比较安全管理信息需求、用户通过可视化方式的认知信息之间的差异程度，如果二者差异很小，ISQ 的评价结果会越优，该类可视化方式的优化需求就越小，反之亦然。由此，ISQ 评价方法的内容如图 11.25 所示。

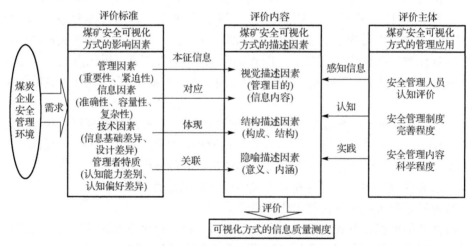

图 11.25　安全可视化方式的信息服务质量评价方法

1) 信息服务质量 ISQ 的基本构成

可视化方式信息质量模型以影响因素、描述因素及其关联情况的分析为基础，对比二者之间的契合程度而对可视化方式的信息质量做出评价。它可以为安全可视化方式需求的挖掘提供依据，辨识已有的可视化方式应用是否恰当。

2) 信息服务质量的测定计算

基于上述的分析，对煤矿安全管理中的可视化方式信息服务质量进行计算，即对本征信息与感知信息的比值分析。结合视觉信息质量评价、信息服务质量理论关

于泛在视觉信息的评估方法，煤矿安全可视化方式的信息质量定义为

$$m_{svm} = \begin{cases} \dfrac{\sum \mu_i |\alpha_i|}{\sum \mu_i}, & \sum \mu_i > 0 \\ 0, & \sum \mu_i = 0 \end{cases}, \quad i = 1, \cdots, 4 \tag{11.5}$$

其中，m_{svm} 是安全可视化方式的信息质量测度，$\sum \mu_i$ 是原始安全信息的 i 项数据属性、内容特征，也是本征信息的评价标准集合；α_i 是可视化方式转化后的视觉信息对 i 项原始信息内容的还原度，而 $\sum \mu_i |\alpha_i|$ 是可视化方式表达、传播的安全信息内涵集合，也是对可视化方式的感知信息的评价；$\sum \mu_i |\alpha_i|$ 与 $\sum \mu_i$ 的比值是本征信息需求与感知信息评价的对比，即安全可视化方式的信息质量 m_{svm}。

　　在煤矿安全管理中，可视化方式的最佳应用效果是，安全信息需求与安全信息展示之间完全契合，视觉信息传播中不缺乏任何信息，也不多余任何信息。因而，当可视化方式展示的安全信息越准确、完备地还原了安全信息的本质特征，即 $\sum \mu_i |\alpha_i|$ 与 $\sum \mu_i$ 的偏差越小，m_{svm} 的比值越接近 1。当可视化方式表达的信息少于原始信息的本征需求，即 $\sum \mu_i |\alpha_i| < \sum \mu_i$，二者比值小于 1，即可视化方式程度不足，需要继续优化、改进；当可视化方式展示信息多于管理者的感知信息需求，即 $\sum \mu_i < \sum \mu_i |\alpha_i|$，二者比值大于 1，即存在信息过度可视化的情况，需要进行适度信息简化、精炼，使管理需求与信息内涵彼此接近。可视化方式必然传递一定信息，因而通常 $\sum \mu_i > 0$，$\sum \mu_i = 0$ 代表未采取可视化方式的信息转化，或者可视化方式表达信息完全无用、无序的情况。因而，$\sum \mu_i$ 为大于等于 0，m_{svm} 取值范围大于 0，越接近于 1 代表该可视化方式的应用越科学、恰当，小于 1 代表应用效果较弱，大于 1 代表过度可视化。

11.2.5.2　安全可视化方式的优化需求评估结果

　　在煤矿安全管理活动中，同一安全信息的可视化展示方法存在多种可能性，根据 ISQ 评价结果可以从中筛选出实践可行、符合信息需求的部分。因而，结合 11.2.3 节得出的 X 指标体系，可以求出式（11.5）中的 $\sum \mu_i$；结合 SCE 模型，将 Y 的评价转化为与其对应、有实操性的影响因素评估，从而求出式（11.5）中 α_i。$\sum \mu_i$ 中得分高，代表该管理活动对该信息属性要求强；α_i 得分高，代表该信息属性可视化转化的效果好。ISQ 评价流程具体如图 11.26 所示。

　　（1）评价某项煤矿安全管理的可视化方式信息需求（本征信息需求），管理（$\mu_1 = M$）、信息（$\mu_2 = I$）、个人特质（$\mu_3 = C$）、技术（$\mu_4 = T$）四项影响因素作为变量，采用专家打分的方法，求得变量评分 $\sum \mu_i$。针对煤矿安全管理的具体内容，从四个维度判断某项安全管理活动的可视化方式需求，即为图 11.26 左部分的评价流程，划分为五个等级，评语集合为 $V = \{V_1, V_2, V_3, V_4, V_5\} = \{不重要, 比较不重要, 比较重要, 重要, 非常重要\} = \{0, 1, 2, 3, 4\}$。

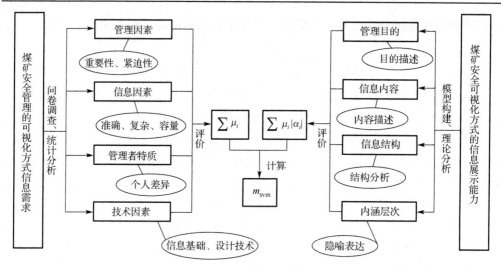

图 11.26　安全可视化方式的信息质量评价流程

　　(2) 评价某类型安全可视化方式的信息展示能力 (感知信息还原度) $\sum \mu_i |\alpha_i|$，以管理目的、内容、结构与隐喻内涵为潜变量与考察内容，结合对应的影响因素进行专家打分，求得四项潜变量 $\alpha_1=f(M)$、$\alpha_2=f(I)$、$\alpha_3=f(T)$、$\alpha_4=f(C)$ 的评价数值。划分为五个等级，评语集合为 $V=\{V_1', V_2', V_3', V_4', V_5'\}=\{$未体现, 部分未体现, 部分体现, 完全体现, 过度体现$\}=\{0\sim0.25, 0.25\sim0.5, 0.5\sim0.75, 0.75\sim1, >1\}$。

　　(3) 根据求得的 $\sum \mu_i$ 与 $\sum \mu_i |\alpha_i|$ 比值得出 m_{svm}，即某项可视化方式应用于特定安全管理活动中产生的信息质量、应用效果。由信息质量的理论分析得其取值大于等于 0，因而结合煤矿安全管理实践，将最终计算比率值划分为五个等级，评语集合为 $m=\{m_1, m_2, m_3, m_4, m_5\}=\{$未应用, 未恰当应用, 可接受, 恰当应用, 过度应用$\}=\{0\sim 0.25, 0.25\sim0.5, 0.5\sim0.75, 0.75\sim1, >1\}$。

　　结合上述的评价过程，由七位煤矿安全管理专家作为评价主体，针对表 10.2 的煤矿安全管理对象，通过调研收集各对象的常用可视化方式作为评价对象。信息属性为管理内容描述，管理需求为管理目的描述，对列出可视化方式类型进行打分，取打分数据平均值。例如，设备管理评价结果如表 11.8 所示，在煤矿设备管理中，设备基本属性、设备检修维护采用的可视化方式为 "可接受" 等级，基本满足该项安全管理需求；设备运行监测的可视化方式效果较好，符合该安全管理需求；而故障诊断与预测的可视化方式应用效果不好，需要进一步进行选择革新。

　　参考表 10.2 扩展的煤矿安全管理 41 项核心安全信息，得出安全可视化方式的实践应用效果，其中 "恰当应用" 包括 6 项，"可接受" 包括 15 项，"未恰当应用" 包括 16 项，"未使用" 包括 4 项，"过度应用"，为 0 项。详见表 11.9 所示。

表 11.8　煤矿安全设备管理的可视化方式信息质量分析示例

对象属性	信息内容	信息属性	管理需求	预期需求 $M/I/C/T$	可视化方式	信息展示 $F(M/I/C/T)$	信息质量	应用效果
运行参数额定电压	设备基本属性	基本信息重点信息	综合管理	$\mu_1=2$；$\mu_2=3$ $\mu_3=4$；$\mu_4=1$	数据表文字报告	$\alpha_1=0.5$；$\alpha_2=0.5$ $\alpha_3=0.75$；$\alpha_4=0$	0.55	可接受
开停状态电流电压	设备运行监测	状态信息变化信息	日常管理	$\mu_1=3$；$\mu_2=3$ $\mu_3=3$；$\mu_4=1$	折线图盒须图	$\alpha_1=1$；$\alpha_2=0.75$ $\alpha_3=0.95$；$\alpha_4=0.75$	0.835	恰当应用
维修记录备件消耗	设备维护检修	关键信息变化信息	检测维修	$\mu_1=4$；$\mu_2=3$ $\mu_3=3$；$\mu_4=4$	折线图饼图	$\alpha_1=0.75$；$\alpha_2=0.75$ $\alpha_3=0.85$；$\alpha_4=0.25$	0.629	可接受
故障分析故障诊断	故障诊断预测	预测信息	预警预报	$\mu_1=4$；$\mu_2=4$ $\mu_3=4$；$\mu_4=4$	因果图文字报告	$\alpha_1=0.75$；$\alpha_2=0.5$ $\alpha_3=0.1$；$\alpha_4=0.1$	0.363	未恰当应用

表 11.9　煤矿安全管理可视化方式的信息质量情况汇总

过度应用	0 项	无
恰当应用	6 项	设备运行监测、隐患检查与反馈、应急救援过程规范、风险源实时监控、制度执行情况、业务标准流程规范
可接受	15 项	实时数据采集、异常检测报警、趋势记录预测、设备基本属性、设备维护检修、隐患趋势预测、救援资源管理、安全知识基础信息、绩效制度管理、奖惩业务流程、考核与奖惩、信息汇总、工作任务管理、业务情况统计分析、组织体系划分
未恰当应用	16 项	环境评估分析、故障诊断预测、隐患事故分析、应急救援管理、风险源影响分析、风险预测、安全知识效果评估、安全培训效果评价、安全绩效效果评估、井下人员管理、人员安全行为分析、制度管理与评价改进、流程优化管理、安全管理业务规范、安全文化宣传
未应用	4 项	安全知识更新、安全制度权责配置、安全文化制度、安全文化物态转化

11.3　煤矿安全可视化方式设计选择研究

本节综合应用前面的研究成果，探索煤矿安全可视化方式（Y）的优化优选方法（第三个核心问题），并通过安全管理效应验证优化设计效果。首先，探讨安全可视化方式设计选择的目标、运行机制等基础理论；其次，结合煤矿安全管理实践，构建安全可视化方式图库体系与 FODV 设计模型，通过井下人员管理的实例分析，验证可视化方式的优化设计能够有效提升安全管理效应；进而，利用对应分析推导得出基于管理层级的煤矿安全可视化方式选择模式；以此为基础提出可视化方式 MCD 交互模型，构建煤矿安全管理的可视化方式选择交互平台，并分析系统框架与数据流。

11.3.1　煤矿安全可视化方式的设计选择理论

11.3.1.1　安全可视化方式的设计选择目标与依据

煤矿安全可视化方式的设计选择，是根据影响可视化方式影响因素(X)，设计与选择恰当的可视化方式描述因素(Y)，从而最大限度地提升安全管理效应(P)，即最大限度提升安全人员的信息认知效率、安全管控能力。

煤矿安全可视化方式是一个综合性、交叉性的研究课题，可视化方式的优选设计需要遵循煤矿安全管理与视觉认知等学科理论，具体包括：煤矿安全管理理论、认知心理学理论、视觉心理学理论。

因此，安全可视化方式(信息世界)的选择优化，应以安全管理需求(物质世界)与安全人员的认知心理、视觉特性(认知世界)为依据，以提升安全人员认知与安全管理需求之间的匹配程度、从而实现管理效应最大化为目标。

11.3.1.2　安全可视化方式的设计选择机制

煤矿安全可视化方式的选择设计机制包含可视化方式设计、可视化方式选择两部分。实现安全可视化方式的管理效应最大化，就是要寻求安全管理需求与信息认知之间的最佳匹配，以此为思路进行本章前述的煤矿安全可视化方式的描述因素、影响因素分析，形成煤矿安全可视化方式的选择机制，如图 11.27 所示。

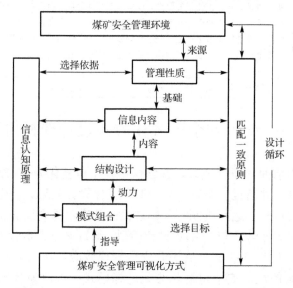

图 11.27　煤矿安全可视化方式的设计选择机制分析

安全可视化方式的设计选择包含纵向设计流程(来源、基础、内容、动力与指导)、横向选择理论(选择依据、选择目标)，设计理论为选择流程提供指导，选择流程是选择理论的实现步骤。

1) 安全可视化方式的设计流程

首先明确当下可视化方式优化选择的管理目的，并根据所处安全活动的管理性质进行数据预处理，筛选出其中重要、紧迫、关键、关联性强的数据，形成可视化方式展示的信息内容基础。然后，以处理后的信息内容为可视化方式设计对象，进行视觉元素的筛选组合、结构布局设计，由此初步形成安全管理所需信息的可视化展示。经过视觉处理后的安全信息，除去最初设计的安全信息内容，结构设计步骤常常会促使管理者挖掘、获取新的管理知识、隐喻信息。因此，当初步设计形成的可视化方式存在相关的、此前未发觉的信息特征，则通过模式组合对可视化方式进行选择优化，对这些视觉表征进行强化，形成最终的安全可视化方式。

2) 安全可视化方式的选择理论

可视化方式是煤矿安全管理的视觉展示，因此其选择设计始终以人的信息认知心理原理为指导，且在每个选择步骤中始终将管理需求-认知能力的匹配契合作为目标，对于不相关、过于繁杂，或超出当次可视化方式展示内容范围的信息，都需要相应过滤、简化处理。此外，安全可视化方式的选择优化是随着安全管理需求变化而不断变化。因此，可视化方式的优化设计不断循环，当安全管理情境、管理需求与可视化方式出现不匹配时，则开始进行新一轮的优化选择过程。

11.3.1.3　安全可视化方式的设计选择体系

安全可视化方式作为安全信息的传播载体,将煤矿安全管理的物理世界(安全管理需求)、信息世界(安全管理信息)、认知(安全管理效应)有效联系起来。因而，可视化方式的选择优化体系包含安全可视化方式(VM)、安全管理需求(SN)、安全管理认知能力(SC)三部分，具体关系如图 11.28 所示。

图 11.28 中，以可视化方式本体为关联端点，其设计选择模式的研究分为两部分。

1) VM 与 SN 的匹配(匹配 1)——可视化方式的设计研究

通过安全可视化方式图库，依据安全管理需求而设计所需、适宜的安全可视化方式图形。在 11.3.2 节与 11.3.3 节中，将结合视觉认知原理探讨安全可视化方式的图库构建，由此提出安全可视化方式的 FODV 设计模型，以井下人员管理为例进行认知实验分析，验证不同设计水平可视化方式的管理效应。

2) VM 与 SC 的匹配(匹配 2)——可视化方式的选择研究

通过构建安全可视化方式的选择交互信息系统，可以实现根据安全人员的认知需求而优选符合其视觉偏好、认知需求的可视化方式图形。在 11.3.4 节与 11.3.5 节

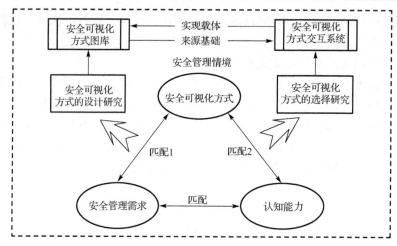

图 11.28　煤矿安全管理的可视化方式设计选择体系

中，将探索安全可视化方式的选择模式、选择交互信息系统的开发，并以煤矿安全综合集成平台为依托，构建可视化方式的选择交互模式及相应操作界面。

11.3.2　煤矿安全可视化方式的 FODV 设计模型

11.3.2.1　安全可视化方式的图库体系构成

可视化方式图库是煤矿安全管理可视化应用的指导，此外，对图库本体的结构体系、元素组合进行规律研究。煤矿安全可视化方式图库的体系构成如图 11.29 所示。

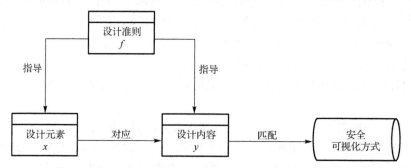

图 11.29　煤矿安全可视化方式的可视化方式图库构成

（1）安全可视化方式的设计元素 x，是指构成安全可视化方式的外在表现，也是图库的图形、图像基础。它拥有从低到高的图素层级，对应于简单到复杂的信息内容、管理内涵；结合安全需求，低层的图元可以组合形成复杂的图形等。

（2）安全可视化方式的设计内容 y，是对煤矿安全管理需求的具体描述，与可视化方式的构成要素对应，包括管理目的、活动内容、设计结构与管理内隐等，在特定的煤矿安全情境中，设计内容反映为某种形式的设计元素(组合)。

(3)安全可视化方式的设计准则 f，包括可视化方式设计的基本准则、图元组合规则，它指导设计元素形成具体的可视化方式。根据安全管理需求，用选定的设计元素、依据设计准则形成体现信息内容的可视化方式，即 $y=f(x)$。

11.3.2.2　安全可视化方式图库的设计内容

安全可视化方式的设计是煤矿安全管理信息的构建过程。信息构建分为三个层次，从底而上分别为：信息表层呈现各类可视化元素，将信息通过感官交互进行传递；信息结构层通过逻辑结构组织，展现信息；信息主题层通过情感感染、视觉渲染等方式，呈现信息的内在、隐含表达的思想内容。根据安全管理情境的需求，将要表达、传递的信息内容以适宜的可视化设计元素展现，即信息构建的过程。结合安全可视化方式内涵层次，可视化方式的设计内容包含视觉描述内容、结构描述内容、隐喻描述内容，如图 11.30 所示。

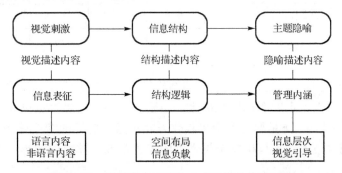

图 11.30　煤矿安全可视化方式的设计内容层次

(1)视觉描述内容，主要分为语言内容、非语言内容两类，是煤矿安全可视化方式的视觉描述需求层次。语言为语法、语义、语用的结合体，非语言内容包括各类几何图形、视觉元素、符号、组合图示等可视化元素。

在可视化方式设计过程中，以安全管理情境、管理需求为语境条件，定义适宜的基本的符号、单词，并通过一定的组合规则(语法)，将基本信息映射、编译形成新的、复杂含义的图形、词语(语用)。各可视化图元对各类型映射关联展现能力不同，如表 11.10 所示。

表 11.10　煤矿安全管理的设计图元与设计内容匹配优度表[520]

示例	编码	结构排序	内涵赋予	数量关系	先后序列	分类	关联
● ●●	位置、布局	yes	infinite	good	good	good	good
1,2,3;A,B,C	文本	optional	infinite	good	good	good	good
▬ ▬	长度	yes	many	good	good		

续表

示例	编码	结构排序	内涵赋予	数量关系	先后序列	分类	关联
· ● ●	尺寸、面积	yes	many	good	good		
/	折角	yes	medium	good	good		
⦀⦀⦀	分布密度	yes	few	good	good		
═══	黑度、粗度	yes	few	good	good		
■■■	饱和度、亮度	yes	few	good	good		
■■■	颜色	no	few（<20）			good	
●■▶	形状、图标	no	medium			good	
▥▦▤	纹理图案	no	medium			good	
●●●	封闭、连接	no	infinite			good	good
─ ─ ─	线条样式	no	few				good
↦ ── ⊢	线条结尾符	no	few				good

（2）结构描述内容，是对安全信息的结构设计，即根据特定的安全管理目的，将筛选的视觉元素以一定的布局展现出来，由空间布局、信息容量设计构成。

（3）隐喻描述内容，是通过安全可视化方式对隐藏内涵的深度挖掘，借助机器学习、数据挖掘等技术，如煤矿安全管理中的灾害模拟、预警预测等。具体包括信息层次结构、视觉引导。

11.3.2.3　安全可视化方式图库的设计规则

1）可视化方式设计的基本规则

可视化方式设计是煤矿安全信息特征、管理者认知的匹配实现。因此，可视化方式的设计过程需要遵从通用设计、认知规律、管理需求、匹配适度与艺术美感的原则，如图 11.31 所示。

（1）通用设计原则。可视化方式是一种信息设计过程，遵从设计的普遍原则。有学者提出了通用设计七项原则，包括公平、灵活、直观、效率、可接触、容错、移动交互[521]。其后，Jacobson 据此提出了信息可视化设计原则的专门评述[522]：有效认知图像设计；视觉信息应该适当、易被人理解；色彩、图标、标记与符号要考虑到不同人群、不同文化的多样性与差异性等。煤矿安全管理活动的紧迫性、复杂性，要求以可视化方式设计的直观、效率为最根本设计需求；安全管理者由于专业知识、个人素质的差异性，不同管理层级提供的可视化展示层次不同，即层次设计需求。

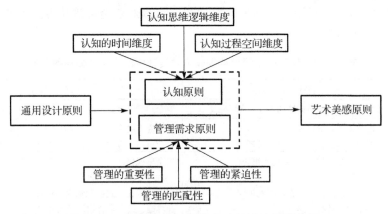

图 11.31　煤矿安全可视化方式的设计规则分析

(2)认知规律。可视化方式需要经过安全管理者的认知反馈，才能真正发挥自身效用。结合煤矿安全管理霍尔属性模型、认知心理学的基本原理，安全可视化方式的认知加工主要分为时间、空间、过程与逻辑维度。

第一，认知的时间维度。煤矿安全可视化方式的应用，其目标为安全管理者在单位时间内、最少的认知消耗下有效接收尽量多的视觉信息，对安全管理对象的时间、空间描述是最基础内容。人类的视觉系统是安全可视化方式的基本构成，视觉系统在时间、空间的认知中存在认知阈值。认知心理学普遍认为人的信息加工分成三种：知觉记忆、短时记忆和长时记忆。西蒙的实验心理学证明[523]，人类视觉信息加工的过程中受到一些认知参数的限制，其中，认知阈值为信息认知的临界值，为安全可视化方式优化设计提供参考，如表 11.11 所示。

表 11.11　人类视觉认知的可视化方式设计中重要参数[523]

	短时记忆		长期记忆	
	阈值	视觉优化	阈值	视觉优化
记忆数量	7±2 个组块	4~5 个组块	无穷大	
存储时间	0.5s/组块	0.5s/组块	5~10s/组块	8s/组块
提取时间	200~300ms/组块	150ms/组块	第一个组块 2ms，以后 200ms/组块	
保存时间	下一个刺激出现		无限长	

为了满足煤矿安全管理的信息时效性要求，应当在信息可视化的设计中注重结合人类认知行为的规律；安全管理需要辨识、区分、判断等视觉表征的认知加工，视觉信息的更换频率应符合短时记忆的存储时间；当安全管理活动需要进行分析、回忆、逻辑推理等内隐表征的认知，则可视化方式的信息展示速度、信息量安排更应偏向于长时记忆的认知阈值。因而，针对煤矿安全管理的时效性需求[524]，结合

Johnson 关于 GUI 图形用户界面的研究成果，可以对安全可视化方式的相关时间设计总结，如表 11.12 所示。

表 11.12　煤矿安全管理可视化方式设计中的重要认知参数[525]

时间阈值/s	感觉与认知阈值	安全可视化方式的设计应用
0.001	可感知音频无声间断的最短时差	安全预警预报的中断、缺漏不能超过时差
0.01	潜意识中的听觉感知； 能注意到的视觉元素最小时延	安全管理的音频监控生成不同的声调反馈； 安全可视化方式图像、符号变化最大时速
0.1	短时记忆中加工 1～4 视觉组块； 运动知觉反馈； 视觉感知的模式融合、模式识别； 知觉的"瞬时"感	安全可视化方式中，单项信息元素需要 4 个以上图元进行描述，认知效率降低； 安全可视化方式的视觉运动帧长，表示区分则长于此界限、表示组合则低于此界限
1	自然语言交流的间歇； 对意外事件的视觉运动反应最短时长； 被赋予视觉注意力的"闪烁"、"中断"时长	安全可视化方式人机交互的语言提示； 可视化方式操作延迟被感知的最短时长，若保持连续性图案变化速度应低于此值； 安全可视化方式中，以闪烁、静止、颜色变化等突出重要信息的认知反馈时长
10	对某个工作认知的注意力聚焦平均时长	安全管理者对一次操作的时延最长时长，超于此值，注意力会分散
100	紧急情况下的逻辑分析时长	安全决策、态势分析、危险源预测等操作

　　第二，认知的空间过程维度。煤矿安全管理除时效性信息需求外，也需要对重要、关联的信息进行快速获知与分析。视觉信息加工过程拥有独特的空间认知特征，可以为安全可视化方式的设计提供借鉴，包括视觉注意分配设计，视觉流引导，色彩对比增强。

　　第三，认知的思维逻辑维度。煤矿安全信息的复杂程度主要表现在海量信息数据之间的内在关联性，因而，可视化方式的隐喻描述层次重点在于对安全管理隐喻信息的挖掘与展示。借助于适宜的视觉信息设计，可以使安全可视化方式发挥启发人类思维、促进洞察力的作用。

　　渲染是煤矿安全信息可视化处理的常用方法，可以用于展现三维离散采样数据集在二维空间的投影。它利用计算机模型模拟生成具体图像，其中的模型包含了几何学、视角、纹理、照明以及阴影方面的信息。安全可视化方式的图像渲染通过艺术的展现，将关键信息进行抽象、突出，弱化、删除相关作用不强的视觉信息，增强管理者的视知觉感受和注意力的合理分配。图 11.32 为典型的煤矿井下地质渲染图，突出了井下地形类型、储煤分布位置，依据等高线进行地形渲染，删除其他无关信息属性，因而可以清晰地了解该矿区的井下地质信息。

　　(3)管理需求原则。安全可视化方式的应用以满足管理需求为出发点，因而，需要结合煤矿安全管理特征进行可视化方式的优化设计。

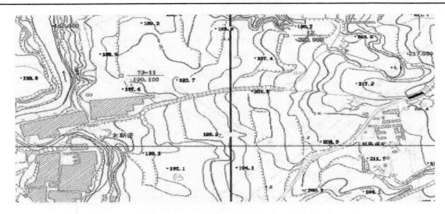

图 11.32　煤层底板等高线及储煤分布可视化渲染图

第一，管理的重要紧迫性，即影响范围广、危害损失大的信息属性，用更能吸引注意力的视觉元素、结构展示。

第二，信息展示与管理需求的协同性，即不同的管理层级的可视化方式需求不同，信息可视化展示的层次与信息用户的管理需求、认知能力保持协调。对于高层安全管理者，综合把握、重点分析的需求更强烈，因而需要加强时间连续性表达(视觉流)、多维数据的信息层级划分(信息层级)、模式融合(结构设计)等可视化设计；安全实践从业人员对实际操作的业务流程需求更高，因而用时间序列数据、箭头、强对比色进行引导等，视觉描述层次的可视化图素应用更多。

第三，艺术美感原则。具有艺术美感的图形图像、可视化组合可以更好地辅助安全管理者完成信息的获取、判断、逻辑分析等，此外，还可以提升管理者处理信息的愉悦感、沉浸感，激发信息想象与洞察力。

2) 可视化方式图素的组合规则

前述小节探讨了视觉元素的设计准则，视觉元素构成了图元、图示、图案、VM的可视化方式层次，低层次的视觉元素遵循可视化的设计规则完成组合优化、模式融合，形成更深层次内涵的安全可视化方式。具体组合过程如图 11.33 所示。

可视化方式的图元组合过程，首先完成信息内容-基础图元的映射分析；根据安全管理的信息内容、属性特征以及管理目的，根据设计准则将选定的对象图元与属性图元进行组合，形成所需的图示；分析各图元之间的逻辑关系进行结构设计、布局安排，包括颜色、亮度、图素变化速度等形成信息层次、视觉注意引导的设计，形成初级的可视化方式；其后，若安全管理需要进一步挖掘信息隐喻，则进行图形渲染、结构优化处理等。

煤层底板等高线及储煤分布可视化渲染图，其图素的设计组合过程如下：

(1) 图元设计层次，分析信息内容主要为高度、储煤位置，选取线型、数字文本为对象图元，分布密度、颜色为属性图元。

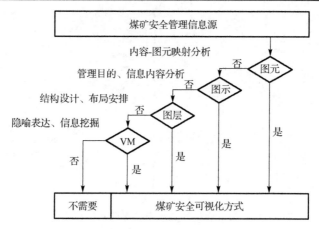

图 11.33　煤矿安全可视化方式的图元组合过程

(2)图示设计层次，由于信息的展示目的为辅助管理者认知煤层底板地形分布，依据等高线地图的视觉设计原理，因而结合线型与密度、颜色表示空间距离、跨度，数字辅助解释信息细节。

(3)图层设计层次，由于等高线地图为空间模拟，所以选择等比例缩小展示实际地形的结构设计，将图元进行组合安排而形成等高线地形图。

(4)VM 优化设计层次，为了方便查阅地图信息时获得更直观、强烈的视觉感受，选择纹理填充的图像渲染方法，将储煤区以红色横纹形式进行了视觉增强展示。

综上，安全可视化方式并不是唯一最优的，需要结合管理者特质、个人偏好与技能差异，选择具体管理情境中的最优选项。由此，图库体系为煤矿安全管理提供了尽可能丰富的选择空间，也是可视化方式选择研究的基础。

11.3.2.4　基于图库体系的安全可视化方式 FODV 设计模型

可视化方式的设计优化，首先应针对煤矿安全管理中可视化方式实践应用存在的问题，分析导致问题出现存在的偏差原因、定位该安全管理活动的可视化方式功能层次，搜集该安全活动的管理目的、内容结构、信息属性及其数据特征，获取可视化方式所要表达的信息内容、展示对象，进而结合可视化方式图库的设计原理，利用数据挖掘、析取与映射进行可视化方式的设计优化，形成基于管理需求而设计完成的可视化方式集，该方式集合通过匹配优度的筛选对比，选择出最终、最适宜的可视化方式。模型具体如图 11.34 所示。

因此，可视化方式的 FODV 模型分为四个部分，F-O 均为管理需求的描述，也提供了设计内容的范围、设计对象，其中，F 为确定管理目的，O 为确定信息内容、筛选内容属性；D 为根据管理需求而开展的可视化方式设计过程，V 为形成的可视化方式集，也是可视化方式图库的具体体现。

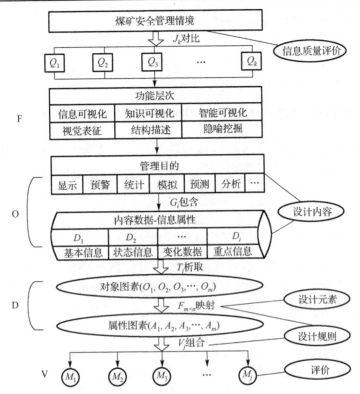

图 11.34 煤矿安全可视化方式图库的 FODV 设计模型

(1) 煤矿安全可视化方式的需求确定 (F)。煤矿安全管理涉及煤炭企业的人员、物质、信息、制度和技术等各类型内容，不同内容的现有可视化需求、可视化实践程度不同。根据安全信息质量评价，可以得出煤矿安全可视化的问题集合 $\{Q_1, Q_2, \cdots, Q_k\}$，从而确定可视化方式的对象，并通过信息质量评价结果，确定该安全活动的可视化方式需求层次，分为视觉描述、结构描述、隐喻描述。

(2) 安全可视化方式的内容分析 (O)。煤矿安全管理活动的目的随着管理水平的发展而变化，如在专家辅助、人工智能系统应用之前，安全环境管理仅为实时监测记录、异常警报，之后的技术发展为安全管理提供了危险源预测、评估、灾害模型模拟等功能。因而，根据确定的可视化方式层次需求，进一步确定可视化方式的管理目的 $\{G_1, G_2, \cdots, G_k\}$ 及其包含的内容信息属性 $\{D_1, D_2, \cdots, D_i\}$。

(3) 安全可视化方式的设计过程 (D)。以可视化方式的图库元素为基础，利用数据挖掘的因子分析、关联分析、主成分提取法等，析取安全管理的各内容要素、信息属性的共性因素，即提取对应的对象图元 $\{O_1, O_2, \cdots, O_m\}$，依据可视化方式设计规则 $F_{m \times n}$ 映射为属性图元 $\{A_1, A_2, \cdots, A_n\}$；进而，结合可视化方式的需求层次与设计面向对象 (安全管理者) 认知特质，进行可视化方式的视觉表征、结构布局、隐喻挖掘各层次的递进设计优化，形成相应的可视化方式图示。

(4) 安全可视化方式的优化确定(V)。根据可视化方式的设计规则与图元组合规则，将 $F(O_m, A_n)$ 组合为一系列可视化方式集 $\{M_1, M_2, \cdots, M_j\}$，通过比较分析，求出该安全管理情境、实践问题中最适宜的可视化方式。

11.3.3 煤矿安全可视化方式的优化设计实例与效果分析

本节基于安全可视化方式的信息质量评价、需求分析、图库设计与 FODV 设计模型，选取"井下人员管理"完成可视化方式认知实验，记录被试者针对不同图示回答所需问题的时间，通过组间方差分析得出认知时间最短，即最优的可视化方式。

11.3.3.1 安全可视化方式的优化设计实例

井下人员管理是煤矿安全管理的重要内容，也是煤矿六大紧急避险系统之一。由于矿井生产环境封闭、管网状的分布特殊性，对井下人员的位置与行为进行监测、规范十分困难，传统安全管理无法掌握人员状态、路线的实时信息。结合 ISQ 优化需求评估，"井下人员定位"、"井下人员位置"的评估结果为 0.365、0.308，因而，其可视化方式应用属于"未恰当"，需要进行可视化方式的优化设计。结合 FODV 设计模型，对该两项活动进行优化设计。具体流程如图 11.35 所示。

1) 安全管理需求分析

首先，需结合信息质量评价的结果，得出井下人员位置、行动路线的信息主要体现为管理因素、信息内容的展示，属于视觉描述层次。其次，分析井下人员管理的目的，得出其关注内容包括员工基本信息、人员路线分析、地理坐标、人员分布密度、与危险源相对距离等，信息属性为基本信息、重点信息、状态信息等。

2) 安全可视化方式设计

确定了该安全管理的可视化方式需求后，进而可根据可视化方式需求进行具体的图形设计。首先，将分析得出的管理内容、信息属性在煤矿可视化方式图库中进行比照，顺序识别相应的图元类型，判断是否为所要求的对象、属性图元。其次，将提取的信息内容与可视化方式图库中的对象图元、属性图元进行对比，依据可视化方式的设计规则进行结构设计、优化分析，绘制具体的可视化方式类型。

经过如上的设计过程，最终形成井下人员定位、人员路线管理的可视化方式待选类型，分别为文字数据表、二维平面显示、三维地形显示，具体的可视化方式设计内容如图 11.36 所示。

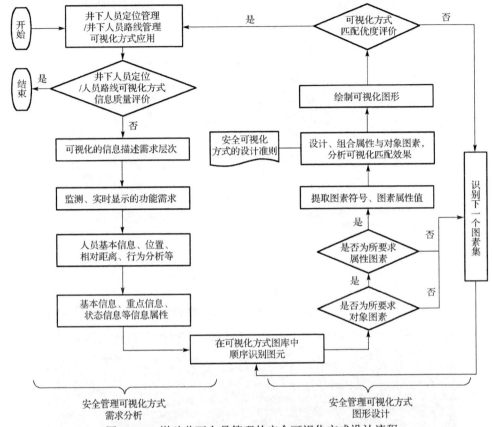

图 11.35　煤矿井下人员管理的安全可视化方式设计流程

　　图 11.36(a) 显示了某时刻井下人员的详细信息，包括入井时间、进入时长、信号监测基站等信息；图 11.36(b) 在井下二维地图叠加展示了各监测基站的人员数量信息；图 11.36(c) 以三维井巷模型展示各监测区域内的人员分布，气泡大小与人数成正比，颜色代表分布密度(红色代表超于 15 人，黄色代表 5～15 人，蓝色代表 5 人以下)，点击气泡可查看具体人员信息，气泡之间的间距代表不同人员监测点之间的距离。

0	员工	卡号	姓名	部门	下井时间	进入时间	离开时间	当前基站
1	2918	3159	颜光明	机电科	2008-01-14 09:33:22	2008-01-14 09:51:47	2008-01-14 09:53:37	043上巷
2	197	3175	刘喜军	生产科	2008-01-14 09:33:00	2008-01-14 10:57:35	2008-01-14 10:59:01	043下巷
3	5677	3181	王祥才	生产科	2008-01-14 09:33:00	2008-01-14 10:56:52	2008-01-14 10:58:19	043下巷
4	2096	4508	付林庄	安检科	2008-01-14 09:01:35	2008-01-14 11:04:04	2008-01-14 11:05:10	043下巷
5	5662	4549	郭鹏	安检科	2008-01-14 09:12:47	2008-01-14 11:04:04	2008-01-14 11:05:31	043下巷
6	1602	4700	陈光伟	一掘队	2008-01-14 09:22:07	2008-01-14 11:16:45		043下巷皮带头
7	4181	4704	上官雪周	一掘队	2008-01-14 07:25:12	2008-01-14 07:34:34	2008-01-14 07:35:40	043下巷
8	139	4705	胡伟伟	一掘队	2008-01-14 07:35:32	2008-01-14 08:43:46	2008-01-14 08:44:30	043下巷
9	4182	4710	史治群	一掘队	2008-01-14 07:24:26	2008-01-14 07:34:34	2008-01-14 07:35:40	043下巷
10	116	4712	董金平	一掘队	2008-01-14 07:59:23	2008-01-14 08:13:25	2008-01-14 08:14:09	043下巷
11	4227	4713	张成立	一掘队	2008-01-14 07:48:03	2008-01-14 08:43:02	2008-01-14 08:44:54	043下巷
12	4168	4727	苗安升	一掘队	2008-01-14 08:49:37	2008-01-14 11:04:04	2008-01-14 11:05:31	043下巷
13	4192	6187	王法军	一掘队	2008-01-14 07:47:41	2008-01-14 07:56:36	2008-01-14 07:59:09	043下巷
14	4215	6188	杨学先	一掘队	2008-01-14 07:47:41	2008-01-14 07:58:03	2008-01-14 07:58:47	043下巷
15	136	6196	胡海周	一掘队	2008-01-14 08:09:59	2008-01-14 08:39:00	2008-01-14 08:39:44	043下巷
16	2019	6428	胡书清	二开拓	2008-01-14 07:48:25	2008-01-14 07:53:16		043上巷口
17	2026	6431	李付军	二开拓	2008-01-14 08:48:52	2008-01-14 11:03:21	2008-01-14 11:05:10	043下巷
18	2053	6442	王帅伟	二开拓	2008-01-14 07:14:39	2008-01-14 11:12:26	2008-01-14 11:13:09	043下巷
19	2062	6445	吴雷虎	二开拓	2008-01-14 07:14:17	2008-01-14 07:56:39	2008-01-14 07:58:07	043上巷

(a) 文字数据表

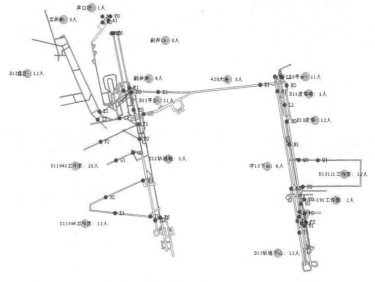

(b)二维平面显示

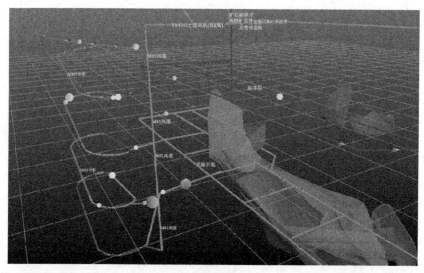

(c)三维地形显示

图 11.36　煤矿井下人员定位管理的安全可视化方式集(见彩图)

井下人员路线管理的设计方式如图 11.37 所示，图 11.37(a)显示了井下人员的井下行走路线详情，包括入井时间、经过各信号监测基站的耗时等；图 11.37(b)借助井下二维地图叠加展示了某人员的井下路线(黄色表示已完成路线，红色表示计划路线)；图 11.37(c)以三维井巷模型展示人员的井下路线(实线为已完成路线，虚线为计划路线)。

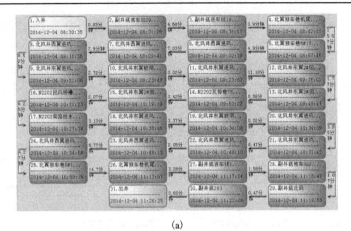

(a)

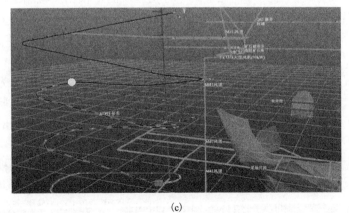

(b)

(c)

图 11.37　煤矿井下人员路线管理的安全可视化方式集（见彩图）

如上的井下人员定位、人员路线管理的可视化方式集提供了由数据表、二维平面到三维立体模型的展示图形。如在三维地图的展示类型中，与前两类型相比其特殊之处体现在：井下人员定位管理中，圆圈的半径大小、颜色、分布位置可以区分人员密度的大小，颜色越深、面积越大、距离相近代表该区域人员分布密度大、距离近；井下人员路线管理中，实线代表走过的路线，虚实表示已行走与未行走。综上，上述可视化方式包含的设计元素及内容如表 11.13 所示。

表 11.13　井下人员定位、人员路线管理的安全可视化方式设计元素

	井下人员定位管理	井下人员路线管理
内容 (功能)	管理者(级别、基本信息、职能内容) 人员分布管理(区域分布、密度分析等) 人员调度管理(调度信息、隐患分布)	路线管理(目标行走路线、本次行走路线、最近逃生路线、历史查询) 工作任务(待做、已做、完成率)
对象 图素	数据、文字 数据、文本、二维地图、圆圈 数据、文本、三维地图、圆圈	数据、文字 数据、文本、二维地图、折线 数据文本、三维地图、圆圈、方块
属性 图素	编号、排序、数值对比 编号、排序、数值对比、空间结构、形状、颜色 编号、数值对比、形状、颜色、面积、立体结构、箭头	编号、排序、数值对比、箭头 编号、排序、数值对比、空间结构、颜色、符合图标(人形) 编号、形状、颜色、立体结构、线型类别、箭头
组合 规则	时间序列排序 空间布局、格式塔-整体性 空间布局、信息层次设计、对比增强	时间序列排序 空间布局、格式塔-趋势性 空间布局、视觉流引导、对比增强

11.3.3.2　安全可视化方式优化设计的认知实验分析

1)实验目的

对井下人员管理的各类可视化方式进行实验观测，根据实验结果选择最符合管理需求的恰当可视化方式类型并验证，经过 FODV 设计模型可以得出安全管理需求匹配最优的可视化方式。

2)实验原理

安全可视化方式的设计选择目标为管理效应最大化，安全可视化方式的管理效应由个人绩效(个人认知效率 P_r)与组织绩效(个人重要度 P_0)构成。实验对井下人员定位与井下人员路线的可视化方式进行认知测试，此时 P_0 对被试人员的认知效率提升的影响极小(假定实验期间被试者的组织重要度没有变化)，因而，实验中安全可视化方式优化设计后产生的管理效应将集中体现为 P_r。此外，安全可视化方式的个人认知效率 P_r 与认知容量、认知难度、认知时间、认知准确率相关。其中，认知时间为视觉认知研究常用的观测指标，如 Rosenholtz[526]、张旭明[527]、刘志华[528]等学者针对认知材料差异带来的视觉认知差异进行了大量实验研究，证明了视觉搜索、

视觉特征与认知材料的熟悉度、结构对称度等设计因素相关，最终体现为信息用户的认知时间差异。因而，选取认知时间作为观测项，可得本次认知实验的基本原理：当信息难度、获取信息量保持一致时，管理效应与认知时间成反比，认知时间越短，个人认知效率越高，安全可视化方式产生的管理效应越显著。

3）实验条件

实验材料：井下人员定位、井下人员路线管理的设计图集，每个图集包含三类可视化方式，分别为一维数据文字图表、二维等比地图结构展示、三维立体空间展示。

实验环境：被试的安全可视化方式为电子图像存储，通过计算机进行展示，显示器 23 寸，分辨率 1920×1080，颜色深度 32 位，刷新频率 60Hz，色度、亮度 100%，RGB 色域覆盖率 94.4%，颜色增强 0%。

实验人员：在 S 煤炭企业的总部调度室、安全监察管理部中，随机选取 30 名在职安全管理人员，所有被试者矫正视力正常，测试前未告知被试内容。

4）实验设计

将选取的 30 名被试者分为 C、D、E 3 组，每组 10 人，其中，C 组的认知材料为 a 类型图示，即展示一维文字数据表；D 组的认知材料为 b 类型图示，即二维平面的空间地图可视化展示；E 组的认知材料为 c 类型图示，即三维模拟的立体空间可视化展示。实验中，同组被试者将分别看到一幅相同的井下人员定位、人员路线管理图示，回答两道问题，设计问题具体为：第一，针对展示的井下人员定位图，找出人员分布最密集的区域及其人员数量；第二，针对展示的井下人员路线图，描述其中一位人员的行走路线(起点、终点、现在位置)。第一道题目中，被试者将完成展示图案中的数值排序、空间结构判断；第二道题目中，被试者将完成展示图案中的信息搜索、空间判断、语言描述的连锁认知行为。

实验采取减法反应时测试方法，3 组实验人员在独立空间内分组、单人进行，不受外界影响。实验开始后屏幕显示器空白，实验管理员点击鼠标，嵌入数秒器开始计时，屏幕随机显示人员定位、人员路线的图示，可视化方式的下方留白处显示测试问题，被试者口头回答问题、实验管理员认可准确，点击鼠标、计时停止，屏幕进入空白，记录该可视化方式的认知时间。实验共获取 60 组井下人员定位、人员路线数据，每类可视化方式包含 10 组数据。

实验中，由于被试问题相同，可知被试者完成题目作答后，通过该可视化方式类型获取的信息量相同。因而，平均作答时间最短的可视化方式类型，为最适宜的展示类型。即，存在实验假设如下

$$H_0 : t_{(a)可视化方式} = t_{(b)可视化方式} = t_{(c)可视化方式} \qquad (11.6)$$

$$H_1 : t_{(a)可视化方式}、\ t_{(b)可视化方式}、\ t_{(b)可视化方式} \ \text{至少有一类显著不同} \qquad (11.7)$$

5) 实验结果分析

结合各实验的认知时间基础数据，对如上的假设进行单因素组间方差检验，P 值取 0.05。利用 IBM SPSS 21.0 完成统计分析，具体结果如表 11.14 所示。

表 11.14　C、D、E 组认知实验基本数据

序号		1	2	3	4	5	6	7	8	9	10	均值
C 组 a 类	Q_1	11.6	12.6	11.7	11.8	11.2	11.9	12.3	12.8	11.7	11.3	11.89
	Q_2	13.5	14.1	13.2	13.4	12.6	13.6	13.8	14.4	13.7	13.5	13.58
D 组 b 类	Q_1	6.6	7.5	6.8	6.2	6	6.9	6.4	7.6	6.9	6.3	6.72
	Q_2	10.1	10.7	10.4	9.6	9.4	10.5	10.3	10.9	10.4	9.7	10.2
E 组 c 类	Q_1	3.4	3.9	3.1	2.9	2.6	3.2	3.6	4.2	3.7	3.3	3.39
	Q_2	16.2	17.1	16.3	16.2	15.8	16.7	16.9	17.6	16.8	16.3	16.59

如表 11.15 所示，利用 Levene 方差齐次检验对井下人员定位、井下人员路线管理的认知时间进行分析，其 p 值分别为 0.923、0.780，均大于 0.05，因而认为对于两项井下人员管理的可视化方式而言，三组展示策略方差相等，符合进一步方差检验的条件。利用 ANOVA 单一维组间方差分析的结果，井下人员定位认知时间组间方差平方和为 366.893，总平方和为 373.967，平均方差值为 183.446，$F_{(2,27)}=700.177$，显著性指标为 0.000；井下人员路线管理认知时间的组间方差平方和为 204.389，总平方和为 211.254，平均方差值为 102.194，$F_{(2,27)}=401.930$，显著性值为 0.000，如表 11.16 所示。

表 11.15　方差齐性检验表

	Levene 统计量	自由度 1	自由度 2	显著性值
井下人员定位认知时间	0.081	2	27	0.923
井下人员路线认知时间	0.251	2	27	0.780

表 11.16　单因素组间方差分析检验表

实验分组		平方和	自由度	均方	F 值	显著性值
井下人员定位认知时间	组间	366.893	2	183.446	700.177	0.000
	组内	7.074	27	0.262		
	总数	373.967	29			
井下人员路线认知时间	组间	204.389	2	102.194	401.930	0.000
	组内	6.865	27	0.254		
	总数	211.254	29			

根据 ANOVA 方差解释效应量 η^2：η^2=组间平方和/总平方和，可得井下人员定位效应量为 0.981，井下人员路线效应量为 0.967。通过组间配对比较的检验值显著性值为 1，可知三类可视化方式每两组配对不共享同一列，如表 11.17 所示。

表 11.17　组间配对比较检验分析表

可视化方式 井下人员定位	样本量	α=0.05 的子集			可视化方式 井下人员路线	样本量	α=0.05 的子集		
		1	2	3			1	2	3
(c)	10	3.3900			(b)	10	10.2000		
(b)	10		6.7200		(a)	10		13.5800	
(a)	10			11.8900	(c)	10			16.5900
显著性值		1.000	1.000	1.000	显著性值		1.000	1.000	1.000

由此可知，井下人员定位、井下人员路线管理的认知时间 f 检验值均小于 p 值 0.05，因而认为安全可视化方式的不同引起了井下人员管理认知时间的变化；根据 ANOVA 效应量结果，认为可视化方式的不同解释了井下人员定位认知差异的 98.1%，解释了井下人员路线认知差异的 96.7%。结合组间配对比较的检验结果，三组数据不共享同一列，即三种可视化方式相互独立，存在显著差异。因此，验证假设 H_1 成立，接受 H_1 假设。

6）实验结果分析结论

对不同可视化方式类型的认知时间均值进行比较，得出结果如图 11.38 所示。根据实验理论，由于认知时间较短的类型拥有更高的管理效应，可知对于井下人员定位管理而言，各类可视化方式对于井下人员管理的匹配优度排序为 (c)>(b)>(a)，认知时间分别减少 71.5%、49.6%（以匹配度差组为基底）；井下人员定位管理而言，各类可视化方式的匹配优度排序为 (b)>(a)>(c)，认知时间分别减少 38.5%、24.9%。

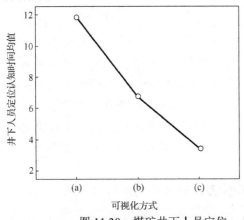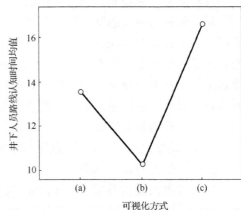

图 11.38　煤矿井下人员定位、人员路线可视化方式的认知时间均值

综上，结合 FODV 模型对井下人员管理的可视化方式进行优化设计，优化后的认知时间显著降低。对其所产生的管理效应 P 进行具体分析，可知：

（1）可视化方式的优化设计使得安全管理的个人认知效率 P_r 提升；

(2)由于实验为短时间尺度，个人的组织重要度在实验内假设不变，即 P_0 为固定不变；

(3)在实验中，随着 P_r 的提升，安全可视化方式的管理效应 P_0 也得到提升，即安全可视化方式的优化设计能够产生更优越的安全管理效应。

11.3.4　煤矿安全可视化方式的选择模式研究

本节基于管理级别，对可视化方式影响因素进行对应分析，研究不同管理级别对影响因素的偏好。

11.3.4.1　安全可视化方式的管理层级分析

根据煤炭企业的实地调研分析，通常煤矿安全管理活动分为战略规划、领导组织、一般管理、业务操作四个管理层级。战略规划层通常为企业安全管理的公司领导层，业务操作层为企业安全生产活动的一线活动人员，领导组织与一般管理层分别为安全管理相关部门的部门主管与普通管理员工。基于管理层级的可视化方式的影响模式分析，其依据主要为：在四个影响因素维度中，管理因素对可视化方式影响作用最显著。在因子分析中，管理因素方面的信息载荷能力占总体样本信息载荷累积量的 21.273%(其他三个维度分别为 20.979%、20.498%、11.949%)，说明管理因素是可视化方式优化选择的重要考虑因素。管理重要性、紧迫性等管理因素随管理层级而变化明显，因而，将管理层级作为管理因素的决定因素。

11.3.4.2　基于管理层级的可视化方式选择模式对应分析

1)对应分析的基本原理(详见 5.1.1 节)

对应分析的研究思路：对应分析(Correspondence Analysis，CA)起源于 1933 年美国 Richardson 和 Kuder 提出的一种多元相依变量统计分析技术。通过分析由定性变量构成的交互汇总数据来解释变量之间的内在联系，它可以揭示同一变量的各个类别之间以及不同变量各个类别之间的对应关系[529]。对应分析以两变量的交叉列联表为研究对象，通过图形的方式揭示变量之间以及变量的不同类别之间的联系。

对应分析的基本步骤：编制交叉列联表并计算概率矩阵，根据概率矩阵 P 确定数据点坐标，行变量和列变量的分类降维处理，绘制变量分类的对应分布图。

2)对应分析的设计思路

针对被测人员的管理级别(职务)与可视化方式的影响因素进行调研与对应分析，具体包括如下步骤：

(1)问卷首先设计管理层级的答题项，搜集被调查者的管理层级情况。

(2)根据霍尔四维属性模型对可视化方式的影响因素维度的分析结果，确定了 7 个可视化方式影响维度，即管理重要性、管理时效性、信息准确性、信息容量、信息复杂度、个人偏好、技术差异。问卷采用"1~5"分评分量表，为平均值列联表分析，即在回收问卷数据后汇总分数频数，进而求出各管理层级在不同影响维度的平均分数 X，以 X 与管理层级进行对应分析，并由此获得二维列联表的原始资料。

(3)缺省值补齐方式。对于问卷数据出现缺省值的特殊情形，一类为数据评分缺失，即判断为无效问卷；最终未通过因子分析建议的属性维度需进行排除。通过前节因子分析结果，7 项可视化方式影响因素维度均包含在有效因子内。

11.3.4.3 安全可视化方式的选择模式对应分析结果

1)数据基本面分析

调查活动中，该项调查共回收 261 份有效问卷，其中，战略规划层、领导组织层、一般管理层、实践操作层比例分别为 7.3%、14.9%、54.2%、35.6%，根据评分结果，可以得出各管理层对不同影响因素的偏好，评分域为 1~5 分，1 分为受该因素影响最小，5 分为受影响最大，1~5 分表示所受影响逐步增大。

对问卷数据中的各因素、各分值的打分频数进行汇总统计，可以得到对应分析的原始数据资料，具体如表 11.18 所示，列为可视化方式的各影响因素维度，行为不同管理层级与分值，列表内容为各属性的分值频数。

表 11.18 对应分析的原始资料数据

		管理重要性	管理时效性	信息准确性	信息容量	信息复杂度	个人偏好	技术差异
战略规划层	1 分	0	0	0	0	0	6	12
	2 分	0	0	0	0	0	3	3
	3 分	0	0	12	15	8	9	0
	4 分	9	8	4	2	5	1	3
	5 分	10	11	3	2	6	0	1
领导组织层	1 分	0	0	0	0	0	8	10
	2 分	0	0	0	0	0	0	17
	3 分	12	22	0	0	0	11	4
	4 分	19	6	7	9	8	7	7
	5 分	8	11	32	30	31	5	1
一般管理层	1 分	0	0	0	0	0	0	0
	2 分	28	18	0	0	6	22	4
	3 分	46	52	22	25	31	23	53
	4 分	23	29	37	44	37	44	32
	5 分	21	19	59	49	44	29	29
实践操作层	1 分	44	24	0	0	0	0	0
	2 分	22	40	2	11	9	0	0
	3 分	11	11	38	33	48	0	24
	4 分	8	10	19	29	19	22	25
	5 分	0	0	26	12	9	63	36

2)数据结果分析

表 11.19 为管理层级与可视化方式影响维度之间的对应分析结果摘要,由于表中显著性值为 0.000,说明行列变量之间存在显著的相关性,对应分析是有效的。惯量为每一维到其重心加权距离的平方,可以度量行列关系的强度;奇异值为惯量的平方根,反映了行与列各水平在二维图中分量的相关程度;惯量比例为对各维度(公因子)分别解释总惯量比例情况。第一特征维的奇异值为 0.241,惯量值为 0.058,解释了总惯量的 92.5%;第二特征维的奇异值 0.071,惯量值为 0.05,解释了总惯量的 7.5%,由于二维作图需求,最终选择两维度来分析与解释行列变量相应关系。

表 11.19　管理层级-可视化方式影响因素的分析摘要

位数	奇异值	惯量	卡方	显著性	惯量比例		置信奇异值	
					解释	总计	标准差	相关(2)
1	0.241	0.058			0.925	0.925	0.093	0.116
2	0.071	0.005			0.075	1.000	0.099	
总计		0.063	16.443	0.000a	1.000	1.000		

确定行、列分析维度后,可以得行、列详细信息情况,如表 11.20 和表 11.21 所示。质量为行与列的边缘概率,即不同管理层、不同可视化方式影响维度所占总行、列维度的概率。"维中的得分"是各维度映射在二维图中的坐标,"贡献"所在列的内容表示各管理层级、各可视化方式影响因素对所在维度的特征值的贡献(点惯量),以及所在维度对各管理层级、各可视化方式影响因素的特征值的贡献(维惯量)。由两表可得各行、列类目的二维坐标点。

表 11.20　行详细信息表

管理层级	质量	维中的得分		惯量	贡献				
		1	2		点对维惯量		维对点惯量		
					1	2	1	2	总计
战略规划层	0.231	−0.681	0.286	0.027	0.444	0.307	0.956	0.043	0.999
领导管理层	0.270	−0.202	−0.371	0.005	0.046	0.604	0.529	0.456	0.986
一般管理层	0.266	0.183	−0.006	0.003	0.037	0.000	0.773	0.000	0.773
实践操作层	0.233	0.700	0.153	0.028	0.474	0.089	0.981	0.012	0.993
有效总计	1.000			0.063	1.000	1.000			

经过上述分析,可得如图 11.39 所示的对应分析二维图。在横轴和纵轴方向上检查各变量的分区情况,通过分析各个变量各个分类间的位置关系,相互关系更为紧密的为落在相邻区域中的不同变量的分类点。图中,圆圈代表管理层级类别,方格表可视化方式影响因素类别,根据各维度的不同类目加入内插线。

表 11.21　列详细信息表

可视化方式影响因素	质量	维中的得分		惯量	贡献				
					点对维惯量		维对点惯量		
		1	2		1	2	1	2	总计
管理重要性	0.137	−0.639	0.178	0.014	0.231	0.070	0.977	0.019	0.997
管理紧迫性	0.137	−0.537	0.270	0.010	0.165	0.163	0.935	0.060	0.995
信息准确性	0.164	0.020	−0.218	0.001	0.000	0.126	0.031	0.922	0.953
信息容量	0.157	−0.002	−0.319	0.001	0.000	0.259	0.000	1.000	1.000
信息复杂度	0.160	−0.145	−0.180	0.001	0.014	0.084	0.674	0.268	0.942
个人偏好	0.135	0.577	0.368	0.012	0.186	0.295	0.883	0.092	0.975
技术差异	0.110	0.941	0.033	0.024	0.404	0.002	0.983	0.000	0.983
有效总计	1.000			0.063	1.000	1.000			

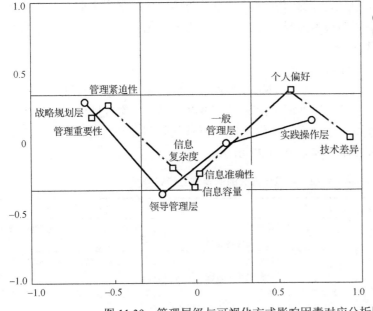

图 11.39　管理层级与可视化方式影响因素对应分析图

3) 可视化方式的选择模式分析

对安全管理诉求对应分析图表结果进一步展开分析，可以了解煤矿安全可视化方式中基于管理层级的影响模式。二维图形中，由平行于 X 轴与 Y 轴的辅线可以构成影响模式矩阵，在同一矩阵子模块中代表该类别在所在维度中为紧密相关的关系；由于二维度表中坐标点的距离代表两坐标点的对应相关程度，将管理层级与可视化方式因素的各个类别进行连线，可得各管理层级最强烈相关性的可视化方式影响因素。由此，对基于管理层级的可视化方式影响模式分析如下。

总体分布观察：各管理层级沿 X 轴方向分布于不同的横坐标区间，其中，战略规划层与实践操作层位于单独的影响模式子模块中，领导管理与一般管理层比较相近，位于一个子模块中。说明，第一种与第四种管理层级拥有比较独立的可视化方式影响模式，而第二和第三种管理层级所受影响模式比较接近。同理，各可视化方式沿 Y 轴方向分布于不同的纵坐标区间，其中管理重要性与管理紧迫性(管理因素方面)位置相近、处于一个模块中，信息准确性、信息容量与信息复杂性(信息描述方面)相近，个人偏好(管理者特质)与技术差异(技术设计方面)相近，它们分别构成三类相近的可视化方式影响因素群。

相邻要素观察：战略管理层所在的影响子模块中包含了管理重要性与管理紧迫性位置两个可视化方式影响因素距离最近，信息准确性等三个因素的相距位置较远，而个人偏好与技术差异距离最远，因而，战略管理者选择可视化方式受到因素影响的排序为管理因素>信息描述因素>个人偏好与技术差异。同理，可得一般管理层与领导管理层采用可视化方式时受到影响因素的强弱排序情况基本类似，信息描述因素>管理因素>个人偏好与技术差异；实践操作层的可视化方式影响因素排序为个人偏好与技术差异>信息描述因素>管理因素。

影响模式内涵：通过如上分析，战略规划层所处的子模块位置代表它受到的可视化方式影响模式，可以定义为"战略规划-管理影响"模式，领导管理层与一般管理层所处的子模块位置定义为"领导管理-信息影响"模式，实践操作层定义为"实践操作-个体差异"模式。三个管理层级落实于具体的管理者是彼此交叉的。三个可视化方式影响模式的具体内容如表 11.22 所示。

表 11.22　可视化方式的选择交互模式分类

选择模式	管理层级	关注维度	特征	选择模式的信息关注点
战略规划-管理影响	战略规划层	管理因素	宏观把握 安全管理战略规划	综合统计、总体管控、趋势预测、变动分析
领导管理-信息影响	领导管理层 一般管理层	信息因素	中观分析 安全管理活动的领导组织	综合管理、汇总统计、应急指挥、异常诊断
实践操作-个体差异	实践操作层	管理者特质 技术因素	具体执行 安全管理业务的实践操作	日常管理、工作任务、维护维修、紧急避险

11.3.5　煤矿安全可视化方式的选择交互系统实现

首先，结合人机交互理论提出 MCD(Management-level Centred Design)选择交互模式，得出选择交互系统的构建框架与数据模型，并系统阐述选择交互系统的功能体系。

11.3.5.1　安全可视化方式的 MCD 选择交互模式

基于信息系统的可视化方式十分重要。人机交互(HCI)主要研究信息用户如何与系统交互、系统如何完成任务的过程，主要分为 UCD(Uses-Centred Design)和

TCD(Tasks-Centred Design)两类[530]，前者根据用户的思维习惯、操作行为进行交互设计，但忽略了信息的操作目的，导致系统交互结果不明确，甚至出现操作错误；后者注重系统功能如何更加容易实现，却忽略了用户的操作习惯、视觉感受等易用性因素。因而，根据前面得出的管理层级选择模式，本书提出安全可视化方式的MCD 交互模式。MCD 交互模式根据安全管理者所处的管理层级选择信息关注点，在设计图库中自动选择、"推送"安全管理信息、可视化方式类型；用户对比推荐内容与自身需求的偏差，对可视化方式形式进行调整，即在系统交互过程中，依照用户指令进行可视化方式的优化设计，直至最终满足视觉感受与管理需求；最后，系统会自动记录用户的设置变更，形成该用户对安全可视化方式的认知特质、视觉偏好记录。MCD 交互选择流程具体如图 11.40 所示。

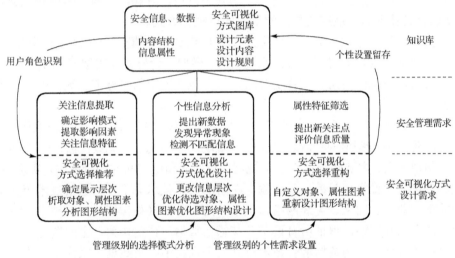

图 11.40 安全可视化方式的 MCD 交互流程图

1)用户识别

煤矿安全管理的数据源(内容结构、信息属性)、安全可视化方式的图库体系构成了交互模式的知识库(Knowledge Base，KB)，管理者登录安全管理系统后，从知识库中识别用户基本信息，并获取该用户的基础设置。

2)管理级别的选择模式分析

基于用户选择模式进行分析，确定安全可视化方式推荐集。根据所属选择模式由系统自动提取关注信息点、信息维度及信息特征；确定可视化方式的对象属性图素、分析图形结构，在图库中筛选初步"推送"的可视化方式图形。

3)个性需求设置

针对正在操作的管理任务，用户提出新的数据需求，或发现可视化方式推荐集中的不匹配信息特征，进而，用户自定义所需的可视化图素、图形内容。

4) 用户个性设置留存

将管理者的设置修改录入、更新知识库。每次操作、设计结果都会存储、更正该用户的可视化方式知识帧，形成新的用户认知偏好基础设置。

11.3.5.2　安全可视化方式的选择交互系统结构设计

1) 可视化方式的选择交互系统框架

煤矿安全管理的可视化方式选择交互系统是安全可视化方式的实践应用平台，它以煤矿安全管理的信息资源集成为基础，全面感知、采集矿山安全管理中的物质、人员、制度的实时状态与变动趋势；通过各类管理信息系统，利用数据挖掘、可视化技术对集成安全数据进行处理分析、虚拟建模；结合选择交互模型，根据不同管理级别需求，因需制宜地设计不同类型的安全可视化方式，并通过提供智能交互的MCD选择设计界面，最终选择匹配最优的可视化方式。

依据顶层设计原理，结合可视化方式的 FODV 设计模型、MCD 选择交互原理，设计了煤矿安全管理的可视化方式系统框架，横向包含感知与提取层、网络通信层、数据整合层、系统应用层、选择交互层，纵向包含安全信息标准、数据安全技术保障、安全信息系统运维体系构成纵向支撑体系，具体如图 11.41 所示。

感知与提取层，它是煤矿安全管理可视化方式系统的基础，从安全管理环境中提取信息数据、安全感知信息。该层次包括三部分：多源感知、无线传输、智能控制。

网络通信层，主要包括融合了电视网、数据网和电信网的融合网络，实现数字、视频、音频、图像等信号的高效传输。在新的信息技术与下一代通信技术革新中，结合井下工业 4G 网络、无线网络、生产专网与办公网与传统的三网技术，形成了矿山的泛在感知网络，保证所有设备及其感知数据的稳定传输、全面覆盖。

数据整合层，利用数据融合技术建立安全数据中心及数据关联模型，满足跨部门、跨业务的信息共享与业务协同需求，即管理信息整合；安全可视化方式的设计图库通过安全信息集成、逻辑建模、可视化抽象、视觉元素映射转化，设计可视化方式的知识库、案例图库，即认知信息的整合。

系统应用层，煤矿安全管理的应用系统包含对安全物态管理、安全人员管理等各类信息系统，主要体现为综合自动化、工程数字化、管理信息化的"三化"集成。

选择交互层，结合系统用户所属的管理层级，首先推送系统预设的可视化图例；管理者进而根据实际管理需求、认知特性与视觉感受偏好，通过人机交互界面对安全可视化方式进行内容编辑、图素优化、自定义设计等操作，挑选出所需要的安全管理信息及展示形式。即可视化方式的数据整合层、系统应用层将安全数据预先组合为各类可视化方式待选类型，但是通过系统用户的选择交互流程，最终实现了管理实践与认知特性的匹配最优。选择交互层的设计遵循 MCD 选择交互流程，包含用户角色识别、管理级别的选择模式分析及个性设置、用户信息。

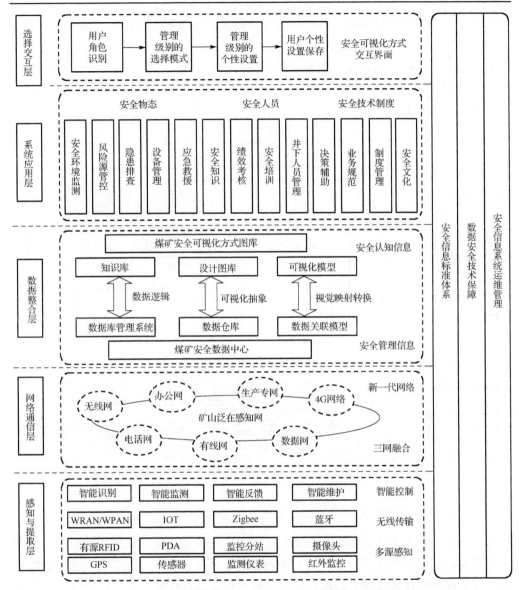

图 11.41　安全可视化方式的选择交互系统框架模型

　　配套支撑体系，安全可视化方式的纵向支撑体系包括安全信息标准、数据安全技术保障、安全信息系统运维体系，三者贯穿各建设层次，提供数据集成规范、信息传输与存储安全、运行维护保障的服务。

　　2) 可视化方式的选择交互数据模型

　　数据模型是一种描述数据如何在信息系统中输入与输出的模型。基于煤矿安全管理的可视化方式选择交互平台，对 MCD 选择交互模式的数据流程进行进一步研究。结合可视化方式的选择设计目标与交互模式，可视化方式图库、安全管理数据仓库提供安全信息展示的选择集合，是安全管理的业务流程、监测数据的体现；管理者通过安全可视化方式系统的交互界面,对所需的安全信息与展示图素进行选择，体现了管理者的视觉认知偏好。因而，该数据模型主要包含两部分，用户数据流与系统数据流，如图 11.42 所示。

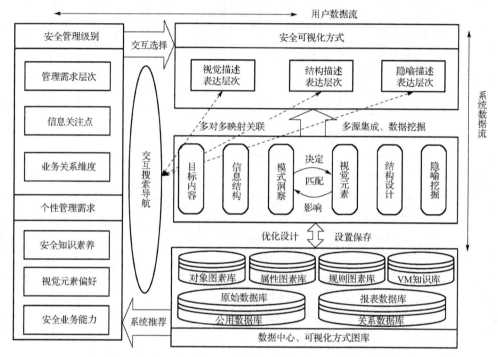

图 11.42　安全可视化方式的选择交互系统数据模型

11.3.5.3　安全可视化方式的选择交互系统功能设计

结合煤矿安全管理内容分析与安全可视化方式的选择交互系统构建体系，选择交互系统功能主要包含两方面：对安全物质、安全技术制度、安全人员进行监控管理的安全管理综合集成平台；用户对安全可视化方式进行交互设计、优选，提供基础设置、功能选择的交互平台，如图 11.43 所示。

1）安全管理综合集成平台

安全管理综合集成平台将各类安全管理系统集成于统一信息平台，它利用应用系统层与数据集成层将采集、传输而来的安全数据，按照安全信息标准体系要求，转化为统一的存储格式、传输口径，保证数据可以在各系统、各部门中顺畅流通、信息共享，信息用户能够在权限范围内进行查看、搜索操作。结合煤矿安全管理的内容结构，集成平台主要包括物态、人员与技术制度管理三部分。

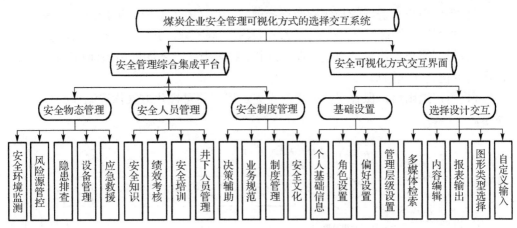

图 11.43　安全可视化方式的选择交互系统功能体系

2) 安全可视化方式交互平台

安全可视化方式交互平台是安全信息与安全管理者的人机交互界面，主要功能是向系统用户提供恰当的、喜爱的可视化方式展示类型。实现安全信息与信息需求者之间的透明化、高效化、深度化、智能化交互利用。交互界面主要包括基础设置、选择交互两部分功能。

综上所述，安全管理综合自动化集成平台涵盖了煤炭企业安全管理物态、人员、技术、制度等安全要素信息源，并实现了安全信息的感知采集、传输存储、数据分析处理等功能；安全可视化方式选择交互平台依据安全管理者的业务素质、认知特质、视觉偏好，对集成的安全信息内容进行筛选、智能挖掘、可视化提取与映射关联等操作，并提供个性图素设置、自定义设计等功能，形成全面、立体、高效、透明的安全管控模式与信息展示平台。

结合可视化方式选择交互系统的数据模型与功能设计，以煤矿安全隐患管理为例进行示范说明。此处选取某煤炭企业安监部部长(部门负责人)的身份视角，对该用户系统统操作过程进行观察记录，其结果如表 11.23 所示。

表 11.23　可视化方式的选择交互系统操作结果

选择模式	关注属性	推荐可视化方式	信息搜索	选择信息及属性	选择图素	优化可视化方式
领导管理层级	隐患数量单位对比	直方图、数据表	整改情况时段累计区域对比	隐患检查单位、检查人、隐患区域、隐患原因(字符型)、隐患级别、隐患数量(数值型)、隐患趋势、对比分析(百分比)	语言文字、数字字符、组合图标(对象图素)、颜色、排序、形状、面积大小(属性图素)	复合饼图、多维折线图

相应地，选择交互系统对用户操作的相应流程如下：

(1)识别用户身份、管理级别及选择模式，由数据库设置判断用户信息需求。

(2)根据用户搜索指令启动安全管理的数据关联检索，并修改交互界面信息帧。

(3)根据用户对信息内容进行图素选择，在可视化方式图库中识别相应图素，形成所需可视化方式图形。

(4)用户退出后，保存用户的更改设置。用户的可视化方式优选流程如图 11.44 所示。

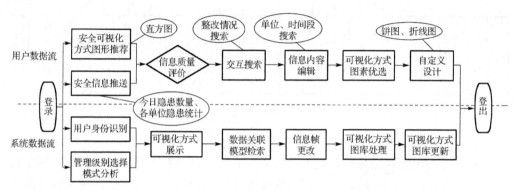

图 11.44　安全可视化方式的选择交互系统流程

第 12 章　可视化管理效应研究

12.1　可视化管理效应

12.1.1　可视化管理效应相关概念

可视化管理效应关注的是可视化管理带来的变化与影响，可视化方式作用于管理主体，继而作用于管理工作和任务，接着影响管理组织结构和管理制度，最终反映到管理的各个业务流程中去。在进行可视化管理效应的应用及评价研究之前，需要明确几个相关概念。

12.1.1.1　可视化管理

借助计算机图形学、计算机视觉、计算机辅助设计和图像处理技术，可视化管理就是将数据和文字信息转化为符合学习者认知心理的图形图像，在友好的人机交互屏幕上展现出来，最终实现信息交互的管理过程。作为信息化应用中日益普及的部分，可视化管理实现了信息与管理者之间的传递，以便于各类人员迅速准确地做出判断。可视化管理将传统的文本或者表格传递的信息以视觉上更加直观的形式展示给相关的可视化主体，可视化主体进行视觉感知活动后，对信息背后的关系、相关知识和趋势[531]进行识别和掌握，从而保证管理活动的高效实现。

12.1.1.2　效应

关于效应的研究主要起源于近现代人们在实践中积累的各种规律和现象，如蝴蝶效应、马太效应、帕金森效应等。效应泛指人或事物引起的反应和产生的效果，是理性的规律和感性的现象的统一[532]，即反映人和事物的客观现象和客观规律。在管理学的研究领域中，除了主观因素外，客体中的一些局部现象影响到实现目标的某些效果，造成目标实现程度上的差别，这种影响程度难以度量却又客观存在，把这种影响所带来的作用称为"效应"[532]。

12.1.1.3　管理效应

管理效应直观解释是效应在管理活动中的深化凝练，在组织生活中管理效应可以定义为具有特定规律的现象[532]，因此对于管理效应的研究应该在管理组织活动中进行，继而对管理效应的评价指标选择以及评价方法进行确定。对于管理效应进行定义，即对人、物、事等组成系统的要素进行优化组合，并对组成系统的运动、发展和变化进行有目的、有意识地控制，使其产生优良效果[533]。

12.1.1.4　可视化管理效应

可视化管理效应关注的是在使用可视化管理的方法进行管理活动时产生的管理效应，具体展开来说，在管理活动中采用符合人认知规律的可视化方式来组织管理活动，以便表达数据、信息及知识，过程中这种管理方式对于人、物、组织产生的效果和引起的反应统称为可视化管理效应，其中人包括管理者和被管理者，人不但要见证现象和规律的发生，参与到其演绎过程中，还要成为最终的作用对象，可视化管理效应必须通过人才能客观体现出来[532]；物指的是管理活动涉及的设施、设备、环境等；组织是指人和物的有机结合。

12.1.2　可视化管理效应指标选择

12.1.2.1　可视化管理效应指标的选择

可视化管理效应可以分为主体效应、客体效应及组织效应，所以可视化管理效应指标的选择可以从管理主体、管理对象、组织三个层面出发。

1) 可视化管理的主体效应指标选择

选择可视化管理主体效应指标，首先需要进行理论分析，人是管理的核心，人不但是管理的主导者，还是管理的承受者，作为主导者时，人通过对管理对象产生影响，但是有效的管理需要人自身首先对管理进行有效的认识，然后才能根据认知进行决策，所以对于管理主体效应的研究应当由认知效应和反馈效应来构成。

对于认知指标的选择，以往大多研究会使用时间和准确率这两个指标，但这两个指标只能反映认知的结果，对于认知过程中人的努力以及心理状态无法反映，所以除了传统的时间和准确率指标外，还应该考虑能反映人员认知过程心理状态和努力程度的指标。认知负荷是指在一个特定的作业时间内施加在个体认知系统的心理活动总量[534]。认知负荷是人在认知过程中认知系统的状态，占用人的心理资源，可能给人带来负面影响。遗忘曲线这一著名理论揭示了遗忘的规律，即记忆随时间的推移不断减少，为了对抗这种现象，人们可以通过多次学习来加强认知效果和减少遗忘，所以可以发现认知频率与认知效果之间存在着密切的联系。通过理论分析对于认知指标的选择，可选用认知时间、认知准确率、认知负荷和认知频率四个指标作为备选指标。

对于反馈指标的选择，当管理人员对可视化内容进行认知后需要做出相应的反馈决策行为，当人在进行反馈决策时首先关注的是准确性问题，只有正确的反馈才具有指导性作用；其次，还需要关注反馈所花费的时间，只有快速的反馈决策才能更好地、及时地解决问题；最后，管理者在进行心理对比和选择时，会产生一定的心理负荷，心理负荷过高会对人的注意力、情绪等产生影响；而过低的心理负荷又会使人员感到乏味，丧失警惕意识。通过对反馈决策过程的理论分析，可选择决策时间、决策准确率和心理负荷三个指标作为备选指标。

　　本节采用眼动实验的方式对主体效应指标进行全面的筛选和有效性检验。由于眼动实验需要测量眼动指标，而反映认知负荷和心理负荷的眼动指标较多，所以需要采用生理测量和主观测量相互验证的方法，从而检验和筛选出能反映可视化管理效果的认知负荷和心理负荷的眼动指标。前文提出的四个反映认知的指标和三个反映反馈的指标虽然都属于可视化管理的主体效应的指标，但这些指标能否从多个角度反映可视化管理的效应，并最终可以聚合成一个复合指标的前提是这些指标必须具有一致性，所以还需要采用心理学实验的方法来验证认知指标的一致性以及反馈指标的一致性。

　　2) 可视化管理的客体和组织效应指标选择

　　管理人员在对可视化材料认知后，基于自身能力的反馈和决策将会反映在被管理的对象上，一般来说会包括被管理的人、物以及环境等，对于可视化客体效应指标的选择，根据所涉及的可视化管理的领域，首先采用理论资料分析出最相关的几大类指标，然后再根据几个方面指标列出对应的具体次级指标，如一般可将客体指标首先分为人、物和环境三类，人员类指标可继续分为人员经验积累、人员受教育程度等次级指标。在选择好一些具体指标后，将其作为备选指标，接下来需要设计问卷调查，并采用因子分析的方法，在备选指标中确定出最终的可视化管理客体效应的指标。

　　可视化管理组织效应指标的选择过程和客体效应指标的选择相类似，首先需要根据所涉及领域的不同，结合理论资料分析出最相关的几大类指标，每一类指标也都涉及具体的几项次级指标，然后将这些指标作为备选指标，接下来会选择一定数量的特定人群做调查问卷(特定人群要在所研究领域有一定的代表性以及阶层年龄等的覆盖性)，最后会对根据所得到的调查结果做相应的分析，并利用因子分析的方法及其结果确定出最终选择的可视化管理组织效应的指标。

　　12.1.2.2　可视化管理效应的评价方法

　　可视化管理效应按照作用对象的不同可分为主体效应、客体效应和组织效应三个层级，每个层级又有与之对应的多个效应评价指标，所以评价这种可视化管理方式和不同主体之间的可视化效应的问题属于多目标决策问题。对于多目标决策，常常使用的方法有 TOPSIS(Technique for Order Preference by Similarity to Ideal Solution)法、层次结构模型法、目标规划等。然而对于可视化效应相关数据的特点，更适宜采用 TOPSIS 法来进行可视化效应的评价。

　　TOPSIS 法是属于一种多目标决策方法。其核心思想是：首先从待评价方案的各属性中挑选出每个属性的最优值和最差值，然后将所有最优值组合在一起形成理想方案，同时将所有最差值组合在一起形成负理想方案，接下来分别计算每个待评价方案与理想方案及负理想方案之间的距离，最后根据每个方案与理想方案及负理想方案的距离对所有待评价方案排序，方案距离理想方案越近且距离负理想方案越远，则该方案的排名越靠前。

　　TOPSIS 法采用了 n 维空间距离的计算思路。设一个多属性决策问题的备选方案为 $X = \{x_1, x_2, \cdots, x_m\}$，每个方案有 n 个评价指标 $Y = \{y_1, y_2, \cdots, y_n\}$，那么方案集 X 中的每个方案 $x_i(i=1,2,\cdots,m)$ 的 n 个属性值就构成了一个向量 $Y_i = \{y_{i1}, y_{i2}, \cdots, y_{in}\}$ 作为 n 维空间中的一个点。而理想方案和负理想方案也是 n 维空间中的一个点，然后计算每个方案与理想方案和负理想方案的距离，最终根据每个备选方案靠近理想方案同时又远离负理想方案的程度来给所有方案排名，从而得到结果。

12.2　可视化管理效应评价指标体系构建

12.2.1　煤矿安全可视化管理效应的评价指标构建

　　煤矿安全可视化管理效应是对可视化管理在煤矿安全管理中的应用效果进行衡量。本书采用定性和定量相结合的方式，充分利用并融合了科学性、系统性、稳定性、适用性、可测量性及前瞻性等原则，构建煤矿安全可视化管理效应的指标体系。

　　(1)理论研究和范围划定。从管理主体、管理对象、组织三个层面出发，借鉴认知科学和煤矿安全管理的国内外相关研究成果，初步筛选出与煤矿安全可视化管理效应密切相关，并且使用频率较高的指标作为备选指标。

　　(2)指标的筛选和有效性检验。采用实验、调研等方式对备选指标进行全面的筛选和有效性检验。通过对实验和调研结果的分析，从备选指标中筛选、提炼出具有代表性和不重复的正式指标，保证指标的科学性和有效性。

　　(3)指标释意。对于获得的正式指标进行准确的释义，说明指标的内涵、外延和用法，从而保证指标后续的准确应用。

　　(4)形成体系与关系讨论。将获得的正式指标汇集在一起，进行分级排列，形成一个结构完整、内容全面的煤矿安全可视化管理效应的指标体系。初步讨论指标体系各级指标之间的基本关系，为后续研究提供基础。

　　从组织管理学的角度，为全面概括管理者的主体效应和管理对象的客体效应，引入组织效应指标，将煤矿安全可视化管理效应的指标体系总体上分为三个层级，第一层为整个煤矿安全可视化管理效应；第二层包括主体效应指标、客体效应指标和组织效应指标三部分；第三层为最终可以量化的具体指标。

12.2.2　煤矿安全可视化管理主体效应指标

煤矿安全可视化管理是通过图的方式革新管理人员对问题、隐患的传统认知方式，借助可视化技术将管理内容高效地传达给管理者，使管理人员可以快速准确地发现问题并做出应对措施。本书将主体效应指标分为认知指标和反馈指标，通过研究管理者的主体效应指标，从而达到科学的衡量管理人员对于可视化的认知和反馈效果。

在煤矿安全可视化管理效应认知指标的选择过程中，除了考虑传统的时间和准确性的指标外，还引入了反映人认知过程中心理状态和认知效果的指标。

12.2.2.1　认知时间

基于认知科学、实验心理学、人机工程学对于各种时间指标的界定和计算，结合煤矿安全可视化管理的实际过程，本书将煤矿安全可视化管理中，管理人员对可视化内容的反应时间分为认知时间(Cognitive Time，CT)和决策时间(Decision Time，DT)两部分，具体计算公式为

$$T = CT + DT \tag{12.1}$$

其中，T 表示可视化管理中人的反应时间，CT 表示人的认知时间，DT 表示人的决策时间。

12.2.2.2　认知准确率

认知准确率指认知主体所掌握认知客体状态及其运动变化的正确性和全面性。在认知科学中，常使用任务绩效的方法来测量准确率，一般采用提问的方式，记录被试对于问题回答的情况，最后统计准确率。在煤矿安全可视化管理中，同样采用该方法来测量认知准确率，即由管理人员先对可视化内容进行认知，然后通过问题作答的方式来评判其认知的准确率。

12.2.2.3　认知负荷

为了衡量煤矿安全可视化管理的效应，需要结合煤矿安全管理的实际管理场景、人员、内容等因素，通过实验在众多认知负荷指标中筛选出适合测度煤矿安全可视化管理效应的认知负荷指标。在煤矿安全可视化管理中，为了不干扰管理人员的认识过程，又可以实时监控管理人员的认知负荷，适合采用生理测试法进行测量。本书基于可获得的实验数据——各注视点的平均瞳孔直径(Average Pupil Diameter，APD)，提出了基于当前刺激源和被试自身情况的瞳孔变化指标，称为瞳孔扩张极值率(Maximum Rate of Pupil Dilation，MRPD)，其算法是各注视点的平均瞳孔直径的最大值减去所有注视点瞳孔直径的平均值后，再除以所有注视点瞳孔直径的平均值，

针对每个刺激源和每名被试的瞳孔扩张极值率的计算公式为

$$MAPD = \frac{Max(APD) - Average(APD)}{Average(APD)} \times 100\% \qquad (12.2)$$

12.2.2.4　认知频率

基于安全管理对于时间要求的紧迫性，对于煤矿安全管理内容的可视化认知往往不具备反复认知的条件，因此，本书将广义的认知次数和认知频率进行微观化处理，使用眼动实验中常用的注视点数来代表认知次数，注视频率指标来代表认知频率，从而考察管理者在单次认知活动中眼睛对内容的注视次数和注视频率，具体计算公式为

$$认知频率 = \frac{认知次数}{认知时间} \qquad (12.3)$$

从煤矿安全管理角度，认知后的反馈属于管理人员的安全决策，即为了达到企业安全生产的目标，管理人员所形成的方案和行为选择。本书从速度、效果和心理三个方面指标衡量反馈效果。

1) 决策时间

决策时间是指管理者对可视化内容认知后，头脑中进行判断、比较，做出决定、形成指令等决策活动所用的时间。针对煤矿安全管理来说，这是管理人员对可视化内容认知后的一个反馈过程，该过程是对管理人员专业知识和素质的综合考验，有经验的管理者与缺乏经验的管理者在决策时间上可能存在明显差异。

2) 决策准确率

在安全管理决策的过程中涉及人、设备、环境等多个方面的因素，即使在时间充足、认知正确的情况下，也可能出现决策失误，因此在决策的过程中必须要对速度和准确率进行权衡。本书针对认知准确率和决策准确率的关系，将信号检测理论模型引入煤矿安全可视化管理中来，形成了煤矿安全可视化管理认知-决策准确率模型，如图12.1所示。

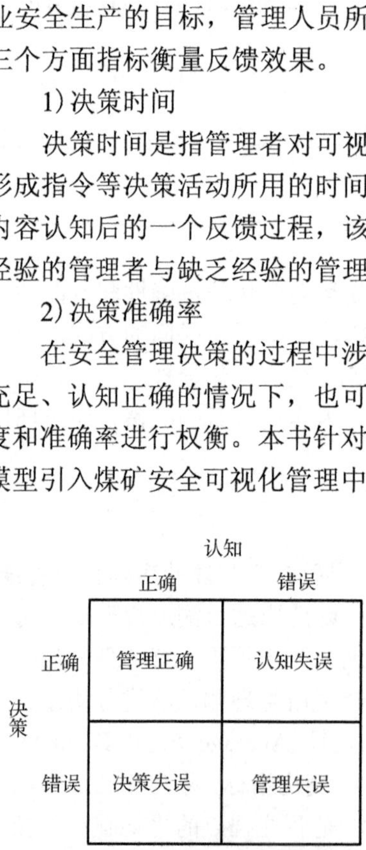

认知-决策准确率模型根据认知的两种情况与决策的两种情况构成了 2×2 的矩阵，其中将包括管理正确、认知失误、决策失误和管理失误四种相关联的结果。根据相应的数据可以计算四种情况的概率。

3) 心理负荷

心理负荷是指人在某种心理状态下所承受的心理压力，这种压力是由时间紧迫、任务复杂、自身能力不足等原因所引起的，其测量方

图 12.1　认知-决策准确率模型

法主要是主观测量法、任务绩效测量法、生理测量法，其中，生理测量法通过设备测量人在任务完成过程中出现的生理反应，间接评估负荷的大小，因此这类方法具有实时、客观、不受干扰的特点，对于心理负荷的度量相对客观和及时。

12.2.3　煤矿安全可视化管理客体效应指标

在煤矿安全管理中，管理人员的决策一般以制止人的不安全行为、消除物的不安全状态和改善不良的作业环境为目标。但是管理对象是否得到改善以及改善的效果如何，需要采用客观的指标加以衡量。本书从人、物、环境三个方面对反映管理对象改善情况的客体效应指标进行梳理和研究，如图 12.2 所示。

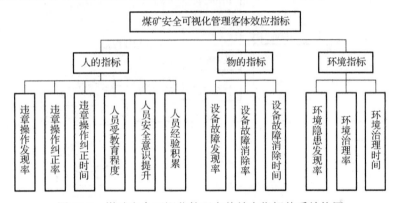

图 12.2　煤矿安全可视化管理客体效应指标体系结构图

12.2.4　煤矿安全可视化管理组织效应指标

为全面衡量可视化管理对于整个煤炭企业的影响效果，本书引入组织效应指标，根据相关文献研究，从中挑选出与可视化管理实施效果最为密切的指标，如图 12.3 所示。

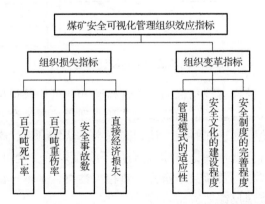

图 12.3　煤矿安全可视化管理组织效应指标体系结构图

12.2.5　煤矿安全可视化管理效应指标筛选

煤矿安全可视化管理效应指标筛选主要包括主体效应指标、客体效应指标及组织效应指标的筛选。

在主体效应指标的筛选中，通过眼动实验、主观测量法、任务绩效测量法相结合的方式，针对煤矿安全管理中的可视化内容，从煤矿生产相关的多个部门选择多个级别的管理人员，开展指标验证和筛选实验，筛选出反映认知负荷和心理负荷的眼动指标，检验认知指标和反馈指标的一致性。实验的整体架构如图 12.4 所示。

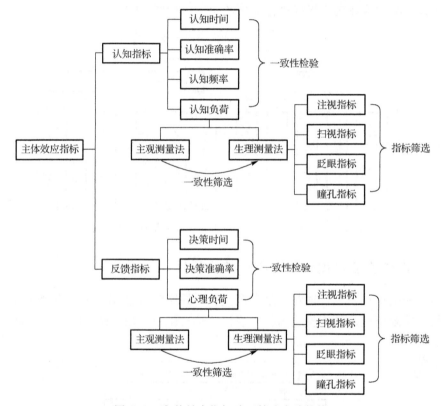

图 12.4　主体效应指标验证筛选实验架构

通过认知实验，结合客观指标的敏感性检验和效度检验得出：瞳孔扩张极值率是反映煤矿安全可视化管理效应的认知负荷和心理负荷最为有效的客观指标，进而采用皮尔逊相关检验验证认知时间、认知准确率、认知频率、瞳孔扩张极值率四个指标的正负相关性符合基本理论解释，适合用于衡量煤矿安全可视化管理认知效果；决策时间、准确率和心理负荷三个指标正负相关性符合基本理论解释，适合用于衡量煤矿安全可视化管理反馈效应。

　　在客体效应和组织效应的指标筛选中，通过问卷调研和因子分析法对归纳的客体效应和组织效应指标进行筛选。最终，煤矿安全可视化管理对于管理对象影响的测度指标可以归结为隐患发现率、隐患整改率、隐患整改时间和管理对象提升四个指标；煤矿安全可视化管理对于煤炭企业影响的测度指标可以归结为事故伤亡损失、文化制度建设度和管理模式适应性三个指标。

12.3　可视化管理效应的影响因素分析

12.3.1　煤矿安全可视化管理效应影响因素研究理论与方法

　　煤矿安全可视化管理效应本质是一种管理效果，它受到多种因素的影响。本书从可视化主体、可视化内容和可视化方式三个方面对影响因素进行梳理，从中挑选出一部分重要和可控的煤矿安全可视化管理效应的影响因素，其中可视化主体方面的因素包括职级和部门，可视化内容方面的因素包括对象内容和对象数量，可视化方式方面的因素包括空间、时间和类型。结合煤矿安全管理的实际情况，从众多因素中挑选出本书重点研究的影响因素，如表 12.1 所示。

表 12.1　本书研究的煤矿安全可视化管理效应的影响因素

方面	影响因素	水平
可视化主体	职级	基层、中层、高层
	部门	采煤、掘进、选煤、通风、机电、运输、安全等
可视化内容	对象内容	人的不安全行为、物的不安全状态、不良的作业环境、煤矿安全信息、煤矿安全知识
	对象数量	$1 \sim N$
可视化方式	空间	二维、三维
	时间	静态、动态
	类型	散点图、折线图、直方图、饼图、曲面图、等高图、流程图、因果图、树图、网图等

　　在明确了煤矿安全可视化管理效应的衡量指标和影响因素后，本书构建了多因素影响多指标的煤矿安全可视化管理效应的影响因素分析模型，如图 12.5 所示。

　　煤矿安全可视化管理效应的影响因素模型分为三个阶段，第一阶段主要研究可视化内容、可视化主体和可视化方式三方面因素对主体认知的影响；第二阶段主要研究可视化内容、可视化主体和可视化方式三方面因素对主体反馈的影响；第三阶段研究认知对于反馈的影响。针对于第一阶段和第二阶段本书采用分组实验的方式分别研究各因素对于认知和反馈的影响情况；针对第三阶段采用量化模型的方式检验认知效应与反馈效应之间的关系。

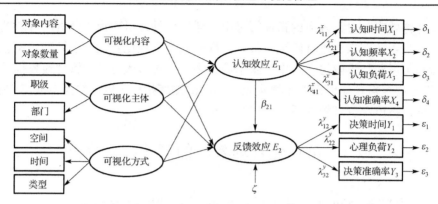

图 12.5　煤矿安全可视化管理效应影响因素分析模型

　　基于图形和图像的区别，本书将表达煤矿安全管理对象实时的和细节的照片、漫画、视频、虚拟现实等方式称为煤矿安全影像；将表达煤矿安全管理对象在一段时间或一定空间内的信息汇总和智慧结晶的折线图、直方图、饼图、流程图等称为煤矿安全图形。基于该分类，本书形成了煤矿安全影像可视化实验和煤矿安全图形可视化实验两部分实验框架。实验的基本设计方法采用析因设计，在确定的煤矿安全可视化内容下，分析与之匹配的可视化方式，同时检验可视化主体方面因素的影响，所采用的指标包括总注视时间、注视频率及瞳孔直径三个指标。研究方法采用多元方差分析、多因素方差分析。

12.3.2　煤矿安全影像可视化实验

　　煤矿安全事故的直接原因是人的不安全行为、物的不安全状态和不良的作业环境，在煤矿安全可视化管理中，这三方面内容的实时、直观状态可以通过照片、漫画、视频、虚拟现实等多种可视化方式进行展示，本书将通过实验验证各种方式与展示内容和管理人员的匹配性。

12.3.2.1　实验设计

　　实验围绕煤矿安全管理中人的不安全行为、物的不安全状态和不良的作业环境三方面内容进行设计，比较可以实时、直观表现三方面内容的照片、漫画、视频、虚拟现实四种可视化方式。根据展示的内容，实验分为人的不安全行为、物的不安全状态和不良的作业环境三部分；每部分又根据展示方式的时间属性又分为静态和动态两组，静态组将照片与漫画进行对比，动态组将视频与虚拟现实进行对比。每组内采用 2×3×7 的多因素混合实验，涉及的自变量因素包括可视化方式的两水平、可视化主体的职级三水平和可视化主体的部门七水平。为了控制个体间的差异，实验采用被试内设计。每部分实验先进行静态组实验，后进行动态组实验。为了避免顺序效应，组内两种方式的实验顺序为随机。

12.3.2.2　实验被试

实验在 T 煤矿随机选择 50 名与煤矿安全管理相关的基层以上管理人员参与实验，煤矿的生产相关部门女性工作者较少，因此，此次实验的被试均为男性，所有被试的视力或矫正视力均正常，无散光、色盲、色弱现象，无眼动实验经验。各类实验人员的分布基本涵盖了煤矿生产的核心部门，而且都与煤矿安全生产直接相关。

12.3.2.3　实验材料

实验材料包括人的不安全行为、物的不安全状态和不良的作业环境三方面内容，根据可视化方式的时间属性将实验分为静态和动态两组。静态组采用照片和漫画的方式进行可视化展示，动态组采用视频和虚拟现实的方式进行展示。测试材料包括认知绩效测试和反馈绩效测试两部分，认知绩效测试主要考察被试对可视化材料的认知情况，反馈绩效测试主要考察被试对可视化材料认知后是否可以做出正确的反应和决策。

12.3.2.4　实验程序

实验采用现场实验的方式，携带 SMI REDn 型便携式眼动仪前往 T 煤矿，选择一间独立的非自然采光办公室，采用两盏 36W 日光灯照明。实验从该煤矿七个一线生产部门随机选取 50 名基层以上管理人员作为被试，为了防止被试受到干扰，每次只请一名被试单独进入办公室进行实验，所有被试均在同一台设备上完成相同任务。

12.3.2.5　实验结果处理过程

通过对实验结果的总体观测，发现 50 名被试数据中有一名被试数据异常，予以剔除，下面将以 49 名被试的数据为基础进行结果分析。本实验中静态组采用不限时的自由观看，而动态组采用同一时长的播放，两组的展示差异较大，因此分别对静态组和动态组进行分析。实验结果的处理包括认知差异分析和反馈差异分析两个阶段，每个阶段包括整体差异分析、差异指标分析及确定差异来源因素三个步骤。

12.3.2.6　实验结论

通过人的不安全行为、物的不安全状态和不良的作业环境三类煤矿安全管理内容的可视化实验可以发现：从实验设计的可视化方式方面，在认知时间上，照片都明显低于漫画；在认知准确率上，三组比对都是照片都高于漫画，其中两组存在显著性差异；认知频率和认知负荷的三组对比都不存在显著性差异。在展示同一类可视化内容时视频和虚拟现实的播放时间设置为相同，因此三组的注视时间均不存在显著性差异；认知负荷上，三组的情况都是虚拟现实的认知负荷显著低于视频，而且随着展示时间的增长，差异性越显著；认知频率上，随着展示时间的增长，虚拟现实与视频的显著性差异突显出来，虚拟现实的认知频率高于视频；认知准确率的三组内对比都不存在显著性差异。无论是静态还是动态的可视化方式，对于认知阶段后的反馈阶段的影响都不显著。从可视化主体方面，对于认知时间、认知频率和认知负荷造成差异的因素主要来自于可视化方式和可视化主体的职级，而可视化主体的部门以及三个影响因素的交互效应不是造成指标差异的主要原因。

12.3.3　煤矿安全图形可视化实验

在煤矿安全管理中，很多内容无法通过直观的影像进行展示，本书针对煤矿安全可视化的图形内容进行实验，比较展示各类内容时的常用可视化方式，从而发现适合各类煤矿安全信息和知识的有效图形可视化方式。

煤矿安全图形可视化按照可视化的内容总体上分为信息可视化和知识可视化两部分。煤矿安全信息是管理人员较为关注的内容，信息对于管理决策具有重要作用。煤矿安全知识是前人总结、归纳、提炼的有价值的信息，知识对于管理决策也具有重要作用。本书按照信息和知识的具体内容进行分组，从时间、空间、逻辑三个方面对煤矿安全信息进行分组；从流程、聚类、解析、进度四个方面对煤矿安全知识进行分组，按组开展实验。

12.3.3.1　实验设计

实验围绕煤矿安全管理的信息和知识内容进行设计，比较表达信息和知识的常用可视化方式。根据展示的内容，煤矿安全信息分为时间、空间和逻辑三类内容，而煤矿安全知识分为流程、聚类、解析、进度四类内容，针对各类内容采用常见的可视化方式进行展示，通过实验分析可视化方式与可视化内容的匹配性，同时研究可视化内容的对象数量、可视化主体的职级、可视化主体的部门等因素对于认知和反馈效应的影响情况。为了控制个体间的差异，实验采用被试内设计。为了避免顺序效应，展示每类内容的组内实验顺序为随机。

12.3.3.2　实验被试

在 L 煤矿随机选择 46 名与煤矿安全管理相关的基层以上管理人员参与实验，由于煤矿生产相关部门的女性工作者较少，因此，此次实验的被试均为男性，所有被试的视力或矫正视力均正常，无散光、色盲、色弱现象，无眼动实验经验。各类实验人员的分布基本涵盖了煤矿生产的核心部门，而且都与煤矿安全生产直接相关。

12.3.3.3　实验材料

实验材料包括煤矿安全信息和煤矿安全知识两方面内容，根据具体内容，又分为多个组。测试材料包括认知绩效测试和反馈绩效测试两部分，认知绩效测试主要考察被试对可视化材料的认知情况，反馈绩效测试主要考察被试对可视化材料认知后是否可以做出正确的反应和决策。

12.3.3.4　实验程序

采用现场实验的方式，携带 SMI REDn 型便携式眼动仪前往 L 煤矿，选择一间独立的非自然采光办公室，采用一盏 55W 日光灯照明。实验从该煤矿选择了与煤矿安全影像可视化实验相同的七个一线生产部门随机选取 46 基层以上管理人员作为被试，为了防止被试受到干扰，每次只请一名被试单独进入办公室进行实验，所有被试均在同一台设备上完成相同任务。

12.3.3.5　实验结果处理过程

通过对实验结果的总体观测，发现 46 名被试数据中有四名被试数据异常，予以剔除，下面将以 42 名被试的数据为基础进行结果分析。实验结果的处理包括认知差异分析和反馈差异分析两个阶段，每个阶段包括整体差异分析、差异指标分析及确定差异来源因素三个步骤。

12.3.3.6　实验结论

煤矿安全图形可视化实验总体上包括煤矿安全信息可视化实验和煤矿安全知识可视化实验两部分。

(1)针对煤矿安全信息可视化，从实验设计的可视化方式、可视化内容和可视化主体三个方面进行结果分析。

在可视化方式上，实验比较了折线图、直方图和雷达图之间的差异，三种方式的差异主要体现在认知时间上，折线图的时间最短。认知时间的差异同时受到可视化方式、可视化主体的职级和可视化主体的部门三个因素的影响。从空间上，如果注重的是空间信息的表达效果，那么推荐使用三维立体图；如果注重的是对人的教育和后期的应用，那么推荐使用二维平面图展示空间信息。从逻辑信息上，对饼图、柱状图、南丁格尔图三种可视化方式进行比较，得到的结论是三种可视化方式的认知差异主要体现在认知时间上，而认知频率、认知负荷和认知准确率的差异不显著。

在可视化内容上，实验结果发现可视化内容的对象数量因素对于折线图的认知存在影响，而对于直方图和雷达图的影响不显著。分析原因可能是由于可视化方式的自身结构冲淡了可视化内容中对象数量的影响因素。

在可视化主体上，实验对于出现差异的指标进行多因素方差分析，发现造成差异的原因。通过三类煤矿安全信息的可视化实验，发现可视化主体的职级和部门对于时间信息和逻辑信息存在不同程度的影响,但是对于空间信息的影响未得到体现。

(2)针对煤矿安全知识可视化实验设计的可视化方式和可视化主体两个方面进行结果分析。

在可视化方式上，分别对比了适合展示流程知识、聚类知识、解析知识、进度知识的可视化方式。在流程知识方面，比较了基本流程图和泳道图，两种可视化方式在认知和反馈的各指标上均不存在显著性差异，总体上无差异性。在聚类知识方面，比较了目前应用较多的思维导图和词云两种可视化方式，实验结果显示两种方式整体上存在显著差异，而导致差异的原因主要来自于认知时间。在解析知识方面，实验重点比较了鱼骨图和树图的差异。两种可视化方式整体上存在显著性差异，具体差异表现在认知时间、认知频率、认知负荷三个指标上，认知准确率的差异不显著。在进度知识方面，重点比较了甘特图和时间线两种可视化方式，实验结果显示两种方式整体上存在显著差异，差异主要来源于认知时间，而可视化方式的类型是造成差异的主要原因。

在可视化主体方面，通过四类煤矿安全知识的可视化实验，可视化主体的部门因素只是造成鱼骨图和树图之间认知负荷指标差异的主要原因，在其他指标上可视化主体的职级和部门均未体现出明显的影响效果。

12.4　可视化管理效应的评价与优化

12.4.1　煤矿安全可视化管理效应评价模型及方法

煤矿安全可视化管理的主体效应、客体效应、组织效应的作用对象各不相同，为了可以分别衡量煤矿安全可视化管理对于管理主体、管理对象以及整个组织的影响效果，需要实现煤矿安全可视化管理全过程各阶段效应的独立测度。本书基于煤矿安全可视化管理效应指标之间的关系，分别提出了主体效应、客体效应和组织效应的测度模型。

12.4.1.1　煤矿安全可视化管理主体效应测度模型

煤矿安全可视化管理主体效应反映的是管理人员在可视化管理中的认知和反馈情况，对于主体效应的进一步解释是：管理主体在完成认知和决策任务时，自身获得的经验和提升，以及付出的时间和努力的综合度量。煤矿安全可视化管理主体效应由认知阶段指标和反馈阶段指标综合形成。煤矿安全可视化管理主体效应的衡量指标包括四个认知指标和三个反馈指标，根据各指标的含义将七个指标可以分为三个正向指标和四个负向指标，如表12.2所示。

本书应用路径分析检验煤矿安全可视化管理主体效应变量间的关系，初始假设是：认为认知阶段指标对于反馈阶段存在显著影响。为了防止影响关系遗漏，本书首先构建认知指标到反馈指标的路径分析饱和模型，然后根据参数估计的结果对模型进行多次修正，得出煤矿安全可视化管理主体效应指标内部的最终路径模型，如图12.6所示。

表 12.2　煤矿安全可视化管理主体效应指标极性表

分类	名称	指标极性
认知指标	认知时间(Cognitive Time，CT)	负向
	认知频率(Cognitive Frequency，CF)	正向
	认知负荷(Cognitive Load，CL)	负向
	认知准确率(Cognitive Accuracy Rate，CAR)	正向
反馈指标	决策时间(Decision Time，DT)	负向
	心理负荷(Mental Workload，MW)	负向
	决策准确率(Decision Accuracy Rate，DAR)	正向

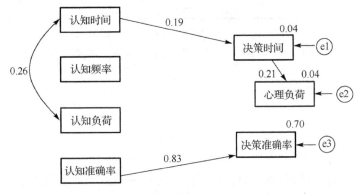

图 12.6　主体效应指标最终路径分析基准路径图

根据检验结果分析可以发现，认知指标和反馈指标的关联性不强，因此需要将认知阶段和反馈决策阶段分开考虑。通过理性分析可知，管理者开展可视化管理的目标是使认知和决策的准确率越高越好，单位时间内接收的信息越多越好，同时付出的时间和心理资源越少越好。综合上述分析，煤矿安全可视化管理主体效应测度模型可表示为

$$E_1 = \frac{\text{CAR} \times \text{CF}}{\text{CT} \times \text{CL}} + \frac{\text{DAR}}{\text{DT} \times \text{MW}} \tag{12.4}$$

其中，E_1 表示煤矿安全可视化管理主体效应；其他变量见表 12.2。将认知和反馈分为两个独立的部分进行计算，然后再求和汇总，所有正向指标与主体效应成正比，负向指标与主体效应成反比。通过该模型，可以综合测度和对比可视化管理对于煤矿安全管理主体的影响效果。

12.4.1.2　煤矿安全可视化管理客体效应测度模型

煤矿安全可视化管理客体效应反映的是可视化管理对于管理对象的作用和提升效果，如图 12.7 所示。

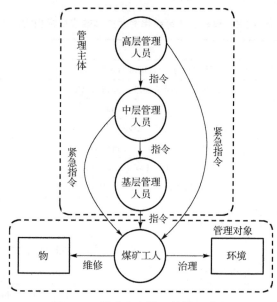

图 12.7 煤矿安全管理的管理路径

根据图 12.7 煤矿安全管理的管理路径可以发现，管理对象主要受到管理主体的主观能动性的影响，管理主体的认知和决策最终都将作用于对应的管理对象，因此煤矿安全可视化管理的主体效应指标通过一定的延迟或映射规则可以转化为客体效应指标。管理主体的主观能动性作用到管理对象的过程中，延迟主要来自于基层煤矿工人，基层煤矿工人在整个管理环节中起到了传递的作用。

本书基于 ABC 行为分析实现了煤矿安全可视化管理主体效应到客体效应的映射和转化，从指标之间关系上来说，煤矿安全可视化管理客体效应也要考虑在管理对象改进和提升的同时所付出的时间和精力。煤矿安全可视化管理客体效应的衡量指标包括隐患发现率、隐患整改率、隐患整改时间和管理对象提升四个指标，其中三个指标为正向指标和一个指标为负向指标，如表 12.3 所示。

表 12.3 煤矿安全可视化管理客体效应指标极性表

分类	名称	指标极性
客体效应指标	隐患发现率(Hazard Detection Rate，HDR)	正向
	隐患整改率(Hazard Rectification Rate，HRR)	正向
	隐患整改时间(Hazard Rectification Timeliness，HRT)	负向
	管理对象提升(Management Object Promotion，MOP)	正向

基于理性分析可知，煤矿安全管理的目标就是消除隐患和提高工人的安全意识和水平。因此，要想达到较好的客体效应，就需要提高隐患的发现率和整改率，并且希望管理过程对管理对象也能有所提升，同时尽量把隐患整改的时间控制得越短

越好，以防事故发生。综上所述，煤矿安全可视化管理客体效应的测度模型的表达式为

$$E_2 = \frac{\text{HDR} \times \text{HRR} \times \text{MOP}}{\text{HRT}} \tag{12.5}$$

其中，E_2 表示煤矿安全可视化管理客体效应；其他变量见表 12.3。

结合 ABC 行为分析方法得出的隐患发现率（HDR$=r_a\times$CAR）、隐患整改率（HRR$=r_b\times$DAR）、隐患整改时间（HRT $=$ CT $+$ DT $+T_o+T_L$）和管理对象提升（MOP $= (r_c \times K \times$ CF$)\,/\,$(CL$\times$MW)）的算法，代入公式可将其变换为

$$E_2 = \frac{r_a \times \text{CAR} \times r_b \times \text{DAR} \times r_c \times K \times \text{CF}}{(\text{CT} + \text{DT} + T_o + T_L) \times \text{CL} \times \text{MW}} \tag{12.6}$$

其中，E_2 表示煤矿安全可视化管理客体效应，r_a 表示工人记录隐患的准确率，CAR 表示认知准确率，r_b 表示工人执行决策的准确率，DAR 表示决策准确率，r_c 表示单次管理对于管理对象的提升比率，K 表示认知扩张系数，CF 表示管理主体的认知频率，CL 表示管理主体的认知负荷，MW 表示管理主体的心理负荷，CT 表示认知时间，DT 表示决策时间，T_o 表示管理人员发指令的时间，T_L 表示工人的理解和行动滞后的时间。基于该模型，可以综合度量和对比可视化管理对于煤矿安全管理对象的影响效果。

12.4.1.3　煤矿安全可视化管理组织效应测度模型

煤矿安全可视化管理组织效应是主体效应和客体效应的升级，同时也是主体效应和客体效应的综合反映。本书借助专家经验，采用专家打分的方法，确定主体效应和客体效应向组织效应转化的关系，可以发现组织效应指标是对主客体效应指标的全面综合，因此组织效应指标可以在总体上反映煤矿安全可视化管理的效果。从指标之间关系上来说，煤矿安全可视化管理组织效应是对组织提升效果以及付出的代价的综合考量。

煤矿安全可视化管理组织效应的衡量指标包括事故伤亡损失、文化制度建设度和管理模式适应性三个指标，其中两个指标为正向指标和一个指标为负向指标，如表 12.4 所示。

表 12.4　煤矿安全可视化组织效应指标极性表

分类	名称	指标极性
组织效应指标	事故伤亡损失（Accident Casualty Loss，ACL）	负向
	文化制度建设度（Cultural and Institutional Construction Degree，CICD）	正向
	管理模式适应性（Management Model Adaptability，MMA）	正向

基于理性分析可知，可视化管理最终要实现的组织目标是减少事故和降低伤亡损失，同时对于整个组织的文化制度建设和管理模式变革都能够有所提升。综上所述，煤矿安全可视化管理组织效应测度模型可以表示为

$$E_3 = \frac{\mathrm{CICD} \times \mathrm{MMA}}{\mathrm{ACL}} \tag{12.7}$$

其中，E_3 表示煤矿安全可视化管理主体效应；其他变量见表 12.4。通过该模型，可以综合测度和对比可视化管理对于整个煤炭企业的影响效果。煤矿安全可视化管理组织效应测度模型全面综合了管理主体的认知和反馈效果以及管理对象的改善三个方面的因素，是可视化管理在煤矿应用效果的综合衡量。

12.4.2 煤矿安全可视化管理效应的评价方法

煤矿安全可视化管理效应包括主体效应、客体效应、组织效应三个层级，本书对每个层级的效应提出了多个衡量指标。因此，度量多种可视化方式之间以及不同主体之间的可视化效果属于多目标决策问题。针对多目标决策常用的方法有层次结构模型、TOPSIS 法、数据包络分析法、目标规划方法等。根据数据特点，采用 12.1.2.2 节所述 TOPSIS 法分别对三个阶段的效应进行衡量。

12.4.3 煤矿安全可视化管理效应的优化方法

为了提升人的认知和管理水平，在管理过程中尽量多采用可视化的方式表达管理内容，可视化方式设计和选择的基本过程如图 12.8 所示，同时该过程也是可视化优化的过程，整个过程围绕着可视化的内容展开，同时考虑对于可视化具有影响的各因素，通过客观的效应测度，最终确定适合当前内容、场景和人员的可视化方式。

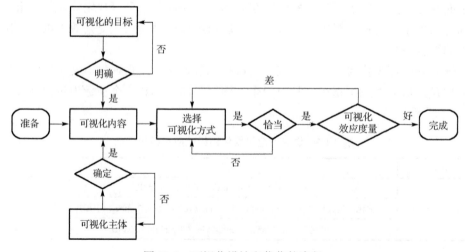

图 12.8 可视化设计和优化的流程

　　基于上述优化流程，本书从可视化内容、可视化主体和可视化方式三个方面提出煤矿安全可视化管理效应的优化策略。

　　可视化并不是万能的工具，并不是所有的煤矿安全管理内容都适合采用可视化的方式进行展示。在煤矿安全可视化管理的过程中，首先需要识别出管理内容，然后考虑该内容是否适合采用可视化方式进行表达。针对适合进行可视化的内容，综合考虑内容的性质、数量、状态等因素，控制可视化内容的对象数量，然后开展可视化设计和方式选择。

　　基于可视化方式的优化就是选择或设计与可视化内容和可视化主体相适应的可视化方式，从而实现三者的高度匹配。本书着重于可视化方式的空间、时间和类型三个方面因素对于煤矿安全可视化管理的影响效果，在选取可视化方式时，要考虑可视化方式类型的情景适用性、可视化方式的通用性，并消减可视化展示中的无关因素。

　　基于可视化主体的优化方面，主要包括可视化主体职级、部门、能力和偏好的优化。通过煤矿安全影像和图像可视化实验的结果，可以发现除了可视化方式的类型因素外，可视化主体的职级是造成多项指标组间差异的最主要原因，因此在可视化展示的过程中考虑不同职级人员的接受能力，采用与职级因素匹配的可视化方式，尽量实现可视化管理的分层化。与可视化主体的职级类似，可视化主体的部门也是造成多项指标组间差异的一个因素，针对确定的可视化内容，根据不同部门可视化主体的实验数据，可以测度部门因素对于每种可视化方式的效应差异，从而可以获得部门与方式之间的匹配关系，实现基于可视化主体部门因素的煤矿安全可视化管理效应的优化。对于主体的能力和偏好，可通过当面沟通或问卷调查等形式，获取个体的偏好信息，针对主体的偏好尽量实现可视化管理的个性化和分众化，从而达到促进人的认知，提升管理效果的目的。

第 13 章　结论与展望

13.1　主　要　结　论

面对大数据背景下数据量大、多源异构和信息处理能力不足等现实情形，管理者在管理实践中无法快速及时有效获取信息。为了能够有效实现庞杂数据中信息的快速获取、传输以及知识的准确洞察和高效利用，可视化管理应运而生。为此，本书开展了面向可视化管理的知识可视化和展示可视化两个重要方向的研究探索。全书以煤矿安全可视化管理为主线，主要探讨了四个主题。一是可视化管理理论体系，在梳理国内外相关研究基础上，阐述可视化管理的内涵、理论基础和体系架构。二是知识可视化，尝试运用交互分析文本挖掘、社会网络分析、关联规则挖掘和时间序列分析等方法，提取和发现数据背后的规则、规律或模式。三是展示可视化，讨论了可视化图元、可视化方式的设计与优化选择。四是可视化管理效应，基于认知科学的理论和方法对可视化管理效应及其评价进行研究。

(1)实例研究表明，正确运用数据挖掘方法可从安全数据中发现有价值的规律、规则和频繁模式。

经过数据挖掘、文本挖掘与知识可视化等技术和方法的研究，运用语义网络分析、LDA 主题挖掘模型、文本分类算法、对应分析、社会网络分析、关联规则挖掘算法，可揭示生产管理过程中非结构化数据中存在的隐性知识。相关研究可以用于挖掘蕴含在海量数据中有价值的知识，实现对信息之间关联关系和分布规律的可视化、主题的挖掘、庞杂数据的分类、数据时空规律的揭示和关联规则的挖掘。

(2)构建了煤矿安全及其管理数据结构化表达模型。

通过构建结构化表达模型实现安全数据特征的抽取和数据集的构造，解决生产管理过程中文本数据存在的维度不规范、数据噪声大、缺失值多等问题。本书针对煤矿安全数据，在对文本记录等非结构化或半结构化数据分析的基础上，运用六何分析法和定性变量量化方法，提取了安全数据描述的八个维度，并对八个维度进行概念分层和属性划分，最终构建了"7W1H"数据结构化表达模型，实现了数据的结构化转换。数据 7W1H 结构化表达模型的构建，为文本数据信息的规范化表达提供了解决方法，为后续针对信息的深度挖掘奠定了数据基础，同时结构化表达模型也为信息系统的设计提供了指导。

(3) 构建了 RPCIA 知识可视化模型。

以数据结构化表达模型为基础，初步形成知识可视化基本实现方式和相关分析方法，包括单维度频数分析、多维度交互分析和对象间交互分析，研究了三类交互方式的实现方法和模型，最终构建了 RPCIA 知识可视化模型。该研究成果可以应用于对数据的分析工作中，从而实现对问题的识别、问题维度间相互影响关系的提取、关联度的计算以及关联规则的挖掘。

(4) 构建了管理知识可视化的理论框架和管理知识可视化实现模型。

本书通过对管理知识可视化科学内涵、知识可视化系统构成的分析，明确了管理知识可视化需求，将管理知识可视化实现过程划分为四个阶段，构建管理知识可视化实现模型，从而形成管理知识可视化理论框架，为知识可视化深入研究奠定了理论基础。

针对管理隐性知识挖掘与显性化问题，从管理需求角度出发，构建了语义网络、文本分类框架、时空规律对应分析和社会网络分析模型以及关联规则挖掘模型，实现了对信息之间关联关系和分布规律的可视化展示、主题的挖掘、庞杂数据的分类、数据时空规律的揭示和关联规则的挖掘。研究结果表明，将数据挖掘、文本挖掘、社会网络分析、知识可视化方法与工具应用于管理数据的分析挖掘具有可行性，有助于提高管理者对海量数据和复杂管理系统的认知，能够为管理者制定有针对性的管理对策提供支持。经过管理知识可视化与其实践应用研究，揭示了管理知识可视化内涵和管理知识可视化需求相关的知识。相关研究成果可为知识可视化的科学应用与推广提供理论指导。

(5) 提出了时间序列数据趋势分析改进方法。

针对时间序列数据降维趋势变换过程中，合理有效的分段线性表示方法的选择问题，本书提出基于 GA 的时间序列分段线性表示方法 PLR_GA，用以解决对于维度高、结构复杂、特性各异的时间序列数据难以人为估计合理的参数阈值以提取指定数量的分段点问题，以及难以满足灵活设定压缩率的使用要求的问题。

针对多时序趋势性知识发现过程中，合理有效的数据间趋势相似性度量方法的选择问题，本书指出遵循"模式差异大，则数字距离大"的原则，难以准确度量序列变化方向的差异，趋势基元间并没有等级高低之分，不同趋势基元间的差异不应该有大小之别。借鉴 DTW 方法的动态规划原理，构建了一种动态模式匹配方法 DPM，以用于时间序列数据间的趋势相似性度量。

(6) 构建了图元体系，从图元的提取、设计和运用三个方面构建理论模型，从拼接与组合方面构建管理场景。

图元提取方面，通过对各图元标准、系统及软件的图元提取内容的分析，构建了基本图元 OMP 提取模型；再次，基于 OMP 模型运用专家评价法、频数分布分析及聚类分析方法，对主要基本图元进行提取及合并。通过运用信息论及信息可视化管理理论，对可视化管理信息内容进行分析并在其基础上，利用调查问卷及 EFA 方法，确定有效信息内容；其次，以建立相关因素矩阵形式，构建了以定量方式判别图元是否被提取的依据与规则，明确了专业图元提取规则；最后，构建了可视化管理专业图元 CEPP 提取模型，进一步明确了专业图元提取方法。

图元设计方面，通过运用认知心理学、眼动技术，根据可视化管理图元设计需求及认知层次分析，引出在图元设计中重要的图元认知因素，并通过眼动实验，对形状、颜色、尺寸、数量的认知因素进行研究，为图元设计提供理论指导。根据图元设计原则，提出可视化管理图元设计选择 PDCE 模型。

图元运用方面，通过产品质量设计模型推导形成可视化管理图元应用要素模型，分析得出包含应用内容、应用规则、应用图元三要素内容，同时结合图元应用原则，构建图元应用的 RCPG 模型。

图元拼接与组合方面，通过以认知心理学、管理学、可视化相关理论为依据，以 RCPG 模型所得图元为基础，同时将管理者所关注的重点信息以整体、局部、人员、设备、环境进行分类，以煤矿通风场景为例提出"管理场景五图"，包括系统平面图、局部细化图、人员定位状态图、设备信息图以及环境信息图。

(7) 构建了可视化方式的理论框架与四维分析模型。

经过对可视化方式的发展背景的研究，从可视化管理、信息可视化与视觉认知原理理论的角度，得到了当前的可视化方式研究停留于实践应用的经验总结、缺乏理论高度的系统研究的结论。在此基础上通过梳理与归纳企业管理的特征与对象属性，结合信息传播与信息控制理论以及霍尔三维结构，将相关研究成果应用于探索可视化方式的科学内涵、作用机理，从而形成可视化方式的理论框架，进而提出了可视化方式的四维分析模型，为可视化方式的进一步研究奠定了理论基础。

(8) 提出了可视化方式的 SCE 因素关联模型与 ISQ 评估方法。

通过实际需求调研，借助管理对象属性分析报告，提炼出可视化方式的影响因素 X 与描述因素 Y 两大具体指标，以及 X 与 Y 的关联关系，在此基础上构建了 SCE 因素关联模型，阐明了理论最优可视化方式的选择路径；基于信息质量服务理论，提出了 ISQ 评估方法。相关研究成果可以有助于深刻剖析可视化方式内涵与构成，确定亟待优化的对象，从而为可视化方式的科学应用与推广提供理论指导，进一步指导实践中选择可行的可视化方式。

(9) 进行了可视化方式的优化设计与选择，构建了 FODV 设计模型与可视化方式 MCD 选择交互模式。

首先，在构建的设计选择理论基础上，结合管理效应最大化的目标，明确了设计选择体系；其次，着眼于企业管理实践，从设计元素、设计内容、设计规则探讨可视化方式图库构建，提出 FODV 设计模型，通过认知实验验证可视化方式的优化设计能够提升管理效应；最后，对可视化方式的影响因素进行对应分析，提出基于管理层级的选择模式，提出可视化方式的 MCD 选择交互模式，据此构建了可视化方式的选择交互系统，阐述了选择交互系统的框架与功能体系。

(10)提出了可视化管理效应的衡量指标、影响因素、测度方法及优化策略。

经过可视化管理效应的三个核心问题的相关研究，通过理论分析和实验筛选最终确定了可视化管理主体效应的评价指标，其中包括认知指标和反馈指标。发现了可视化内容、可视化主体可视化方式三方面因素对于可视化管理效应的影响结果。通过人的行为分析和专家打分，获得可视化管理主体效应、客体效应和组织效应三者之间的关系，并分别构建了三者各自的评价模型。最终，基于实验结果分别从可视化内容、方式和主体三方面提出可视化管理效应的优化策略。相关的研究成果可以应用于管理信息系统界面设计优化，立足于管理效应选择更符合管理人员认知效果的可视化方式，从而提高管理人员的认知效率和决策准确度。

13.2 研 究 展 望

本书通过对可视化管理理论体系及可视化实现的研究，为可视化管理提供了系统的理论指导，为知识发现提供了模型和方法，部分研究成果已取得一定的应用效果，但由于管理自身的复杂性和安全可视化管理理论的发展要求，后续还有很多有待进一步深入研究的工作。

(1)管理知识可视化内容的丰富。随着信息化建设的深入推进，管理上监测监控范围不断扩大，监测监控盲区不断减少，企业收集的数据将日益丰富、全面和完整，将为管理知识可视化研究提供更加丰富的数据来源。综合运用数据挖掘、文本挖掘、云计算、大数据等方法与技术实现更多数据类型、更深层次、更广维度的分析挖掘，为管理提供更加全面、更具操作性和更有针对性的管理对策提供支持，是大势所趋。

(2)可视化信息系统的实现。将本书提出的数据结构化表达模型应用到软件系统设计中，实现描述的规范化，进而将变量间交互的对应分析模型、对数线性模型以及对象间交互的灰色关联分析模型、关联规则挖掘模型嵌入到管理信息系统中，可望实现管理的智能化。

(3)探讨对现有煤矿安全可视化管理图元的数据库的建立。煤矿人、财、物和地质地理对象众多、生产过程复杂，需要大量图元方可描述安全管理丰富的场景。图元库的建立具有重大实践意义。

对于可视化管理专业图元提取的验证方法的研究，即如何运用定量的方法对所得图元验证其完整性并构建可视化管理图元的数据库，还有大量的工作有待开展。

从计算机图形学的角度，探索图元与图元之间如何拼接，形成新的图元，并对其进行认知效果检验。

(4)数据层次及人的行为研究。企业采集到的数据日益膨胀，大数正在形成，对数据层次进行研究，有助于对问题及时排查和采取更加有针对性的治理措施。研究表明，人的行为是导致问题发生的直接原因，因此增加对"人"的因素的深入研究可以有效减少人为因素导致的安全问题。

(5)对可视化管理的用户接受进行研究。随着可视化管理在企业中的实施应用，用户对其接受程度将成为影响可视化管理效果的关键，为此需对影响用户接受的因素及作用路径进行分析，为推进可视化管理实施、制定更为科学合理的管控措施提供依据。

(6)基于数据挖掘的可视化方式研究。可视化方式的进一步理论深化需要结合数据挖掘算法与人工智能系统，通过数学建模与仿真模拟挖掘信息的深层隐喻，提高可视化方式展示信息的智能化洞察程度。

(7)随着技术和设备的发展进步与升级，可视化管理效应指标的选取，还可以结合现代医疗设备引入脑电、心率等指标，以便于进一步探索可视化管理对于人的心理和认知效果的影响。

(8)针对管理问题相关的管理系统、决策支持系统、人工智能系统等，考虑实时采集用户的眼动数据，实时衡量用户的心理负荷情况，以便对用户的操作和决策进行校对和修正，从而研发出更为有效的可视化系统，提高管理和决策水平。

应当指出，本书受限于数据来源的缺乏、实验条件的制约，所提出模型与算法，还有待于更丰富的、大规模的实践数据检验验证和完善；本书关于煤矿安全可视化管理的研究是初步的、探索性的，限于作者的能力和水平，书中难免存在不足。

可视化管理研究内容丰富、发展前景广阔，然而其理论的完善、知识体系的建立，任重而道远。

参 考 文 献

[1] The Internet in 60 Seconds[EB/OL]. http://www.sparkyhub.com/what-happens-on-the-internet-in-60-seconds-infographic/.

[2] Deleersnyder J L, Hodgson T J, Muller-Malek H, et al. Kanban controlled pull systems: an analytic approach[J]. Management Science, 1989, 35(9): 1079-1091.

[3] Meyer J A. The acceptance of visual information in management[J]. Information and Management, 1997, 32(6): 275-287.

[4] Lasser J, Tharinger D. Visibility management in school and beyond: a qualitative study of gay, lesbian, bisexual youth[J]. Journal of Adolescence, 2003, 26(2): 233-244.

[5] Eppler M J, Platts K W. Visual strategizing: the systematic use of visualization in the strategic-planning process[J]. Long Range Planning, 2009, 42(1): 42-74.

[6] Wu I C, Hsieh S H. A framework for facilitating multi-dimensional information integration, management and visualization in engineering projects[J]. Automation in Construction, 2012, 23: 71-86.

[7] Dennis B, Kocherlakota S, Sawant A, et al. Designing a visualization framework for multidimensional data[J]. IEEE Computer Graphics and Applications, 2005, 25(6): 10-15.

[8] Park C S, Kim H J. A framework for construction safety management and visualization system[J]. Automation in Construction, 2013, 33: 95-103.

[9] González-Cencerrado A, Gil A, Peña B. Characterization of PF flames under different swirl conditions based on visualization systems[J]. Fuel, 2013, 113: 798-809.

[10] Wu A, Convertino G, Ganoe C, et al. Supporting collaborative sense-making in emergency management through geo-visualization[J]. International Journal of Human-Computer Studies, 2013, 71(1): 4-23.

[11] Şalap S, Karslıoğlu M O, Demirel N. Development of a GIS-based monitoring and management system for underground coal mining safety[J]. International Journal of Coal Geology, 2009, 80(2): 105-112.

[12] Liu Y B, Du H, Xu Y. Design of real-time monitoring and visualization management system based on RFID and Java EE[C]//The 2nd International Conference on Instrumentation, Measurement, Computer, Communication and Control, 2012: 569-572.

[13] Williamsson A, Dellve L, Karltun A. Nurses' use of visual management in hospitals: a longitudinal, quantitative study on its implications on systems performance and working

conditions[J]. Journal of Advanced Nursing, 2019, 75(4): 760-771.

[14] Glegg S M N, Ryce A, Brownlee K. A visual management tool for program planning, project management and evaluation in paediatric health care[J]. Evaluation and Program Planning, 2019, 72: 16-23.

[15] Siaudzionis F A B, Pontes H L J, Albertin M R, et al. Application of visual management panel on an airplane assembly station[J]. International Journal of Productivity and Performance Management, 2018, 67(6): 1045-1062.

[16] Grant M S, Conrad J L. Using visual management tools to drive practice changes[J]. American Journal of Infection Control, 2018, 46(6): S44.

[17] Eriksson Y, Fundin A. Visual management for a dynamic strategic change[J]. Journal of Organizational Change Management, 2018, 31(3): 712-727.

[18] Verbano C, Crema M, Nicosia F. Visual management system to improve care planning and controlling: the case of intensive care unit[J]. Production Planning and Control, 2017, 28(15): 1212-1222.

[19] Tezel A, Koskela L, Tzortzopoulos P. Visual management in production management: a literature synthesis[J]. Journal of Manufacturing Technology Management, 2016, 27(6): 766-799.

[20] Kurdve M, Harlin U, Hallin M, et al. Designing visual management in manufacturing from a user perspective[J]. Procedia CIRP, 2019, 84: 886-891.

[21] Kurpjuweit S, Reinerth D, Schmidt C G, et al. Implementing visual management for continuous improvement: barriers, success factors and best practices[J]. International Journal of Production Research, 2019, 57(17): 5574-5588.

[22] Wang C, Hou J, Miller D, et al. Flood risk management in sponge cities: the role of integrated simulation and 3D visualization[J]. International Journal of Disaster Risk Reduction, 2019, 39: 101139.

[23] Murata K, Katayama H. Performance evaluation of a visual management system for effective case transfer[J]. International Journal of Production Research, 2016, 54(10): 2907-2921.

[24] 李堂军, 冯陈雷. 论企业可视化管理的内涵与实现[J]. 山东社会科学, 2006, (11): 134-136.

[25] 邢存恩, 王神虎, 崔永丰, 等. 基于 GIS 的煤矿采掘衔接计划动态可视化管理系统[J]. 太原理工大学学报, 2008, 39(1): 75-78.

[26] 史后波. 基于认知理论的煤炭企业可视化管理与应用研究[D]. 北京: 中国矿业大学, 2012.

[27] 刘屹. 面向可视化管理的煤炭企业成本管控研究[D]. 北京: 中国矿业大学, 2013.

[28] 彭长清, 魏大鹏. 可视化管理在我国劳动密集型企业中的应用初探[J]. 科学学与科学技术管理, 2010, 31(8): 163-167.

[29] 李萍丽, 徐明. 基于语义关联的教学资源可视化管理及应用[J]. 现代教育技术, 2012, 22(7): 105-108.

[30]　熊华强, 万勇, 桂小智, 等. 智能变电站 SCD 文件可视化管理和分析决策系统的设计与
　　　实现[J]. 电力自动化设备, 2015, 35(5): 166-171.

[31]　董玉德, 丁保勇, 张昌浩, 等. 基于物联网的路灯可视化监控系统设计[J]. 高技术通讯, 2015,
　　　25(5): 515-523.

[32]　高建敏, 龙波, 王泽书. 推行数据挖掘与可视化管理实现企业价值增长[J]. 财务与会计,
　　　2016, (6): 25-27.

[33]　冯桂珍, 张增强, 池建斌, 等. 基于 Quest3D 可视化管理系统的研究与实现[J]. 图学学报,
　　　2016, 37(1): 115-119.

[34]　张云龙, 夏才初, 张国柱, 等. 基于虚拟现实的公路隧道病害可视化管理系统[J]. 地下空间
　　　与工程学报, 2014, 10(S1): 1740-1745.

[35]　李盛阳, 于海军, 韩洁, 等. 基于三维地球的海量遥感影像高效可视化管理系统的设计与实
　　　现[J]. 遥感技术与应用, 2016, 31(1): 170-176.

[36]　王力, 姚长青, 王莉军, 等. 基于知识图谱的国内外可视化管理研究现状分析[J]. 科技管理
　　　研究, 2017, 37(24): 176-185.

[37]　杨亚楠, 张健, 赵文辉, 等. 基于可视化管理的高新技术企业图元体系研究[J]. 科技管理研
　　　究, 2018, 38(13): 147-151.

[38]　谭章禄, 李光达. 煤矿安全可视化管理要素分析[J]. 煤矿安全, 2016, 47(10): 238-241.

[39]　谭章禄, 史后波, 方毅芳, 等. 矿井安全可视化管理平台研究[J]. 煤矿机械, 2012, 33(7):
　　　284-286.

[40]　张长鲁. 基于数据挖掘的煤矿安全可视化管理研究[D]. 北京: 中国矿业大学, 2015.

[41]　李光达. 基于认知科学的煤矿安全可视化管理效应研究[D]. 北京: 中国矿业大学, 2017.

[42]　陈立龙, 宋建文, 王颖, 等. 基于可穿戴设备的体育运动可视化管理[J]. 系统仿真学报, 2014,
　　　26(9): 2028-2033.

[43]　谭章禄, 李光达. 煤矿安全可视化管理中可视化方式选择研究[J]. 煤炭技术, 2017, 36(3):
　　　323-325.

[44]　王永华, 杨健. 基于 WLAN 的实验室设备可视化管理系统设计[J]. 实验技术与管理, 2011,
　　　28(4): 101-103.

[45]　李军, 宁林春, 叶秋果, 等. 水下碍航物信息三维可视化管理技术研究[J]. 海洋测绘, 2015,
　　　35(4): 75-78.

[46]　杨柳曼, 涂海宁, 罗哲. 基于 Silverlight+WebGIS 的资产可视化管理技术方案研究[J]. 制造
　　　业自动化, 2014, 36(10): 21-24.

[47]　靳宇, 于辉, 王睿. 实践教学中八步教学法与可视化管理的结合[J]. 实验技术与管理, 2013,
　　　30(10): 182-185.

[48]　李依璇, 杜劲松, 陈建, 等. 纺织服装生产可视化智能管理研究进展[J]. 上海纺织科技, 2019,
　　　47(2): 7-10, 33.

[49] 王清波, 陈青青, 杨攀, 等. 医疗设备可视化管理信息服务平台设计[J]. 设备管理与维修, 2019, (15): 156-158.

[50] Keller P R, Keller M M, Markel S, et al. Visual cues: practical data visualization[J]. Computers in Physics, 1994, 8(3): 297-298.

[51] Neff H. Archaeology and the information age: a global perspective[J]. American Antiquity, 1994, 59(3): 564-565.

[52] Post F H, Nielson G, Bonneau G P. Data Visualization: The State of the Art[M]. Berlin: Springer, 2002.

[53] Friedman V. Data visualization: modern approaches[J]. Smashing Magazine, 2007, 2: 1-39.

[54] 余肖生, 周宁, 张芳芳. 基于可视化数据挖掘的知识发现模型研究[J]. 中国图书馆学报, 2006, 32(5): 44-46.

[55] Chen Y, Cheng X, Chen H. A multidimensional data visualization method based on parallel coordinates and enhanced ring[C]//Proceedings of 2011 International Conference on Computer Science and Network Technology, 2011, 4: 2224-2229.

[56] Fu Y, Li Y, Lu M. A novel data visualization method for science fund management based on GIS technology[C]//The International Conference on Information Science and Engineering, 2009: 1955-1958.

[57] Rutter L, Lauter A N M, Graham M A, et al. Visualization methods for differential expression analysis[J]. BMC Bioinformatics, 2019, 20(1): 458.

[58] Protas E, Bratti J D, Gaya J F O, et al. Visualization methods for image transformation convolutional neural networks[J]. IEEE Transactions on Neural Networks and Learning Systems, 2019, 30(7): 2231-2243.

[59] Kim J, Jung J H, Jang C, et al. Real-time capturing and 3D visualization method based on integral imaging[J]. Optics Express, 2013, 21(16): 18742-18753.

[60] Li B, Chen G, Tian F, et al. GPU accelerated marine data visualization method[J]. Journal of Ocean University of China, 2014, 13(6): 964-970.

[61] Sudarikov K, Tyakht A, Alexeev D. Methods for the metagenomic data visualization and analysis[J]. Current Issues in Molecular Biology, 2017, 24: 37-58.

[62] Raghav R S, Pothula S, Vengattaraman T, et al. A survey of data visualization tools for analyzing large volume of data in big data platform[C]//The International Conference on Communication and Electronics Systems, 2016: 1-6.

[63] Liu M, Chen C, Liu H. 3D action recognition using data visualization and convolutional neural networks[C]//The IEEE International Conference on Multimedia and Expo, 2017: 925-930.

[64] Kokina J, Pachamanova D, Corbett A. The role of data visualization and analytics in performance management: guiding entrepreneurial growth decisions[J]. Journal of Accounting Education,

2017, 38: 50-62.

[65] Ruan Z, Miao Y, Pan L, et al. Big network traffic data visualization[J]. Multimedia Tools and Applications, 2018, 77(9): 11459-11487.

[66] 孙扬, 唐九阳, 汤大权, 等. 改进的多变元数据可视化方法[J]. 软件学报, 2010, 21(6): 1462-1472.

[67] 程时伟, 孙凌云. 眼动数据可视化综述[J]. 计算机辅助设计与图形学学报, 2014, 26(5): 698-707.

[68] 赵蓉英, 吴胜男. 图书情报领域信息可视化分析方法研究进展[J]. 情报理论与实践, 2014, 37(6): 133-138.

[69] 陈谊, 甄远刚, 胡海云, 等. 一种层次结构中多维属性的可视化方法[J]. 软件学报, 2016, 27(5): 1091-1102.

[70] 郑飏飏, 徐健, 肖卓. 情感分析及可视化方法在网络视频弹幕数据分析中的应用[J]. 现代图书情报技术, 2015, (11): 82-90.

[71] 刘海, 李姣姣, 张维, 等. 面向在线教学平台的数据可视化方法及应用[J]. 中国远程教育, 2018, (1): 37-44.

[72] 刘佳, 程浩忠, 李思韬, 等. 考虑 $N-1$ 安全约束的分布式电源出力控制可视化方法[J]. 电力系统自动化, 2016, 40(11): 24-30.

[73] 刘自强, 王效岳, 白如江. 多维度视角下学科主题演化可视化分析方法研究——以我国图书情报领域大数据研究为例[J]. 中国图书馆学报, 2016, 42(6): 67-84.

[74] 陈谊, 刘莹, 田帅, 等. 食品安全大数据可视分析方法研究[J]. 计算机辅助设计与图形学学报, 2017, 29(1): 8-16.

[75] 张昕, 袁晓如. 树图可视化[J]. 计算机辅助设计与图形学学报, 2012, 24(9): 1113-1124.

[76] 霍亮, 朝乐门. 可视化方法及其在信息分析中的应用[J]. 情报理论与实践, 2017, 40(4): 111-116.

[77] 贺怀清, 郑立源, 郑浩翰, 等. 基于用户自定义兴趣区的飞行员眼动数据可视分析方法[J]. 计算机应用, 2019, 39(9): 2683-2688.

[78] 黄昌勤, 朱宁, 黄琼浩, 等. 支持个性化学习的行为大数据可视化研究[J]. 开放教育研究, 2019, 25(2): 53-64.

[79] 纪连恩, 陈宗艳, 黄凯鸿, 等. 基于工况划分的大规模电厂机组控制数据可视化探索[J]. 计算机辅助设计与图形学学报, 2019, 31(2): 229-240.

[80] 曲佳彬, 欧石燕. 关联数据可视化研究进展分析[J]. 图书与情报, 2018, (4): 51-61.

[81] 冉从敬, 徐晓飞. 基于 NodeJS+ECharts 的专利权人引证关系可视化方法研究[J]. 情报科学, 2018, 36(8): 77-83.

[82] 周志光, 汤成, 刘玉华, 等. 降维空间视觉认知增强的多维时变数据可视分析方法[J]. 计算机辅助设计与图形学学报, 2018, 30(7): 1194-1204.

[83] 阮晓蕾, 郑新民. 应用语言学 SSCI 期刊论文中数据呈现的可视化分析[J]. 西安外国语大学学报, 2018, 26(2): 12-17.

[84] 杨斯楠, 徐健, 叶萍萍. 网络评论情感可视化技术方法及工具研究[J]. 数据分析与知识发现, 2018, 2(5): 77-87.

[85] 许向东. 数据可视化传播效果的眼动实验研究[J]. 国际新闻界, 2018, 40(4): 162-176.

[86] 杜晓敏, 陈谊, 李玥. TransGraph: 一种基于变换的可视分析关联图[J]. 计算机辅助设计与图形学学报, 2018, 30(1): 79-89.

[87] 张瑞, 唐旭丽, 王定峰, 等. 基于知识关联的金融数据可视化分析[J]. 情报理论与实践, 2018, 41(10): 131-136.

[88] 周志光, 石晨, 史林松, 等. 地理空间数据可视分析综述[J]. 计算机辅助设计与图形学学报, 2018, 30(5): 747-763.

[89] 曲佳彬, 欧石燕, 凌洪飞. 基于深度挖掘的学术论文关联数据构建与可视化分析[J]. 情报学报, 2019, 38(6): 595-611.

[90] 林意, 孔斌强. 基于多尺度的时间序列固定分段数线性表示[J]. 计算机工程与应用, 2016, 52(21): 81-87.

[91] 李新旺, 许皞. 河北省粮食产量趋势性的影响因素定量研究[J]. 水土保持通报, 2019, 39(2): 221-226.

[92] 黄晓荣, 柴雪蕊, 杨鹏鹏, 等. 南水北调西线工程引水区气候变化趋势[J]. 南水北调与水利科技, 2014, 12(3): 5-9.

[93] 陈立华, 王焰, 易凯, 等. 钦州市降雨及入海河流径流演变规律与趋势分析[J]. 水文, 2016, 36(6): 89-96.

[94] 王占全, 李海明, 杨丽霞, 等. 太原市冲积平原区潜水水位动态变化趋势分析[J]. 人民黄河, 2018, 40(7): 58-62.

[95] 孙嘉琪, 王小军, 李鸿雁. 嫩江流域中下游径流量变化的时空特征[J]. 水电能源科学, 2018, 36(10): 17-21.

[96] 徐进军, 郭鑫伟, 张洪波, 等. 汶川台站地倾斜变化特征提取与分析[J]. 大地测量与地球动力学, 2016, 36(3): 270-273.

[97] 毛圆圆, 周丽红, 刘丽, 等. ARIMA 模型在医院流产数时间趋势分析中的应用[J]. 中国卫生统计, 2018, 35(1): 52-54.

[98] 张梦吉, 杜婉钰, 郑楠. 引入新闻短文本的个股走势预测模型[J]. 数据分析与知识发现, 2019, (5): 11-18.

[99] 余传明, 龚雨田, 王峰, 等. 基于文本价格融合模型的股票趋势预测[J]. 数据分析与知识发现, 2018, (12): 33-42.

[100] 饶东宁, 邓福栋, 蒋志华. 基于多信息源的股价趋势预测[J]. 计算机科学, 2017, 44(10): 193-202.

[101] 任水利, 雷蕾, 甘旭升, 等. 基于粗糙集与小波网络集成的股价走势预测研究[J]. 系统科学与数学, 2017, 37(11): 2208-2221.

[102] Wijsen J. Trends in databases: reasoning and mining[J]. IEEE Transactions on Knowledge and Data Engineering, 2001, 13(3): 426-438.

[103] Cheung J, Stephanopoulos G. Representation of process trends: part I. A formal representation framework[J]. Computers and Chemical Engineering, 1990, 14(4): 495-510.

[104] Janusz M E, Venkatasubramanian V. Automatic generation of qualitative descriptions of process trends for fault detection and diagnosis[J]. Engineering Applications of Artificial Intelligence, 1991, 4(5): 329-339.

[105] Joaquim M, Joan C. Episodes representation for supervision. application to diagnosis of a level control system[C]//Workshop on Principles of Diagnosis, 2001.

[106] Charbonnier S, Garcia-Beltan C, Cadet C, et al. Trends extraction and analysis for complex system monitoring and decision support[J]. Engineering Applications of Artificial Intelligence, 2005, 18(1): 21-26.

[107] Konstantinov K B, Yoshida T. Real-time qualitative analysis of the temporal shapes of (bio)process variables[J]. AIChE Journal, 1992, 38(11): 1703-1715.

[108] Dash S, Maurya M R, Venkatasubramanian V, et al. A novel interval-halving framework for automated identification of process trends[J]. AIChE Journal, 2004, 50(1): 149-162.

[109] 廖俊, 周中良, 寇英信, 等. 一种基于重要点的时间序列分割方法[J]. 计算机工程与应用, 2011, 47(24): 166-170.

[110] 周大镯, 李敏强. 基于序列重要点的时间序列分割[J]. 计算机工程, 2008, 34(23): 14-16.

[111] 孙志伟, 董亮亮, 马永军. 一种基于重要点的时间序列分段算法[J]. 计算机工程与应用, 2018, 54(18): 250-255.

[112] 邢邘, 石晓达, 孙连英, 等. 时间序列数据趋势转折点提取算法[J]. 计算机工程, 2018, 44(1): 56-61, 68.

[113] 谢婷玉, 徐德刚, 阳春华, 等. 基于重要点双重评价的时间序列趋势提取[J]. 信息与控制, 2018, 47(6): 731-737, 745.

[114] 林意, 朱志静. 基于趋势的时间序列分段线性化算法[J]. 重庆大学学报, 2019, 42(3): 92-98.

[115] 陈帅飞, 吕鑫, 戚荣志, 等. 一种基于关键点的时间序列线性表示方法[J]. 计算机科学, 2016, 43(5): 234-237.

[116] 张海涛, 李志华, 孙雅, 等. 新的时间序列相似性度量方法[J]. 计算机工程与设计, 2014, 35(4): 1279-1284.

[117] 刘慧婷, 倪志伟. 基于EMD与K-means算法的时间序列聚类[J]. 模式识别与人工智能, 2009, 22(5): 803-808.

[118] 肖瑞, 刘国华. 基于趋势的时间序列相似性度量和聚类研究[J]. 计算机应用研究, 2014,

31(9): 2600-2605.

[119] 王钊, 汤子健. 基于涨落模式的时间序列相似性度量研究[J]. 计算机应用研究, 2017, 34(3): 697-701.

[120] 王达, 荣冈. 时间序列的模式距离[J]. 浙江大学学报(工学版), 2004, 38(7): 795-798.

[121] 董晓莉, 顾成奎, 王正欧. 基于形态的时间序列相似性度量研究[J]. 电子与信息学报, 2007, 29(5): 1228-1231.

[122] 李正欣, 张凤鸣, 李克武. 多元时间序列模式匹配方法研究[J]. 控制与决策, 2011, 26(4): 565-570.

[123] 李正欣, 张凤鸣, 李克武. 基于 DTW 的多元时间序列模式匹配方法[J]. 模式识别与人工智能, 2011, 24(3): 425-430.

[124] 李海林, 梁叶. 基于数值符号和形态特征的时间序列相似性度量方法[J]. 控制与决策, 2017, 32(3): 451-458.

[125] 王燕, 安云杰. 时间序列相似性度量方法[J]. 计算机工程与设计, 2016, 37(9): 2520-2525.

[126] 李核心. 汉英计算机分类词典[M]. 郑州: 河南科学技术出版社, 2004.

[127] Nian J, Jiang S, Huang C, et al. CCE: a Chinese concept encyclopedia incorporating the expert-edited Chinese concept dictionary with online cyclopedias[C]//International Conference on Advanced Data Mining and Applications, 2011: 201-214.

[128] 刘守瑞, 常鲜戎. 基于 VC++的电力图形软件的电力图元连接[J]. 电力系统保护与控制, 2010, (15): 100-103.

[129] 汪荣峰, 廖学军, 唐立文. 通用矢量地图符号库中的图元设计[J]. 装备指挥技术学院学报, 2008, 19(2): 87-91.

[130] Lengler R, Eppler M J. Towards a periodic table of visualization methods for management[C]//Proceedings of the Conference on Graphics and Visualization in Engineering, 2007: 55-59.

[131] Wohlers T T. Applying Autocad: Instructor's Resource Guide[M]. Glencoe: McGraw-Hill, 2005.

[132] 梁秉全. 基于 OpenGL 的电力行业图形系统的设计与实现[D]. 大连: 大连理工大学, 2012

[133] 张丽娟, 谭丹, 李跃森. 基于 OpenGL 图元的激光光斑三维可视化算法和参数分析软件[J]. 计算机与数字工程, 2006, 34(6): 42-44.

[134] 李百青. 基于非完整图元的三维离散元法边界的计算方法研究[D]. 长春: 吉林大学, 2008.

[135] 李慧娟, 董成明, 秦志沁, 等. 基于SVG的电力系统图形中动态图元技术研究[J]. 山西科技, 2013, (2): 115-117.

[136] 王健, 陈剑云, 屈志坚. 基于 SVG 的电力图元库的设计与实现[J]. 继电器, 2008, 36(8): 79-82.

[137] de Leeuw W C, van Wijk J J. A probe for local flow field visualization[C]//Proceedings of Visualization, 1993: 39-45.

[138] 李兵, 叶海建, 方金云, 等. 图元法符号库的设计思想研究[J]. 计算机工程与应用, 2005, 41(17): 36-38.

[139] 陈晓杰, 方贵盛. 一种基于图元结构关系的电气草图符号识别方法[J]. 机电工程, 2017, 34(8): 823-828, 850.

[140] 钟业勋, 童新华. 基于可视化的地图学概念的形成逻辑[J]. 海洋测绘, 2012, 32(4): 78-80.

[141] 钟业勋, 胡宝清, 郑红波. 地图符号的基本结构和功能[J]. 桂林理工大学学报, 2011, 31(2): 229-232.

[142] 陶陶. GIS 地图符号的状态与行为特征初探[J]. 测绘科学, 2014, 39(8): 154-157.

[143] 梅洋, 李霖. 顾及符号关系处理的地图符号库设计与实现[J]. 测绘通报, 2007, (8): 66-70.

[144] 王博颖, 展敬宇, 莫飘. 电力通信网运行方式管理通用图元库[J]. 电力系统通信, 2012, 33(3): 44-47.

[145] 李书娟. 面向对象的电力图形系统的研究与开发[D]. 武汉: 武汉理工大学, 2005.

[146] 任敬婧. 面向对象空间模型的地图符号研究[D]. 西安: 长安大学, 2007.

[147] 吴明光, 闾国年, 陈泰生. 点状地图符号数据结构同化研究[J]. 武汉大学学报(信息科学版), 2011, 36(2): 239-243.

[148] 邢存恩, 王落胜, 固振华. 采矿工程图形图素分级及数据化[J]. 太原理工大学学报, 2000, (6): 635-637.

[149] 胡最, 闫浩文. 地图符号的语言学机制及其应用研究[J]. 地理与地理信息科学, 2008, 24(1): 17-21.

[150] 苏里, 陈宜金. 地形图符号的语言学特征[J]. 测绘科学, 2007, 32(5): 34-35.

[151] 方毅芳. 煤炭企业安全管理可视化方式研究[D]. 北京: 中国矿业大学, 2015.

[152] 任绪才, 孙祥, 赵峰, 等. 人机界面上位机图元设计[J]. 信息技术与信息化, 2009, (3): 83-84.

[153] Figl K, Recker J, Mendling J. A study on the effects of routing symbol design on process model comprehension[J]. Decision Support Systems, 2013, 54(2): 1104-1118.

[154] 韩延彬, 尹建芹, 李金屏. 基于图元旋转不变性和相位统计信息的 LBP 算法在纹理分类中的研究[J]. 计算机学报, 2011, 34(3): 583-592.

[155] 周圣川, 胡振彪, 马纯永. 海滨城市三维场景的混合图元渲染方法[J]. 中国海洋大学学报(自然科学版), 2016, (1): 138-144.

[156] Assari A. Product of locally primitive graphs[J]. International Journal of Mathematics and Mathematical Sciences, 2014, 100(2): 243-254.

[157] Podmore R, Robinson M R. CIM graphic exchange standard for smart grid applications[C]//The IEEE Power and Energy Society General Meeting, 2011: 1-7.

[158] 冯桂焕, 孙正兴. 使用几何特征与隐 Markov 模型的手绘笔画图元分解[J]. 软件学报, 2009, 20(1): 1-10.

[159] 阎春平, 覃斌, 刘飞. 图形轮廓提取的图元优先级特征定义及应用[J]. 计算机辅助设计与图形学学报, 2010, 22(1): 44-50.

[160] Strouthopoulos C, Papamarkos N. Multithresholding of mixed-type documents[J]. Engineering Applications of Artificial Intelligence, 2000, 13(3): 323-343.

[161] 方家乐. 几何图元分析处理若干问题的研究[D]. 杭州: 杭州电子科技大学, 2011.

[162] 李敏, 张绪冰, 尹业安. 一种新的规则纹理基本图元提取方法[J]. 小型微型计算机系统, 2013, 34(3): 672-676.

[163] Chen C C. Improved moment invariants for shape discrimination[J]. Pattern Recognition, 1993, 26(5): 683-686.

[164] 储备, 杨海波. 基于图元对象的工程产品 CAD 信息集成模型[J]. 计算机辅助设计与图形学学报, 2001, 13(4): 305-309.

[165] Hong W X, Gao H B, Cui J X, et al. Extraction and representation of graph and feature primitives of multivariate graph[J]. Journal of Yanshan University, 2013, 102(2): 33-35.

[166] 王瑞云. 地域性符号的分析与提取[D]. 无锡: 江南大学, 2009.

[167] Ahmed M, Ward R K. An expert system for general symbol recognition[J]. Pattern Recognition, 2000, 33(12): 1975-1988.

[168] 黄元元, 郭丽, 杨静宇. 利用形状与空间位置特征检索二值商标图像[J]. 中国图象图形学报, 2002, 11(7): 55-63.

[169] Wang C C, Chen L H. Content-based color trademark retrieval system using hit statistic[J]. International Journal of Pattern Recognition and Artificial Intelligence, 2002, 16(5): 603-619.

[170] 康承旭, 汪新庆, 张龙. 基于 MapGIS 的图层要素符号信息提取研究[C]//第十二届全国数学地质与地学信息学术研讨会, 2013: 309-316.

[171] 杨云, 朱长青, 孙群, 等. 地形图中冲沟与陡崖符号的自动提取方法[J]. 西安电子科技大学学报(自然科学版), 2006, 33(3): 504-508.

[172] 王晓军. 基于贝叶斯网络的草图语义符号提取[D]. 天津: 天津大学, 2006.

[173] 农宇, 陈飞. 土地利用现状图扫描符号的自动提取与识别[J]. 测绘科学, 2011, 36(2): 199-201.

[174] 郑华利. 彩色地形图的自动识别与矢量化研究[D]. 南京: 南京理工大学, 2004.

[175] 张小苗. 地形图图元识别及路网数据模型研究[D]. 长沙: 国防科学技术大学, 2003.

[176] 陈建宏, 古德生, 罗周全. 基于线框构图技术的采矿 CAD 参数图元的构造[J]. 中南工业大学学报, 2001, 32(6): 559-562.

[177] 何虎军, 赵亚宁, 杨本生. 基于 AutoCAD 的采矿地质标准图库的创建[J]. 金属矿山, 2011, (4): 120-123.

[178] 王培强, 张澜涛, 朱艳艳. 基于 Word 平台的煤矿采掘图元库的研究[J]. 工矿自动化, 2009, 35(9): 85-87.

[179] 张世辰. 基于 WPF 三维应用的图元管理平台设计与实现[D]. 武汉: 华中科技大学, 2014.

[180] 开滨. 面向对象交互式 CAD 系统的设计与开发[D]. 青岛: 山东科技大学, 2009.

[181] 杨骏. "数字城市"中的空间本体数据库研究[D]. 成都: 西南交通大学, 2004.

[182] 王成志, 黄凯旋. 以运动要素为图元的机构简图组构式绘图系统[J]. 计算机辅助设计与图形学学报, 2003, 15(3): 372-376.

[183] 廖维川, 万涛. 一个绘图工具的面向对象设计[J]. 计算机工程与设计, 2005, 26(5): 1373-1376.

[184] 罗建新. 电网图库一体化平台研究与实现[D]. 武汉: 武汉理工大学, 2005.

[185] 陈传波, 蒋迅飞. 面向行业的 SVG 实例生成方法研究[J]. 武汉理工大学学报, 2007, 29(2): 126-128.

[186] 曹亚妮. 面向快速制作的专题地图符号生成研究[D]. 郑州: 解放军信息工程大学, 2010.

[187] 曹敏, 杨永喜. 智能图元设计法[J]. 浙江工业大学学报, 2000, (S1): 149-152.

[188] Lehireche A, Rahrnoun A. The EE-method, an evolutionary engineering developer tool: neural net character mapping[C]//Proceedings of IEEE ACS/IEEE International Conference on Computer Systems and Applications, 2005: 177-181.

[189] Schlichtmann H. Overview of the semiotics of maps[C]//Proceedings of the 24th International Cartographic Conference, 2009: 77-83.

[190] Slocum T A, Blok C, Jiang B, et al. Cognitive and usability issues in geovisualization[J]. Cartography and Geographic Information Science, 2001, 28(1): 61-75.

[191] Li W, Chen Y F, Qian L T, et al. Personalized map symbol design mechanism based on linguistics[J]. Acta Geodaetica et Cartographica Sinica, 2015, 4(3): 323-329.

[192] Tian J, Jia F, Xia Q. Research on 3D symbol design based on linguistic methodology[J]. Acta Geodaetica et Cartographica Sinica, 2013, 42(1): 131-137.

[193] 马雪峰. AutoCAD 二次开发在图元位置智能化分析中的应用[J]. 煤矿机械, 2011, 32(7): 227-229.

[194] Goldfeather J, Hultquist J P M, Fuchs H. Fast constructive-solid geometry display in the pixel-powers graphics system[C]//ACM SIGGRAPH Computer Graphics, 1986, 20(4): 107-116.

[195] 徐元勇. 二次曲面图元拼接形体的实时成像方法研究[J]. 中国民航学院学报, 1999, 17(4): 38-41.

[196] 江翼, 张海龙, 吴俊杰. 电力系统图库模一体化的研究[J]. 电网与清洁能源, 2016, (4): 85-88.

[197] Date H, Maeno T, Kanai S. A Rendering method of laser scanned point clouds of large scale environments by adaptive graphic primitive selection[J]. Computer-Aided Design and Applications, 2014, 11(6): 685-693.

[198] 郑束蕾. 个性化地图的认知机理研究[D]. 郑州: 解放军信息工程大学, 2015.

[199] Masri K, Parker D, Gemino A. Using iconic graphics in entity-relationship diagrams: the impact on understanding[J]. Journal of Database Management, 2014, 19(3): 22-41.

[200] Wang X, Zhong Y. The new type of national graphics symbol in modern product design[C]//The 10th International Conference on Computer-Aided Industrial Design and Conceptual Design, 2009: 1597-1601.

[201] 党安荣, 丁华. 煤矿地质测量图例库的开发应用[J]. 测绘通报, 1996, (5): 17-22.

[202] 陈章良. 一种新的煤矿综合自动化图模库一体化组态系统[J]. 煤矿开采, 2010, (5): 101-103.

[203] 邢存恩. 煤矿采掘工程动态可视化管理理论与应用研究[D]. 太原: 太原理工大学, 2009.

[204] 王神虎. 基于 GIS 的采掘衔接计划编制及图形化系统研究[D]. 太原: 太原理工大学, 2006.

[205] 杨义辉. 采矿 CAD 可视化集成系统研究[D]. 西安: 西安科技大学, 2006.

[206] Zhao H Y, Tang J Q. Graphic Identification system's design and research based on graphics primitive[C]//The International Conference on Information and Computing, 2011: 102-105.

[207] 赵冬梅, 龚群, 张旭. 基于组合图元的输电网单线图自动布局方法[J]. 电网技术, 2013, 37(10): 2979-2984.

[208] 王焕宝, 张佑生. 基于图元的事件图生成算法[J]. 计算机工程, 2007, 33(12): 1-3.

[209] 林济锉, 覃岭, 罗萍萍. 基于图形建模的电力系统拓扑分析新方法[J]. 电力系统自动化, 2005, 29(22): 54-59.

[210] Guo T, Zhang H, Wen Y. Computer graphics in china: an improved example-driven symbol recognition approach in engineering drawings[J]. Computers and Graphics, 2012, 36(7): 835-845.

[211] 周焰, 李少梅, 阚映红. 多级栅格网络地图的组织与设计[J]. 测绘科学技术学报, 2011, 28(3): 213-217.

[212] 黄昌林. 论电视叙事符号系统的构成和组合法则[J]. 成都大学学报(社会科学版), 2002, (1): 60-63.

[213] 郭立新. 海图符号语言的语法规则构建与实现技术[D]. 郑州: 解放军信息工程大学, 2012.

[214] 王业明, 谭建荣. 图元驱动参数化设计方法在流道设计中的应用[J]. 农业机械学报, 2001, 32(6): 38-40, 44.

[215] 隋江华, 张均东. 图元文件信息的存取与在工程中的应用[J]. 大连海事大学学报(自然科学版), 2003, 29(2): 94-97.

[216] 韩波, 张凯, 蒋涛. 基于视景仿真的引战配合效率评估方法[J]. 上海航天, 2019, 36(1): 29-33.

[217] 吴锋, 侯平智. 制造可视化及关键技术研究[J]. 现代制造工程, 2009, (4): 134-136.

[218] 赵霄. 制造业可视化管理与关键绩效指标体系的研究[D]. 北京: 清华大学, 2009.

[219] 阮宏梁. 基于工作流的过程管理可视化平台研究[D]. 成都: 西南交通大学, 2011.

[220] 胡小妹. 信息可视化设计与公共行为研究[D]. 北京: 中央美术学院, 2014.

[221] 岳钢, 王楠. 网络学习中知识可视化效率研究[J]. 软件, 2015, 36(2): 92-96.

[222] 黄慧芳, 杨超, 邹鸣远, 等. 基于 GIS 的地闪强度可视化效果对比分析[C]//第 33 届中国气象学会年会, 2016: 1-6.

[223] 林欢. 图片优势效应在网页设计中的研究与应用[D]. 长沙: 湖南大学, 2014.

[224] 柳少杰. 鸟类飞行可视化效果模型的分析与研究[D]. 北京: 中国地质大学(北京), 2013.

[225] 邹智勇, 薛睿. 中国经典诗词认知诗学研究[M]. 武汉: 武汉大学出版社, 2014.

[226] 孙崇勇. 认知负荷的理论与实证研究[M]. 沈阳: 辽宁人民出版社, 2014.

[227] 梁宁建. 当代认知心量学[M]. 上海: 上海教育出版社, 2014.

[228] Robert J S. 认知心理学[M]. 杨炳钧, 陈燕, 邹枝玲, 译. 北京: 中国轻工业出版社, 2006.

[229] Stenberg G. Conceptual and perceptual factors in the picture superiority effect[J]. Journal of Cognitive Psychology, 2006, 18(6): 813-847.

[230] Quinlan C K, Taylor T L, Fawcett J M. Directed forgetting: comparing pictures and words[J]. Canadian Journal of Experimental Psychology, 2010, 64(1): 41-46.

[231] 陈烜之. 认知心理学[M]. 广州: 广东高等教育出版社, 2006.

[232] 朱滢. 实验心理学[M]. 北京: 北京大学出版社, 2009.

[233] Hartmann M, Mast F W, Fischer M H. Counting is a spatial process: evidence from eye movements[J]. Psychological Research, 2016, 80(3): 399-409.

[234] Caligiore D, Mustile M, Cipriani D, et al. Intrinsic motivations drive learning of eye movements: an experiment with human adults[J]. PloS One, 2015, 10(3): e0118705.

[235] Orquin J L, Mueller L S. Attention and choice: a review on eye movements in decision making[J]. Acta Psychologica, 2013, 144(1): 190-206.

[236] Rayner K. Eye movements and attention in reading, scene perception, and visual search[J]. The Quarterly Journal of Experimental Psychology, 2009, 62(8): 1457-1506.

[237] Colé P, Pynte J, Andriamamonjy P. Effect of grammatical gender on visual word recognition: evidence from lexical decision and eye movement experiments[J]. Attention, Perception and Psychophysics, 2003, 65(3): 407-419.

[238] 陈广耀, 张维, 陈庆, 等. 类别型状态不确定独立否定句的加工机制: 来自眼动实验的证据[J]. 心理学报, 2014, 46(10): 1426-1441.

[239] 陈庆荣, 谭顶良, 邓铸, 等. 句法预测对句子理解影响的眼动实验[J]. 心理学报, 2010, 42(6): 672-682.

[240] 张霞, 刘鸣. 视觉表象操作加工的眼动实验研究[J]. 心理学报, 2009, 41(4): 305-315.

[241] 周源源. 青少年预期推理的眼动实验研究[J]. 心理与行为研究, 2006, 4(3): 218-224.

[242] Reilly R G, Radach R. Some empirical tests of an interactive activation model of eye movement control in reading[J]. Cognitive Systems Research, 2006, 7(1): 34-55.

[243] 张家华, 张剑平, 黄丽英, 等. "三分屏"网络课程界面的眼动实验研究[J]. 远程教育杂志, 2009, 17(6): 74-78.

[244] 王雪, 王志军, 侯岸泽. 网络教学视频字幕设计的眼动实验研究[J]. 现代教育技术, 2016, 26(2): 45-51.

[245] 王雪, 王志军, 付婷婷, 等. 多媒体课件中文本内容线索设计规则的眼动实验研究[J]. 中国电化教育, 2015, (5): 99-104, 117.

[246] 刁永锋, 刘明春, 杨海茹. 网络视频公开课程学习行为眼动实验研究[J]. 现代教育技术, 2014, 24(11): 81-87.

[247] 曹卫真, 车笑琼, 祁禄, 等. 画面主体位置布局的眼动实验及对网络视频资源建设的启示[J]. 远程教育杂志, 2013, 31(5): 97-106.

[248] 安璐, 李子运. 教学 PPT 背景颜色的眼动实验研究[J]. 电化教育研究, 2012, 33(1): 75-80.

[249] Hamel S, Houzet D, Pellerin D, et al. Does color influence eye movements while exploring videos?[J]. Journal of Eye Movement Research, 2015, 8(1): 1-10.

[250] 刘世清, 周鹏. 文本-图片类教育网页的结构特征与设计原则: 基于宁波大学的眼动实验研究[J]. 教育研究, 2011, 32(11): 99-103.

[251] 常方圆. 基于眼动仪的智能手机 APP 图形用户界面设计可用性评估[J]. 包装工程, 2015, 36(8): 65-69.

[252] 方潇, 李萌, 包芄, 等. 基于眼动实验的个性化地图推荐模型探讨[J]. 地理空间信息, 2015, 13(1): 167-170.

[253] 张嘉楠. 基于眼动实验的畲族服饰特征提取与识别研究[D]. 杭州: 浙江理工大学, 2015.

[254] 吴珏. 基于眼动实验的手机音乐软件界面的可用性研究[D]. 上海: 华东理工大学, 2015.

[255] 杨飒. 购物网站上产品模特的视线线索研究[D]. 杭州: 浙江大学, 2014.

[256] 喻国明, 丁汉青. 电视广告视觉注意模型建构: 基于眼动实验的研究[J]. 国际新闻界, 2013, 35(6): 112-122.

[257] 何明芮, 宋喆明, 李永建. 基于眼动认知负荷实验的知识地图可获取性研究[J]. 管理学报, 2012, 9(5): 753-757.

[258] 李乐. 基于眼动实验的电脑主机面板设计评价体系研究[D]. 济南: 山东大学, 2010.

[259] 王海燕, 卞婷, 薛澄岐. 基于眼动跟踪的战斗机显示界面布局的实验评估[J]. 电子机械工程, 2011, 27(6): 50-53.

[260] 崔彩彩. 基于眼动追踪技术的安全标志识别性研究[D]. 焦作: 河南理工大学, 2014.

[261] 汪宴宾. 基于驾驶行为特征与眼动特征的疲劳驾驶辨识方法研究[D]. 成都: 西南交通大学, 2015.

[262] 孟影. 高速公路旁广告牌对驾驶安全的影响[D]. 南通: 南通大学, 2015.

[263] 咸化彩. 次任务驾驶安全性评价指标及评价模型研究[D]. 长春: 吉林大学, 2014.

[264] 王春雨. 隧道路段驾驶员视觉安全技术研究[D]. 重庆: 重庆交通大学, 2013.

[265] 杨冕, 吴超. 深井受限空间内作业人员的眼动特征研究[J]. 中国安全生产科学技术, 2016, 12(11): 188-192.

[266] 李焕. 情绪与矿工不安全行为关系实验研究[D]. 西安: 西安科技大学, 2015.

[267] 肖泽元. 矿工风险感知与不安全行为的关系研究[D]. 西安: 西安科技大学, 2014.

[268] 孙雨生, 张梦珍, 朱礼军. 国内知识可视化研究进展: 理论分析[J]. 情报理论与实践, 2015, 38(11): 126-131.

[269] 朱云霞, 魏建香. 基于知识图谱组合模型的信息可视化研究[J]. 情报杂志, 2012, 31(4): 32-37.

[270] 张卓, 宣蕾, 郝树勇. 可视化技术研究与比较[J]. 现代电子技术, 2010, 33(17): 133-138.

[271] Fox P, Hendler J. Changing the equation on scientific data visualization[J]. Science, 2011, 331(6018): 705-708.

[272] Eppler M J, Burkhard R A. Knowledge Visualization[R]. Lugano: Università Della Svizzera Italiana, 2004.

[273] 康瑛石, 吴吉义, 王海宁. 基于云计算的一体化煤矿安全监管信息系统[J]. 煤炭学报, 2011, 36(5): 873-877.

[274] 钟守真, 李月琳. 信息资源管理含义研究综述[J]. 情报科学, 2000, 18(1): 75-79.

[275] Guimarases T. IRM revisited[J]. Datamation, 1985, 31(5): 130-134.

[276] 卢泰宏. 信息管理概念框架的比较研究[J]. 知识工程, 1992, (2): 57-62.

[277] Horton F W. Information Resources Management[M]. Englewood Cliffs: Prentice-Hall, 1985.

[278] Horton F W, Marchand D A. Infotrends-Profiting from Your Information Resources[M]. New York: John Wiley and Sons, 1986.

[279] 孙建军, 柯青, 陈晓玲, 等. 信息资源管理概论[M]. 南京: 东南大学出版社, 2008.

[280] 张勤, 马费成. 国外知识管理研究范式: 以共词分析为方法[J]. 管理科学学报, 2007, 10(6): 65-75.

[281] Cronin B, Davenport E. Elements of Information Management[M]. New York: Scarecrow Press, 1991.

[282] 霍国庆. 信息资源管理的起源与发展[J]. 图书馆, 1997, (6): 4-10.

[283] 盛小平, 何立阳. 知识管理系统研究综述[J]. 图书馆, 2003, (1): 36-39.

[284] Marshall L. Facilitating knowledge management and knowledge sharing: new opportunities for information professionals[J]. Online, 1997, 21(5): 92-98.

[285] 郝建苹. 国内外知识管理研究现状综述[J]. 情报杂志, 2003, 22(8): 17-19.

[286] 维娜·艾莉. 知识的进化[M]. 刘民慧, 译. 珠海: 珠海出版社, 2003.

[287] Crosson F J. Personal knowledge: towards a post-critical philosophy[J]. The New Scholasticism, 1961, 35(2): 258-260.

[288] Hansen M T, Nohria N, Tierney T. What's your strategy for managing knowledge[J]. The Knowledge Management Yearbook 2000-2001, 1999, 77(2): 106-116.

[289] Nonaka I, Takeuchi H. The knowledge-creating company[J]. Harvard Business Review, 2007, 85(7-8): 162-171.

[290] Zeki S. A Vision of the Brain[M]. Oxford: Blackwell, 1993.

[291] David M. 视觉计算理论[M]. 姚国正, 刘磊, 汪云九, 译. 北京: 科学出版社, 1988.

[292] Palmer S, Rock I. Rethinking perceptual organization: the role of uniform connectedness[J]. Psychonomic Bulletin and Review, 1994, 1(1): 29-55.

[293] 艾森克 M W, 基恩 M T. 认知心理学[M]. 高定国, 何凌南, 译. 上海: 华东师范大学出版社, 2009.

[294] 中华人民共和国国家标准-安全色(GB2893-2008)[S]. 北京: 中国标准出版社. 2009.

[295] Cutting J E, Wang R F, Flückiger M, et al. Human heading judgments and object-based motion information[J]. Vision Research, 1999, 39(6): 1079-1105.

[296] 何华. 新视野下的认知心理学[M]. 北京: 科学出版社, 2009.

[297] Broadbent D E. Perception and Communication[M]. Amsterdam: Elsevier, 2013.

[298] Treisman A. Monitoring and storage of irrelevant messages in selective attention[J]. Journal of Verbal Learning and Verbal Behavior, 1964, 3(6): 449-459.

[299] Kahneman D. Attention and Effort[M]. Englewood Cliffs: Prentice-Hall, 1973.

[300] Atkinson R C, Shiffrin R M. Human memory: a proposed system and its control processes[J]. Psychology of Learning and Motivation, 1968, 2: 89-195.

[301] Craik F I M, Lockhart R S. Levels of processing: a framework for memory research[J]. Journal of Verbal Learning and Verbal Behavior, 1972, 11(6): 671-684.

[302] Lockhart R S, Craik F I M. Levels of processing: a retrospective commentary on a framework for memory research[J]. Canadian Journal of Psychology, 1990, 44(1): 87-112.

[303] Schacter D L, Wagner A D, Buckner R L. Memory Systems of 1999[M]//The Oxford Handbook of Memory. New York: Oxford University Press, 2000.

[304] Newell A, Simon H A. Human Problem Solving[M]. Englewood Cliffs: Prentice-Hall, 1972.

[305] Anderson J R. ACT: a simple theory of complex cognition[J]. American Psychologist, 1996, 51(4): 355-365.

[306] Robert J S. Intelligence, wisdom, and creativity: their natures and interrelationships[C]// Proceedings of a Symposium in Intelligence: Measurement, Theory, and Public Policy, 1989: 119.

[307] Schunn C D, Klahr D. A 4-space model of scientific discovery[C]//Proceedings of the 17th Annual Conference of the Cognitive Science Society, 1995: 106-111.

[308] Robert L S, Kimberly M M, Maclin O H. 认知心理学[M]. 邵志芳, 译. 上海: 上海人民出版

社, 2008.

[309]Simon H A. Rationality as process and as product of thought[J]. The American Economic Review, 1978, 68(2): 1-16.

[310] Watson J B. Psychology as the behaviorist views it[J]. Psychological Review, 1913, 20(2): 158-170.

[311]Watson J B. Behavior: an introduction to comparative psychology[J]. Philosophical Review, 1915, 24(2): 210-213.

[312] Watson J B. Psychology: From the Standpoint of a Behaviorist[M]. Philadelphia: JB Lippincott company, 1919.

[313] Skinner B F. Verbal Behavior[M]. New York: Appleton-Century-Crofts, 1957.

[314] Skinner B F. The origins of cognitive thought[J]. American Psychologist, 1989, 44(1): 13-18.

[315] 苏茜, 王维利. 对理性情绪疗法的反思[J]. 护理研究, 2009, 23(1): 95-97.

[316] 泽田善次郎. 工场管理的可视管理[M]. 东京: 日刊工业新闻, 1991.

[317] 今井正明. 现场改善: 低成本管理方法(珍藏本)[M]. 华经, 译. 北京: 机械工业出版社, 2010.

[318] 大野耐一. 大野耐一的现场管理[M]. 崔柳, 高志明, 译. 北京: 机械工业出版社, 2011.

[319] 门田安弘. 丰田现场管理方式: 丰田巨额利润的秘密[M]. 李伟, 李晴, 译. 北京: 东方出版社, 2005.

[320] 越前行夫. 5S 推进法[M]. 尹娜, 译. 北京: 东方出版社, 2011.

[321] 远藤功. 可视力: 实现可视化管理的 5 种方法[M]. 林琳, 译. 北京: 中信出版社, 2007.

[322] Rees L P, Philipoom P R, Taylor III B W, et al. Dynamically adjusting the number of Kanbans in a just-in-time production system using estimated values of leadtime[J]. IIE Transactions, 1987, 19(2): 199-207.

[323] Price W, Gravel M, Nsakanda A L. A review of optimisation models of Kanban-based production systems[J]. European Journal of Operational Research, 1994, 75(1): 1-12.

[324] Co H C, Sharafali M. Overplanning factor in Toyota's formula for computing the number of kanban[J]. IIE Transactions, 1997, 29(5): 409-415.

[325] Akturk M S, Erhun F. An overview of design and operational issues of Kanban systems[J]. International Journal of Production Research, 1999, 37(17): 3859-3881.

[326] Bicheno J, Holweg M, Niessmann J. Constraint batch sizing in a lean environment[J]. International Journal of Production Economics, 2001, 73(1): 41-49.

[327] Chen F F. A web-based Kanban system for job dispatching, tracking, and performance monitoring[J]. The International Journal of Advanced Manufacturing Technology, 2008, 38(9-10): 995-1005.

[328] 吴明星, 王生平. 目视管理[M]. 广州: 广东经济出版社, 2006.

[329] 周宁. 信息可视化在信息管理中的新进展[J]. 现代图书情报技术, 2003, (4): 4-7.

[330] 杨峰. 从科学计算可视化到信息可视化[J]. 情报杂志, 2007, 26(1): 18-20.

[331] Brodlie K W, Carpenter L, Earnshaw R A, et al. Scientific Visualization: Techniques and Applications[M]. Berlin: Springer, 2012.

[332] Friendly M. Milestones in the History of Data Visualization: A Case Study in Statistical Historiography[M]. Berlin: Springer, 2005.

[333] Hagen H, Ebert A, Lengen R H V, et al. Scientific Visualization-Methods and Applications[M]//Informatics. Berlin: Springer, 2001: 311-327.

[334] Stewart A J. Fast horizon computation at all points of a terrain with visibility and shading applications[J]. IEEE Transactions on Visualization and Computer Graphics, 1998, 4(1): 82-93.

[335] Wissink A M. Large scale structured AMR calculations using the SAMRAI framework[C]// Conference on High Performance on Performance Networking and Computing, 2001: 10-16.

[336] Card M. Readings in Information Visualization: Using Vision to Think[M]. San Francisco: Morgan Kaufmann, 1999.

[337] Eick S G. Graphically displaying text[J]. Journal of Computational and Graphical Statistics, 1994, 3(2): 127-142.

[338] Chi E H. A taxonomy of visualization techniques using the data state reference model[C]//IEEE Symposium on Information Visualization, 2000: 69-75.

[339] Wong P C. Guest editor's introduction: visual data mining[J]. IEEE Computer Graphics and Applications, 1999, 19(5): 20-21.

[340] Bederson B B, Shneiderman B. The Craft of Information Visualization: Readings and Reflections[M]. San Francisco: Morgan Kaufmann, 2003.

[341] 周宁, 张玉峰. 信息可视化与知识检索[M]. 北京: 科学出版社, 2005: 88-92.

[342] 赵国庆, 黄荣怀, 陆志坚. 知识可视化的理论与方法[J]. 开放教育研究, 2005, 11(1): 22-27.

[343] 周宁, 陈勇跃, 金大卫, 等. 知识可视化框架研究[J]. 情报科学, 2007, 4(25): 566-569

[344] Newman B. Agents, Artifacts, and Transformations: The Foundations of Knowledge flows[M]//Handbook on Knowledge Management. Berlin: Springer, 2004: 301-316.

[345] 托尼·巴赞. 思维导图[M]. 李斯, 译. 北京: 作家出版社, 1999.

[346] Ackermann F, Eden C. Contrasting single user and networked group decision support systems for strategy making[J]. Group Decision and Negotiation, 2001, 10(1): 47-66.

[347] Fisher K M. SemNet Software as An Assessment Tool[M]. Pittsburgh: Academic Press, 2005: 197-221.

[348] 周宁, 陈勇跃, 金大卫, 等. 知识可视化与信息可视化比较研究[J]. 情报理论与实践, 2007, 30(2): 178-181.

[349] 薛晓芳. 知识可视化理论、方法和工具及军事医学应用研究[D]. 北京: 中国人民解放军军事医学科学院, 2014.

[350] 陈必坤, 赵蓉英. 学科知识可视化分析的理论研究[J]. 情报理论与实践, 2015, 38(11): 27-28.

[351] Tsvetovat M, Kouznetsov A. 社会网络分析: 方法与实践[M]. 王薇, 王成军, 王颖, 等, 译. 北京: 机械工业出版社, 2013.

[352] Murata K, Katayama H. Development of Kaizen case-base for effective technology transfer: a case of visual management technology[J]. International Journal of Production Research, 2010, 48(16): 4901-4917.

[353] Severino R. The Data Visualisation Catalogue[EB/OL]. http://www.datavizcatalogue.com/ index.html.

[354] Lengler R, Eppler M J. A Periodic Table of Visualization Methods[EB/OL]. http://www. visual-literacy.org/periodic_table/periodic_table.html#.

[355] de Oliveira M C F, Levkowitz H. From visual data exploration to visual data mining: a survey[J]. IEEE Transactions on Visualization and Computer Graphics, 2003, 9(3): 378-394.

[356] 张龙飞, 姚中华, 宋汉辰, 等. 基于 ThemeRiver 的可视化技术发展综述[J]. 系统仿真学报, 2013, 25(9): 2091-2096, 2103.

[357] 赵慧臣. 知识可视化视觉表征的形式分析[J]. 现代教育技术, 2012, 22(2): 21-27.

[358] Donald H, Baker M P. 计算机图形学[M]. 蔡士杰, 译. 北京: 电子工业出版社, 2005.

[359] 施惠娟. 可视化数据挖掘技术的研究与实现[D]. 上海: 华东师范大学, 2009.

[360] 蔡朱华. 基于聚类分析的可视化技术及其应用研究[D]. 厦门: 厦门大学, 2014.

[361] 孙扬, 封孝生, 唐九阳, 等. 多维可视化技术综述[J]. 计算机科学, 2008, 35(11): 1-7.

[362] 张长鲁, 谭章禄. 基于认知负荷的煤矿安全可视化作用机理[J]. 安全与环境工程, 2015, 22(1): 131-134, 147.

[363] 谭章禄, 张长鲁. 煤矿安全可视化管理研究[J]. 煤矿安全, 2013, 44(9): 232-234.

[364] 涂新莉, 刘波, 林伟伟. 大数据研究综述[J]. 计算机应用研究, 2014, 31(6): 1612-1616.

[365] Goldston D. Big data: data wrangling[J]. Nature, 2008, 455(7209): 15.

[366] Reichman O J, Jones M B, Schildhauer M P. Challenges and opportunities of open data in ecology[J]. Science, 2011, 331(6018): 703-705.

[367] 刘智慧, 张泉灵. 大数据技术研究综述[J]. 浙江大学学报(工学版), 2014, 48(6): 958-959.

[368] 涂子沛. 大数据[M]. 桂林: 广西师范大学出版社, 2012.

[369] 企业职工伤亡事故分类标准(GB6441-1986)[S]. 1986.

[370] 郝贵, 刘海滨, 张光德. 煤矿安全风险预控管理体系[M]. 北京: 煤炭工业出版社, 2012.

[371] 生产过程危险及有害因素分类与代码(GB/T 13861-2009)[S]. 2009.

[372] 李雄飞, 董元方. 数据挖掘与知识发现[M]. 北京: 高等教育出版社, 2010.

[373] 中华人民共和国中央人民政府. 生产安全事故报告和调查处理条例[EB/OL]. [2007-4-19]. http://www.gov.cn/zwgk/2007-04/19/content_588577.html.

[374] 国家煤矿安全监察局. 煤矿安全规程[EB/OL]. http://www.mkaq.org/html/2016/04/02/358178_5.shtml.

[375] 中华人民共和国国务院. 煤矿安全监察条例[EB/OL]. http://www.mkaq.org/html/2017/03/07/409407.shtml.

[376] 谭章禄, 王泽, 陈晓. 基于 LDA 的煤矿安全隐患主题发现研究[J]. 中国安全科学学报, 2016, 26(6): 123-128.

[377] 谭章禄, 陈晓, 宋庆正, 等. 基于文本挖掘的煤矿安全隐患分析[J]. 安全与环境学报, 2017, 17(4): 1262-1266.

[378] 奉国和, 郑伟. 国内中文自动分词技术研究综述[J]. 图书情报工作, 2011, 55(2): 41-45.

[379] 翟凤文, 赫枫龄, 左万利. 字典与统计相结合的中文分词方法[J]. 小型微型计算机系统, 2006, 27(9): 1766-1771.

[380] 王显芳, 杜利民. 利用覆盖歧义检测法和统计语言模型进行汉语自动分词[J]. 电子与信息学报, 2003, 25(9): 1168-1173.

[381] 张启宇, 朱玲, 张雅萍. 中文分词算法研究综述[J]. 情报探索, 2008, (11): 53-56.

[382] 覃雄派, 陈跃国, 杜小勇. 数据科学概论[M]. 北京: 中国人民大学出版社, 2018.

[383] 任雪松, 于秀林. 多元统计分析[M]. 北京: 中国统计出版社, 2011.

[384] 赵平. 定性数据的统计分析[M]. 北京: 社会科学文献出版社, 2014.

[385] 殷文韬, 傅贵, 袁沙沙, 等. 2001-2012 年我国重特大瓦斯爆炸事故特征及发生规律研究[J]. 中国安全科学学报, 2013, 23(2): 142-146.

[386] 景国勋. 2008-2013 年我国煤矿瓦斯事故规律分析[J]. 安全与环境学报, 2014, 14(5): 353-356.

[387] 袁显平, 严永胜, 张金锁. 我国煤矿矿难特征及演变趋势[J]. 中国安全科学学报, 2014, 24(6): 135-140.

[388] 李波, 巨广刚, 王珂, 等. 2005-2014 年我国煤矿灾害事故特征及规律研究[J]. 矿业安全与环保, 2016, 43(3): 111-114.

[389] 程磊, 杨朝伟, 景国勋. 2014 年我国煤矿事故统计与规律分析[J]. 安全与环境学报, 2016, 16(4): 384-388.

[390] Blei D M, Ng A Y, Jordan M I. Latent Dirichlet allocation[J]. Journal of machine Learning Research, 2003, 3(1): 993-1022.

[391] 叶春蕾, 冷伏海. 基于概率模型的主题识别方法实证研究[J]. 情报科学, 2013, 31(1): 135-139.

[392] 张培晶, 宋蕾. 基于 LDA 的微博文本主题建模方法研究述评[J]. 图书情报工作, 2012, 56(24): 120-126.

[393] 王燕鹏. 国内基于主题模型的科技文献主题发现及演化研究进展[J]. 图书情报工作, 2016,

60(3): 130-137.

[394] 刘卫江. 基于主题模型的科技监测研究与实现[D]. 南京: 南京理工大学, 2014.

[395] Box G E P. Sampling and Bayes' inference in scientific modelling and robustness[J]. Journal of the Royal Statistical Society: Series A (General), 1980, 143(4): 383-404.

[396] Nallapati R, Cohen W, Lafferty J. Parallelized variational EM for latent Dirichlet allocation: An experimental evaluation of speed and scalability[C]//IEEE International Conference on Data Mining Workshops, 2007: 349-354.

[397] 王鹏, 高铖, 陈晓美. 基于 LDA 模型的文本聚类研究[J]. 情报科学, 2015, 33(1): 63-68.

[398] 刘怀亮, 张治国, 马志辉, 等. 基于 SVM 与 KNN 的中文文本分类比较实证研究[J]. 情报理论与实践, 2008, 31(6): 941-944.

[399] Guo Y, Shao Z, Hua N. Automatic text categorization based on content analysis with cognitive situation models[J]. Information Sciences, 2010, 180(5): 613-630.

[400] 李春葆, 李石君, 李筱驰. 数据仓库与数据挖掘实践[M]. 北京: 电子工业出版社, 2017.

[401] 陈志泊, 韩慧. 数据仓库与数据挖掘[M]. 北京: 清华大学出版社, 2017.

[402] 田俊静, 兰月新, 夏一雪, 等. 基于决策树方法的网络舆情反转识别与实证研究[J]. 情报杂志, 2019, 38(8): 121-125, 171.

[403] Breiman L. Random forests[J]. Machine Learning, 2001, 45(1): 5-32.

[404] 杨剑锋, 乔佩蕊, 李永梅, 等. 机器学习分类问题及算法研究综述[J]. 统计与决策, 2019, 35(6): 36-40.

[405] Maron M E, Kuhns J L. On relevance, probabilistic indexing and information retrieval[J]. Journal of the ACM, 1960, 7(3): 216-244.

[406] 奎斯塔. 实用数据分析[M]. 刁晓纯, 陈堰平, 译. 北京: 机械工业出版社, 2014.

[407] Cover T, Hart P. Nearest neighbor pattern classification[J]. IEEE Transactions on Information Theory, 1967, 13(1): 21-27.

[408] 苏毅娟, 邓振云, 程德波, 等. 大数据下的快速 KNN 分类算法[J]. 计算机应用研究, 2016, 33(4): 1003-1006.

[409] 罗贤锋, 祝胜林, 陈泽健, 等. 基于 K-Medoids 聚类的改进 KNN 文本分类算法[J]. 计算机工程与设计, 2014, 35(11): 3864-3867.

[410] Bijalwan V, Kumari P, Pascual J, et al. Machine learning approach for text and document mining[J]. ArXiv Preprint, arXiv: 1406.1580, 2014.

[411] Vapnik V. The Nature of Statistical Learning Theory[M]. New York: Springer, 2013.

[412] 张华鑫, 庞建刚. 基于 SVM 和 KNN 的文本分类研究[J]. 现代情报, 2015, 35(5): 73-77.

[413] 阿力木江 • 艾沙, 吐尔根 • 依布拉音, 库尔班 • 吾布力, 等. 基于短语的维吾尔文文本分类[J]. 计算机应用, 2012, 32(10): 2923-2926.

[414] Cao J, Xia T, Li J, et al. A density-based method for adaptive LDA model selection[J].

Neurocomputing, 2009, 72 (7-9): 1775-1781.

[415] Ramirez E H, Brena R, Magatti D, et al. Topic model validation[J]. Neurocomputing, 2012, 76 (1): 125-133.

[416] Liu L, Peng T. Clustering-based method for positive and unlabeled text categorization enhanced by improved TF-IDF[J]. Journal of Information Science and Engineering, 2014, 30 (5): 1463-1481.

[417] Chang C C, Lin C J. LIBSVM: a library for support vector machines[J]. ACM Transactions on Intelligent Systems and Technology, 2011, 2 (3): 75-102.

[418] 张野, 杨建林. 基于 KNN 和 SVM 的中文文本自动分类研究[J]. 情报科学, 2011, 29 (9): 1313-1317.

[419] 李洁, 丁颖. 语义网、语义网格和语义网络[J]. 计算机与现代化, 2007, (7): 38-41.

[420] 张聪品, 胡伟强. 基于语义网络的知识表示在专家系统中的实现[J]. 微电子学与计算机, 2009, 26 (4): 214-215.

[421] 刘军. 社会网络分析导论[M]. 北京: 社会科学文献出版社, 2004.

[422] 邹美辰. 基于共词分析和社会网络分析的国内外关联数据研究探析[J]. 现代情报, 2016, 36 (3): 135-143.

[423] 高小强, 张昊. 竞争情报领域作者的知识角色识别研究[J]. 情报杂志, 2013, 32 (3): 60-65.

[424] 张永安, 闫瑾. 基于文本挖掘的科技成果转化政策内部结构关系与宏观布局研究[J]. 情报杂志, 2016, 35 (2): 46-48.

[425] 陈兆波, 刘媛媛, 曾建潮, 等. 煤矿安全事故人因分析的一致性研究[J]. 中国安全科学学报, 2014, 24 (2): 145-150.

[426] 付举磊, 肖进, 孙多勇, 等. 基于社会网络的恐怖活动时空特征分析[J]. 系统工程理论与实践, 2015, 35 (9): 2324-2332.

[427] Han J, Pei J, Kamber M. Data Mining: Concepts and Techniques[M]. Amsterdam: Elsevier, 2011.

[428] 阮光册, 夏磊. 基于关联规则的文本主题深度挖掘应用研究[J]. 数据分析与知识发现, 2017, 32 (12): 50-56.

[429] 王国平, 郭伟宸, 汪若君. IBM SPSS Modeler 数据与文本挖掘实战[M]. 北京: 清华大学出版社, 2014.

[430] 李贤功, 葛家家, 胡婷, 等. 煤矿顶板事故致因分析的贝叶斯网络研究[J]. 中国安全科学学报, 2014, 24 (7): 10-14.

[431] 李润求, 施式亮, 罗文柯. 煤矿瓦斯爆炸事故特征与耦合规律研究[J]. 中国安全科学学报, 2010, 20 (2): 69-74.

[432] 谭章禄, 单斐. 近十年我国煤矿安全事故时空规律研究[J]. 中国煤炭, 2017, 43 (9): 102-107.

[433] 史峰, 王辉, 郁磊, 等. MATLAB 智能算法 30 个案例分析[M]. 北京: 北京航空航天大学出版社, 2011.

[434]李海林, 郭崇慧. 时间序列数据挖掘中特征表示与相似性度量研究综述[J]. 计算机应用研究, 2013, 30(5): 1285-1291.

[435] 李海林, 郭崇慧, 杨丽彬. 基于分段聚合时间弯曲距离的时间序列挖掘[J]. 山东大学学报 (工学版), 2011, 41(5): 57-62.

[436] 丘祐玮. 机器学习与 R 语言实战[M]. 北京: 机械工业出版社, 2016.

[437] 黄贤英, 刘峰. 基于图元的嵌入式组态软件的设计与实现[J]. 计算机工程与设计, 2008, (3): 672-674.

[438] 张嘉华, 梁成, 李桂清. GPU 三维图元拾取[J]. 工程图学学报, 2009, 30(1): 46-52.

[439] 牛明博, 徐德民, 牛海发. 面向对象的可视化图元研究与实现[J]. 微电子学与计算机, 2007, (3): 191-194, 199.

[440] 陈金磊, 王卓, 郑昊, 等. 地图整饰模块的设计与实现[J]. 计算机工程与设计, 2012, 33(9): 3641-3646.

[441] 邓军勇, 李涛, 蒋林, 等. 面向 OpenGL 的图形加速器设计与实现[J]. 西安电子科技大学学报, 2015, 42(6): 124-130.

[442]徐睿娜, 徐中伟. 基于图元属性的进路搜索算法与研究[J]. 计算机应用与软件, 2012, 29(10): 25-27.

[443] 陈长林, 杨管妍, 赵俊鹏. 电子航海图点符号的 SVG 构建方法[J]. 测绘科学技术学报, 2019, 36(1): 86-89, 94.

[444] 洪文学, 王金甲. 可视化模式识别[M]. 北京: 国防工业出版社, 2014.

[445] 刘洋, 郭庆胜, 魏智威, 等. CorelDraw 线状地图符号库的设计[J]. 测绘工程, 2017, 26(7): 66-70, 75.

[446] 谭章禄, 李睿哲, 王力. 煤炭企业可视化管理图元分类体系研究[J]. 中国矿业, 2016, (8): 17-21.

[447] 于海冲, 朱海红, 李霖, 等. 地形图交通网要素的自动绘制[J]. 测绘信息与工程, 2006, (31): 45-46.

[448] 张丽, 阙凌燕, 韩晓, 等. 基于调控云的电网图形一体化维护技术应用[J]. 电力系统自动化, 2019, 43(22): 151-156.

[449] 汪荣峰, 张海波. 分块地图矢量数据的符号化方法[J]. 测绘科学技术学报, 2013, 30(2): 187-190.

[450] 乔国厚, 高俊杨, 杨雪, 等. 基于 GIS 技术的煤矿安全三维仿真平台开发与实现[J]. 中国煤炭, 2013, 39(10): 59-64.

[451] 王平, 赵红泽. 基于 GIS 的通风设施可视化监测监控系统研究[J]. 煤炭工程, 2017, 49(3): 94-95, 99.

[452] 王雷鸣, 尹升华. GIS 在矿业系统中的应用现状与展望[J]. 金属矿山, 2015, (5): 122-128.

[453] 陶昆, 姬婧. 矿图[M]. 徐州: 中国矿业大学出版社, 2007.

[454] 王清. 矿图[M]. 北京: 煤炭工业出版社, 2009.

[455] 毛加宁, 金光. 矿图[M]. 徐州: 中国矿业大学出版社, 2011.

[456] 陈春龙. 煤矿地质与矿图[M]. 北京: 煤炭工业出版社, 2011.

[457] 谭章禄. 煤炭企业人力资源管理[M]. 北京: 煤炭工业出版社, 2006.

[458] Ware C. Information Visualization: Perception for Design[M]. New York: Elsevier, 2012.

[459] Whitney Q. Balancing the 5E: usability[J]. Cutter IT Journal, 2004, 17(2): 4-11.

[460] 陈义如. 基于人眼视觉特性的视频质量评价方法研究[D]. 西安: 西安电子科技大学, 2014.

[461] 杨峰. 信息属性可视化的模式及应用研究[J]. 情报理论与实践, 2013, 36(6): 58-61.

[462] 赵慧臣, 王玥. 我国思维可视化研究的回顾与展望[J]. 中国电化教育, 2014, 327(4): 10-17.

[463] Roberson G G, Card S K, Mackinlay J D. The Cognitive Co-processor for Interactive User Interfaces[M]. New York: ACM Press, 1989.

[464] Chen C. Top 10 unsolved information visualization problems[J]. IEEE Computer Graphics and Applications, 2005, 25(4): 12-16.

[465] 戴文澜. 美学角度的信息可视化概述[J]. 设计, 2013, (11): 126-129.

[466] Bell E, Davison J. Visual management studies: empirical and theoretical approaches[J]. International Journal of Management Reviews, 2013, 15(2): 167-184.

[467] 王建平. 目视安全管理在升船机工程施工中的应用研究[J]. 中国安全生产科学技术, 2014, 10(7): 60-65.

[468] Tezel B A, Koskela L J, Tzortzopoulos P. Visual management: a general overview[C]//The International Conference on Construction in the 21th Century, 2013: 20-22.

[469] Tjell J, Bosch-Sijtsema P M. Visual management in mid-sized construction design projects[J]. Procedia Economics and Finance, 2015, 21: 193-200.

[470] 唐家渝, 刘知远. 文本可视化研究综述[J]. 计算机辅助设计与图形学学报, 2013, 25(3): 273-286.

[471] 王宛生. 基于 Eclipse 的可视化界面开发技术[D]. 武汉: 华中科技大学, 2014.

[472] 孙雨生, 仇蓉蓉. 国内信息可视化研究进展[J]. 计算机与数字工程, 2014, 42(6): 1028-1040.

[473] 阮婉玲, 樊一阳. 信息可视化发展研究综述[C]//2012 年全国科学学理论与学科建设暨科学技术学两委联合年会, 2012.

[474] Bier E A, Card S K, Bodnar J W. Principles and tools for collaborative entity-based intelligence analysis[J]. IEEE Transactions on Visualization and Computer Graphics, 2009, 16(2): 178-191.

[475] 王飞. 面向数字家庭网络的可视化框架开发[D]. 西安: 西安电子科技大学, 2013.

[476] 周宁, 杨峰. 信息可视化系统的 RDV 模型研究[J]. 情报学报, 2004, (5): 619-624.

[477] 於俊, 汪福增. 面向人机接口的多种输入驱动的三维虚拟人头[J]. 计算机学报, 2013, 36(12): 2525-2537.

[478] Thomas J J, Cook C A. Illuminating the path: the research and development agenda for visual

analytics[C]//IEEE Computer Society, 2005: 1-80.

[479] 马超. 应急疏散方案可视分析方法研究[D]. 郑州: 解放军信息工程大学, 2013.

[480] 赵颖. 规模网络安全数据协同可视分析方法研究[J]. Journal of Frontiers of Computer Science and Technology, 2014, 8(7): 848-857.

[481] 任磊, 杜一, 马帅, 等. 大数据可视分析综述[J]. 软件学报, 2014, (9): 1909-1936.

[482] 胡雅萍. 国外信息行为模型比较分析[J]. 情报杂志, 2011, (11): 71-77.

[483] 张海游. 信息行为研究的理论演进[J]. 情报资料工作, 2012, (5): 41-45.

[484] 查先进. 网络信息行为研究现状及发展动态述评[J]. 图书馆情报理论, 2014, (21): 101-117.

[485] Saracevic T. Information science[J]. Journal of American Society for Information Science, 1999, 50(12): 1051-1063.

[486] 宋庆余. 基于层次模型的搜索引擎评价研究[J]. 图书情报研究, 2014, 7(1): 33-41.

[487] 吴静. 基于站点地图的可视化研究及交互设计应用[D]. 长沙: 湖南大学, 2012.

[488] 张宁, 刘正捷. 基于用户认知能力的自助服务终端界面交互设计方法[J]. 计算机应用研究, 2013, 30(8): 2455-2461.

[489] 黄文俊. 基于普适计算概念的移动证券信息浏览与分析系统[D]. 成都: 电子科技大学, 2013.

[490] Green T M, Ribarsky W, Fisher B. Building and applying a human cognition model for visual analytics[J]. Information Visualization, 2009, 8(1): 332-335.

[491] Patterson R E, Blaha L M, Grinstein G G, et al. A human cognition framework for information visualization[J]. Computers and Graphics, 2014, (42): 42-58.

[492] 谭章禄, 方毅芳. 信息可视化的理论发展与框架体系构建[J]. 情报理论与实践, 2013, (1): 16-32.

[493] Daniel A K. Information visualization and visual data mining[J]. IEEE Transactions on Visualization and Computer Graphics, 2002, 8(1): 1-8.

[494] 张浩. 数据可视化技术应用趋势与分类研究[J]. 软件导刊, 2012, (5): 169-173.

[495] Chen K, Xu H, Tian F, et al. Cloudvista: Visual Cluster Exploration for Extreme Scale Data in the Cloud[M]//Scientific and Statistical Database Management. Berlin: Springer, 2011.

[496] 杨彦波, 刘滨. 信息可视化研究综述[J]. 河北科技大学学报, 2014, (2): 91-102.

[497] 彭韧. 大数据时代背景下的数据可视化概念研究[D]. 杭州: 浙江大学, 2014.

[498] Daniel A K. Visual exploration of large data sets[J]. Communications of the Association for Computing Machinery, 2001, 44(8): 38-44.

[499] Martin E, Remo A B. Knowledge visualization: towards a new discipline and its fields of application[D]. Lugano: University of Lugano, 2004.

[500] 周宁, 张芳芳. 可视化技术在知识管理领域的发展[J]. 图书情报工作, 2006, (11): 69-73.

[501] 刘超. 近十年国外知识可视化研究发展述评[J]. 上海教育科研, 2012, (9): 32-36.

[502] 王金羽. 创新型企业中的隐性知识转化研究[D]. 大连: 辽宁师范大学, 2014.

[503] Wang M, Wu B. Connecting problem-solving and knowledge-construction processes in a visualization-based learning environment[J]. Computers and Education, 2013, (68): 293-306.

[504] 张霞. 知识可视化研究综述[J]. 软件导刊(教育技术), 2013, 12(2): 8-11.

[505] Vitaly F. Data Visualization: Modern Approaches[EB/OL]. http://www.smashingmagazine.com/data-visualized-modern-approaches/2015/3.

[506] Waralak V S. Infographics: the new communication tools in digital age[C]//The International Conference on E-Technologies and Business on the Web (EBW2013), 2013: 169-174.

[507] 郑海霞. 基于本质安全的煤矿安全预警方法研究[D]. 西安: 西安科技大学, 2014.

[508] 姬荣斌, 何沙, 钟雄. 油气企业安全生产的 WSR 模型及其分析研究[J]. 中国安全科学学报, 2013, 23(5): 139-145.

[509] Chen C M. Information Visualization: Beyond the Horizon[M]. New York: Springer, 2004.

[510] 邓莉琼, 吴玲达. 基于时间信息的可视化表现方法研究[C]//第三届和谐人机环境联合学术会议(HHME2007)论文集, 2007: 109-114.

[511] 余波. 现代信息分析与预测[M]. 北京: 北京理工大学出版社, 2011.

[512] Timothy P. Four Considerations for Effective Visualizations[EB/OL]. https://www-304.ibm.com/connections/blogs/predictive analytics.

[513] 王峰. 运营商数据中心开发项目需求优先级管理研究[D]. 北京: 中国科学院大学, 2013.

[514] 杨小爱. 计算机自主行为模拟: 认知研究的未来趋向[J]. 自然辩证法研究, 2013, 29(2): 27-33.

[515] 王颖洁. 用户信息能力差异性的认知心理学分析[J]. 现代情报, 2009, (10): 110-114.

[516] Patrick A M. Visual preference research: an approach to understanding landscape perception[J]. Landscape Architecture of China, 2013, (5): 22-26.

[517] 杨雪. 认知方式及决策参照点对管理者决策的影响研究[D]. 哈尔滨: 哈尔滨工业大学, 2012.

[518] 徐政宏. 基于情感设计的视觉传达设计研究[D]. 太原: 太原理工大学, 2014.

[519] 陈胜可. SPSS 统计分析从入门到精通[M]. 北京: 清华大学出版社, 2013.

[520] Wright H, Mathers C. Using visualization for visualization: an ecological interface design approach to inputting data[J]. Computers and Graphics, 2013, 37(3): 202-213.

[521] Lin K C, Wu C F. Practicing universal design to actual hand tool design process[J]. Applied Ergonomics, 2015, 50: 8-18.

[522] Jacobson R. Information Design[M]. Massachusetts: The MIT Press, 2000.

[523] 西蒙. 人类的认知: 思维的信息加工理论[M]. 北京: 科学出版社, 1986.

[524] 郭建利. 煤矿安全管理制度有效性研究[J]. 中国煤炭经济, 2011, 31(9): 92-97.

[525] Johnson J. Designing with the Mind in Mind: Simple Guide to Understanding User Interface

Design Rules[M]. New York: Morgan Kaufmann, 2014.

[526] Rosenholtz R. Search asymmetries: what search asymmetries[J]. Perception and Psychophysics, 2001, 63(3): 476-489.

[527] 张旭明. 客体相似性对不同认知方式个体视觉工作记忆表征的影响[D]. 济南: 山东师范大学, 2013.

[528] 刘志华. 视觉特征捆绑: 基于时间邻近还是基于相同空间位置[J]. 心理科学, 2014, 37(4): 816-822.

[529] 王静龙, 梁小筠. 属性数据分析[M]. 北京: 高等教育出版社, 2013.

[530] 刘淑梅. 推荐系统的交互性研究[D]. 北京: 北京邮电大学, 2014.

[531] 雷克昌. 管理学基础[M]. 北京: 中国水利水电出版社, 1999.

[532] 陈璐, 黄玥诚, 陈安. 管理效应的一般性机理分析: 以 10 个著名管理效应为例[J]. 软科学, 2019, 33(3): 115-120.

[533] 陆生. 中国山区经济发展模式[M]. 北京: 中国计划出版社, 1991.

[534] Sweller J. Cognitive load during problem solving: effects on learning[J]. Cognitive Science, 1988, 12(2): 257-285.

彩　　图

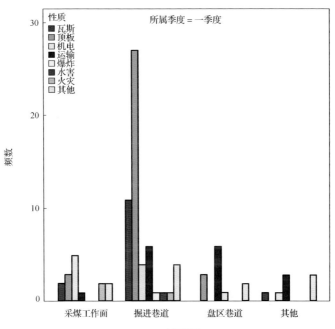

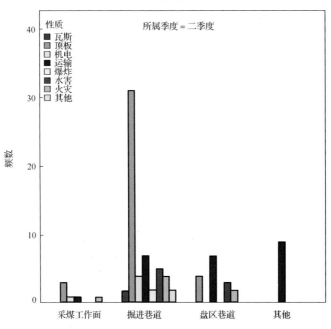

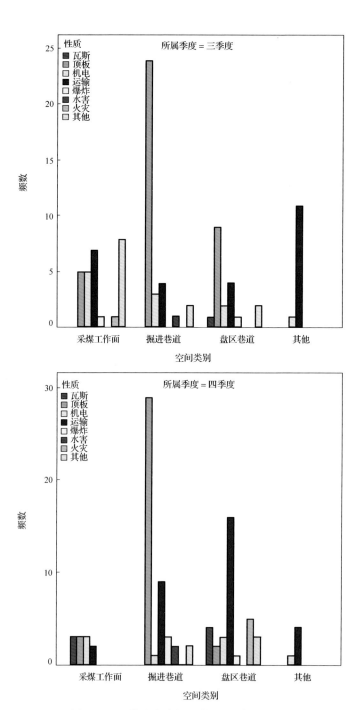

图 5.4 TF 煤业安全问题性质-时空分布图

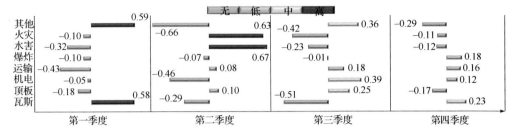

图 5.7　煤矿安全隐患性质与季度交互效应可视化设计

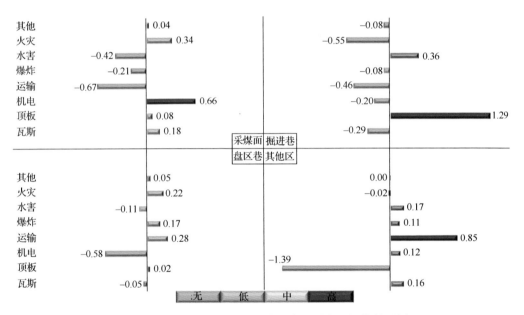

图 5.8　煤矿安全隐患性质与空间交互效应可视化效果图

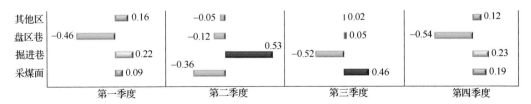

图 5.9　煤矿安全隐患时间与空间交互效应可视化效果图

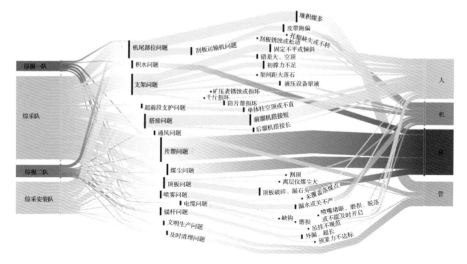

图 6.8 隐患信息桑基图

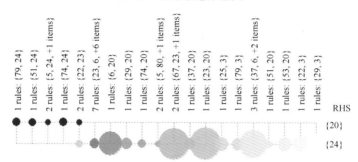

图 8.4 子群 1 关联规则组合矩阵图

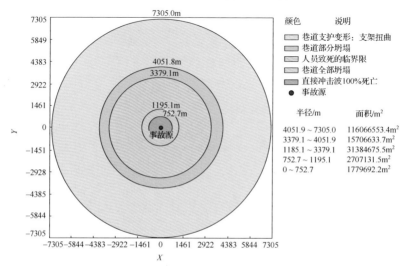

图 11.20 矿井爆炸伤害模型分析

0	员工	卡号	姓名	部门	下井时间	进入时间	离开时间	当前基站
1	2918	3159	韩光明	机电科	2008-01-14 09:33:22	2008-01-14 09:51:47	2008-01-14 09:53:37	043上巷
2	197	3175	刘喜军	生产科	2008-01-14 09:33:00	2008-01-14 10:57:35	2008-01-14 10:59:01	043下巷
3	5677	3181	王祥才	生产科	2008-01-14 09:33:00	2008-01-14 10:56:52	2008-01-14 10:58:19	043下巷
4	2096	4506	付林庄	安检科	2008-01-14 09:01:35	2008-01-14 11:04:04	2008-01-14 11:05:10	043下巷
5	5662	4549	郭鹏	安检科	2008-01-14 09:12:47	2008-01-14 11:04:04	2008-01-14 11:05:31	043下巷
6	1602	4700	陈光伟	一掘队	2008-01-14 09:22:07	2008-01-14 11:16:45		043下巷皮带头
7	4181	4704	上官君周	一掘队	2008-01-14 07:25:12	2008-01-14 07:34:34	2008-01-14 07:35:40	043下巷
8	139	4705	胡伟伟	一掘队	2008-01-14 07:35:32	2008-01-14 08:43:46	2008-01-14 08:44:30	043下巷
9	4182	4710	史治群	一掘队	2008-01-14 07:24:26	2008-01-14 07:34:34	2008-01-14 07:34:34	043下巷
10	116	4712	董金平	一掘队	2008-01-14 07:59:23	2008-01-14 08:13:25	2008-01-14 08:14:09	043下巷
11	4227	4713	张成立	一掘队	2008-01-14 07:48:03	2008-01-14 08:43:02	2008-01-14 08:44:54	043下巷
12	4168	4727	苗安升	一掘队	2008-01-14 08:49:37	2008-01-14 11:04:04	2008-01-14 11:05:31	043下巷
13	4192	6187	王法军	一掘队	2008-01-14 07:47:41	2008-01-14 07:56:36	2008-01-14 07:35:40	043下巷
14	4215	6188	杨学先	一掘队	2008-01-14 07:47:41	2008-01-14 07:58:03	2008-01-14 07:58:47	043下巷
15	136	6195	胡海周	一掘队	2008-01-14 08:09:59	2008-01-14 08:39:00	2008-01-14 08:39:44	043下巷
16	2019	6428	胡书清	二开拓	2008-01-14 07:48:25	2008-01-14 07:53:16		043上巷口
17	2026	6431	李付军	二开拓	2008-01-14 08:48:52	2008-01-14 11:03:21	2008-01-14 11:05:10	043上巷
18	2053	6442	王帅伟	二开拓	2008-01-14 07:14:39	2008-01-14 11:12:26	2008-01-14 11:13:09	043上巷
19	2082	6445	吴雷虎	二开拓	2008-01-14 07:14:17	2008-01-14 07:56:39	2008-01-14 07:58:07	043上巷

(a) 文字数据表

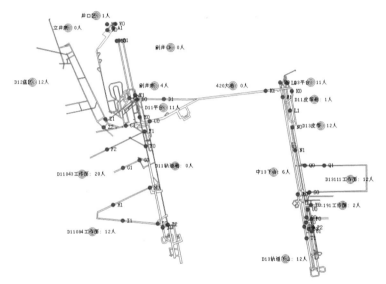

(b) 二维平面显示

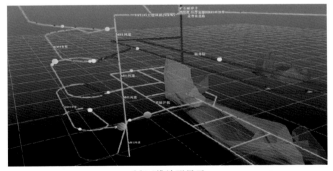

(c) 三维地形显示

图 11.36　煤矿井下人员定位管理的安全可视化方式集

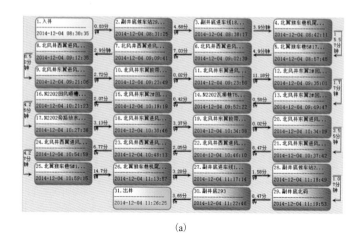

(a)

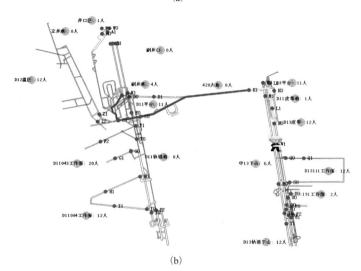

(b)

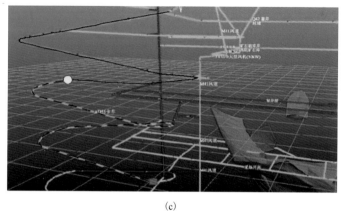

(c)

图 11.37 煤矿井下人员路线管理的安全可视化方式集